次世代光メモリとシステム技術

Optical memory and its systems for next generation

《普及版／Popular Edition》

監修 沖野芳弘

シーエムシー出版

はじめに

光ストレージを取り巻く環境

　光ディスクはBlu-rayで終着駅にたどり着いたと良く話になる。可視光の最短波長域に達した光源であるレーザと大きな開口数の対物レンズが現在の実用域での極限と見られるからである。磁気記録がそうであったように，次々と技術のバリアーを突破して進めることが，光の分野でも有るのではないかという希望論も有るが，一般的には今までの延長での光ディスクの研究は次世代とは言い難い僅かの進歩しか示し得てない。

　次世代型の「光メモリ」としては幾つかの提案が有る。古い時代から少しずつ研究が進み，近年では大規模な研究開発が推進されてきたホログラムメモリや1980年代から急速に注目が集まった近接場光学を利用する光メモリや，その後に続くSuper-RENS等々が有る。しかし未だに実用の意味では可能性が見いだされていない。その時代に活躍する「光ディスク」が追いかけたからであろう。すなわち光ディスクの多層化などにより，新しく提案される光メモリの仕様が陳腐化されるのである。技術の進歩の混沌が光メモリの進歩の"筋"を読めなくしてきた訳である。

光ストレージの立場

　現在ストレージの応用は大別してオーディオ・ビデオ（AV）分野とコンピュータ（PC）分野に大別される。光ディスクでは，AVの分野で流布したドライブがそのコストの低下に併せてPC分野に採用され，両分野の大量の製造により更に大きな需要を産むという構図となって発展してきた。AV分野で云えば，音楽のCD，ビデオのDVD，更にはHDビデオのBlu-rayといったハッキリした目的が有って，それに対応してPC分野の需要が即刻ついてきて，数の上ではPC用途がAV用途を凌駕するという図式である。

　同じ機械式回転機構を持つハードディスク（HDD）や，磁気テープはその様な図式をとっていない。PCが要求する爆発的な大きな容量を吸収するための仕様を満足するドライブは各メーカの技術で規格を作り上げてきた。その結果，その容量密度は光ディスクを遙かに超えるものとなった。しかし，これら機械式のHDDやテープではそのサイズや塵埃などの問題の影響は避けられないなどの大きな欠点を持つ。

　将来への可能性を有するストレージとしては固体メモリが有る。近未来の可能性から云えば半

導体メモリが有り，そのスピードや小型軽量のサイズは他のメモリに無い大きな特長である。最初は特別の部分のメモリに過ぎなかったが，大容量化が進み，コストの壁を徐々に打ち破り，既に機械式のメモリである光や磁気のメモリを持たないPCを世に送り出すまでに成長している。

本書の成り立ち・狙い

　メモリ（ストレージ）のこの様な状況下において，本書は光メモリの有るべき道を主として技術の観点から探ろうとするものである。
　HD DVDの撤退の後に，次世代型のDVD（光ディスク）の盟主となったBlu-rayの可能性を先ず知り，その上に立って，新しい展開が見込めるテーマを幾つか取り上げてこれを論じた。それぞれの執筆者は斯界の第一人者であり，その分野で大きな功績を残している方々であるので，余計な調整をせず各分担範囲で自由に信ずるところを述べて貰うことにした。概ね各テーマで「理論」「材料」「システム」「応用」の小テーマを入れてその立場から述べられている。多少の技術的見解の相違が有っても，それは現状技術の段階を示すものであり，言わばそれ程に難しい状況判断が必要な局面を持つものと理解して頂きたい。
　できうる限り可能性を持つテーマを拾い上げたが，ページ数の関係も有り本書では光メモリや光が関係する技術に特化した。この点で光以外のテーマについては取り上げられなかったことをご理解頂きたい。本書によって光メモリの将来技術の議論を行う切っ掛けを作って貰えることになれば執筆者一同大いに了とするところである。賢明な読者におかれては，延べ33名からなる執筆者の論を知り，次世代光メモリの"筋"を読み取って頂ければ幸いである。

沖野芳弘

普及版の刊行にあたって

　本書は2009年に『次世代光メモリとシステム技術』として刊行されました。普及版の刊行にあたり，内容は当時のままであり加筆・訂正などの手は加えておりませんので，ご了承ください。

2014年9月

シーエムシー出版　編集部

──── 執筆者一覧（執筆順）────

沖野 芳弘	関西大学　先端科学技術推進機構　HRC　客員研究員
小林 昭栄	ソニー㈱　オーディオ・ビデオ事業本部　記録システム開発部門　AS開発部
篠田 昌久	三菱電機㈱　先端技術総合研究所　ユニットリーダー
竹下 伸夫	三菱電機㈱　先端技術総合研究所　グループマネージャー
山田 昇	パナソニック㈱　AVコア技術開発センター　ストレージメディアグループ　グループマネージャー
錦織 圭史	パナソニック㈱　デバイス強化推進室　参事
大利 祐一郎	コニカミノルタオプト㈱　オプティカルソリューションズ事業本部　オプティカルコンポーネント事業部　開発グループ　開発グループリーダー
今野 久司	コニカミノルタオプト㈱　S&A事業推進室　品証グループリーダー
児島 理恵	パナソニック㈱　AVコア技術開発センター　ストレージメディアグループ　メディア第2チーム　主幹技師
西原 孝史	パナソニック㈱　AVコア技術開発センター　ストレージメディアグループ　メディア第2チーム　主任技師
槌野 晶夫	パナソニック㈱　AVコア技術開発センター　ストレージメディアグループ　メディア第2チーム　主任技師
土生田 晴比古	パナソニック㈱　AVコア技術開発センター　ストレージメディアグループ　メディア第2チーム　主任技師
粟野 博之	日立マクセル㈱　開発本部　MMプロジェクト　プロジェクトリーダー
川田 善正	静岡大学　工学部　機械工学科　教授
中野 隆志	㈳産業技術総合研究所　近接場光応用工学研究センター　スーパーレンズ・テクノロジー研究チーム長
後藤 顕也	東海大学　開発工学部　教授

中沖 有克	ソニー㈱ 先端マテリアル研究所 次世代光システム研究部 統括課長	
渡辺 哲	ソニー㈱ オーディオ・ビデオ事業本部 記録システム開発部門 AS開発部	
島 隆之	㈱産業技術総合研究所 近接場光応用工学研究センター 主任研究員	
田中 拓男	㈱理化学研究所 基幹研究所 田中メタマテリアル研究室 准主任研究員	
桜井 宏巳	旭硝子㈱ 中央研究所 高分子工学F 主幹研究員	
小笠原 昌和	パイオニア㈱ 技術開発本部 総合研究所 次世代ドライブ技術研究部 第四研究室 室長	
小舘 香椎子	日本女子大学 理学部 数物科学科 教授	
渡邉 恵理子	日本女子大学 理学部 数物科学科 客員講師; ㈱科学技術振興機構 さきがけ研究員	
秋葉 雅温	富士フイルム㈱ R&D統括本部 有機合成化学研究所	
香取 重尊	京都大学 大学院工学研究科 産官学連携研究員	
藤田 静雄	京都大学 大学院工学研究科 教授	
辻岡 強	大阪教育大学 教育学部 教養学科 教授	
松本 拓也	㈱日立製作所 中央研究所 ストレージ・テクノロジー研究センタ 主任研究員	
庄野 昌幸	三洋電機㈱ 電子デバイスカンパニー フォトニクス事業部 レーザ技術部 部長	
入江 満	大阪産業大学 工学部 電子情報通信工学科 准教授	
松井 猛	Advanced Technology, Initiative, Inc. CEO	
松井 勉	船井電機㈱ 開発技術本部 技師長	

執筆者の所属表記は，2009年当時のものを使用しております。

目次

序章　光メモリのこれから　　沖野芳弘

1　光ディスクメモリ ………………………… 1
2　開発の経緯 ………………………………… 2
3　光ディスクの現状 ………………………… 3
　3.1　HD DVD ……………………………… 4
　3.2　Blu-ray（BD）の特徴 ……………… 4
　3.3　最新の開発 …………………………… 5
4　これからの光メモリ ……………………… 6

第1章　次世代DVD技術

1　青色DVDシステム Blu-ray Disc ………
　　　　　　　　　　　　小林昭栄　　8
　1.1　はじめに ……………………………… 8
　1.2　エラー訂正 …………………………… 9
　1.3　変調方法 ……………………………… 11
　1.4　RE，Rのアドレス方式 ……………… 14
　　1.4.1　ウォブルアドレスフォーマッ
　　　　　 トの機能 ……………………… 14
　　1.4.2　ウォブルアドレスの変調方式
　　　　　 ………………………………… 15
　　1.4.3　アドレス評価 …………………… 17
　　1.4.4　ADIP format and alignment
　　　　　 with main data …………… 17
　　1.4.5　アドレスのまとめ ……………… 17
　1.5　おわりに ……………………………… 18
2　青色DVD用光ピックアップの光学技術
　　と記録技術 ………………………………
　　　　　　　　篠田昌久，竹下伸夫　19
　2.1　はじめに ……………………………… 19
　2.2　多層化メディアでの球面収差補正
　　　　技術 ………………………………… 19
　　2.2.1　基板の厚みと球面収差の関係
　　　　　 ………………………………… 19
　　2.2.2　レンズ移動による球面収差の
　　　　　 補正方法 ……………………… 20
　　2.2.3　液晶素子による球面収差の補
　　　　　 正方法 ………………………… 22
　2.3　多層メディアでの迷光除去 ………… 23
　　2.3.1　多層メディアでの迷光の発生
　　　　　 とその問題点 ………………… 23
　　2.3.2　回折素子を用いた迷光除去の
　　　　　 例 ……………………………… 24
　　2.3.3　偏光性を用いた迷光除去の例
　　　　　 ………………………………… 24
　2.4　光ピックアップの記録技術 ………… 25
　　2.4.1　光ピックアップと記録技術の
　　　　　 現状 …………………………… 25
　　2.4.2　記録ストラテジーの自動最適
　　　　　 化システム …………………… 26
　　2.4.3　自動最適化システムの性能評
　　　　　 価 ……………………………… 27
　2.5　まとめ ………………………………… 28

3 書換形／追記形光ディスク媒体の技術
　　　　　　　　　　山田　昇　30
　3.1 はじめに（次世代DVDとは？）… 30
　3.2 BDメディアの構造 ……………… 31
　3.3 BD-REに用いる相変化材料 …… 32
　　3.3.1 3つの組成 …………………… 32
　　3.3.2 光学的な課題と対策 ………… 33
　　3.3.3 熱的な課題と対策 …………… 34
　3.4 BD-Rに用いる追記形材料 ……… 35
　3.5 まとめ ……………………………… 36
4 BD用光ディスク媒体の製造技術 ……
　　　　　　　　　　錦織圭史　38
　4.1 はじめに …………………………… 38
　4.2 ディスク製造プロセス概要 ……… 39
　　4.2.1 マスタリング工程1 ………… 40
　　4.2.2 マスタリング工程2（PTM）
　　　　　　　　　　　　　　　…… 41
　　4.2.3 成形 …………………………… 43
　　4.2.4 カバー層の作製プロセス …… 44
　　4.2.5 中間層の作製プロセス ……… 47
　4.3 評価技術 …………………………… 47

　4.4 まとめ ……………………………… 48
5 BD用ピックアップ光学系と互換方式
　　　　　　　　　　大利祐一郎　50
　5.1 はじめに …………………………… 50
　5.2 BD用ピックアップ光学系の特徴
　　　　　　　　　　　　　　　…… 50
　5.3 BD用ピックアップ光学素子 …… 51
　5.4 BD用ピックアップ光学系と互換
　　　方式 ………………………………… 54
　5.5 今後の動向 ………………………… 57
6 Ultra Density Optical（UDO）の技術
　　　　　　　　　　今野久司　58
　6.1 序文 ………………………………… 58
　6.2 UDO 2 ドライブ技術 ……………… 58
　　6.2.1 収差補正機構 ………………… 58
　　6.2.2 リードチャンネル …………… 60
　6.3 UDO 2 追記型ディスク技術
　　　（UDO 2 WORM）………………… 62
　6.4 UDO 2 書き換え型メディア技術
　　　（UDO 2 RW）……………………… 64
　6.5 結論 ………………………………… 66

第2章　多層構造の光ディスク

1 ブルーレイディスク媒体の多層化技術
　……… 山田　昇，児島理恵，西原孝史，
　　………… 槌野晶夫，土生田晴比古　67
　1.1 はじめに（多層BD）……………… 67
　1.2 2層BDメディアの構成 …………… 68
　1.3 2層BDメディアの記録再生原理
　　　1：層間クロストークの除去 …… 69
　1.4 2層BDメディアの記録再生原理

　　　2：透過率一定の不思議 ………… 69
　　1.4.1 L1透過率変動の影響 ……… 69
　　1.4.2 透過率一定のメカニズム …… 70
　1.5 相変化材料 ………………………… 71
　1.6 BDで用いられる誘電体材料 …… 72
　　1.6.1 透明材料（界面層）………… 72
　　1.6.2 高屈折率材料（透過率向上層）
　　　　　　　　　　　　　　　…… 73

- 1.7 多層BD-Rメディアへの挑戦 …… 74
- 1.8 まとめ …… 77
- 2 0.1mm厚薄型光ディスクスタック型テラバイト光ディスク（SVOD） …………………… 粟野博之 …… 79
  - 2.1 SVODは光ディスクの大容量化に有望──技術比較（面密度向上，多層化，薄型化） ……………… 79
  - 2.2 薄型ディスクの作製方法（新しくナノインプリント技術を導入）…… 81
  - 2.3 SVOD-BDの性能評価 …………… 82
  - 2.4 15000回転における面ブレ量と面ブレ加速度評価 ………………… 83
  - 2.5 薄型基板の内周穴はドライブへのクランピングストレスに耐えられるか？ ……………………………… 84
  - 2.6 SVODカートリッジと薄型ディスク用ミニチェンジャー ……………… 85
  - 2.7 SVODライブラリシステム ……… 86
  - 2.8 薄型ディスクオートチェンジャーのディスク交換方法 ……………… 87
- 3 媒体の多層構造化技術 …… 川田善正 …… 90
  - 3.1 はじめに──多層光ディスクへの期待── …………………………… 90
  - 3.2 多層構造を有する媒体を用いた光メモリ ……………………………… 91
  - 3.3 粘着剤を用いた多層記録媒体 …… 94
  - 3.4 ロール型媒体を利用した高密度光メモリ ……………………………… 97
  - 3.5 まとめ …………………………… 98

第3章　近接場光を利用する光メモリ

- 1 近接場光学の基礎・光メモリへの展開 ………………………… 中野隆志 …… 99
  - 1.1 近接場光 …………………………… 99
  - 1.2 近接場光の解析 ………………… 101
  - 1.3 近接場光の光メモリへの展開 …… 104
- 2 高速大容量近接場光メモリ用表面プラズモン増強ヘッド ……… 後藤顕也 …… 110
  - 2.1 はじめに ………………………… 110
  - 2.2 原理 ……………………………… 111
  - 2.3 VCSEL二次元アレイ光ヘッドの構成 ……………………………… 116
  - 2.4 二次元アレイ光ヘッドの効果 … 119
  - 2.5 表面プラズモンの周期構造金属により近接場光を100倍以上も増強させる新方式 ………………… 120
  - 2.6 試作実験 ………………………… 127
  - 2.7 金属周期構造ヘッドの近接場光透過効率測定 …………………… 129
  - 2.8 おわりに ………………………… 130
- 3 SIL（Solid Immersion Lens）を用いた，高密度記録技術 ……… 中沖有克 …… 133
  - 3.1 近接場の応用 …………………… 133
  - 3.2 SILの基本設計 ………………… 134
  - 3.3 ナノギャップ制御技術 ………… 136
  - 3.4 光ディスクへの高密度記録 …… 137
  - 3.5 実用化に向けて ………………… 139
- 4 プラズモンヘッドを利用するシステム ……………………………… 渡辺　哲 …… 142

4.1	はじめに …………………… 142	5	Super-RENS …………… 島　隆之 … 152
4.2	近接場光の作り方 ………… 143	5.1	開発初期 …………………… 152
4.3	磁界発生手段 ……………… 144	5.2	酸化白金記録層 …………… 154
4.4	小型新プラズモンヘッドの開発例 …………………… 145	5.3	再生機構の解明に向けて … 156
		5.4	実用化に向けて …………… 158
4.5	今後の課題 ………………… 150	5.5	本節のまとめ ……………… 163

第4章　ホログラフィック・メモリ

1 ホログラフィックメモリその技術と課題 ………………… 田中拓男 … 166
  1.1　はじめに ……………………… 166
  1.2　ホログラフィックメモリの光学系 ……………………………… 166
  1.3　空間周波数帯域を用いた記録密度の比較 ……………………… 168
  1.4　記録密度の解析的導出と比較 … 172
  1.5　数値計算結果，ビット型メモリとホログラフィックメモリの比較 ……………………………… 176
  1.6　まとめ ………………………… 178
2 ホログラム記録材料の開発状況と課題 ……………………… 桜井宏巳 … 180
  2.1　はじめに ……………………… 180
  2.2　WORM用記録材料の開発動向 … 181
  2.3　RW用記録材料の開発動向 …… 183
  2.4　旭硝子のRW用基本材料コンセプト ……………………………… 186
  2.5　今後の課題と展望 …………… 189
3 ホログラムメモリシステム ……………………………… 小笠原昌和 … 192
  3.1　角度多重方式 ………………… 192
    3.1.1　原理 ………………………… 192
    3.1.2　ポリトピック方式 ………… 193
    3.1.3　ポリトピック方式記録光学系 ……………………………… 194
  3.2　シフト多重方式 ……………… 195
    3.2.1　原理 ………………………… 195
    3.2.2　コリニア方式 ……………… 196
    3.2.3　コリニア方式記録光学系 … 197
  3.3　ホログラムメモリシステムの課題 ……………………………… 198
    3.3.1　要素技術 …………………… 198
    3.3.2　環境信頼性 ………………… 199
4 認識機能を持つホログラム ……………… 小舘香椎子，渡邉恵理子 … 201
  4.1　はじめに ……………………… 201
  4.2　光相関演算 …………………… 202
    4.2.1　光相関演算原理VanderLugt Correlator（VLC） ………… 202
    4.2.2　マッチトフィルタの作製 … 203
    4.2.3　マッチトフィルタによる光相関演算 ……………………… 204
  4.3　ホログラフィック光メモリと光相関演算システム ……………… 204

4.3.1 コアキシャルホログラフィックマッチトフィルタによる光相関演算システム ……………… 205	4.3.2 試算演算速度 ……………… 207
	4.4 アプリケーション ……………… 207
	4.5 まとめ ……………… 207

第5章　2(多)光子励起を利用する光メモリ

1　2光子励起過程の理論と光メモリ ……………… 川田善正 …… 210
　1.1　はじめに―2光子励起過程を利用した光メモリ― ……………… 210
　1.2　集光レーザーによる非線形過程の誘起 ……………… 210
　1.3　2光子励起過程 ……………… 212
　1.4　光メモリにおける2光子過程 …… 215
　　1.4.1　媒体の深い位置にデータを記録することが可能 ……………… 215
　　1.4.2　2乗効果による面内の記録密度の向上 ……………… 215
　　1.4.3　レーリー散乱光の現象 ……… 216
　1.5　フォトンモード記録媒体 ……………… 216
　1.6　まとめ ……………… 217
2　2光子吸収記録材料 ……… 秋葉雅温 …… 219
　2.1　はじめに ……………… 219
　2.2　2光子3次元記録材料の報告例 … 219
　　2.2.1　再生方式と媒体構造 ……………… 219
　　2.2.2　2光子記録材料 ……………… 220
　　2.2.3　2光子記録材料の課題 ……… 226
　2.3　2光子記録材料の感度向上指針 … 227
　2.4　高効率2光子吸収化合物の分子設計 ……………… 227
　　2.4.1　理論的取り扱い ……………… 227
　　2.4.2　分子構造への翻訳 ……………… 228
　2.5　実用化へ向けて ……………… 229
3　2光子吸収材料を使ったシステム ……………… 沖野芳弘 …… 232
　3.1　装置・システム化の課題 ……………… 232
　　3.1.1　2光子吸収材料による高密度化 ……………… 232
　　3.1.2　記録材料の感度と光源 ……… 233
　　3.1.3　多層化の課題と光学系 …… 234
　3.2　装置化の事例 ……………… 236
　　3.2.1　屈折率変化を利用する方式 ……………… 236
　　3.2.2　蛍光による再生 ……………… 237
4　二光子吸収現象を利用した一括再生型光メモリ ……… 香取重尊, 藤田静雄 …… 241
　4.1　はじめに ……………… 241
　4.2　二光子吸収材料 ……………… 241
　4.3　有機ホウ素ポリマーの二光子吸収特性 ……………… 243
　4.4　二光子吸収反応による吸収変化と屈折率変化 ……………… 245
　4.5　光記録再生方式の提案 ……………… 246
　4.6　おわりに ……………… 248

第6章　その他の方式

1　フォトクロミック分子の電子機能と関連メモリ技術 ……………… 辻岡　強 …… 249
　1.1　フォトクロミック反応に伴う分子物性変化と応用 ……………… 249
　1.2　光反応による電子物性変化 ……… 252
　1.3　電気的な反応による電子物性変化 ………………………………… 255
2　熱アシスト磁気記録 ……… 松本拓也 …… 263
　2.1　ハードディスクドライブの記録密度 ………………………………… 263
　2.2　熱アシスト磁気記録の基本原理 … 264
　　2.2.1　磁気勾配記録 ……………… 265
　　2.2.2　熱勾配記録 ………………… 265
　　2.2.3　熱・磁気勾配記録 ………… 266
　2.3　近接場光発生素子 ………………… 267
　2.4　局在プラズモンを利用した高効率近接場光発生素子 …………… 268
　2.5　記録実験結果 ……………………… 272
　2.6　ドライブ用光学系 ………………… 274

第7章　大容量光メモリの課題

1　光源の技術 ……………… 庄野昌幸 …… 277
　1.1　はじめに …………………………… 277
　1.2　光メモリ用半導体レーザ開発の歴史 ………………………………… 277
　1.3　半導体レーザの構造と製造方法 … 278
　　1.3.1　半導体レーザの構造 ……… 278
　　1.3.2　半導体レーザの製造方法 …… 279
　1.4　半導体レーザの特性 ……………… 282
　　1.4.1　半導体レーザの基本特性 …… 282
　　1.4.2　光メモリ用半導体レーザに必要とされる特性 ……………… 283
　1.5　半導体レーザの高性能化 ………… 284
　　1.5.1　赤外半導体レーザ ………… 284
　　1.5.2　赤色半導体レーザ ………… 285
　　1.5.3　青紫色半導体レーザ ……… 286
　　1.5.4　2波長半導体レーザ ……… 287
　　1.5.5　その他の半導体レーザ …… 287
　1.6　今後の展望 ………………………… 288
2　信頼性測定とデータマイグレーション ……………………………… 入江　満 …… 289
　2.1　光ディスクの信頼性評価に関する研究と標準化の動向 ………… 289
　2.2　光ディスクの信頼性評価 ………… 290
　　2.2.1　ISO規格にもとづく期待寿命の推定方法 ………………… 291
　　2.2.2　ISO/IEC 10995にもとづく期待寿命評価例 ……………… 295
　2.3　電子データの長期保存方法——マイグレーション—— ……… 297
　　2.3.1　光ディスクにおける媒体移行（データマイグレーション） ………………………………… 297
　　2.3.2　JIS Z 6017におけるデータマイグレーション ………………… 299

2.4　おわりに ……………………… 299
3　大容量光ディスクの期待される応用と
　市場性 ……………………**松井　猛** …… 301
　3.1　はじめに ……………………… 301
　　3.1.1　爆発する情報量と，これとど
　　　　　う向き合うのか ……………… 301
　3.2　大容量光ディスクの最適市場 …… 303
　　3.2.1　オフィスにおける情報管理
　　　　　と，情報の2次利用 ………… 303
　　3.2.2　米国で先行するオフラインメ

　　　　　ディアの利用 ………………… 305
　3.3　既存のメディアを乗り越えて，大
　　　容量光ディスクが生き残っていく
　　　上での課題 …………………… 308
　3.4　まとめ ………………………… 310
4　赤色レーザでの挑戦 ……**松井　勉** …… 311
　4.1　赤色レーザによる高速高密度記録
　　　への挑戦 ……………………… 311
　4.2　赤色から青色レーザへの挑戦 …… 312
　4.3　中国規格が生き残るためには …… 314

序章　光メモリのこれから

沖野芳弘[*]

1　光ディスクメモリ

「光メモリ」とは情報の記録・再生のそのいずれか，もしくは両方に光が介在するストレージ・システムあるいは情報蓄積媒体（メディア）そのものをいう。その意味で，光メモリは古い起源を持つといわれるが，エジプトの時代に太陽光で焼き付けた記録を残した事例までは溯ることは無いであろう。一般に認知され広く利用されたものとして，最初の光メモリはダゲールの発明になるといわれる写真術（1839）からかもしれない。現在においては，光メモリはCDやDVDに代表される「光ディスク」を指すのが一般的である。光ディスクとはその情報記録媒体が円形であることから呼ばれるものである。光メモリは，空間的コヒーレンシーに優れたレーザを光源として用い，レンズによって光の回折限界まで絞り込むので，光の波長領域の記録・再生密度が得られることになる。これは一方ではレンズの開口数とレーザの波長で高密度化が制限を受けるということにもなる。

図1はドイツ・イエナの大学構内にあるErnst Karl Abbe（1840-1905）を称えて作られたモニュメントであるが，この表面には$d = \lambda/\mathrm{n sin}\theta$と記されている。これは彼が顕微鏡の解像力を考察して，回折格子の回折から導き出したものであるが，コヒーレント光学の回折理論から導いた結果と良い一致を示している。光ディスクで使う対物レンズ開口数（$NA = \mathrm{n sin}\theta$）と波長から一義的に解像力が決まり，これを追いかけて高密度化を追求して来た。

光ディスクの特徴は，光は空間（空気中）を伝搬することができるため，光ピックアップヘッドは媒体（メディア）と接触することなく行えるので，非接触での記録再生を実現することができる。これによってシステムの信頼性が上がるとともに，塵や傷の影響を小さく抑えることができ，媒体を持ち歩くことができる可搬媒体のシステムを構築することができた。更に，樹脂成型によって複製が可能な媒体（ディスク）の存在は，安価に大容量情報を多数枚高速で作ることを可能とし，ソフトウェアの配布媒体としての重要な位置を占めるに至っている。

---

[*]　Yoshihiro Okino　関西大学　先端科学技術推進機構　HRC　客員研究員

次世代光メモリとシステム技術

図1　アッベ記念碑（d＝λ/nsinθ）

2　開発の経緯[1]

　光メモリの研究は1960年代の初め頃からとされる[2]。3Mの支援を受けて，米国Stanford大学において画像（ビデオ）記録を目的に行われた。実験に利用されたのは，高輝度の水銀灯でありガラス板に塗布された銀塩の感光剤で有った。また，その時期（1960）に，T. H. Maimanのルビーレーザの発明があり，また，より使いやすいHe-Neガスレーザが出てきた。光メモリの研究はこのレーザが自由に使えるとともに活発になり，1960年代の後半にはGauss社やMCA社など開発を目指す沢山のベンチャー企業が輩出した。

　1972年のオランダPhilips社からのレーザ・ディスク（LD）の発表は，この分野の研究を纏める役割を果たした。レーザ・ディスクでは，He-Neレーザ（632.8 nm）が使われたが[3]，その放電管の持つ体積容量，信頼性の問題などが課題であった。その後に半導体レーザが，林等の努力により常温連続発振（1970）が可能となり，比較的早期に光ディスクへの取り込み・実用化が進みこの問題を解決した。

　この半導体レーザ（波長780 nm）を最初から取り込んだのが，デジタル音声信号の記録メディアであるコンパクトディスク（CD）である。CDで初めてデジタル化が実現する。1982年10月の発売後5年を経ずして従来のオーディオレコードを席巻した。

　1990年代は，デジタル技術があらゆるところに浸透した。半導体技術や画像情報などのデジタル化と，そのデータ処理技術の大きな進歩で，メディア・コンテンツのデジタルフュージョンす

なわちマルチメディア化が進んだ。大容量の記憶装置が必要とされ，既に世の中で技術面・産業面・社会面からも違和感なく取り込めるよう定着していた音楽CDのデータ版CD-ROMがメモリ媒体として採用され，急速にパソコンの標準デバイスとしての地位を確立することになる[4]。

1990年代にはまた，MPEGで代表されるデジタル画像圧縮の技術や光ディスクの高密度化技術により，CDサイズ（直径12 cm）のフォームファクタで十分な画質の1本の映画を記録・再生することが可能になってきたため，デジタル画像のメモリとしてのデジタル・ビデオディスクの開発が行われ始めた。

これまで開発されたディスク基板の厚みはほとんどが1.2 mmであったが，高NAのレンズを使う時に発生するチルト収差を避けるため，DVDでは基板厚さを半分の0.6 mmとした。また0.6 mmという薄い基板を安定させるため貼り合わせ型のディスク構造としている。容量を従来の0.65 GBから4.7 GBへ大きくするため，光ピックアップの対物レンズの開口数をCDの0.45から0.6へ，レーザ（LD）の波長を780 nmから〜650 nmへと変えた。

もう一つの大きな課題はCDの下位互換をとることであった。CD系とDVD系の大きな光学パラメータの差異は従来のような単純な構成の光ピックアップでは両ディスクの共用再生を許さない。これらのディスクとの互換再生プレーヤを実現するためには新規な構成の光ピックアップの開発が必要で，数多くのものが提案され，また実用化された。例えば，①2対物レンズ切り替え方式，②ホログラムなどを使って，2つの集光点を形成，③液晶を使ってCD再生時には外周部をマスクする，などであるが，その後新たに開発された回折型収差補償レンズ方式を用いるのがほとんどで，素材のプラスチックの温度特性と半導体レーザの温度特性を巧みに組み合わせて収差補償をする，実用的に優れたものが開発された[5]。DVDは記録可能型や追記型など媒体の多様さとともに応用面でも多様な展開を見せ，後に規格化の中でDigital Versatile Discと命名された[6,7]。

3 光ディスクの現状

1990年代後半にはGaNを使った青色発光のレーザの開発が進み，これを使った光ディスクメモリの開発および製品化が進められた。高品位ビデオ画像（HDビデオ画像）の映画が12 cm径1枚のディスクに収まる程度の容量を持つシステムを作り上げるというのが目標であった。開発のターゲットとして捉えられたのは，高品位画質で映画（動画）が記録できることで，それに対応できる記憶容量やスピードが望まれた。DVDがMPG2で平均レートの3.5 Mbpsで信号を出し入れして通常のNTSCのTV画質を満足する映像の蓄積をすると，133分で，音声やその他を加えて4.7 GBを必要とした。それに対して，HDTV放送同等の信号に使った場合は，15 GB，

HDTV放送以上の画質を考えると22.1GBが必要となる。すなわち，この見地から次世代のDVDには15～27GBを必要とした。

3.1 HD DVD

　この目標を達するものとして，代表的な規格はHD DVDとBlu-ray（BD）2つである。前者は波長のみ青色にしてカバー層厚はDVDと同じにし，DVDとの互換性を強調したシステムで，一方BDは，カバー層厚を0.1mmと薄くして，対物レンズのNAを0.8まで上げて更に大容量を狙ったものである。

　HD DVDの規格は「DVDフォーラム」の中で議論が進み決められた。ターゲットを高品位ビデオ画像の再生に当てて，HD DVD-ROMを2004年6月，書き換え型HD，追記型HD DVD-Rを2005年2月にそのVer.1.0を完成している。また2006年3月末には製品化も行われた。考え方として，DVDとの互換を重視し，レーザ波長（405nm）が大きく変わる以外は極力パラメータを変えずに対物レンズの開口数（NA）0.65としたくらいにとどめた。すなわちカバー層を現行DVDと同じ0.6mmとして，大きな設備投資を必要とするディスクの生産は現行設備をほぼそのまま使えることが一番の特徴といえよう。容量の大きさが問題になるが，強力な動画圧縮技術を導入して実質的に容量の問題を解決することにした。記録型や追記型との互換性に配慮し，ウォブルアドレス構造とすることによりROM媒体に近いデータ構造を持たせて互換性を良くした[8]。

3.2 Blu-ray（BD）の特徴 [9, 10]

　BDは，Blu-rayディスクの開発を推進する団体（Blu-ray Disc Foundation）によって規格化が進められ，2004年5月よりオープン団体となったBlu-ray Disc Association（BDA）で推進されている。既に2004年には正式の規格に沿った製品が出ている。

　規格化の順序はHD DVDと異なり先ず記録型で始まった（2003年春）。BDでは高品位ビデオ画像の記録から始まった。この点でHD DVDとは基本的にコンセプトや市場接近プロセスが異なる。DVDと比べて開口数を0.6から0.85に大きくしたことによるチルトの問題をカバー層の厚みを0.6mmから0.1mmに小さくしたことで軽減した。

　100μmという薄いカバー層の製造に関する問題がある。これらの生産プロセスでは従来のDVDでは使わなかった方法や設備を必要とする。そのため初期投資が大きいことや初期の歩留まりなどの理由でコスト高を指摘されているが，しかし長い時間の経過とともに限りなく現行のコストに近接して行くであろう[11]。

序章 光メモリのこれから

3.3 最新の開発[7,8]

上記の2つの方式は長年争ったが，2008年2月19日にHD DVDの実質的な主唱者である東芝が撤退宣言をしたため，BDが勝ち残ることになった。青色レーザを使ったシステムは実質的には今年が元年である。元々25 GB（BD）に対する15 GB（HD DVD）では容量的に無理が有った。むしろ1.5世代バージョンとして現行のDVDと互換を取ることに注力して，先ずは普及を考えるべきで有ったと思われる。また，この技術を中国などで新しいシステムの中で生かして行こうとする動きもあるが困難な道であろう。

ここで，更に開口数を大きくしたり光源波長を短くしたDVDはあり得るかという課題が残る。つまり$\sim \lambda /NA$の制限の中で更に大きな密度が可能かという課題である。SIL（Solid Immersion Lens）の様な特殊な形態で開口数を大きくすることも可能であろう。しかし，その波長を更に短くすることは幾つかの理由から現状不可能という結論を出さざるを得ない。その一つは，対物レンズを含めて材料・光学部材に紫外域で高い透過率を示すものが殆ど無いという現実である。また使えたとしても紫外線による劣化が想定される。これらの理由により現状技術の延長上では高密度化への手がかりとしては青色レーザが最後といわれる。

表1にこれまでの長い光ディスク開発の経緯を示す。システムが変わる毎に用途（応用）（音

表1 光ディスク開発の歴史

年代	時代背景	光メモリの開発目標	光ディスク関連の技術開発	主たるシステム製品化例
1960 1970 1980 1990 2000 2010	ホームエレクトロニクス 音声　マルチメディア 情報化社会 情報通信（IT） アーカイブ	（ポストカラー） AVパッケージ メディア コンピュータ メモリ （OA機器） マルチメディア 機器 （AVプレーヤ） 情報通信端末 AVアーカイブ	・1960 レーザの発明（Maiman） ・1960年代初め最初の光記録の研究 　（水銀灯）（スタンフォード大学／3M） 《He-Neレーザの開発：633 nm》 ・1972 レーザディスクの開発発表 　（Philips） 《半導体レーザの開発：780 nm》 ・1979 コンパクトディスクシステム 　（CD）の開発（Philips／ソニー） ・1985 プラスチック非球面単レンズ 　（対物）実用化（NA＝0.4） 《近接場記録の研究始まる》 《DVD用半導体レーザの開発：～650 nm》 《青色半導体レーザの開発：405 nm～》 ・2001～高NA単レンズ（NA＝0.85） 　の開発	・1978-1981 　レーザディスク米国・ 　日本でそれぞれ発売 ・1982 CDシステム発売 ・1982～ 　ISO規格適合記録型 　光メモリ・システム発売 ・1996 DVDプレーヤ発売 ・1998 記録型DVD発売 ・2003 Blu-rayドライブ発売 ・2004 HD DVDプレーヤ発売 ・2008.2 HD DVD撤退（東芝）

声-動画-HDビデオ）が明確に見える。PC用途はこれらを適応することによってPCのストレージとして活用してきた。光磁気ディスクなどの嘗てのPC用ストレージとして開発されたものは消えている。

4　これからの光メモリ[12〜14]

　光メモリとして現在どの様な可能性があるのかを考察する。先ず，物体を他の金属に光の波長以下の距離で近接すると光のにじみ出しがおこり，光の波長以下の小さなスポットを形成して記録に使う近接場の方式がある。これはλ /NAの呪縛から外れたものである。媒体が2次元的構造体であることやプローブと記録体を近接しなければならないという課題を持つ。また，スーパーレンズ方式（Super Resolution Near-Field Structure）は，いわば記録媒体の中で近接場効果を利用する記録・再生方式であるが，重ね合わせることができる層の数に限界が予測される。

　媒体を3次元的に使う方式には，2光子吸収を使う方式がある。ガウシャン分布をした光ビームの強い先端部で光子が同時に2個吸収され，その時媒体中の局所におこる変化で記録を行うものである。その材料の持つ特性によって種々の展開が可能とされるが，現状では感度の克服が課題である。

　ホログラムも代表的な3次元媒体への記録であり，高密度のメモリを期待されがちであるが，ホログラム記録は本質的には干渉縞のアナログ記録という側面を持ち，現状技術の延長上では多重の限界が記録材料によって決まり無制限では無い。

　レンズの制御方式，ディスクの成形材料や複製技術，半導体レーザ，プラスチック光学レンズなど，多くの要素技術が開発の進展に合わせて出現し，これをタイミング良く開発し活用された。この要素技術とのタイミングが技術の"筋"である。いま，青色レーザを利用する光ディスクまでが実現できたが，それ以降が不透明である。筋が見え難くなっている。

　これらの技術については別の章で詳述されるが，次世代光メモリは，メモリ容量，形態・サイズ，コストや利用される範囲から，Blu-rayの流れの中で存在するものでは無くなって来ている。これから展開される時代の背景である「情報通信（IT）」や「デジタル・アーカイブ」などの背景と重ね合わせで議論されるべきものとなろう。

　図2は大徳寺聚光院の国宝障壁画の前に座する虎洞和尚であるが，この壁画は既に2007年春にアーカイブされ，本堂にはコピーが飾られている。保存に幾重にも配慮が必要であった嘗ての状況を考え和尚も感無量であろう。文化財保存の分野でも大きなメモリが必要になってきている[13]。

　可能性のある技術の"筋"を読んで，応用への適応を考え，次の手を打つマネージメントが益々重要になるであろうし，更に次々と"筋"を作る技術を創出する英知もなお強く要請されよう[15]。

図2　大徳寺聚光院の障壁画（狩野永徳筆）

文　　献

1) 勝浦寛治監修，DVD技術の基本と仕組み，秀和システム（2005.11）
2) P. Rice, *JSMPTE*, **79**, pp. 997（1970）
3) *Philips Tech. Review.*, **33**(7)（1973）
4) 小特集：CD-ROM，テレビジョン学会誌，**49**(8)（1995）
5) K. Maruyama and R. Ogawa, Proc. of 2nd Int. Conf. on Opt. Design and Fab.,（ODF 2000），TA02, pp. 93（2000）
6) 徳丸春樹，横川文彦，入江満共著，DVD読本，オーム社（2003.9）
7) 沖野芳弘，中原住雄，レーザ加工学会誌，**10**(2), p. 190（2003）
8) 東芝レビュー，特集1：HD DVD要素技術，**60**(1)（2005）
9) 小川博司，田中伸一監修，ブルーレイディスク読本，オーム社（2006.12）
10) 沖野芳弘，電子情報通信学会誌，**89**(11), p. 994（2006）
11) 沖野芳弘，オプトロニクス，**26**(306), p. 104（2007）
12) 沖野芳弘，レーザ学会誌，**26**(1), p. 1（2004）
13) 沖野芳弘，マテリアルステージ，**7**(7)（2007）
14) 映像情報メディア学会誌，**61**(11), p. 1545-1592（2007）
15) 応用物理学関係連合講演会講演予稿集　No. 0, p. 86-89（2008）

第1章　次世代DVD技術

1　青色DVDシステム Blu-ray Disc

小林昭栄*

1.1　はじめに

　BD（Blu-ray Disc）は青色レーザー，NA0.85のHigh-NAレンズの光学系を用いることにより，線密度0.12μm/bit，トラックピッチ0.32μm，DVDの約5倍の記録容量，1層ディスクでは25GB，2層ディスクでは50GBの大容量記録再生メディアとして開発された。今回は，次世代青色DVDシステムとしてBDの物理フォーマット[1,2]を中心に述べる。

　光ディスクでは，レーザーの短波長化，レンズの高NA化によって，光学解像度は飛躍的に増加するが，その反面，光学収差による影響も増える。例えば，ディスクとピックアップの傾きの許容量を決めるコマ収差は$t×NA^3/\lambda$に比例する（t：ディスクカバー厚み，λ：波長）。光はディスクのカバー層をとおして，情報面に集光される。BDでは，このディスクのカバー厚みをDVDの1/6の薄さ0.1mmにし，収差の増加を抑えた。ところがディスクのカバー厚みを薄くすると，今度は，ディスクカバー表面のごみや傷の影響が大きくなる。BDはごみや傷に対して強力なECC（エラー訂正）方式を開発し，トータルとして，大容量記録再生を可能とした。

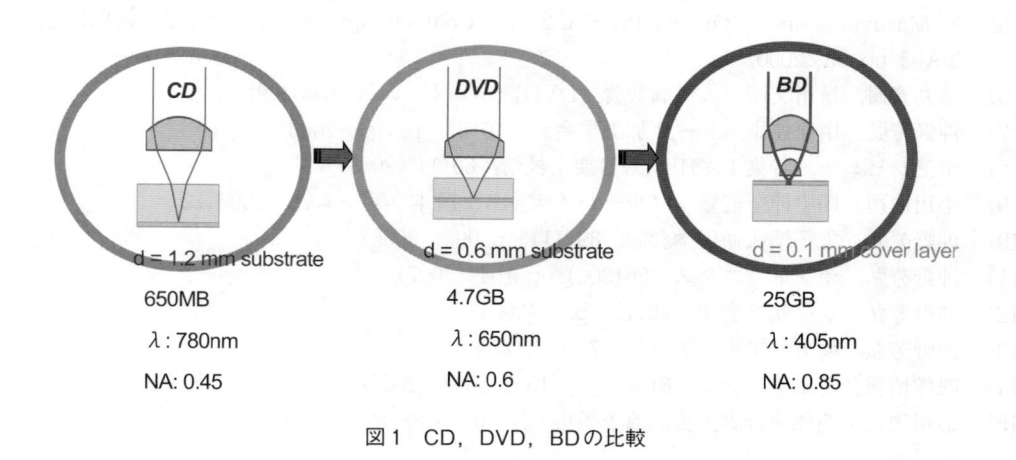

CD	DVD	BD
d = 1.2 mm substrate	d = 0.6 mm substrate	d = 0.1 mm cover layer
650MB	4.7GB	25GB
λ：780nm	λ：650nm	λ：405nm
NA: 0.45	NA: 0.6	NA: 0.85

図1　CD，DVD，BDの比較

---

*　Shoei Kobayashi　ソニー㈱　オーディオ・ビデオ事業本部　記録システム開発部門　AS開発部

第1章　次世代DVD技術

表1　DVDとBDのスペック比較

	DVD	BD
Capacity	4.7/9.4 GB	25/50 GB
λ	650 nm	405 nm
bit長	0.267 μm	0.11 μm
track pitch	0.74 μm	0.32 μm
最短マーク長	0.4 μm	0.15 μm
Disc Cover厚み	0.6 mm	0.1 mm
線速	3.49 m/s	4.86 m/s
Channel Rate	26.16 Mbps	66 Mbps
User Rate	11.08 Mbps	35.965 Mbps

　アプリケーションとしては，CDではオーディオ，DVDではSD画像を主なコンテンツとして記録再生した。BDでは大容量を生かし，HDコンテンツをターゲットとした。HDを記録再生するためには，大容量だけではなく，高転送レートが必要となる。1×では36 Mbpsという高転送レートを実現した。

　メディアはCD，DVDと同様，ROM，Rewritable，Recordableの3種類ある。ROMはHDコンテンツの配布用に，また，プレイステーション3等のゲームのメディアとして使われている。

　Rewritableメディアは，ディスクのグルーブ上にPhase Change[3〜5]により記録する，書き換えのできるメディアである。Recordableメディアは，一回記録メディアで，Rメディアとよばれている。Rewritableメディア，Rメディアは，記録速度が高速化され，それぞれ2×，および，6×まで実用化されている。

1.2　エラー訂正

　前述したように，CDからDVD，BDへと高密度大容量化するため，レーザーの波長を短くし，対物レンズのNAを大きくした。その反面，チルトマージン等を確保するため，CDのカバー層1.2 mmに比較し，DVDのカバー層0.6 mm，BDのカバー層0.1 mmと薄くした。カバー層を薄くした分，カバー層の上のごみ，傷，ディフェクトの信号層への影響が大きくなり，エラー訂正方式を強化することが必要となった。

　エラー訂正フォーマットは，最初のCDではRS (28,24,5) × RS (32,28,5) のクロスインターリーブフォーマットであった。表2にDVD，BDのエラー訂正方式の比較を示す。DVDでは32 kB (16セクタ) を訂正ブロックとしたRS (182,172,11) × RS (208,192,17) のプロダクトコードを導入した（図2）。これにより，ランダムエラー，バーストエラーともに画期的にエラ

次世代光メモリとシステム技術

表2　DVDとBDのエラー訂正方式の比較

	DVD	BD
訂正block長	32 kB Block（16 sect）	64 kB Block（32 sect）
エラー訂正方式	RS Product Code	LDC + BIS
訂正符号	RS (182,172,11) × RS (208,192,17)	RS (248,216,33) + RS (62,30,33)
バースト訂正長	6.3 mm	8.8 mm

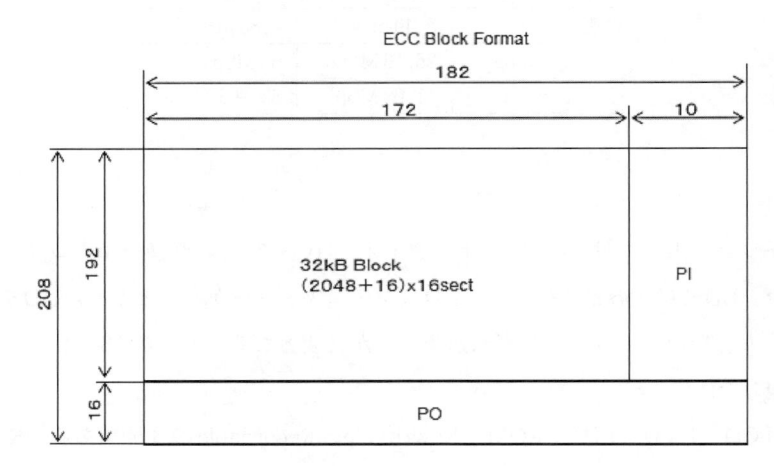

図2　DVDのエラー訂正方式

ー訂正能力は強化された．また，半導体の進歩により，プロダクトコードの特徴を有効に使い，繰り返し訂正することで，さらに，訂正能力は強化された．DVDではエラー訂正フォーマットをブロック化し，セクタライズすることにより，AVストリーム以外のデータをハンドリングし易くし，PCデータの記録再生用途にも広く浸透していくことになった．

さらにカバー層が薄くなったBDでは，ブロックサイズを64 kB（32セクタ）とし，DVDよりさらに大きくした．エラー訂正方式は，RS (248,216,33) のLDC（Long Distance Code）をベースに，BIS（Burst Indicator Subcode）をあわせて導入した．RS (248,216,33) のLDCでは，符号長として8ビットのガロア体をほぼいっぱいに使い，符号距離も33と，効率を落とさず，強力な訂正能力をもつことにした．パリティ32という大きな距離をもつ符号は，記録再生ストレージには見かけないほど強力な符号である．BDではランダムエラー，バーストエラーだけでなく，ショートバーストもあり，これらに対し優れた訂正効果をもっている．

BISは，図3に示すように，BIS，および，Frame Syncが連続的にエラーを起こした場合は，これらに挟まれたデータはバーストエラーとみなし，ポインターをつけ，LDCの訂正の際にポ

第 1 章　次世代DVD技術

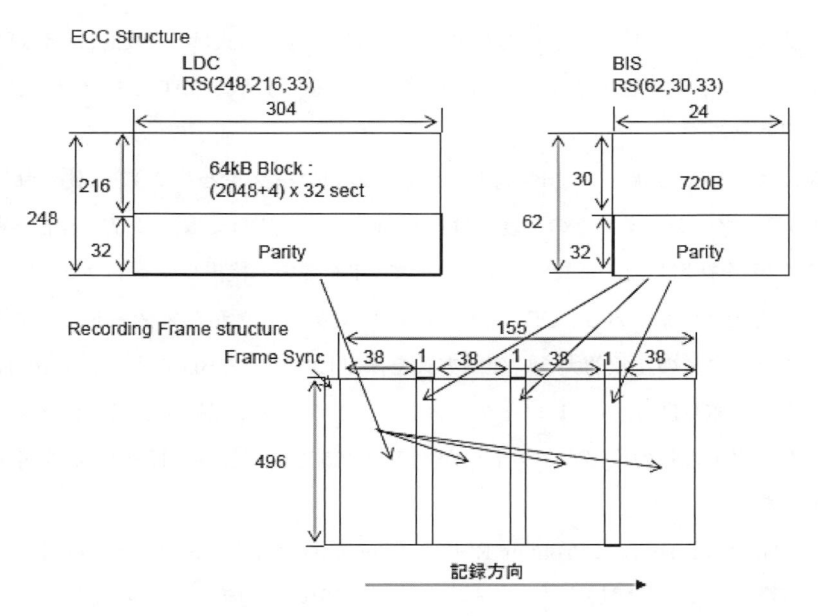

図 3　BDのエラー訂正方式

インタイレージャ訂正を行うことができるようにした訂正方式である．ポインタイレージャ訂正方式は，符号中のどの位置のシンボルがエラーであるかを指定することにより，そのシンボルを正しい値に訂正する．通常の訂正方式では，どの位置のシンボルがエラーしているか，および，そのシンボルの正しい値を求めているが，この方式に比較し，ポインタイレージャ方式は 2 倍のシンボル数を訂正することができる．

　BIS自体の符号は，RS (64,30,35) とし，インターリーブ長も大きくとり，符号長の半分以上をパリティとすることにより，エラーフリーの符号とした．これにより，BIS符号の中のどのシンボルがエラーかを特定できる．Frame Syncも同期保護処理により，どのFrame Syncがエラーかを特定できる．これらのエラーと特定できたBIS，Frame Syncが連続してエラーを起こした場合，エラーとなったBIS，Frame Syncに挟まれたデータをバーストエラーとみなし，ポインターをつける．LDCでポインタイレージャ訂正をすれば，最大32個までのポインタイレージャ訂正が可能で，64フレーム8.8mmの最大バースト長を訂正することが可能である．この最大訂正バースト長はDVDの1.4倍である．

1.3　変調方法

　光ディスクの変調方式は，光の解像度MTFによる高域制限と，サーボ信号への影響を抑える

ための低域制限により，帯域制限された方式が使われる。変調方式は，一般的に（d，k）RLL（Run Length Limited）コードで表現され，d＋1の最短マーク長（d制限）からk＋1の最大マーク長（k制限）に制限される。

　CD，DVDは，EFM変調，8/16変調を採用し，最短マーク長として3Tが使われ，検出ウィンドウは0.5T，マーク長あたりの密度比は1.5である。一方BDでは，（1,7）RLLで表現される17変調系の17PPを採用した。最短マーク長として2Tを使い，検出ウィンドウは0.67T，マーク長あたりの密度比は1.33である。CD，DVDではROMディスクからスタートし，マスタリングのし易い最短マーク長の比較的大きい変調方式を採用した。一方BDでは，Rewritableディスクからスタートし，ROMに比べ，レコーダーおよび，ドライブで記録する記録ジッターが大きいことを考慮し，再生の際の検出ウィンドウが大きい変調方式として，17PP変調を導入し，高密度化に対応した。

　17PPは，Parity PreserveとProhibit RMTR（Repeated Minimum Transition Runlength）という2つの特徴をもつ，可変長符号である。表3に17PPの変調テーブルを示す。

　Parity Preserveの特徴は，変調前のdata bitの1の数が偶数である場合，変調後の符号のchannel bitの1の数も偶数になる。逆に，変調前のdata bitの1の数が奇数である場合，変調後の符号のchannel bitの1の数も奇数になる。つまり，変調前のdata bitと，変調後のchannel bitとで，1の数の偶数か奇数かという特性が持続されるという特徴をもつ。

　BDでは変調後のchannel bit streamを記録する際，変調後の符号のchannel bitの1で記録パターンが反転し，0で記録パターンが持続するようにNRZI記録される。channel bitの1の数が奇数であると，記録パターンのマークの極性が符号トータルとして反転することになる。

　光ディスクでは，記録信号にDC分，低域成分があると，サーボ信号に影響を与えてしまう。また，検出の際，DC分をカット後も低域成分が残ると，検出しづらくなる。記録パターンのマーク，スペースを積算したDSV（Digital Sum Value）という値がDC分，低域成分の指標となる。CDやDVDの変調方式では，このDSVが最小限になるようにDC分，低域成分を抑える変調方式が導入されているが，17変調では，このようなDCコントロールの方式がなかった。17PPでは，このParity Preserveの特徴を使うことにより，記録するchannel bit streamのDCコントロールを，変調前のdata bitの段階で行うことができる。変調前のdata bitを45bitずつDCコントロールブロックに区切り，DCコントロールブロックの後に，DCコントロールビットとして1bitを追加し，DCコントロールを行う。DCコントロールブロックごとに，変調前のDSVを計算し，最小値になるように，DSVが大きくなった場合は，DCコントロールビットとして1を選択し，符号パターンを反転させる。小さい場合は，DCコントロールビットとして0を選択し，そのままにする。変調後は，Parity Preserveの特徴により，1の数が奇数であるか偶数であるかが変調前と同様

表3　17PP変調テーブル

data bit	変調bit	条件
00 00 00 00	010 100 100 100	
00 00 10 00	000 100 100 100	
00 00 00	010 100 000	
00 00 01	010 100 100	
00 00 10	010 100 000	
00 00 11	000 100 100	
00 01	000 100	
00 10	010 000	
00 11	010 100	
01	010	
10	001	
11	000	前の変調ビット = xx1
	101	前の変調ビット = xx0
代替data bit	代替変調bit	
11 01 11	001 000 000	前の変調ビット = 010
終端data bit	終端変調bit	
00 00	010 100	
00	000	

に持続され，変調前のDSVと同様に記録パターンのDSVが最小になり，DC分，低域成分を抑えることができる．図4に17PPと17変調の電力スペクトル密度（PSD）の比較を示す．低域成分が17PPでは，17変調に比べ，改善されていることがわかる．このように17PPでは，CDやDVDのようにDC分，低域成分を抑えるための複雑な符号化テーブルをもつ必要がなく，ハードウェアが簡易化された．

Prohibit RMTR（Repeated Minimum Transition Runlength）の特徴は，最短マーク長である2Tパターンの繰り返しを6回までに抑えた．BDでは，再生の際には，高密度記録再生のため，符号間干渉を積極的に使い，MTFの特性に近いPR（1221）のパーシャルレスポンスにあわせた等価を行い，ビタビアルゴリズムを用いた最尤復号であるPRML（Partial Response Maximum Likely hood）検出が使われる．

信号レベルの低い最短マーク長が続いた場合，最尤パスが確定できず，パスメモリを多くもたなければならなかったりし，うまく検出できないことがある．このような状況をなくし，高密度記録再生をするため，Prohibit RMTRとして最短マーク長の繰り返し回数を6回に限定した．

次世代光メモリとシステム技術

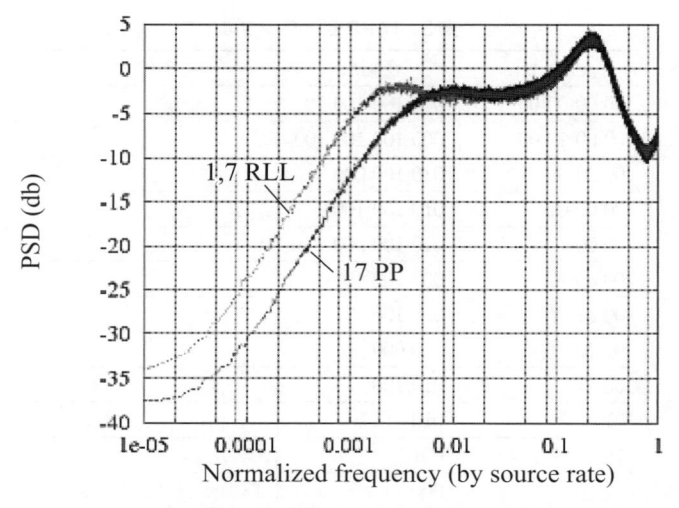

図4　17PPと17変調の電力スペクトル密度比較

1.4 RE, Rのアドレス方式[6]

BD等の光ディスクでは，データとして，AVコンテンツ，PCデータ等を記録再生するが，記録再生する際，ディスク上のどこに記録し，どこから再生するのかを指定するアドレスが必要である。

ROMのアドレスはデータフォーマットとして，ECCブロックの中に記録されている。RE, Rにも同じように，このECCブロックの中のアドレスはデータを記録する際に記録される。ここでいうアドレスは，これとは別に，RE, Rのディスクがマスタリングで記録され，ディスク成形される際に，記録再生する際のガイドとなるグルーブとともに記録されるアドレスのことである。

1.4.1 ウォブルアドレスフォーマットの機能

BDはトラックピッチ0.32μmのグルーブという溝がスパイラル状に形成されており，このグルーブ上にマークが記録される（図5）。グルーブはウォブルされており，wobbled grooveとよばれ，①記録クロックの発生，②精度のよい記録開始位置情報，③アドレス情報，④Disc Informationの記録という機能が必要となる。ウォブルの振幅はおよそ+/−10nm程度である。精度のよい安定な記録クロックを得るため，ウォブルはシングルトーンベースの波形で記録されている。ウォブルの波長は，記録再生データの69 channel長に設定されている。このため，ウォブルより得られる記録クロックに同期して記録すると，25GBのディスクでは，25GBの密度でマークが記録される。

記録開始タイミングやアドレス情報を得るため，シングルトーンベースのウォブルに，変調が

第1章　次世代DVD技術

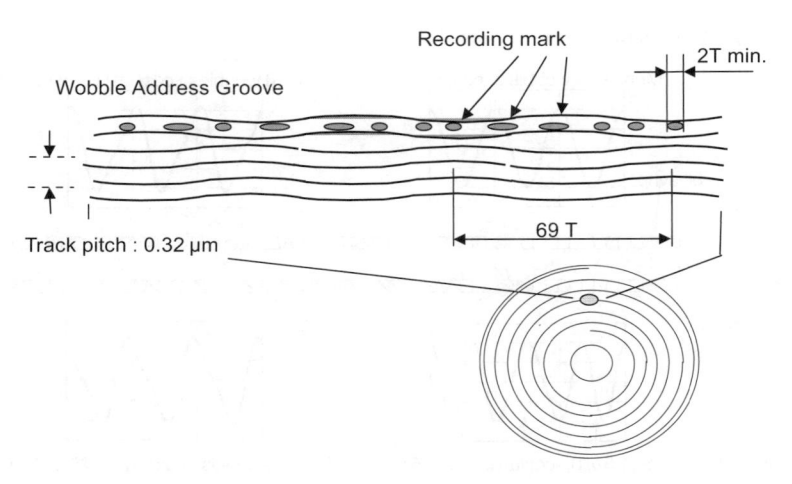

図5　ウォブルグルーブアドレス

加えられている。変調方式は、いろいろなノイズに対して強く、確実に再生されることが必要である。ノイズには、①メディア、グルーブ、および、記録されたフェーズチェンジマークからのクロストークによるwhiteノイズ、②トラックジャンプ時等の予期せぬウォブルシフト、③隣接トラックからのクロストークノイズ、④スクラッチ等によるローカルディフェクトなどがある。

このような、ノイズに対応するため、変調方式として、アドレスフォーマットの中に、MSK（Minimum Shift Keying）マーク[3,4,7]と、STW（Saw Tooth Wobble）[5,8]を組み合わせた。

1.4.2　ウォブルアドレスの変調方式

図6にMSKとSTWを組み合わせた例を示す。アドレスビットは、ADIP（address in pre-groove）とよばれるunitに記録される。ADIP unitは56 wobbleから構成される。図にbit 0,1の例を示す。ADIP unitの先頭にはbit syncという第1のMSKマークがあり、ADIP unitの先頭を同期検出できるようになっている。ADIP unitのno. 12 wobbleにbit 1, no. 14にbit 0をあらわす第2のMSKマークがある。

なお、MSKマークはsin波ではなく、ウォブルの低周波成分を抑圧するため、cos波で形成してある。

No. 18-54に37個、STWで変調されたウォブルが形成されている。STWは2次の周波数で変調されており、変調振幅はキャリアの1/4である。Bit 0は－1/4 sin、bit 1は1/4 sinで変調されている。2次の高調波成分までを変調することにより、マスタリング記録の際の帯域を抑え、ほかの信号への影響も抑えている。

MSKは、SNがよい変調方式であることが知られている。STWは、2次高調波の変調分がキ

ADIP structure

Monotone wobbles ; cos(ωt)

STW0 wobbles ; cos(ωt)-0.25sin(2ωt)

bit sync
bit_0

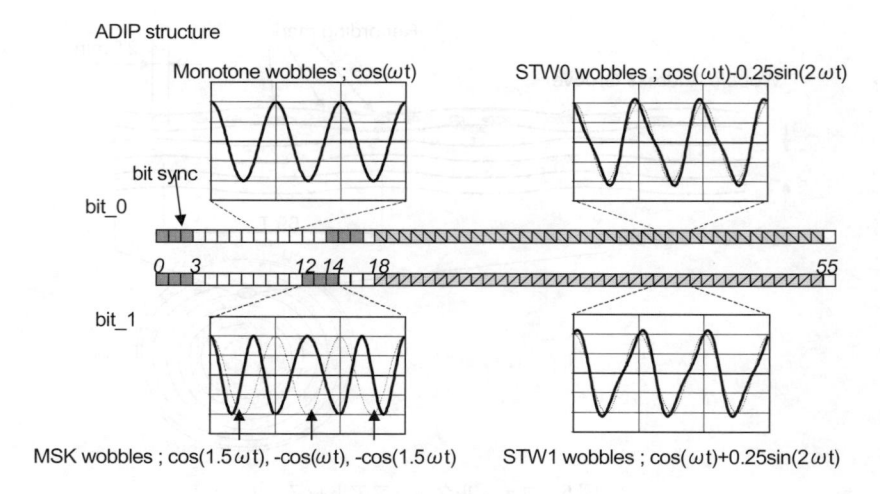

0 3   12 14 18   55

bit_1

MSK wobbles ; cos(1.5ωt), -cos(ωt), -cos(1.5ωt)

STW1 wobbles ; cos(ωt)+0.25sin(2ωt)

図6　ADIPの構成

Wobble shift

MSK　STW

Nominal　12.5 16.5 18   54
Timing

+1 Wobble Shifted Timing

An example of wobble shift of the detection

SNR Comparison

■ MSK
● STW

Wobble Shift

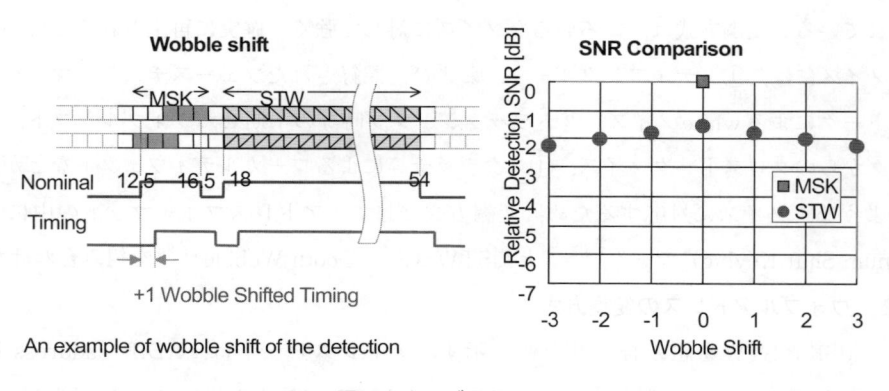

図7　ウォブルシフト

ャリアにくらべ，1/4と小さいため，37波分記録し，SNを改善している．また，分散して記録することにより，1波の変動による影響が少ないことがわかる．

図7に，MSKとSTWの，ウォブルシフト（1波長分のスリップ）をパラメータとしたSNを比較した計算例を示す．隣接トラックからのクロストークをのぞいている．ウォブルシフトがない場合は，MSKがSTWより1.6dB，SNがよくなっているが，ウォブルシフトがある場合，STWはSNの劣化が少なくなっている．

このように，SNのよいMSKはノイズに強く，STWはウォブルシフトに強くなっている．両者を組み合わせることにより，これらのノイズに強くすることができた．

16

また，STWは分散したためローカルディフェクトに強くなっている。一方，MSKは，bit syncなど位置情報として使われる。

1.4.3 アドレス評価

図8に，記録再生データとアドレスのエラーレートのマージン測定データを示し，比較した。ここでは，一例として，ディスクと光ピックアップの傾き角，radial skewに対するマージンを示した。MSK，STWは，それぞれ，記録再生データ（17PP（変調による記録再生データ））より十分広いマージンを示している。MSKとSTWの両者の検出を組み合わせたHybrid検出をすることもできる。このようにすることにより，さらに，広いマージンを得ることができた。

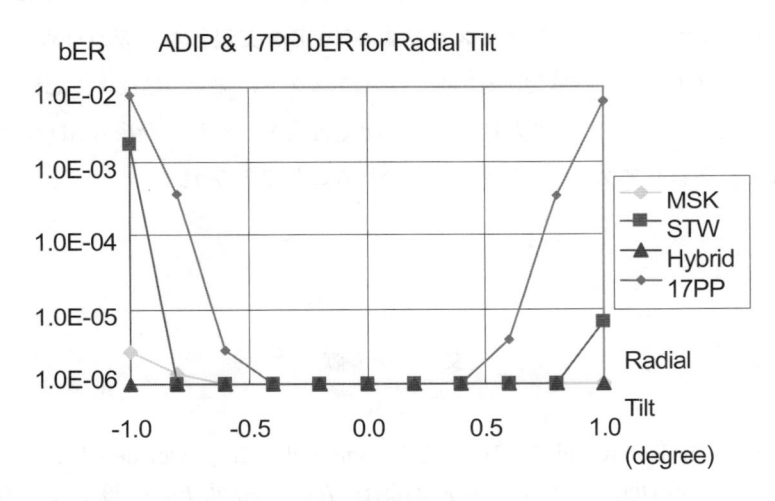

図8 アドレスと記録再生データのエラーレート比較

1.4.4 ADIP format and alignment with main data

1アドレスは1 ADIPワードといい，83 ADIPで構成される。ADIP unitとしては，bit 0, 1のほかに，検出調整用reference ADIP, ADIPワード同期のためのADIP unitがある。また，ADIPワードの中には，アドレス情報のほかに，Disc Information情報が記録されている。Disc Informationには，記録パワー，パルス巾等の記録条件が記録されている。アドレス，Disc Information情報はECC（エラー訂正）[9]によって保護されている。

また，1つのデータ記録ユニット（データのECCブロック）は，3つのアドレス（ADIPワード）で構成されており，アクセス性に優れている。

1.4.5 アドレスのまとめ

BD-RE/Rのアドレスフォーマットの基本コンセプトを紹介した。シングルトーンベースのウォブルフォーマットとしたので，精度のよいwriteクロックを安定に得ることができた。ノイズ

に強くするため,変調方式として,メディアノイズに強いMSKとウォブルシフトに強いSTWを組み合わせることにより,双方のノイズにロバストなフォーマットになった。MSK, STWそれぞれ十分なマージンがあるが,MSKとSTWを組み合わせた検出方法により,さらに,マージンを広くすることができた。このアドレスフォーマットによって,グルーブトラックレコーディングによる,BDフォーマットをより確実なものとすることができた。

1.5 おわりに

光ディスクとして,青色レーザーを使った次世代DVD,Blu-ray Disc(BD)について,物理フォーマットを中心に紹介した。大容量化の記録再生をするため,レーザー,High NAレンズを使い,0.1 mmのカバー層,2層ディスクにより50 GBを実現した。そのため,エラー訂正,変調方式,アドレス方式も大容量化に対応し,ディフェクトに強く,精度よく記録再生できるようにしたことを紹介した。BDは,大容量,高速記録再生を生かし,今後もHDコンテンツの記録だけではなく,多彩なアプリケーションに使われることであろう。

文　　献

1) T. Narahara, S. Kobayashi, M. Hattori, Y. Shimpuku, G. J. van den Enden, J. A. H. M. Kahlman, M. van Dijk and R. van Woudenberg, *Jpn. J. Appl. Phys.*, **39**, 912 (2000)
2) K. Schep, B. Stek, R. van Woudenberg, M. Blüm, S. Kobayashi, T. Narahara, T. Yamagami and H. Ogawa, *Jpn. J. Appl. Phys.*, **40**, 1813 (2001)
3) I. Ichimura, S. Masuhara, J. Nakano, Y. Kasami, K. Yasuda, O. Kawakubo and K. Osato, *Proc. SPIE*, **4342**, 168 (2002)
4) M. Kuijper, I. P. Ubbens, L. Spruijt, J. M. ter Meulen and K. Schep, *Proc. SPIE*, **4342**, 178 (2002)
5) S. Furumiya, J. Minamino, H. Miyashita, A. Nakamura, M. Shouji, T. Ishida and H. Ishibashi, *Proc. SPIE*, **4342**, 186 (2002)
6) S. Kobayashi, S. Furumiya, B. Stek, H. Ishibashi, T. Yamagami and K. Schep, *Jpn. J. Appl. Phys.*, **42**, 915 (2003)
7) H. Ogawa, Techn. Dig. ISOM 2001, 6.
8) J. Minamino, M. Nakao, N. Kimura, M. Shouji, S. Furumiya, H. Ishibashi and E. Ohno, *Jpn. J. Appl. Phys.*, **41**, 1741 (2002)
9) M. Blüm, L. Tolhuizen and S. Baggen, *Jpn. J. Appl. Phys.*, **41**, 1785 (2002)

2 青色DVD用光ピックアップの光学技術と記録技術

篠田昌久[*1]，竹下伸夫[*2]

2.1 はじめに

　2007年末までは，青色DVDといえば，中心波長が405nmの青紫色半導体レーザーを採用したBlu-ray Disc（BD）規格とHD DVD規格の両方を指しており，各社が自社の推進する規格の製品化開発を進めてきた。一方で，ユーザーの立場からは全規格に対応する製品が要望され，光学設計に従事する技術者にとっては，いかにスマートな方法でBD，HD DVD，赤色DVD，そしてCDの4規格の互換性を確保するかが最大の技術課題と捉え，製品化開発に取り組んできた。そしてついに上記4つの規格を全てサポートする製品が発売されるに至った。しかしながら，2008年初めになって，HD DVD規格の撤退という事態を迎え，青色DVDの開発課題の方向性が転換してきた。すなわち，BD規格を中心に据え，記録容量の増大を指向した多層化メディア技術への展開や，メディアの性能を最大限に発揮する安定した信号記録技術への対応である。

　そこで本稿においては，多層化に関わる2つの光学的課題として，その1つである球面収差とその補正について，さらにもう1つの課題として他層からの迷光除去対策について紹介する。また，メディアへの記録は，記録データ長に応じて，半導体レーザーのパルス発光をきめ細かく制御する記録ストラテジーによって行われ，光ピックアップの光学的仕様や半導体レーザーの特性を加味して，パルス発光パターンが決定されている。そこで本稿では，当社が取り組んでいる記録ストラテジーの最適化手法とその自動化についても紹介する。

2.2 多層化メディアでの球面収差補正技術

2.2.1 基板の厚みと球面収差の関係

　光メモリシステムは，レーザー光が基板層（保護層）を透過して集光される形態であるため，レーザー光の波長と対物レンズの開口数，そして基板の厚みに依存した球面収差が発生する。実用化されているBDの2層メディアでは，レーザー光が入射する基板表面から75μm奥に手前の信号層（L1層）が，そして基板表面から100μm奥に2番目の信号層（L0層）が形成されている。2つの信号層の間隔は25μmと狭く感じられるかもしれないが，レーザー光の波長が405nm，対物レンズの開口数が0.85というBD規格に準じて，基板の厚みと発生する球面収差の関係を計算すると図1のようになり，大きな球面収差が発生している[1]。すなわち2層メディアにおいて，信号層の切り替わりで25μmの基板の厚みが変化することによって，約0.25λrmsもの球面収差

---

*1 Masahisa Shinoda　三菱電機㈱　先端技術総合研究所　ユニットリーダー
*2 Nobuo Takeshita　三菱電機㈱　先端技術総合研究所　グループマネージャー

次世代光メモリとシステム技術

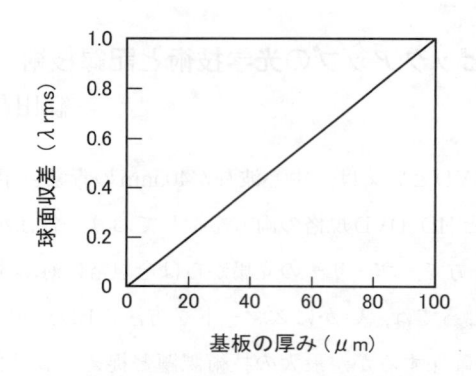

図1 基板の厚みと球面収差の関係

が変化するので，信号層に対応してアクティブに球面収差補正を行わなければならない。2層を超える多層メディアの開発例として，例えばBDの光学的規格を流用した8層[2]，あるいは16層[3]のBD-ROMが報告されている。これらの仕様によれば，球面収差補正をすべきトータルの層間隔は，前者で約85 μm，後者のそれは約200 μmとなる。後者の例において，丁度中間の厚みで球面収差が完全に補正されるような光学設計を行ったとしても，±100 μm以上の基板厚み誤差による球面収差が発生することになるので，後述する特殊な球面収差補正光学系が必須となる。

2.2.2 レンズ移動による球面収差の補正方法

球面収差の補正は，半導体レーザーから対物レンズに至る集光光学系で，光軸に沿ってレンズを移動させることで行うことができる。図2は例えばコリメータレンズを光軸に沿って移動させる方式で，写真1は実際にBD装置に採用されているレンズ駆動機構の例を示す。2層の信号層

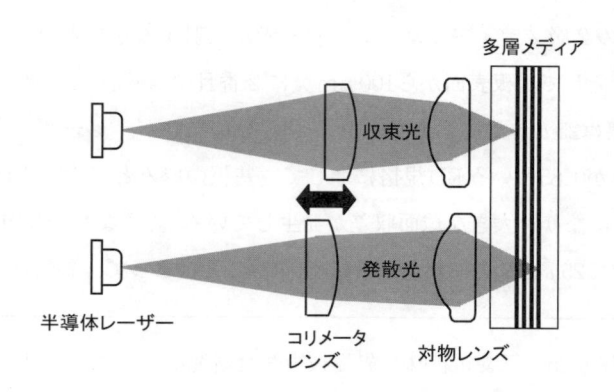

図2 コリメータレンズ移動による球面収差補正方式

第1章　次世代DVD技術

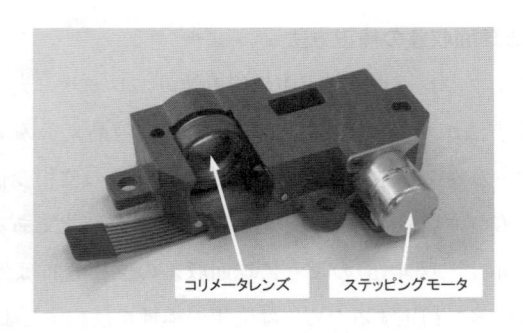

写真1　レンズ駆動機構の例

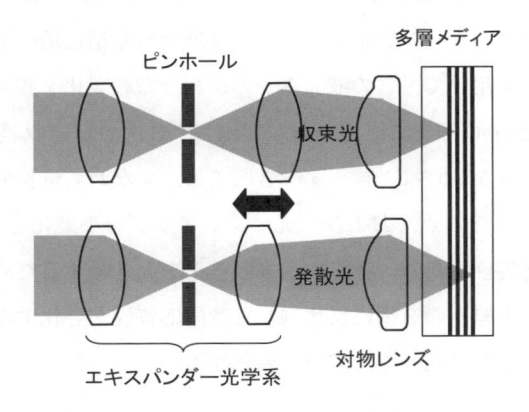

図3　ケプラー型レンズエキスパンダーによる球面収差補正方式

間をジャンプした場合にも，記録もしくは再生が途切れてはならないという装置側からの制約があるため，ステッピングモータによってコリメータレンズが約5 mmの距離を約0.1秒で移動する必要がある。信号層が多層になるほど補正すべき球面収差の量も増えるので，レンズ移動の長ストローク化と高速化が求められる。さらに，コリメータレンズが正しく光軸上を移動する必要があり，光軸に対するレンズ駆動機構の配置精度という機構的な面でも充分な配慮が必要である。

　文献3）で紹介した16層のBD-ROMの場合には，補正すべき球面収差の量が大きくなるため，図3で示すケプラー型のレンズエキスパンダー方式が採用されている。この方法は，2つの凸レンズで構成されるエキスパンダー光学系の一方のレンズを光軸に沿って移動させて球面収差補正を行う。さらに，固定側にある凸レンズの焦点位置にピンホールを配置させるのが特徴で，レーザー光に含まれる高次の球面収差成分と他の信号層で反射した迷光成分の両方を除去する役割を果たしているものと想定される。

2.2.3 液晶素子による球面収差の補正方法

　液晶素子を光ピックアップのレーザー光束中に組み込み，レーザー光の伝搬波面に位相変化を与えて収差の補正を行う方法がすでに実用化されている[4]。液晶素子の電極構造を，収差の波面分布形状に対応させてマトリクス構造に形成することで，任意の位相変化を作り出すことができるので，球面収差以外にもコマ収差や非点収差も同時に補正が可能である。図4は液晶素子で球面収差を補正する原理を示す。図4(a)のように球面収差の位相分布は光軸からの距離に対してW字状に変化する。この収差を補正するためには位相の極性が反転するように電圧を印加させる。実際の液晶素子は，図4(b)のように同心円状に液晶素子が分割され，球面収差の位相分布が近似的に補正されるような電極構造が形成されている。図4(c)は例えば，4つの同心円領域によって構成された液晶素子のパターンを示す。写真2は球面収差補正用の液晶素子である。図5は基準光源を備えた干渉計を用いて，この液晶素子の位相分布の変化を観測した結果である。液晶素子に電圧を印加すると同心円状に位相分布が変化し，3次の球面収差が0.020λrms変化している。液晶素子方式の大きな利点は，補正すべき収差量，すなわち位相分布の変化量を印加する電圧によって簡単に制御できる点，および，光ピックアップを小型化しやすい点にある。一方，課題として，時間的な応答性がある。補正すべき収差量を大きくするためには液晶素子層を厚くしなければならず，素子の厚みの2乗に反比例して時間応答性が悪化する。また低温でも応答性が低下するため，使用に際して充分な配慮が必要となる。

図4　液晶素子による球面収差補正の原理

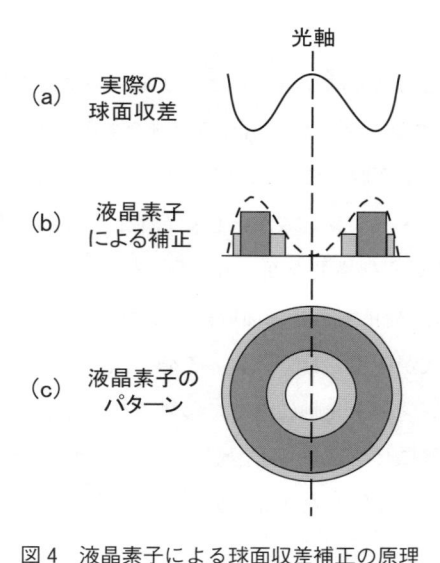

写真2　液晶素子の例

第 1 章 次世代DVD技術

位相分布

(a) 動作電圧オフ
0.000 λ rms

(b) 動作電圧オン
0.020 λ rms

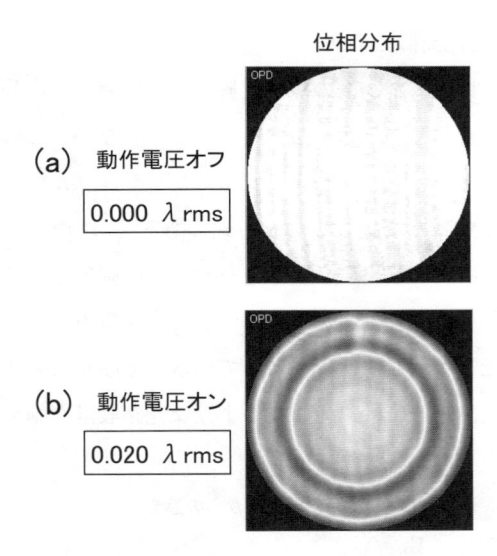

図 5 液晶素子の動作による位相分布の変化

2.3 多層メディアでの迷光除去
2.3.1 多層メディアでの迷光の発生とその問題点

　上述した多層メディアでの球面収差の補正を考えると，信号層の間隔を狭くして補正すべき球面収差量を小さく抑えることが補正手段の軽減になって好ましい。しかし信号層の間隔を狭くすることは，図 6 で示すように他の層からの反射光が迷光（クロストーク）となって光検知器に入射しやすくなり，再生信号や制御信号の品質が劣化するという問題点が生じる。次に，迷光成分を除去する方法として，迷光成分の伝搬方向を回折素子で曲げて光検知器に入射しない光学系とした方法，および偏光性を利用した例を示す。

他層からの反射成分
（クロストーク）
光検知器面

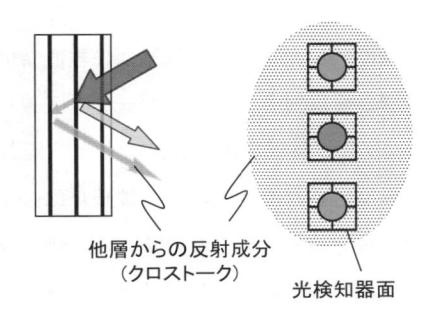

図 6 他層から発生する迷光

2.3.2 回折素子を用いた迷光除去の例

他層からの迷光成分は，集光スポットの焦点位置以外で反射した成分なので，光検知器まで伝搬すると収束しないぼんやりとした形状をしている。しかしながらこのような迷光成分が光検知器に入射することで，特にトラッキング制御のためのプッシュプル信号に影響を与えて問題となる。図7はその解決策の1つとして提案された方式である[5]。対物レンズから光検知器に至る検出光学系において，トラッキング検出に必要なレーザー光の強度分布を回折素子（ホログラム素子）によって分割するとともに，分割されたレーザー光の伝搬方向を屈曲させて専用のトラッキング検出用光検知器に集光して入射するようにしている。他層からの迷光も同じように回折素子作用の影響を受けるが，光検知器には集光しないような光路設計が施されている。

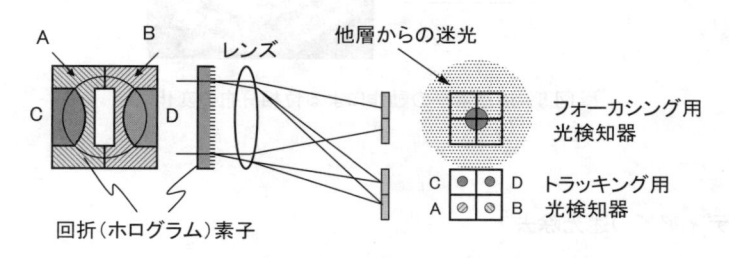

図7 迷光と信号光の伝搬方向を分離した迷光の除去方法の例

2.3.3 偏光性を用いた迷光除去の例

信号層からの反射光と他層で発生した迷光成分の偏光方向を異ならせることで，偏光ビームスプリッター等で信号成分だけを分離する方式が提案されている[6]。図8のように，光軸に対して一方の側（例えば図示の光軸の上半分）を＋1/4波長板，他方の側（例えば図示の光軸の下半分）を－1/4波長板となるように形成された波長板2組を，多層メディアのうち記録／再生の対象となる層からの反射光が収束する前後に，かつ波長板の正負の符号が反転するように配置する。また多層メディアからの反射光は直線偏光（図8では紙面に垂直な偏光方向）となるようにしておく。こうすると，所望の信号層から反射されたレーザー光（実線）は必ず同符号の2枚の波長板を透過することになるので，1/2波長板を透過したことと等価となり偏光方向が90度回転する。一方，所望の信号層以外から反射された迷光成分（破線）は必ず異なる符号の2枚の波長板を透過することになるので，波長板を透過していないことと等価となり，従って偏光方向は変化しない。そこで2組の波長板の後側に偏光ビームスプリッター等を配置することで，所望の信号層から反射されたレーザー光成分だけを分離することが可能になり，迷光成分は除去される。本方式によって，層間の間隔を狭くしても迷光によるジッター値の増加を実際に抑えられたことが

第1章　次世代DVD技術

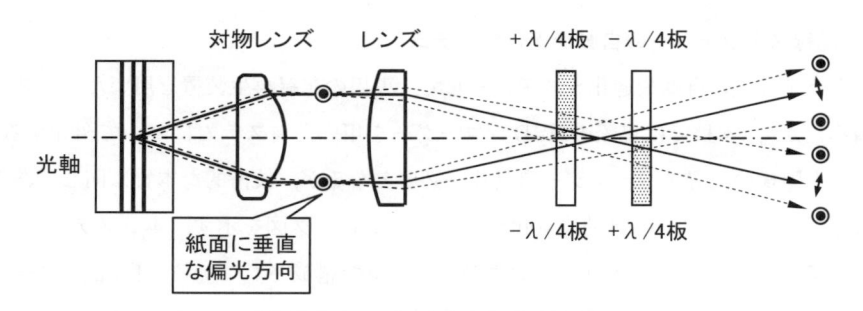

図8　偏光方向を利用した迷光の除去方法の例

報告されている。また正負の符号を反転させて一体的に形成した波長板には，フォトニック結晶が使われている。フォトニック結晶は，高屈折率と低屈折率の2種類の誘電体が一定の凹凸形状で積層された素子である。レーザー光が伝搬する際に誘電体の境界面で多重反射と多重散乱が起こり，波長板や偏光子，波長フィルターといった多様な光学的機能を発現するため，このような特長を活かして将来の光ピックアップに適用されることが大いに期待される[7]。

2.4　光ピックアップの記録技術
2.4.1　光ピックアップと記録技術の現状

　光メディアへの情報の記録は，半導体レーザー光を記録データに対応してパルス的に動作させて光メディア面に集光照射させることで行われる。この半導体レーザーのパルス発光波形は，記録特性を最適とするためにきめ細かく制御する必要があり，記録ストラテジーと称されている。メディアの種類やメーカーによって記録ストラテジーは個々に異なるので，メディアの種類毎にメディアメーカーが推奨する記録ストラテジー情報が読み出せる仕組みになっている。しかしながら，記録特性は光ピックアップの光学特性である集光スポット径や収差に敏感であるため，現実にはメディアメーカーが推奨する記録ストラテジーをそのまま使用しても，最適な記録特性を確保できないのが通常である。そこで，メディア毎に予め最適化の調整を行った多量の記録ストラテジーパターンをレコーダー装置のメモリに保持しておき，メディアの種類に応じて記録ストラテジーパターンを読み出して記録することが行われている。このようなやり方では，新規のメディアが発売される毎に，記録ストラテジーの作成とメモリ情報の更新が必要となるし，光ピックアップのモデルチェンジを行った場合には，全てのメディアに対して記録ストラテジーの見直し作業を繰り返さなければならない。また，記録ストラテジーの調整には，熟練した作業者が主観的な判断で行うことが多かった。以下では，主観的な調整作業の影響を排除するために，記録ストラテジーを自動で最適化するシステムについて紹介する。

2.4.2 記録ストラテジーの自動最適化システム

　記録ストラテジーの自動最適化システムとして，専用の記録再生装置を用いたケースについては報告済みだが[8]，本稿では実際のDVDレコーダーを用いたシステムについて紹介する。BDレコーダーでも同様の記録ストラテジー自動化が必要となるが，技術的な本質は同じである。

　図9に記録ストラテジーの自動最適化システムのブロック図を示す。本システムは，DVDレコーダー，ディジタルオシロスコープおよびパソコンで構成されている。DVDレコーダーでの記録動作と記録ストラテジーの設定はパソコンによって制御され，まずDVDレコーダーに初期の記録ストラテジーが入力され，8/16変調されたランダム記録データがDVDメディア（DVD-R）に記録される。次に，記録されたデータを再生し，DVDレコーダーから出力されるイコライズ（EQ）後のRF再生信号がディジタルオシロスコープに取り込まれる。RF再生波形データはパソコンに送られて，RF信号解析部と記録ストラテジー算出部で処理される。RF信号解析部では，RF再生波形データからジッター値と複数の波形パラメーターを抽出し，記録ストラテジー算出部では，ジッター値と波形パラメーターに基づいて，次にテスト記録するストラテジーパターンを決定する。以上の処理は，ジッター値が目標値に到達するまで繰り返し実行され，最終的に最適な記録ストラテジーパターン解が得られる。

　図10は，DVD-Rへ2倍速記録を行う場合の記録ストラテジーの例を示している。記録ストラテジーは，トップパルスと記録データ長に対応した数のマルチパルスから構成されている。それぞれ記録データ長に応じた記録マークを形成するためには，トップパルスの幅とマルチパルスの幅を記録データに対し個々に最適化する。これに加えて，直前に記録したマークの熱の影響を軽減するために，トップパルスの立ち上がり位置をシフトするパラメーターを制御する必要がある。

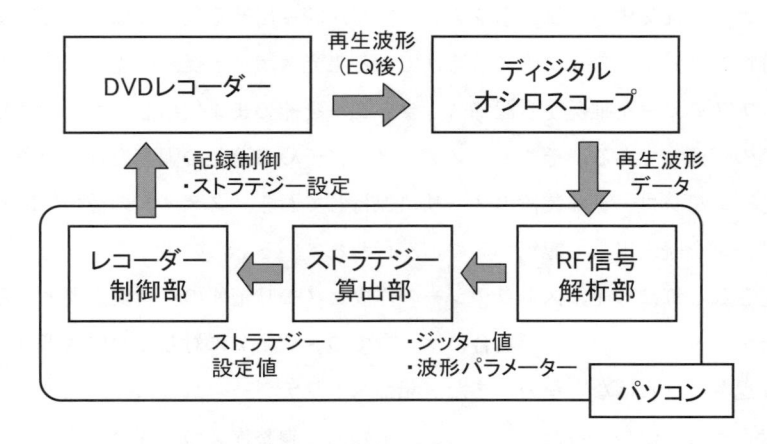

図9　記録ストラテジー自動最適化システムのブロック図

第1章 次世代DVD技術

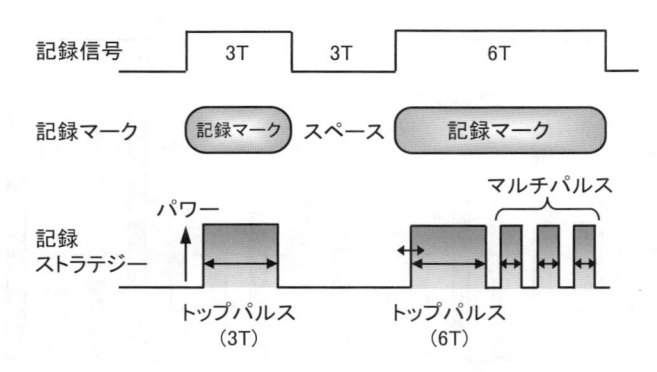

図10 記録ストラテジーの例（DVD-Rの2倍速記録）

2.4.3 自動最適化システムの性能評価

　記録ストラテジーの自動最適化システムの性能を確認するために，市販されている16種類の異なるメディアメーカーのDVD-Rメディアを用いて，最適に追い込んだジッター値とその最適化に要する時間を評価した。本自動最適化システムでは，図11で示すように全てのメディアでジッター目標値である8％より良好なジッター値が得られた。また，最適化に要した時間は図12に示すように約45秒〜2分30秒の範囲に収まり，熟練作業者と比較して圧倒的な時間の短縮を図ることができた。

　写真3は光ピックアップの例を示す。光ピックアップに搭載された半導体レーザー用ドライバーICによって，記録ストラテジーパターン信号は，半導体レーザーを発光させる電流値に変換され半導体レーザーに給電される。ここで，良好な記録特性を確保するためには，上述のような

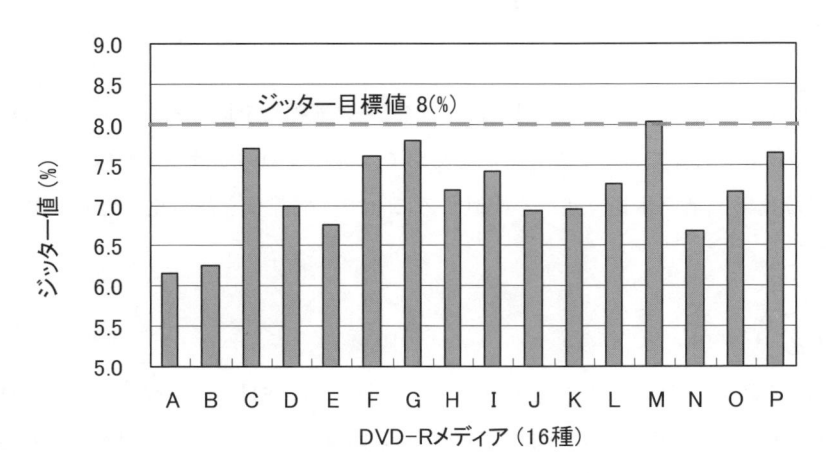

図11 自動最適化システムで追い込んだ最良ジッター値

次世代光メモリとシステム技術

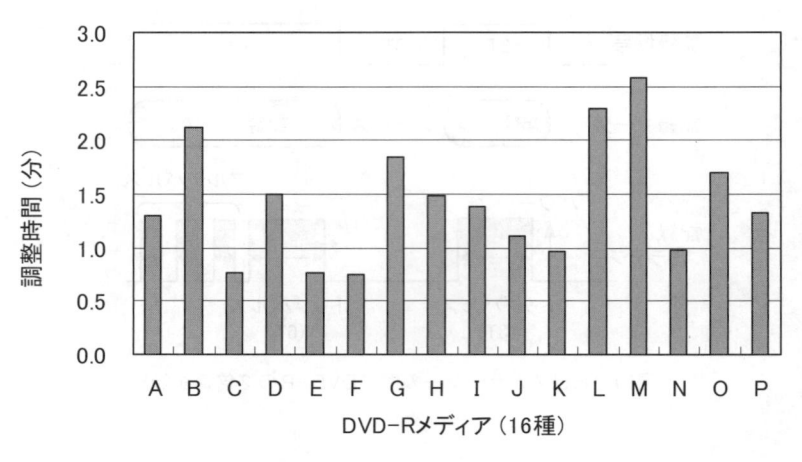

図12　最適化に要した時間

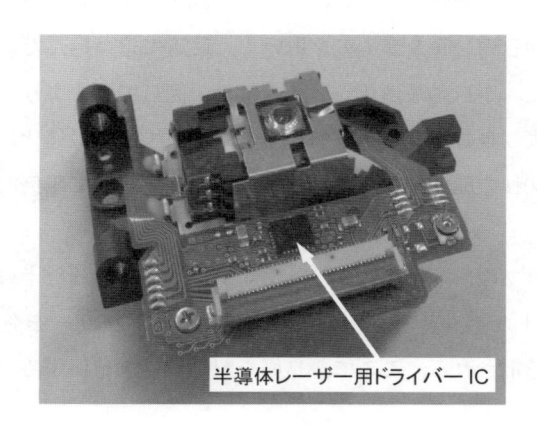

写真3　光ピックアップの例

記録ストラテジー自動最適化システム以外に，電流路の配線長を極力短くしてパルス電流の歪みを抑える回路設計が必要であることを付記しておく。写真3の例では，半導体レーザー用ドライバーICのほぼ真下に半導体レーザーを配置することで，配線長を最短化したレイアウトが採用されている。

2.5　まとめ

本稿では，メディア開発において進められている多層化に注目し，多層メディアに対して光ピックアップが関連する課題として，球面収差とその補正について，さらに他層からの迷光除去の対策方法について紹介した。また，メディアへの記録を最適にかつ自動で行う記録ストラテジー

第1章　次世代DVD技術

最適化システムに関して当社の取り組みを紹介したが，メディアは半径位置による特性ばらつきを有しているのが一般的であるため，さらなる記録特性の向上策として，記録と並行してリアルタイムで記録ストラテジーの最適化を図るシステム開発が求められる。

文　　　献

1) 篠田昌久, 光学, **37**(5), 272 (2008)
2) 市村功ほか, *O plus E*, **27**(4), 425 (2005)
3) A. Mitsumori *et al.*, *Technical Digest of Optical Memory and Optical Data Storage 2008*, MB02 (2008)
4) 橋本信幸, 光学, **36**(3), 149 (2007)
5) K. Sano *et al.*, *Jpn. J. Appl. Phys.*, **45**(2B), 1174 (2006)
6) T. Ogata *et al.*, *Proc. of SPIE Optical Data Storage 2006*, 6282 (2006)
7) 川上彰二郎, *O plus E*, **28**(4), 381 (2006)
8) T. Kishigami *et al.*, *IEEE Transactions on Consumer Electronics*, **53**(1), 155 (2007)

3　書換形／追記形光ディスク媒体の技術

山田　昇*

3.1　はじめに（次世代DVDとは？）

　次世代DVDという言葉は2008年10月末の現在，BD（Blu-ray Disc）[1]のことを指す。CD（Compact disc）からDVD（Digital versatile disc）という系列を受け継ぐ120 mm径の光ディスクとしては，1990年代末よりHD DVD（High-definition DVD）とBDという2つのフォーマットが競い合い開発が進められてきたが，2008年に至り，ようやくBDに一本化された（写真1）。BDの技術的特徴は，DVDの光ピックアップで用いられている赤色レーザ（波長：650 nm）とNA 0.6の対物レンズの組み合わせを，青紫色レーザ（波長：405 nm）とNA 0.85の対物レンズの組み合わせに置き換えたことにある。これにより，光スポット径はおよそ0.3 μmと従来の1/2以下，面積ではおよそ1/5程度の大きさにまで縮小され，BDの記録容量は単層ディスクで25 GB，2層ディスクでは50 GBとDVDの5-10倍以上に増大した。記録速度は36 Mbpsを基本（1×）にして，書換形（BD-RE）では2倍速（2×）の72 Mbps，追記形（BD-R）では6倍速（6×）の216 Mbpsまでが規格化されている。

　2層BDにはデジタルハイビジョン放送（データ速度：24 Mbps）を，最高画質で4時間以上録画することができる。また，近年，進歩が著しい信号圧縮技術を用いれば24時間のハイビジョン映像録画ができる。DVDが従来映像用（SD用）のビデオディスクであったのに対して，BDは高品位デジタル映像用（HD用）のビデオディスクと位置づけることができるだろう。

　本節では，製造プロセスに関する事項は別の章に譲り，次世代DVDとして開発されたBDメ

写真1　2層BD-REディスク（Panasonic製）

---

*　Noboru Yamada　パナソニック㈱　AVコア技術開発センター
　　　　ストレージメディアグループ　グループマネージャー

第1章　次世代DVD技術

ディアの層構造，記録材料，開発上の技術課題とそれが解決された方法について述べる。

3.2　BDメディアの構造

　図1にBDメディアの代表的構成と基本的な仕様を示す。書換形，追記形のいずれの場合も，1.1mm厚の樹脂基板上に材料層を積み重ね，最後にカバー層と呼ばれる透明層を形成する。レーザビームをこのカバー層側から記録層に照射させる点で，CDやDVDとは異なる。動作距離の短いNA0.85の対物レンズを用いるために，上記カバー層の厚さは0.1mm（2層メディアでは0.075mm）と従来の0.6mmよりもはるかに薄く設定されている。

　材料層は，Ag合金反射層，誘電体材料層，記録材料層，誘電体材料層の4つを積層するのが基本である。後で詳しく述べるように，書換形の記録材料層には相変化材料を用いる。一方，追記形では様々なものがある。誘電体材料層は保護層とも呼ばれ，記録層を機械的に保護する役割，環境変化の影響を抑制する働き，光路長を調整して光学的変化を最適化する役目等の機能を有する。反射層は記録層で生じた熱を周囲に速やかに拡散するとともに，光を反射させて吸収効率を高める働きを持つ。Agが用いられるのは，熱特性が優れていることに加え，青紫色波長での反射率が大きいことによる。図に示すように，書換形では記録再生性能や繰り返し性能の向上を目的に，記録膜と保護膜の間により安定な誘電体材料膜を界面層として追加する等が一般に行われる。逆に追記形では反射層や保護層を省略する例も報告されている。

　基板上には，幅0.15μm，深さ20nm程度の光ガイド溝が0.30μmピッチで連続的に刻まれており，この溝に沿って逐次信号記録を行う。記録マークは最小では直径0.15μm程度の微小なサイズになる。記録マーク部は非記録部とは光学的反射率が異なるので，この差を検出して情報の再生を行う。

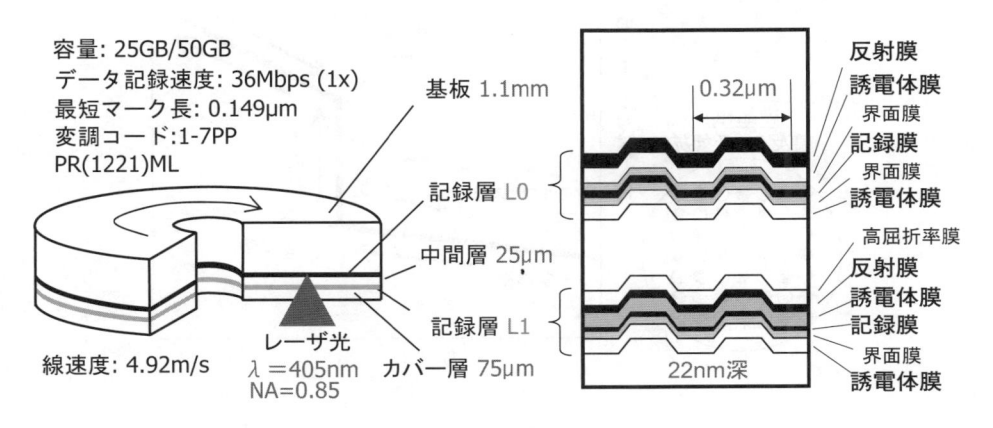

図1　BDメディアの代表的構成と基本的な仕様

3.3 BD-REに用いる相変化材料
3.3.1 3つの組成

　書換形BDメディア（BD-RE：REはrewritableの意味）では，DVDと同様，物質の可逆的相変化現象を利用して情報の記録再生を行う。カルコゲナイドに代表される相変化材料は，溶融状態から10^{9-10}K/sec程度の速度で急冷すると結晶化することなく固化されアモルファス相と呼ばれる固相を形成する。アモルファス固体中の原子配列は，液相での乱れた原子配列を反映しており，ある原子から見て隣接原子との関係では規則性を持つが少し離れると規則性が失われる。このアモルファス固体を結晶化する際は，結晶化温度T_x以上の温度にまで昇温させる。再び自由度を増した原子は組み替えにより規則性を回復し結晶固体となる（図2）。最新の相変化材料では，ナノ秒オーダーのレーザ照射により，高速に相変化が生じる。2つの相は，互いに光学的特性が異なるので情報の記録再生を行うことができる[2]。

　光ディスクに用いられる相変化材料では，応用されるシステムに応じて，書換速度，耐熱性能，保存寿命等を最適化できることが必須であり，なんらかの手段で細かく調整できることが重要である。その意味で，現在は次に述べる3つの材料系で最も優れた特性が報告されている。これらは1つの三角ダイアグラム上にまとめて示すことができる（図3）。第1はGeTe-Sb_2Te_3擬二元系材料[3]である。膜中のGeTe成分を増減する，Geの一部をSnに置換する[4]，Sbの一部または全部をBiに置き換える等[5,6]により，結晶化速度や結晶化温度を最適化する。第2はSb-Te系に添

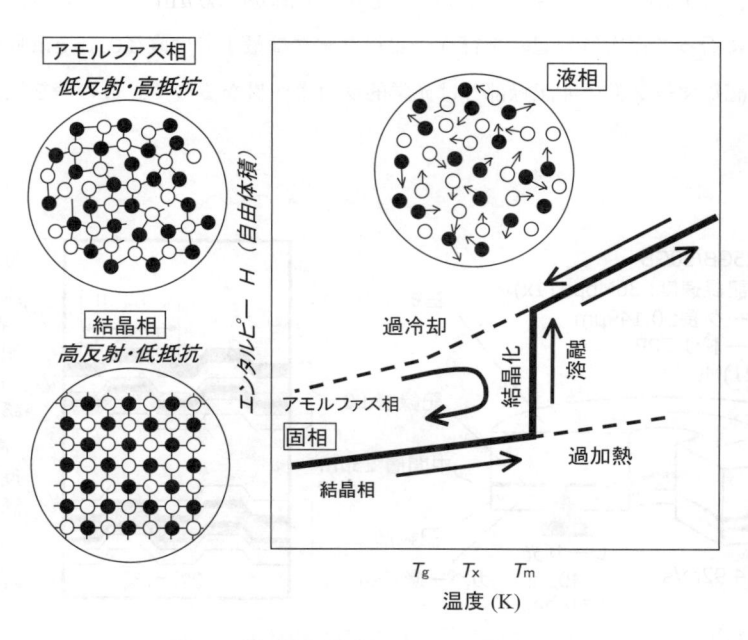

図2　可逆的相変化プロセスと原子配置の変化

第1章　次世代DVD技術

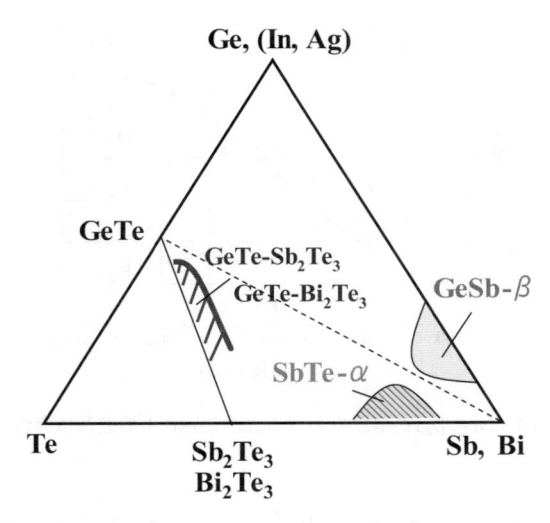

図3　光ディスクに用いられる代表的な3つの可逆的相変化材料系

加物として少量のGe，In，Ag等を加えた材料系である[7,8]。Sb濃度が多いほど結晶化速度が大きくなる，一方ではアモルファス相の熱的安定性が低下する。これも応用システムに応じて添加物濃度とSb/Te比の最適化が行われる。第3はGe-Sb系材料である[9,10]。非常に高い結晶化温度が得られるという特徴があり，近年，開発が試みられている。

これらの材料をBDへ応用する際に重要なポイントは，①青紫色レーザ波長に適合させるという光学特性面での最適化，そして②小さな光スポットに対応するという熱特性面での最適化の2点になる。

3.3.2　光学的な課題と対策

図4は近赤外レーザや赤外レーザ用材料として開発された$Ge_2Sb_2Te_5$薄膜について，その光学定数とレーザ波長の関係を調べた例である[11]。屈折率nの変化量（$\Delta n = n_c - n_a$）は波長が短くなるにしたがって減少し，ついには大小関係が反転している。また消衰係数kの変化量（$\Delta k = k_c - k_a$）は単調に減少し，青紫レーザ波長域においては大きく低下する。すなわち，短波長領域では相変化に伴う$Ge_2Sb_2Te_5$薄膜の光学変化は低下することがわかる。

青紫色領域で大きな光学的変化を得るための1つの方法は，同じ$GeTe-Sb_2Te_3$擬二元系でも，よりGeTeに近い組成を適用することである。$GeTe-Sb_2Te_3$擬二元組成線上の幾つかの組成について，相変化に伴う光学定数の変化量を波長405nmに対して調べたところ，図5に示すような結果が得られた[12]。図中の各組成の横に記載した数字は，光学定数の変化$\Delta n - i\Delta k$（結晶相の光学定数からアモルファス相の光学定数を引いた値）を示している。すなわち，$GeTe-Sb_2Te_3$擬二元系では，GeTe組成点に近づくほど$|\Delta n|$，$|\Delta k|$の値が増大しており，より大きな光学的変化

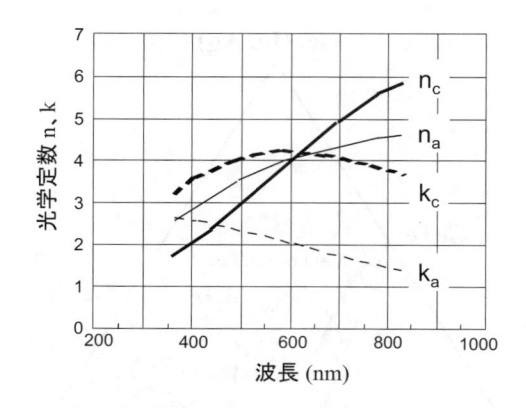

図4　$Ge_2Sb_2Te_5$薄膜における光学定数n, kの波長依存性

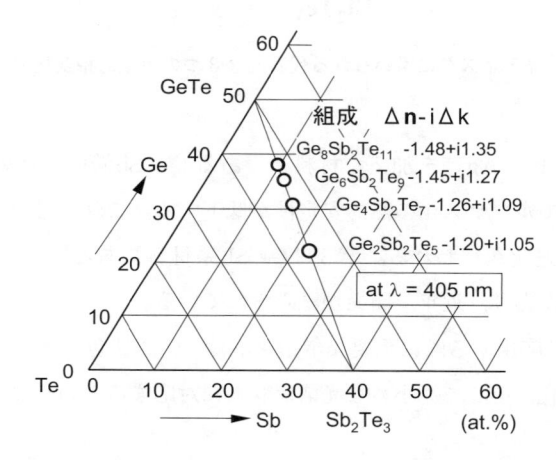

図5　相変化に伴う$GeTe-Sb_2Te_3$系材料の光学的変化（波長405 nmの場合）

が得られることがわかる。

3.3.3　熱的な課題と対策

BDでは，既に述べたように，光スポットの直径DがDVDの1/2以下，面積では1/5以下となる。このことは，速度Vで回転するディスク上での照射可能な時間T（$=D/W$）が必然として1/2以下になること，また同じ強さの再生光量（再生パワー）でも光スポット内のパワー密度は5倍以上に高くなることを意味している。したがって，BDに適用すべき相変化材料にはより短いレーザ加熱で結晶化が完了し，かつ，より高い再生パワーでも結晶化が生じないという特性が必要となる。

図6は光ディスクの寿命推定のためによく用いられるアレニウスの方法（Arrhenius Method）を模式的に示したもので，保存温度の逆数$1/T$と寿命Lの関係をプロットし，高温条件での結

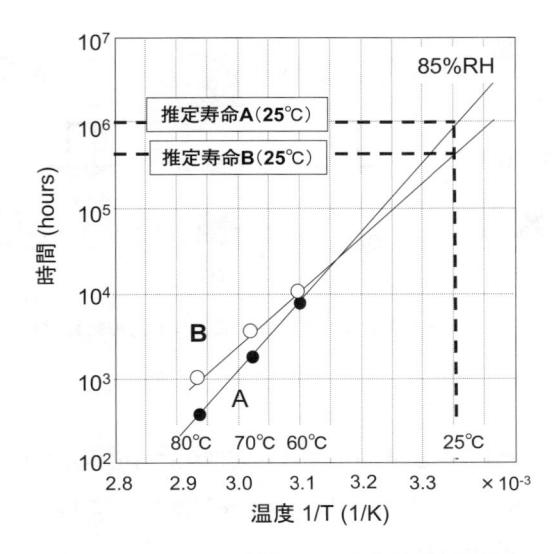

図6 アレニウスの方法による寿命予測の模式図

果を低温条件まで外挿することで，室温における寿命を推定するものである。この図の上で，勾配が急な材料Aと緩やかな材料Bが交差する形である場合を考えてみる。このとき，材料Aは材料Bに比べ高温では高速に結晶化し，しかも，低温ではより長い時間安定に存在することがわかる。この勾配が結晶化の活性化エネルギーE_aに相当する。すなわち，BD-REに適用される相変化材料として結晶化の活性化エネルギーが大きい材料が適することがわかる。

3.4 BD-Rに用いる追記形材料

追記形BDメディア（BD-R：RはRecordableの意味）に用いられる記録材料は，書換形と同様に青紫色レーザに適合すること，そしてより小さな光スポットに適合することが必要になる。現在，市場では書換形との構造互換性がよいという理由で無機材料を用いた系が優勢であるが，CD-RやDVD-Rで用いられた有機色素材料も一部商品化されている。ここではスペースの関係で無機材料に絞って解説する。

無機材料としては相変化タイプ，合金化タイプ，分解反応タイプの3つがある（図7）。相変化タイプはTe酸化物（TeO_x）にPdを少量添加した材料系を用いる。TeO_x：Pd薄膜[13]はas-depoではアモルファス状態として観測される。金属成分が酸化物中に微粒子として均質に分散されていて，室温では数10年以上も結晶化することはない。ただし，レーザ照射により記録膜を瞬時溶融すると，記録膜は酸化物（TeO_2）と金属成分（Te，Pd-Te合金）とに非可逆的な相分離を生じ，同時に金属成分が高速に結晶化することで記録が行われる（図7 a）[14]。1980年代より

次世代光メモリとシステム技術

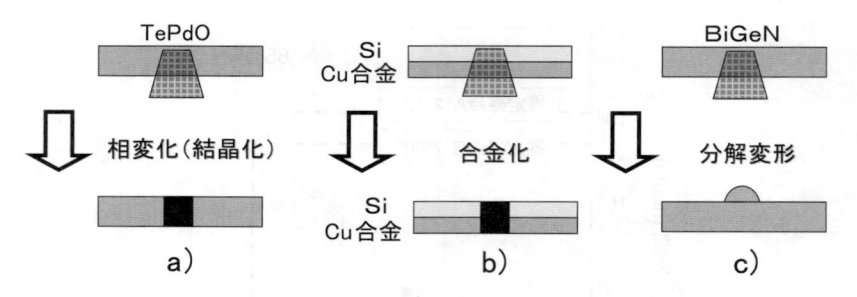

図7　BD-Rで用いられている代表的な追記形記録材料

長く実用に供されてきた材料であるが，BDでは高密度化に対応するために酸化物の構成比が大幅に増大されている（酸素成分比が30％程度から50％程度へ）。これにより材料層の熱伝導率が低下し，記録時の分解能が向上した。

　合金化タイプは低融点合金相を形成しやすい2つの材料薄膜層を積層したものを記録膜とする。記録層にレーザ照射を行うと，2つの材料層の溶融-合金化が生じるので，この際に2層状態に比べて反射率が低下するような膜厚に設定することで信号記録を行う。代表的材料としてCu合金／Siの組み合わせが報告されている（図7 b）[15]。一般に単純な材料系でできるという点がメリットである。2つの層の一方または両方を合金層として保存性や光学特性を最適化することも試みられている。

　分解反応タイプの材料は，記録層材料として文字通り熱を加えたときに分解しやすい材料を用い，その際に放出ガスの圧力で記録層が変形することを利用して記録を行うものである。BD-Rではゲルマニウム窒化物Ge-Nとビスマス窒化物Bi-Nが混在したGe-Bi-N膜（アモルファス膜）が報告されている[16]。この膜は，レーザ加熱によりBi-Nが優先的に分解し，生じた窒素ガスにより空壁が形成される。Ge-Nは分解されにくいので空壁の形状が微細化されるものと考えられている。空壁では光が散乱されることを利用して信号の再生を行う（図7 c）。

　追記形BD（BD-R）は1-2倍速（データ転送速度36-72 Mbit/s）のものから始まり，1-4倍速対応のもの（同36-144 Mbit/s），1-6倍速対応のもの（同36-216 Mbit/s）までが既に実用化されている。

3.5　まとめ

　BDを例として，次世代DVDメディアの目的，それを実現するメディア構造，中心となる記録材料の種類とその課題および解決手段について解説した。スペースの関係で，主として書換形材料を取り上げたが，波長の変化，スポット径の変化に対応するための考え方は，追記形でも同様

第 1 章　次世代DVD技術

に取り扱うことができる。また，さらに小さなレーザスポットを用いる近接場記録媒体でも応用が可能である。多層化に関しては，第 2 章第 1 節で改めて説明する。

文　　献

1) 小川博司，田中伸一監修，図解ブルーレイディスク読本，オーム社（2006）
2) 河田聡編著，ここまできた光記録技術，工業調査会，pp. 115-148（2001）
3) N. Yamada et al., *J. Appl. Phys.*, **69**(5), pp. 2849-2856（1991）
4) R. Kojima, N. Yamada, *Jpn. J. Appl. Phys. Part 1*, **40**(10), pp. 5930-5937（2001）
5) K. Yusu et al., Proc. EPCOS05；available at http://www.epcos.org（2005）
6) 山田昇ほか，日本国特許2574325号（1986）
7) H. Iwasaki et al., *Jpn. J. Appl. Phys. Part 1*, **31**(2B), pp. 461-465（1992）
8) M. Horie et al., *Proc. of SPIE*, **4090**, pp. 135-143（2000）
9) C. N. Afonso et al., *Appl. Phys. Lett.*, **60**(25), pp. 3123-3125（1992）
10) H. Yuzurihara et al., *Proc. 17th Symp PCOS2005*, pp. 19-22（2005）
11) 山田昇，レーザ研究，**28**(9)（2000）
12) N. Yamada et al., *Proc. of SPIE*, **4342**, pp. 55-63（2002）
13) T. Ohta et al., *Proc. of SPIE*, **695**, p. 2（1986）
14) M. Uno et al, *Proc. of SPIE*, **5069**, p. 82（2003）
15) H. Inoue et al., *Jpn. J. Appl. Phys.*, **42**, pp. 1059-1061（2003）
16) N. Kato et al., *Jpn. J. Appl. Phys.*, **45**, pp. 1426-1430（2006）

4 BD用光ディスク媒体の製造技術

錦織圭史*

4.1 はじめに

　DVDはレーザ波長650 nm，NA0.6を用いて，1層4.7 GB，2層8.5 GBの容量を実現している。ディスクは，0.6 mm厚さの基板を2枚貼り合せた構造であり，レーザ光を基板に透過させて記録再生を行っている。一方，BDディスクは1層25 GB，2層50 GBの容量を実現するために，レーザ波長405 nm，NA0.85を用いたシステムであり，そのためディスク構造はDVDと大きく異なり，光を透過する層が0.6 mmから0.1 mm（2層構造では75 μm）となっている。これはNAをDVDの0.6から0.85としたことで減少するチルトマージンをディスクの構造により解決するためである。図1にDVDとBDの記録密度の違いを示す。BDは，スポット径がDVDの1/5であり，線方向，半径方向ともにピッチを狭めることによりDVDの約5倍の容量を実現している。

　図2にDVDとBDのディスク構造の違いについて示す。図2のようにBDはDVDとディスク構造が大きく異なるため，新たな製造プロセスの開発や，高密度化に伴うより精密な成形等の条件が必要になってくる。本節では，BDディスクの製造技術について説明する。

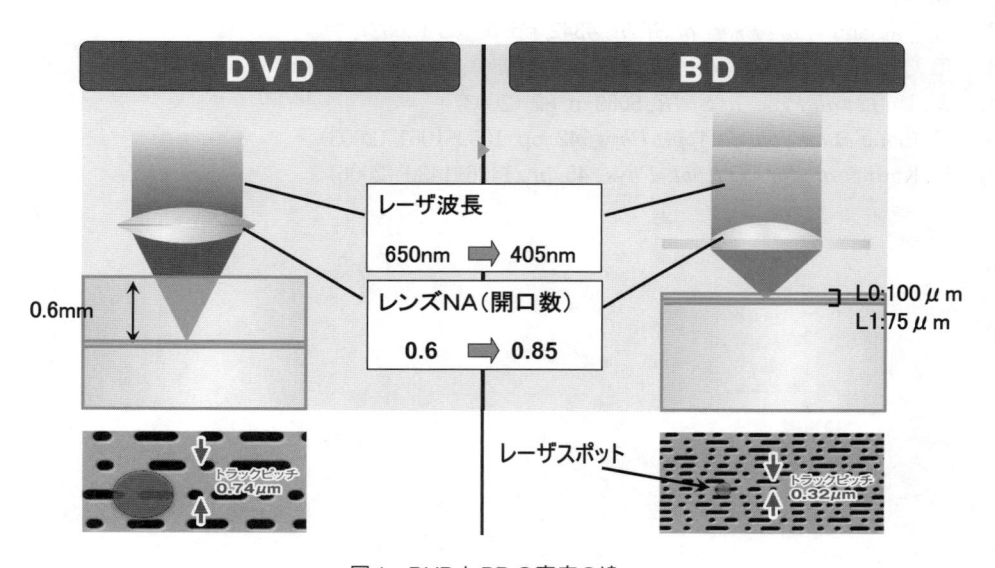

図1　DVDとBDの密度の違い

＊　Keiji Nishikiori　パナソニック㈱　デバイス強化推進室　参事

第1章　次世代DVD技術

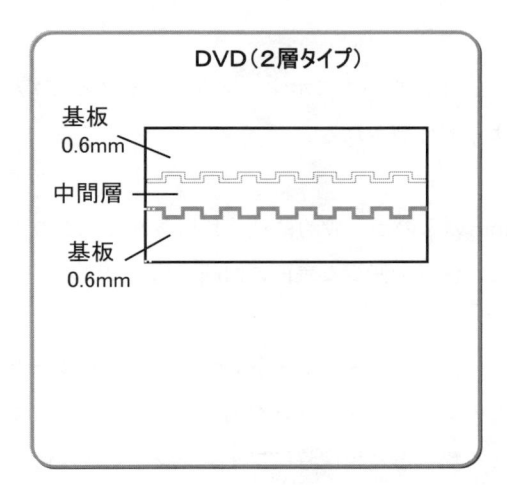

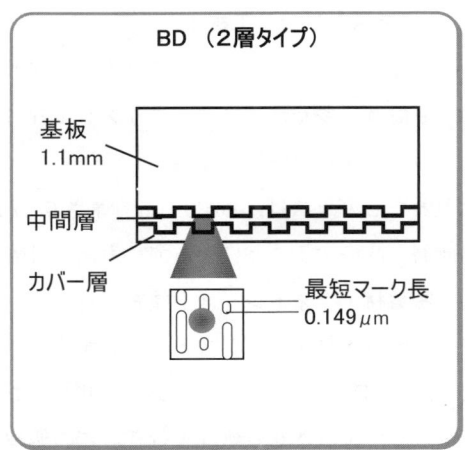

図2　DVDとBDのディスク構造比較

4.2　ディスク製造プロセス概要

ディスクの製造は，大きく分けて2つの工程からなる。マスタリング工程とレプリケーション工程である。CD，DVD，BDに限らず光ディスクの製造は，信号情報となるピットや案内溝を形成した原盤を作製するマスタリング工程から始まる。この工程で作製された原盤を金型として，基板の成形・成膜・光透過層（カバー層）・ハードコート層（HC層）の形成と続くレプリケーション工程を経てディスクが完成する。

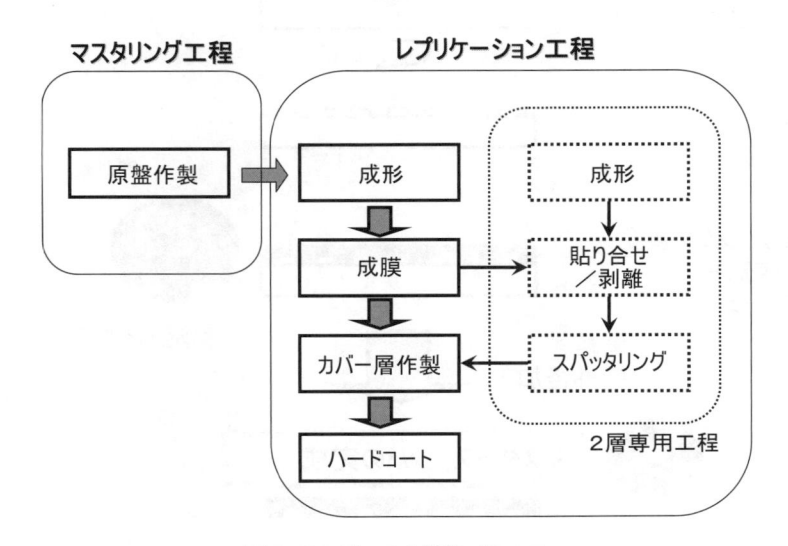

図3　BDディスク製造プロセス

4.2.1 マスタリング工程1

Recordable・Rewritableディスクのマスタリング工程を図4に示す。案内溝を有するBDディスクの原盤は，多くがこのマスタリング工程によって作製される。

(1) ガラス原盤の洗浄・研磨

原盤となるガラスは，φ200 mm，厚さ6-7 mmのものが一般的に良く利用される。このガラスを研磨・洗浄することによって，表面に付着した汚れや微少な表面の凹凸を均一にする。

(2) 密着材・フォトレジスト塗布

ガラス原盤へフォトレジストを塗布するが，その前にガラスとフォトレジストの密着性を上げるため，HMDS（ヘキサメチルジシラザン）などのシランカップリング剤を原盤表面に塗布または蒸気として付着させる処理を行う。この処理を省略すると現像時にフォトレジストが現像液とともに剥離する可能性が高く，歩留まりの悪化に繋がる。フォトレジストは，通常ポジタイプを解像度の観点から選択し，スピンコート法によって均一な塗布を行う。その厚みは，溝深さを決

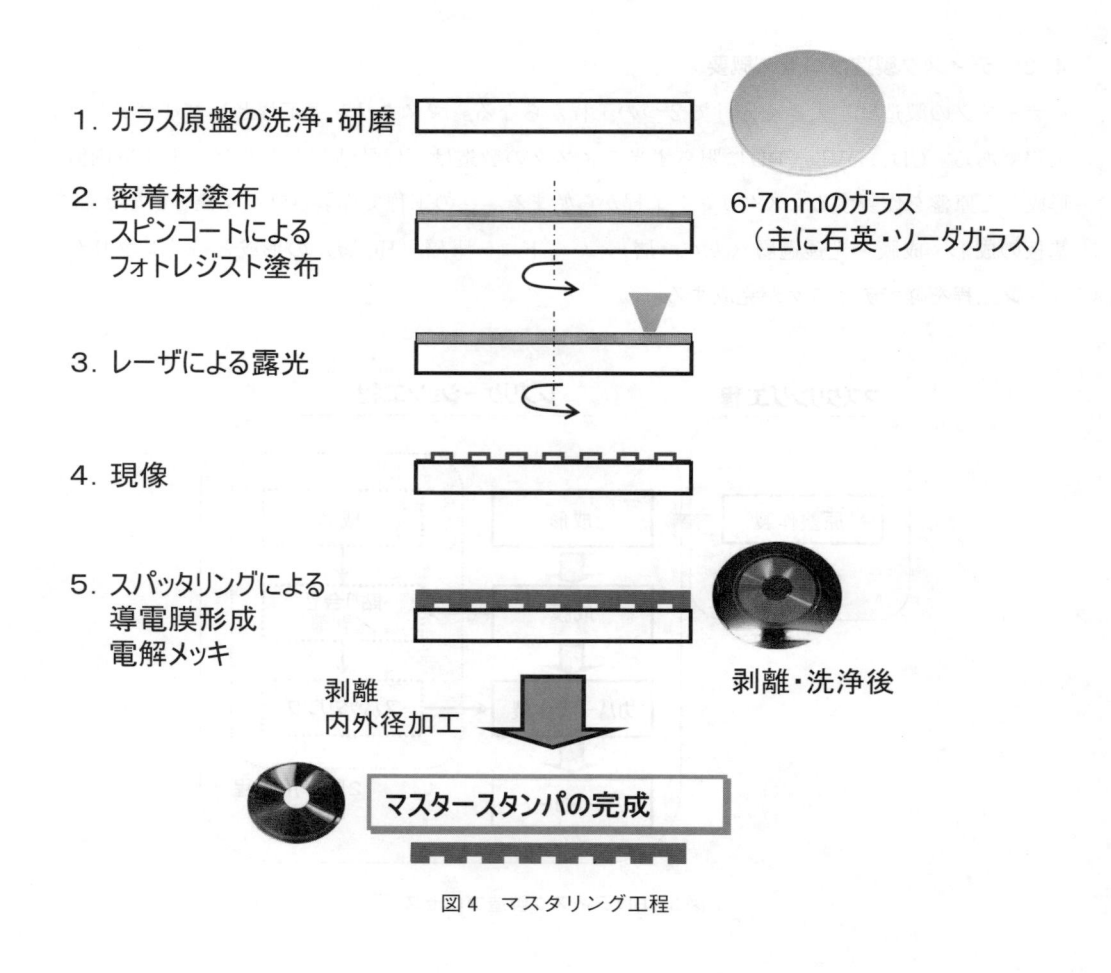

図4 マスタリング工程

第1章　次世代DVD技術

めるために重要であり，レジストの濃度と時間によりコントロールし，ディスクを再生するシステムの波長λに対して$n\cdot\lambda/4$（nはディスク基板の屈折率）近傍に調整する。

(3) 露光

レジスト塗布済みの原盤をターンテーブル上で回転させながらデータ情報に従って変調させたレーザ光によって，露光(記録)を行う。このレーザ光によって記録を行う装置は，LBR（Leaser Beam Recorder）と呼ばれる。LBRの光源は，波長を短くすることで露光の幅を決定しているため，CDでは458 nm Ar^+レーザやHd-Cdレーザ，DVDでは，Kr^+レーザ（約413 nm）または351 nmなどのAr^+レーザが使用されており，BDでは，さらに短波長域の248 nm～266 nmのAr^+レーザを搭載したLBRが用いられる。

このとき，レーザ光を絞る対物レンズは，NA0.9程度が用いられ，BD用のLBRでは，レーザ光を$\phi 0.3\,\mu m$程度にまで絞りこんでいる。

(4) 現像

原盤の露光された領域は，レジストの化学変化によりアルカリ可溶となる。従って，アルカリ性である現像液で処理することにより，露光部分のみが溶解され，データに応じたピットや溝が形成される。

(5) 導電処理，メッキ

レジスト表面にスパッタ法によって導電膜を形成した後，電解鍍金により，厚さ約$300\,\mu m$のNi厚膜を積層する。このNi厚膜をガラス盤より剥離することによりマスタースタンパが得られる。また多くの場合，ROM用スタンパでは，マスタースタンパを元に，電解鍍金を繰り返し，複製を取る手法が用いられる。

4.2.2　マスタリング工程2（PTM）

ROMディスクはピットと呼ばれる信号の凹凸によって，情報が記録されている。BDの場合，単層25 GBと非常に高密度であり，最短ピット長が149 nmと非常に小さい。従って，Rewritableのような連続溝を記録するLBRでは，レーザスポットが大きく，記録工程に品質の良いピットを形成することができない。また，ガスレーザを用いて，ピットで構成される信号を記録するためには，EOM（Electro-Optic Modulator）またはAOM（Acousto-Optic Modulator）と呼ばれる光変調器が必要となる。これらは，変調速度が10 nsec程度と遅いため，正確なピットを記録するためには，原盤の回転速度を落とすことによって，記録線速を大幅に遅くせざるを得なくなり，量産に不向きである。

そのため，半導体LDがダイレクトに光変調を行えることを利用して，1 nsec程度の記録を可能とする方法が，2002年にソニーから開発された[1,2]。この技術は，Phase Transition Mastering（PTM）といい，BD-ROMの早期量産化に大きく貢献し，現在BD-ROMのマスタリングはこの

41

方式を用いて量産されている．PTMプロセスは，簡単に言えば記録型ディスクの記録原理を利用した技術である．従来のフォトレジストの代わりに相変化材料を用いて半導体LDで熱記録を行う．記録に用いる半導体LDの波長は405 nm, NAは0.85であり，BDドライブと使用するレーザ，対物レンズは違うが，ほぼ同じ仕様を有している．

図5にPTMの工程フロー，図6にPTMプロセスの概略を示す．PTMプロセスは，下記のようになる．

① Si原盤を洗浄し，スパッタ装置において，相変化膜（無機酸化物材料）を成膜する．

② 半導体LDを用いた記録機によって，熱記録を行う．このとき，相変化材料に熱記録を行うため，記録された部分の反射率は変化する．従って，信号記録領域の外に予備記録を行い，反射率の変化を読み取ることでレーザパワーの微調整が可能となり，記録工程によるばらつきが大きく低減できる．

③ 現像は，従来と同じようにアルカリ性の現像液を用いて行い，記録された場所を現像液によって除去することでピットを形成する．

④ ピットが形成された原盤は，導電性を持つことから，従来レジスト上にスパッタ法によっ

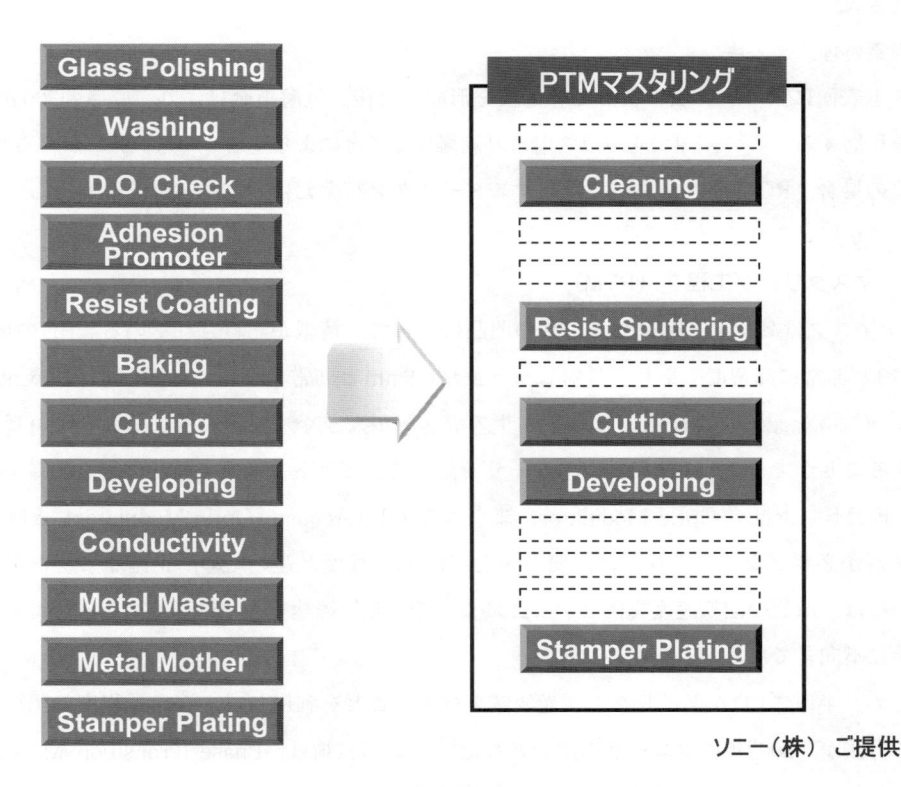

図5 PTMの工程フロー

第1章　次世代DVD技術

レーザ光
405nm
NA0.85

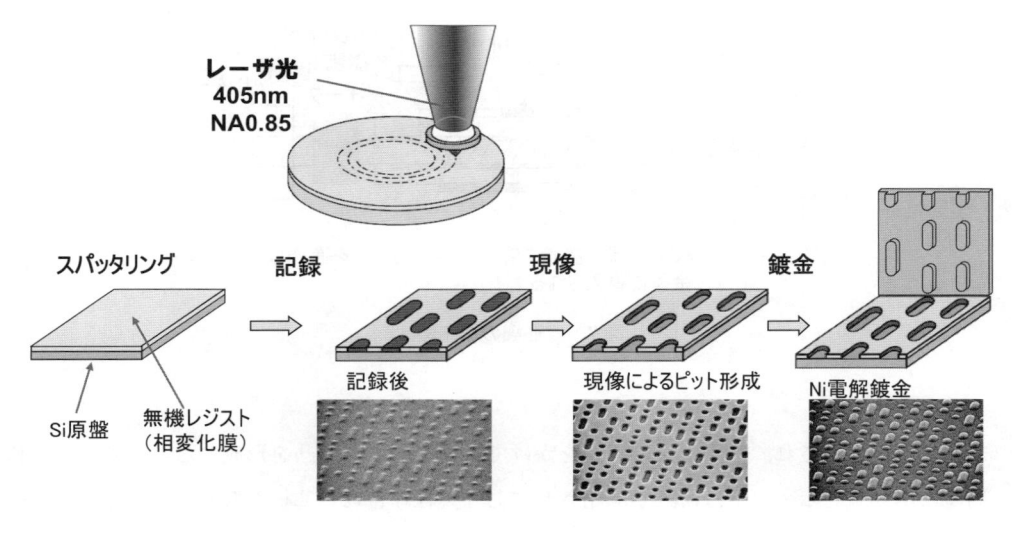

スパッタリング　→　記録　→　現像　→　鍍金

Si原盤　無機レジスト（相変化膜）

記録後　　現像によるピット形成　　Ni電解鍍金

ソニー(株) ご提供

図6　PTMマスタリングのプロセス概略図

て作製する必要があった導電膜は不要となる。そのため，現像後の原盤をすぐに電解鍍金に投入することができる。

また原盤は，そのままマスター基板として使用することが可能であり，複製が容易である。このように，PTMでは，図4に記載した従来のマスタリングと比較すると大幅に工程が簡略化されていることがわかる。工程数が多いほど，異物混入やNGとなる確率が高くなるため，スタンパ作製時の歩留りも向上している。また，PTMマスタリングは，記録型光ディスクの技術から発生した新しいマスタリングであり，半導体プロセスを利用し，レーザ光源の波長を変えてきた従来の光記録のマスタリングとは大きく異なる画期的な新しい技術と言える。

4.2.3　成形

BDディスクは，基本的にDVDと同様な射出成形機によって成形する。材料は一般的には光ディスクグレードのポリカーボネート（PC）が用いられる。図7に射出成形機の概略図を示す。ペレット状のPC材料をホッパーにより投入する。PCはヒーターにより加熱されて溶解され，スクリューにより搬送されて金型に投入される。金型内では，スタンパの凹凸情報を高圧力（30～50トン程度）で転写させることによって，ディスクを成形することができる。ここで，BD成形での大きな課題は，成形タクトであり，DVDが実現している3sec以下のタクトで成形を行うことは，DVDと同じ成形機・金型構造では非常に困難である。BDは基板厚みが1.1mmであるため，金型内での基板冷却がDVDと比べて非常に遅く，高速タクト成形と記録信号である凹凸の転写，基板の反りの両立が難しくなる。350度程度に加熱されたポリカーボネートは，140度程度に加熱

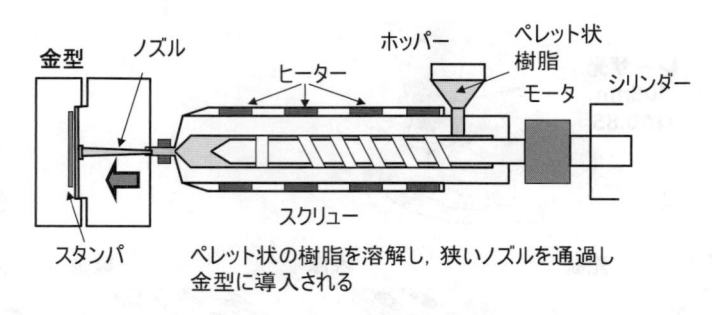

図7 成形機の概略図

された金型内に導入され，数十トンの圧力をかけてスタンパ上の凹凸を形成する。このとき，転写と同時にポリカーボネートは冷却が開始されており，転写された基板を取り出すときには，凹凸が変化しないほど基板の冷却が起こっている必要がある。しかし，基板が厚く十分な冷却が行われない場合は，一度転写した凹凸は元に戻り，十分な転写特性が得られない。逆にディスクが十分冷却されるまで金型の圧力を維持した場合，ディスク内に残る応力のため，反りが発生する。しかし，最近では新たな金型の冷却構造や成形機の開発が行われており，転写と反りを両立しながら3 sec以下のタクトが可能になりつつある。

4.2.4 カバー層の作製プロセス

BDは，単層100μm，2層75μmの光透過層（カバー層）を有している。このカバー層は，収差などを抑えるため，膜厚誤差を±2μm（BD-ROMは再生専用のため±3μm）に抑えることが重要である。このような高精度のカバー層作製方法は，3つの異なった作製方法が開発されている。図8にBDディスクのカバー層作製方法を示す。図8のように，PCシートを用いてカバー層を形成する方法には，PCシートをUV樹脂で接着する方法，感圧性接着剤（PSA）を予めPCシートに接着しておき，ロールコータで貼り合せる方法がある。またPCシート自体を使用せずに，光透過層全体をUV樹脂によって作製するスピンコート工法がある。

(1) PCシート工法

PCシートは，溶融したPCを材料として作製される。当初厚みムラを制御するためキャスティング方法を用いたPCシートが商品化されていたが，近年では製造タクトが速く，コストの安い溶融押し出し方式が使用され始めている。従来でも溶融押し出し方式は検討されていたが，膜厚精度の調整が難しく，加えて応力が発生しやすいため，複屈折が発生するという大きな課題が存在していた。しかし，装置開発や工程改善などにより，課題を解決し商品化を実現している。

このPCシート上にUV樹脂を塗布し，ディスクと貼り合せることでディスクが完成する。

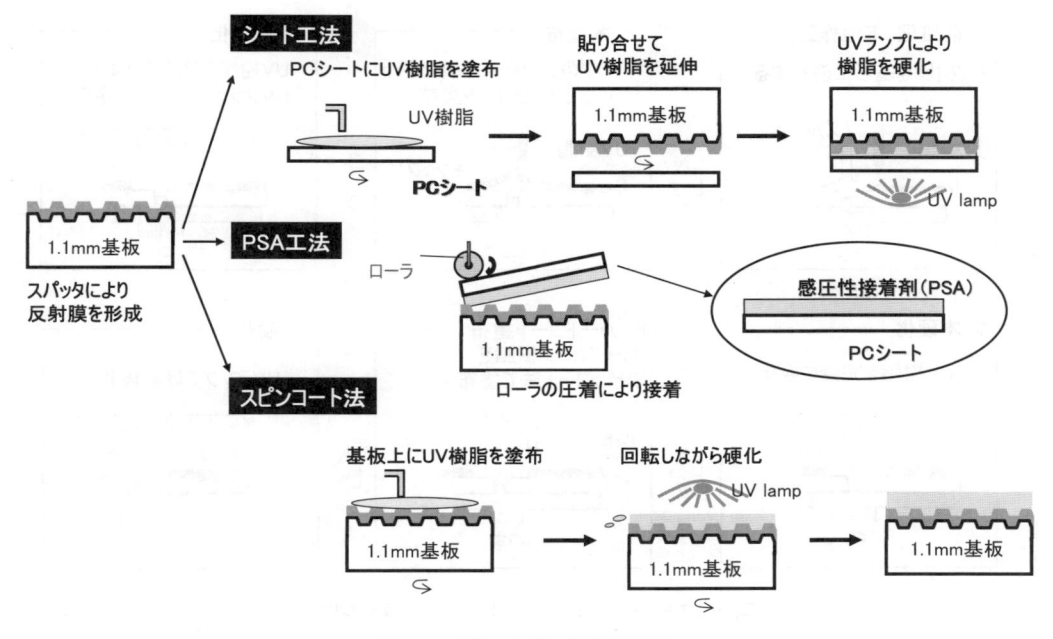

図8 3種のカバー層作製方法

(2) PSA工法

　PSAは，塗工液を直接PCシート上に塗布し，乾燥によって溶媒を気化後，ライナーと呼ばれる剥離材を密着させることにより作製される。ライナーには，ポリ塩化メチルフィルムやPETフィルムに剥離材を塗布したものが用いられる。その後，ディスク形状に切断され，ローラで圧力を加えながらディスクに貼り合せる。PSAが付与されたPCシートは，膜厚誤差が約$1.5\mu m$以下と高精度な塗工が施されているが，ディスクに貼り合せたことで反りが発生しないようにディスクに貼り合せる前の段階で反りを抑えていることが重要となる。PSA付PCシートで貼り合せるこの方法は，シート単価が最も高くなるが，設備が簡単なため安価に量産設備を構成できる大きなメリットがある。

(3) スピンコート工法

　PCシートを用いた方法は，工程が容易であり，設備も比較的低コストであるが，PCシートは高価である。そこで，UV樹脂を用いてカバー層を作製する工法が開発され，現在では多くのメーカがこの工法で商品化を行っている。

　図9に，UV樹脂によるスピンコート工法を用いたカバー層作製方法の一例を示す。このプロセスは，"キャップスピンコート"，樹脂を振り切りながら固める"スピンキュア"の2つの重要な技術から成り立っている。

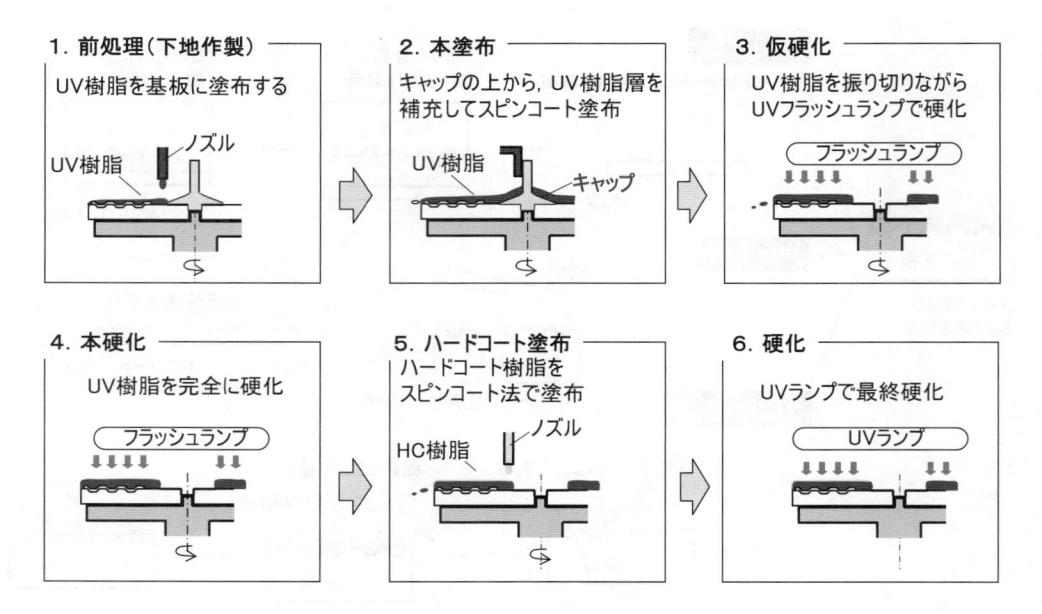

図9 スピンコート工法によるカバー層作製方法

① 前処理
　反射膜または記録膜を形成した基板に，下地となるUV樹脂を塗布する。
② 本塗布
　ディスクのセンターに円錐型のキャップを載せ，その上からUV樹脂を塗布する（キャップスピン）。通常のスピンコートでは，遠心力によって，内周から外周にかけて膜厚が厚くなるが，キャップスピンを行うことで，内周に樹脂が供給されることになるため，ディスク内で均一な塗布が可能となる。
③ 仮硬化
　ディスクを回転させながら，フラッシュランプにより一瞬にして樹脂を硬化させる（スピンキュア）。このスピンキュアによって，樹脂の表面張力から発生する外周部の盛り上がりを防止することができる。本硬化を行った後，HCを塗布し，固めることでディスクが完成する。HCは，膜厚が約 $2\mu m$ と薄いため，厚みをコントロールすることはしない。
　このような工程により，UV樹脂 $100\mu m$ のカバー層を形成し，より低コストなBDディスクの作製が可能となり，DVDとほぼ同じコストで量産を実現している。
　また，2層BDの中間層にもスピンコート法を用いることでディスクを全てスピンコートで作製する工法も導入されている。

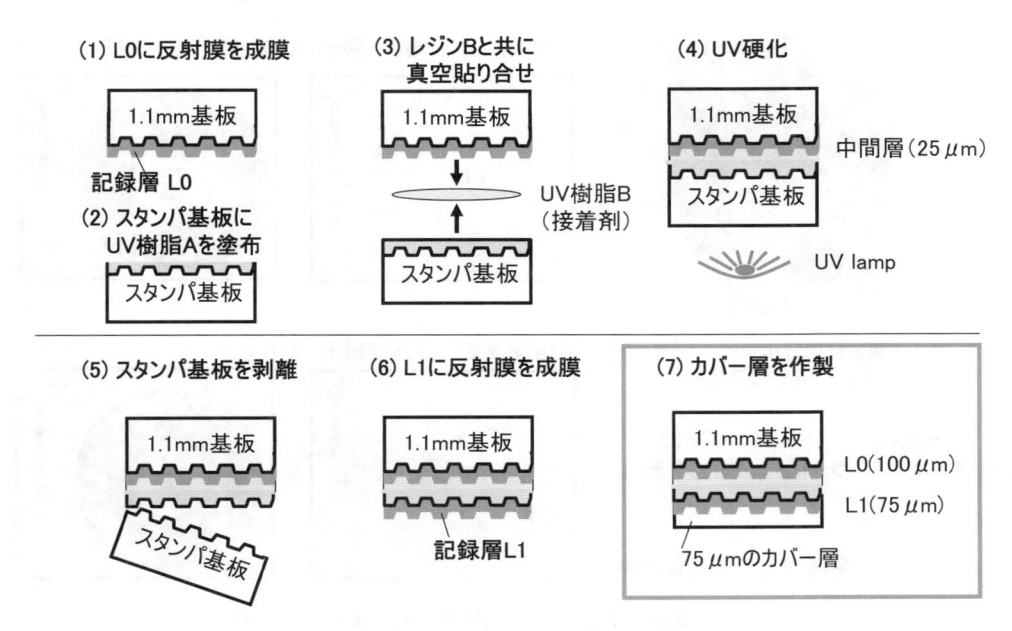

図10 スピンコート工法による中間層作製方法

4.2.5 中間層の作製プロセス

図10にパナソニック㈱が発表した2層化工法を例として挙げる。この工法は、PC基板を2層ディスクの光投入面側の信号層（L1）用に用いて作製することと、転写用の樹脂Aと接着用の樹脂Bの2種類の樹脂を使用することが特徴である。まずスタンパ基板と呼ばれるポリカーボネート基板を単層と同じ様に成形を行う。このスタンパ基板上にUV樹脂Aを塗布し、UV光により硬化させる。その後、予め反射膜または記録膜を成膜した1.1mm基板と先に硬化させておいたスタンパ基板をUV樹脂Bにより真空貼り合せによって接着させる。樹脂を硬化させた後、スタンパ基板を剥離し、転写されたL1層上に半透明膜の反射膜または記録層を形成し、UV樹脂によりカバー層を作製する。この工法では、転写性が良く、且つPCとの剥離性が良い樹脂Aと、PC基板との密着性が高い樹脂Bの、それぞれの特性を考慮した機能性UV樹脂を使用している。

また、BD-ROMでは、L0層が光を透過することを利用して、金属スタンパでL1層の転写を行う工法もソニーから開発されている。

4.3 評価技術

BDではカバー層・中間層の厚み誤差、反りが非常に重要となり、新たに評価技術が開発されている。その中でも、高倍速化に伴いディスクへの記録時の制御が重要なファクターとなってきている。例えば、ディスクに大きな傷や厚みムラ、成形ムラ等が発生した場合、フォーカスやト

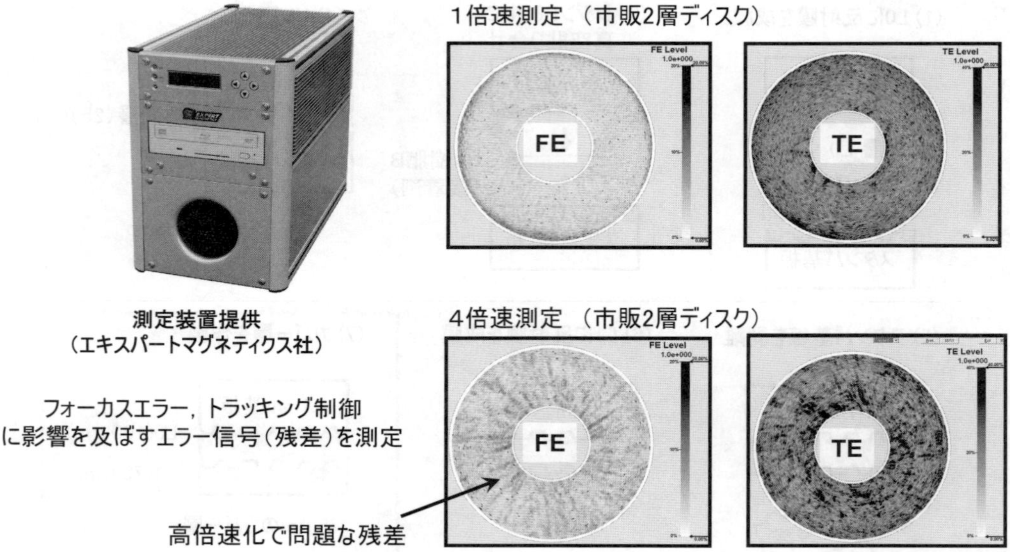

次世代光メモリとシステム技術

図11 フォーカス・トラッキング信号検出によるディスク検査

ラッキング信号に影響があるため，記録システムとしては，その異常な状態から復帰するようにレーザ光の制御を行う。しかし，この異常な状態が長く続けば高倍速での記録が不可能となる。図11にディスクの制御信号であるフォーカス，トラッキング信号から得られた残差を測定した図を示す。図11は商品化されているディスクを1倍速で測定したときのディスクの状態と4倍速で測定した状態を示している。図の色の濃くなっている場所が残差が発生している箇所を表しており，高倍速において1倍速時には見られない残差の影響が現れていることがわかる。このように，DVDでは問題とならなかった新たな課題もBDでは考慮する必要がでてきている。

4.4 まとめ

図12にオリジン電気㈱製のディスク製造装置を載せる。キャップスピンを用いないカバー層作製方法などを使用した2層BDの作製が可能であり，より進化した装置となっている。

ディスク構成が変わることによって，新しいディスク作製プロセスが開発された。そのため，材料，製造設備，評価機等にも新しい技術が使われている。今後，さらにBDが普及することによって，ディスク業界全体が発展することを期待している。

第1章 次世代DVD技術

Lapis(オリジン電気製)

図12 量産装置(オリジン電気製)

謝辞

　最後に，本稿を著すに当たって，多くの方々のご意見や提示された文献を参照した。文献などで掲出した以外の方々は以下の通りである。末筆ながらお礼を申し上げます。
岡田隆雄（Sony Disc & Digital Solutions），柏木俊行（ソニー），西村博信・田島幹彦（オリジン電気），土屋智英（エキスパートマグネティクス社），富山盛夫（パナソニック）（敬称略）

文　　献

1) A. Kouchiyama, K. Aratani, Y. Takemoto, T. Nakano, S. Kai, K. Osato and K. Nakagawa, "High Resolution Blue Laser Mastaring with Inorganic Photoresist", Tech. Dig. ISOM/ODS2002, MB6
2) 小川・田中監修，ブルーレイディスク読本，オーム社（2006）

5 BD用ピックアップ光学系と互換方式

大利祐一郎[*]

5.1 はじめに

2008年2月のHD DVD撤退により，次世代DVD規格がBDに一本化され，BDを記録・再生できるハイビジョンレコーダーやプレーヤーの市場が大きく拡大している。第1世代のBD記録・再生機では，BD専用の光ピックアップが搭載されていた。その後，DVDやCDの記録・再生も可能な光ピックアップが各社より開発され，ゲーム，レコーダー，プレーヤー，PC用ドライブなど幅広い製品でDVDやCDとの互換性を維持したまま，BDによる高精細なHD画像を楽しむ環境が整ってきた。

本稿では，BD用ピックアップ光学系の特徴と使われる主な光学素子について説明した後，BD，DVD，CDの3つのフォーマットに対応する互換方式について，代表的な光ピックアップの構成を使って光学系を中心に紹介する。

5.2 BD用ピックアップ光学系の特徴

BDの最大の特徴は，対物レンズの高NA化（0.85）と使用レーザーの短波長化（405 nm）である。これにより，NAが0.60で波長が650 nmであるDVDに比べて，光ディスク上に集光するスポットサイズを大幅に小さくすることができ，1層あたりの容量はDVDの4.7 GBに対し約5倍の25 GBを得ている。DVDと同様，BDでも2層ディスクまで製品化されており，1枚の光ディスクで50GBもの大容量を記録・再生することが可能である。この大容量を生かしBDではDVDよりも遥かに高音質・高画質の映像が楽しめると共に，BDで配布される映画においては，大量のメイキング映像やインターネットを使ったインタラクティブな機能を楽しめるタイトルも増えている。

BD用ピックアップ光学系の特徴は，対物レンズのNAが0.85と非常に大きな値となっていることであるが，このために対物レンズに求められる精度はCDやDVDよりも遥かに厳しいものとなった。また2層ディスクに対応するために，DVD用ピックアップ光学系では必要でない球面収差補正機構が必須となったことも大きな特徴である。DVDではNAが0.60程度と比較的小さいため，L0とL1の2層間で発生する球面収差が大きくなく，特別な球面収差補正機構がなくても記録・再生が可能であったが，NAが0.85と大きいBDでは，2つの層間で発生する球面収差が非常に大きくなり，補正機構なしでは成り立たなくなったのである。BDとDVDのNAの違

---

[*] Yuichiro Ori　コニカミノルタオプト㈱　オプティカルソリューションズ事業本部
オプティカルコンポーネント事業部　開発グループ　開発グループリーダー

第1章　次世代DVD技術

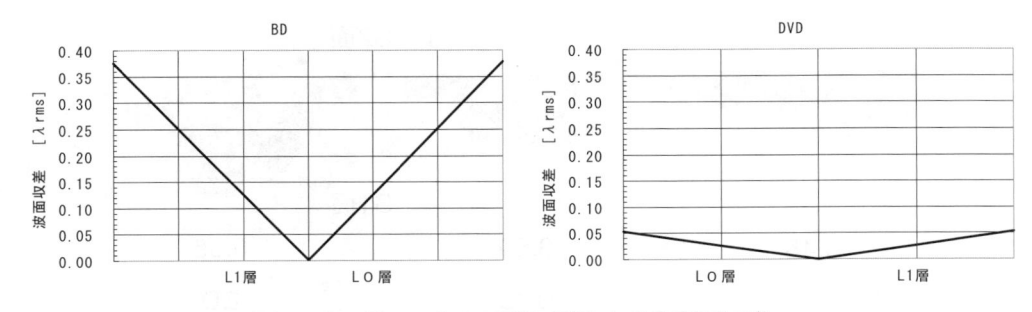

図1　NAの違いにより2層間で発生する球面収差の違い

いにより2層間で発生する球面収差の比較を図1に示す。

　光ディスク用ピックアップには，サイズの種類としてハーフハイト，スリム，ウルトラスリムなどのタイプがあり，それぞれデスクトップPCやノートPCの大きさに最適な寸法に統一されている。したがってBD用互換ピックアップは，DVD／CD用互換ピックアップと同じ寸法の中にBD用の光学系を追加する必要がある。またレーザー波長は405 nm，650 nm，780 nmの3種類となり，それぞれのレーザー光を合波・分波するプリズムやミラーに加え，球面収差補正機構としてステッピングモーターや圧電素子を使ったレンズ駆動アクチュエーターを配置しなければならず，スペース上の制約はかなり厳しいものとなった。

5.3　BD用ピックアップ光学素子

　BD用ピックアップに用いられる主な光学素子について，それぞれの特徴を簡単に説明する。光ピックアップの中で最も重要な光学素子は対物レンズである。CD用，DVD／CD互換用の対物レンズはCDの黎明期を除き，通常プラスチックモールドによる単レンズが使われてきた。ところが，BDの波長である405nmは近紫外に近いため，従来のプラスチック材料では材料自身にダメージを受けてしまうという問題があった。そのため，BD第1世代のピックアップ用対物レンズの材質としては主にガラスが選択された。また当時はNAが0.85という大口径の対物レンズを単レンズで量産することは非常に難しいと考えられていた。NAが大きくなると，単レンズを量産する上で重要なS1面とS2面の偏芯やチルト感度が極端に大きくなってしまうためである。

　対物レンズのNAが0.45～0.60～0.85と変化した場合にレンズ形状が変化する様子を図2に示す。NAが0.85になるとレンズの厚みが増大し，特にS1面は傾斜の急な非球面形状になることがわかる。BDの第1号機では，量産性を確保するために屈折力を2つのレンズに分散した2枚玉による対物レンズ[1]が採用された。屈折力を分散することで，各レンズの製造公差は従来レンズと大差ないものとなったが，対物レンズの作動距離（WD）が非常に小さくなってしまうとい

次世代光メモリとシステム技術

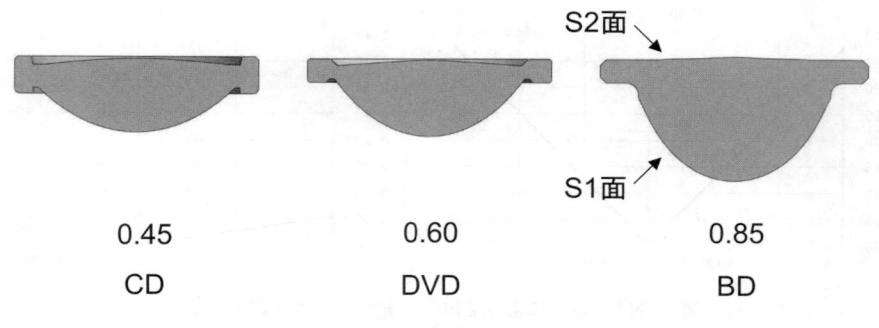

0.45
CD

0.60
DVD

0.85
BD

S2面
S1面

図2　NAの違いによる対物レンズの形状比較

う欠点があった。

　現在では，ガラスモールドによるBD用単レンズの大量生産が可能となっている。これを可能にしたのは，ここ数年の金型加工技術，ガラスモールド成形技術，計測・評価技術などに代表される生産技術の大幅な向上である。またプラスチック材料も改良が進み，レーザーパワーがそれほど大きくなければ材料へのダメージも少なく実用に耐えるものが開発され，BD再生用ピックアップ向けに量産が開始されている。ガラスとプラスチックで対物レンズの形状自体に大差はないが，その製造方法は大きく異なっており，プラスチック用金型加工技術や成形技術も大きく向上したと言える。

　DVD／CD互換プラスチック対物レンズと同様に，BD用対物レンズでも1つの対物レンズでBD／DVD／CDの記録・再生が可能な3波長互換対物レンズの実現が求められた。これは，1つの対物レンズでピックアップを構成できれば，光学系を簡略化することができ，部品点数が削減できるだけでなく，ピックアップの組み立て調整が容易になるためである。DVDとCDの互換を1枚の対物レンズで実現できたのは，微細な回折構造を屈折レンズ面に設ける回折・屈折ハイブリッドレンズ[2]の設計，生産技術であった。しかしながら，急峻なガラスレンズ面に微細な回折構造を設けることは難しく，その代替手段としてプラスチック回折素子とガラスモールド対物レンズを鏡枠で一体化したBD用3波長互換対物レンズ[3]が開発された。レンズの構成を図3に示す。ガラスモールド対物レンズはBD専用に最適化されたものである。プラスチック回折素子は波長を選択して光を回折させることができ，BDの波長では回折せずに平板として機能し，DVD，CDではBD専用対物レンズで発生する球面収差をキャンセルする逆向きの球面収差を発生する回折構造をそれぞれS1面，S2面に設けている。このような構成により，BD，DVD，CDの3つの光ディスク上に最適なスポット形状を形成する互換対物レンズが実現されている。

　BD用ピックアップ光学系では，球面収差補正機構が必須であることは先に述べたが，この球面収差補正は，対物レンズに入る平行光束を僅かに発散・収束させることで行う[4]。これには，

第1章　次世代DVD技術

正負2群構成のエキスパンダーレンズの片方のレンズを光軸上動かすタイプと1枚のコリメーターレンズを光軸上動かすタイプがある。2つのタイプの構成例を図4に示す。エキスパンダー駆動タイプは，エキスパンダー倍率により移動範囲を調整できることやピックアップ光路中に平行光束部を設けることができるためレイアウトの自由度が増すなどの特徴があるが，部品点数としてはコリメーター駆動タイプが少なくて済むことから，最近はコリメーター駆動タイプが主流と

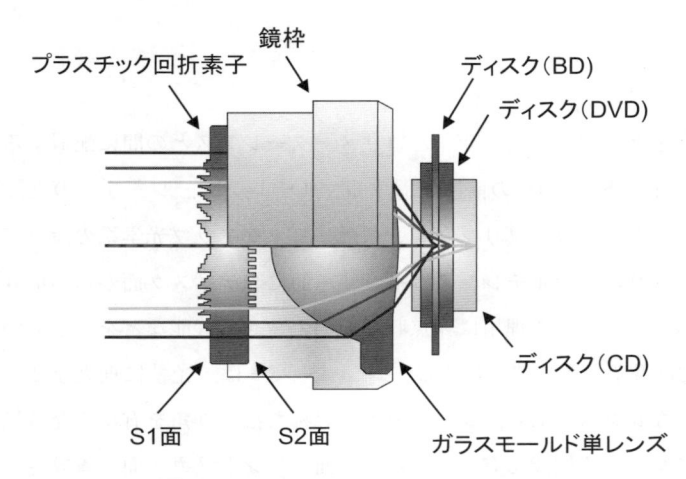

図3　BD／DVD／CD互換対物レンズ

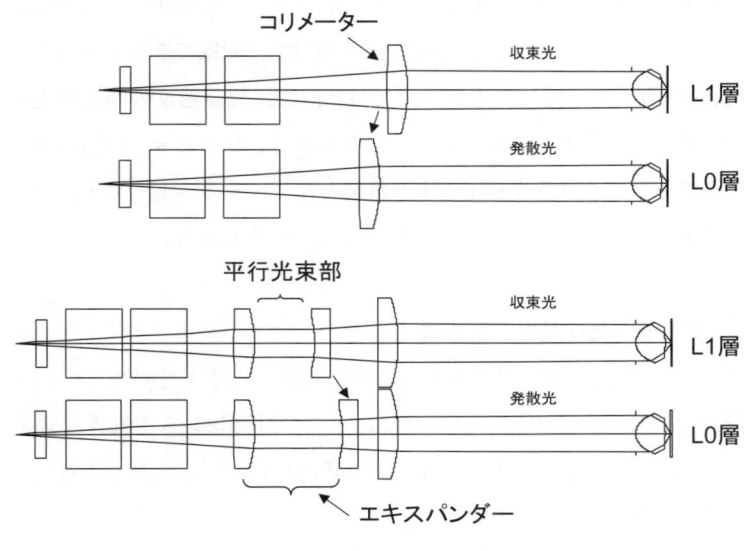

図4　球面収差補正機構の構成例

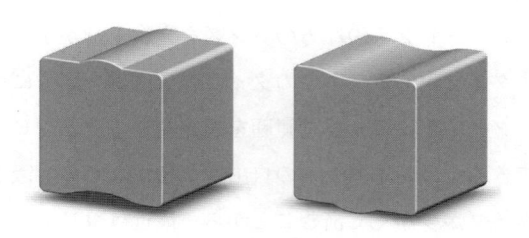

図5 ビームシェーパー（両面シリンダータイプ）

なっている。

　その他の光学素子としては，レーザーとコリメーターレンズとの間に配置するカップリングレンズ，フォトダイオード（PD）の前に配置するマルチレンズ，レーザーの直後に配置するビームシェーパーなどがある。カップリングレンズは，ピックアップ光学系の設計で重要な光学系倍率の調整用に用いられる。マルチレンズはセンサー面に光ディスク面からの戻り光を集光すると共に，フォーカスエラー信号処理用に非点収差を発生させる機能などを有している。

　主に記録用のBD用光学系で使われるビームシェーパーは，光軸に垂直な2つの軸で光学パワーが異なる非対称なレンズであり，レーザーの非対称な拡がり角を有する発散光を対称に近い拡がり角の発散光に整形する機能を有している。両面シリンドリカル面で構成されたビームシェーパーの一例を図5に示す。DVD／CD用ピックアップ光学系では，ビーム整形用光学素子としてはアナモルフィックプリズムが用いられているが，BD用光学系では，球面収差補正のため対物レンズに入射する平行光束を発散・収束させる必要があり，平行光束中の配置に限定されるアナモルフィックプリズムはスペースを取るため，発散光路中に配置できるビームシェーパーが用いられている。現在，BD用ドライブでもDVD，CDと同様に記録速度の向上が進んでいる。また2層だけでなく4層以上の光ディスクの記録・再生も検討されており，今後はレーザーパワーの向上と共にピックアップにおける光利用効率が重要となってくる。レーザーパワーを効率良く利用できるという意味で，ビームシェーパーは有効な光学素子である。

5.4　BD用ピックアップ光学系と互換方式

　BD用ピックアップでDVD，CDとの互換を考える場合，大きく分けて2つの方式がある。一つは従来のDVD／CD互換ピックアップと同様に1つの対物レンズで互換を達成する1レンズ方式，もう一つはBD専用対物レンズとDVD／CD互換対物レンズの2つの対物レンズで互換を達成する2レンズ方式である。

　これらの2つの方式はそれぞれメリット・デメリットがあり，要求されるピックアップの大き

第1章　次世代DVD技術

さや仕様などから最適なものが採用される。現在の主流は2レンズ方式であるが，2レンズ方式はピックアップの組み立て調整が複雑で，対物レンズアクチュエーターへの負荷も重く，また部品点数も多くなってしまう。1レンズ方式は対物レンズの光利用効率が3つの波長全て高いタイプを得ることが困難という欠点はあるものの，再生機能を優先するピックアップでは，最終的にはDVD／CD用ピックアップと同様に1レンズ方式が主流になると予想される。

　1レンズ方式のピックアップ構成例を図6に示す。BD用レーザーとDVD／CD用2波長レーザーからの発散光は，ダイクロイックプリズムで合波された後，偏光ビームスプリッター（PBS）を通過してコリメーターで平行光になり，1/4波長板で直線偏光から円偏光に変換され3波長互換対物レンズに入射して光ディスク上にスポットを形成する。光ディスク上で反射された光は，再び対物レンズ，1/4波長板，コリメーターを戻り，1/4波長板で90度回転した直線偏光に変換され，PBSで反射されマルチレンズでPD上に導かれる。1レンズ方式は，BD用互換ピックアップとしては最小の部品点数で構成することができる。

　2レンズ方式は，コリメーターを3つの波長で共通化する1コリメータータイプと，BD用コリメーターとDVD／CD用コリメーターの2つを用いる2コリメータータイプとに大きく分けることができる。2レンズ方式ピックアップで1コリメータータイプの構成例を図7に示す。レーザーの数とPDの数は1レンズ方式と同じとしたが，2レンズ方式で1コリメータータイプの場合，一度合波した3波長の光を対物レンズの直前でBD用とDVD／CD用に分岐するためのプリズムなどが必要となる。

　2レンズ方式ピックアップで2コリメータータイプの構成例を図8に示す。このタイプの最大

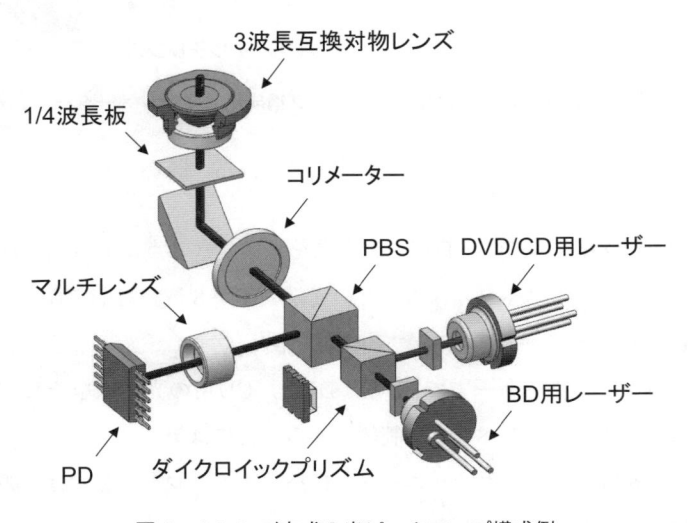

図6　1レンズ方式の光ピックアップ構成例

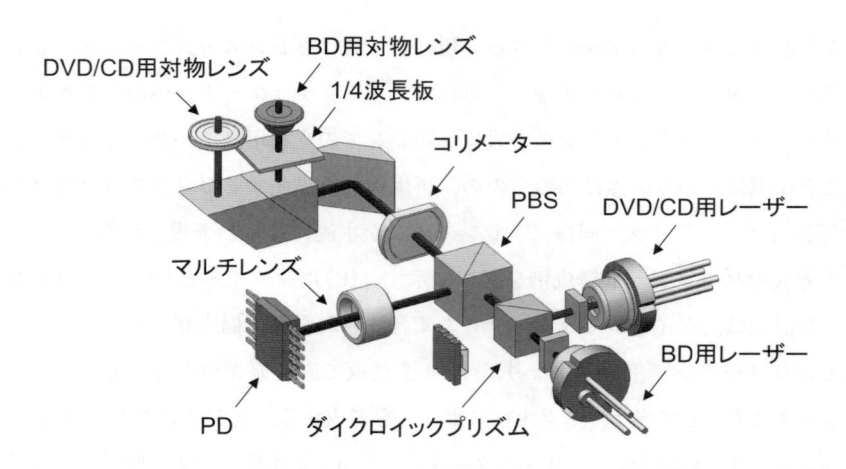

図7　2レンズ方式の光ピックアップ構成例（1コリメーター）

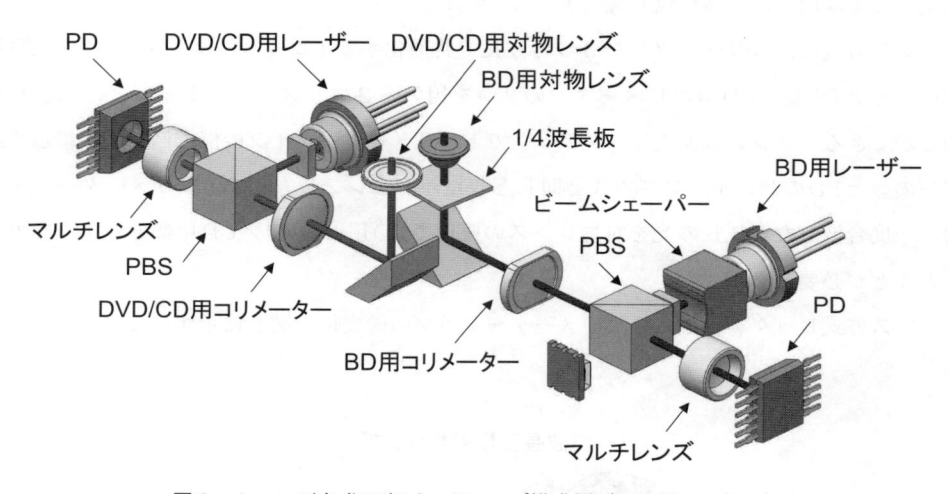

図8　2レンズ方式の光ピックアップ構成例（2コリメーター）

の特徴は，BD用の光学系とDVD／CD用の光学系を分離できる点にある。こうすることで部品点数は増えてしまうが，レンズやプリズムなどの光学素子が3波長対応でなく，BDまたはDVD／CDだけに特化できるため，ピックアップの性能を出しやすく，光学素子としての難易度も緩和されるというメリットがある。一方でBD用，DVD／CD用の光学系をそれぞれ独立に配置することになり，ピックアップのスペースに制約がある場合にはデメリットとなる。いずれにしても，2つのレンズを対物レンズアクチュエーターに搭載する2レンズ方式は，組み立て時の光軸調整などが複雑になることが避けられない。

第1章　次世代DVD技術

5.5　今後の動向

　本稿では，BD用ピックアップに用いられる光学素子の特徴と，DVD，CDとの互換を達成するための方式を中心に，BD用ピックアップ光学系について紹介した。BD専用ピックアップを搭載した第1世代のBDレコーダーが2003年に発売されてから5年が経過し，BD用ピックアップは着実な進化を遂げてきた。0.85という高NA化と405nmという短波長化が要求する厳しい光学仕様や製造公差を実現するため，レンズやプリズム・ミラーなどに代表される光学素子の設計・生産技術も大きく向上した。今後青色レーザーに耐性のあるプラスチック材料もさらに改良が進むと予想される。

　今後の動向として，BD専用高NA対物レンズは，ガラスからプラスチックに徐々に置き換えが進んでいくだろう。また3つの光ディスクの記録・再生を可能とする3波長互換対物レンズも，現在のプラスチック回折素子とガラス対物レンズの2枚構成タイプから，プラスチック単玉による互換対物レンズが開発されることで，現在主流の2レンズ方式は1レンズ方式に切り替わっていくと思われる。

　BDの次の世代となる光ディスクの方式には，後の章で詳しく説明されるように様々なタイプが提案されている。BD技術の延長線上にある超多層（16層〜20層）メモリー[5]，従来の光ディスク技術とはかなり趣が異なるホログラフィックメモリー，HDD技術に似た近接場光メモリーなど，光学素子を開発する立場から興味は尽きない。光ディスク業界に携わる開発者・技術者として，今後増え続ける大容量アプリケーションに対応する新しい光ディスクシステムに必要な光学素子の開発と大量生産技術を実現し，さらなる大容量メモリーの実現に貢献できればと考えている。

文　　献

1) 小川博司，田中伸一，ブルーレイディスク読本，オーム社，pp. 211-212（2006）
2) 大田耕平，特許第3794229号
3) 大利祐一郎，オプトロニクス，**26**(6), pp. 121-124（2007）
4) 八木克哉，特許第4144763号
5) A. Mitsumori et al., "Multi-layer 400 GB Optical Disk", Technical Digest of ISOM/ODS 2008, pp. 34-36（2008）

6 Ultra Density Optical（UDO）の技術

今野久司*

6.1 序文

Ultra Density Optical（UDO）[1]は，130 mmカートリッジ型光ディスクであり，ECMAやISOにて国際標準規格化され，業務用データストレージ，おもに大型のライブラリシステムとして用いられている。2003年に第一世代UDO1（30 GB ECMA-350およびISO/IEC 17345）が，2007年に第二世代UDO2（60 GB ECMA-380およびISO/IEC 11976）が発売された。Write Once（WORM）型と Rewritable（RW）型の2種類のメディアがあり，特にWORM型はデータ保存に関するさまざまな法の要件に準拠するものとして利用されている。一般コンシューマー向け光ディスクとは異なりカートリッジ収納型であるため，信号の読み書きに影響を与えるごみや汚れから光ディスクを守る構造である。従来型のライブラリ装置だけでなく，ネットワーク技術およびHDDとの融合を図ったArchive Appliance型の装置利用が最近急速に伸びてきている。

今回の原稿は，UDO第二世代（UDO2）開発時の問題解決技術を中心に記述する。

6.2 UDO2ドライブ技術

UDO2対応ドライブ装置（以下ドライブ）は，NA 0.85という高NA対物レンズを採用（UDO1は，NA 0.70）し，球面収差の補正機構と，高次のPRMLを利用したリードチャンネルを搭載している。

6.2.1 収差補正機構

高NA（0.85）対物レンズを通った結像スポット性能の維持には，ディスク毎に1 μm以上違うカバー層の厚みやレーザの波長ばらつき，それに温度変動などで発生する球面収差の補正機構が必要である。業務用として高速ランダムアクセス性を追求したUDOドライブでは，分離光学系を採用しているため，一般的なコリメータレンズ駆動ではなく，高精度な2群4枚のエキスパンダーレンズを用い，その上コンパクトさと高精度制御を求めるために，我々はピエゾ素子を用いたマイクロアクチュエータSIDM®（Smooth Impact Drive Mechanism，以下SIDMと略す）駆動により動的に球面収差補正を行っている（図1参照）。SIDM駆動によるエキスパンダーレンズ間隔の最適調整は，ディスクが交換される毎にディスクからの信号を用いて行われる。

エキスパンダーレンズの可動ストロークは約4 mm。フルストローク移動時間は140 ms以下である。これを採用することによりカバー層厚み±5 μmとディスク毎のカバー層の屈折率変化n＝1.45～1.65というUDO2ディスク規格範囲（図2）に対して，3次の球面収差10 mλrms以下

---

* Hisashi Konno　コニカミノルタオプト㈱　S&A事業推進室　品証グループリーダー

第1章　次世代DVD技術

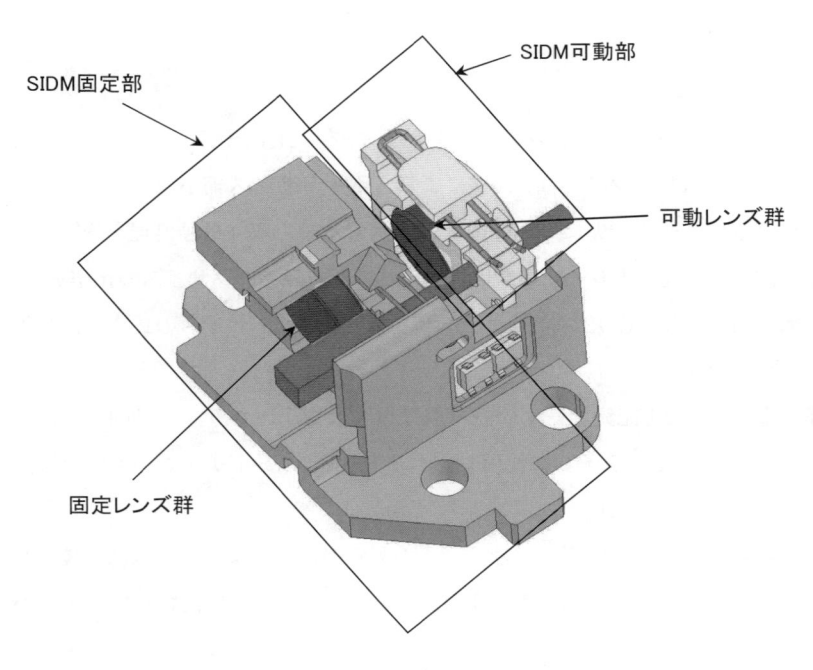

図1　UDO2のSIDMモデル図

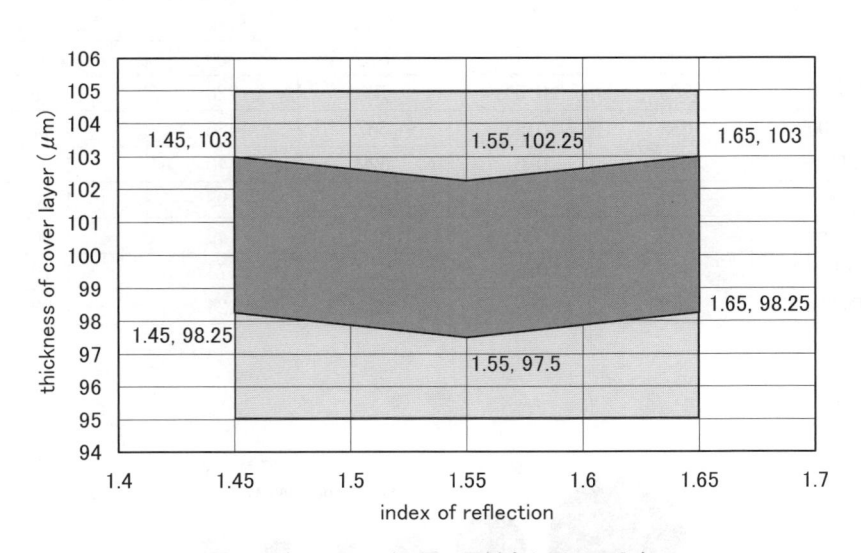

図2　ディスクカバー層の屈折率と厚みの分布
斜線部：UDO2の球面収差補正が可能な範囲
塗りつぶし部：UDO1ディスク規格範囲（ISO/IEC 17345　ECMA-350）

を実現している。

6.2.2 リードチャンネル

30GBから60GBへの容量倍増にあたり，対物レンズのNAを0.70から0.85へと大きくしたことは先に述べたが，対物レンズの高NA化によるスポットサイズ縮小だけでは，容量増加の50%程度しか達成できず，残る50%については次に説明する読み取り信号処理を検討することで達成した。表1と図3に各光ストレージのスポットサイズと記録マークサイズの比率を模式的に示す。

これからわかるようにUDO2の記録マークサイズ/スポットサイズの比率は，1.92と最も高くなっていることがわかる。

この比率において，2T記録マークの読み取り信号は微小となり，一般的なリードチャンネルのスライス方法やUDO1ドライブに使用しているESISICリードチャンネル[2]では，復号不能であることがわかる（図4参照）。

ディスク上のスポットからの再生信号は，その遅延の影響により，一般的な位相ロックループ（以下PLL）は役に立たない。そこで，UDO2ドライブではPLLの代わりに，オーバーサンプリ

表1 各光ディスクのスポットサイズとマーク長（2T）の比較

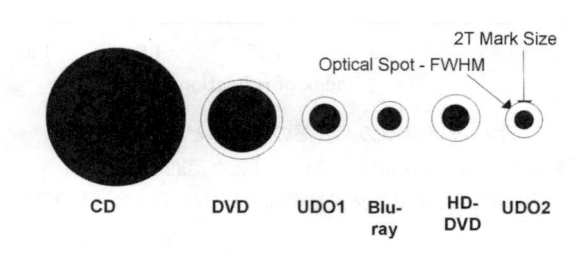

Format	Laser (nm)	Lens NA	Spot Size (nm)	2T Mark Size (nm)	Ratio of Spot to Mark Size
CD	790	0.45	878	900	0.98
LD6000	785	0.5	785	720	1.09
LD8000	658	0.58	567	486	1.17
DVD	635	0.6	529	440	1.20
UDO1	405	0.7	289	198	1.46
Blu-ray	405	0.85	238	149	1.60
HD DVD	405	0.65	312	174	1.79
UDO2	405	0.85	238	124	1.92

図3 各ディスクのスポットサイズ

第1章　次世代DVD技術

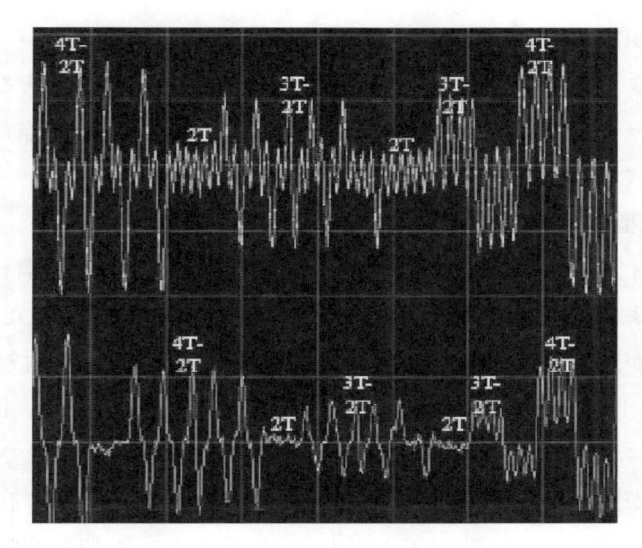

図4　評価結果（パルステックODU1000使用）
上：80nmチャンネルビット長信号
下：62nmチャンネルビット信号（BDディスクに記録したUDO信号）

ングによるデータ同期とデジタル信号再構築を行っている。記録マークサイズ/スポットサイズの比率の大きさにより，再生信号の「もれ」が起こり，最短マーク長（2T）は，ほぼ読み取り不能となるため，一般的なリードチャンネルのスライスによる検出はできない。この読み取り不能なデータを復号させるために，高次のPRMLリードチャンネルを使用している。

この方法でのサンプリングの連続性は確認されており，起こりうるチャンネルビットの発生を計算することが可能な程十分に高速なデジタル論理であり，と同時に最適な動的計画制御（即ち，ビタビ復号）を採用している。

UDOドライブのリードチャンネル用に最適なPR（Partial Response，以下，PRと略す）形式を採用するために，我々はコンピュータを使用し計算を行った[3]。計算の結果や実施の複雑さ，それにノイズの耐性などからUDO2PR形式の最適解は，PR11211であった。実際のUDO2のPRは，これより複雑になっている。実際のUDO2のPRでは，復号の前に前処理が行われており，PR11211形式に則している。このために，UDO2は，21個の適用可能なイコライザーを使用している。このイコライザー採用により，実際のドライブで結像スポットが収差を持った場合も補正することが可能となった。UDO2のリードチャンネルの複雑さは，①信号を再構築すること，②PRML（ビタビ）復号を行うこと，③21個の適用可能なイコライザー処理の3つによって成り立っており，UDO2の高密度を実現するために，この複雑な信号生成が必要である。信号処理を行

61

うASICは，最終的に250万ゲートになり前世代に対し2.5倍となった。

一方では，このような相対的に大きなスポットサイズに対し，小さな記録マークを得るためには，正確な記録パワーの制御と記録ストラテジーが必要であるが，ここでは詳細説明を省略する。

6.3 UDO2追記型ディスク技術（UDO2 WORM）

UDO1 WORMメディア（ディスク）に採用の相変化材料は，良好な記録特性，高核生成密度，高コントラストおよび，非常に優れた耐久性を備えていた。そのため，UDO2メディアにも基本的には継承されたが，高密度記録の達成のため次に説明するような改良が加えられた。

UDO1の記録層4層構造中の土台となるアルミニウム合金の反射層（図5(a)参照）が，UDO2高密度記録においては，大きなノイズ源となることが判明した。そこで，低ノイズの銀合金の反射膜の採用が検討された。しかしながら，銀はアルミニウムに比べて不安定で，特に誘電層のZnS-SiO_2中の硫黄成分の影響で変質しやすい。したがって，長期耐久性を達成するために誘電層と銀合金反射層の間に保護層を追加した（図5(b)参照）。さらに，すべての層の厚さの最適化を実施した。これによって，リードチャンネルがデータを復号可能なジッター6％未満を実現することができた。

図6に，層構造改善（改良）過程における記録パワーとジッターとの特性変化を示す。最終的には，実機搭載のリードチャンネルを用いて最適化を行い完成することができた。

図7には，UDO2追記型メディアでの最適化パワーマージンを示す。

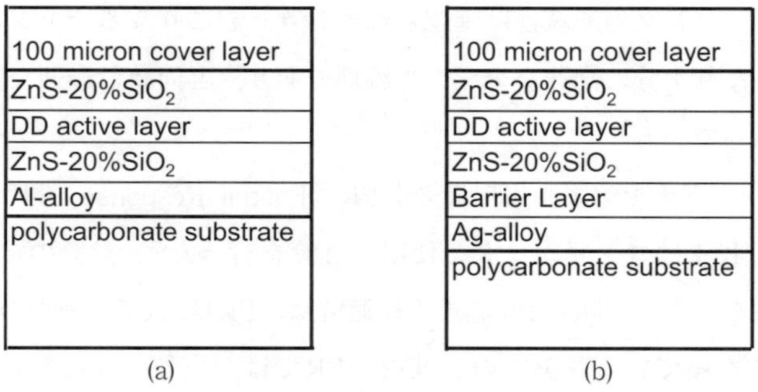

100 micron cover layer
ZnS-20%SiO$_2$
DD active layer
ZnS-20%SiO$_2$
Al-alloy
polycarbonate substrate

(a)

100 micron cover layer
ZnS-20%SiO$_2$
DD active layer
ZnS-20%SiO$_2$
Barrier Layer
Ag-alloy
polycarbonate substrate

(b)

図5　(a)UDO1 WORM，(b)UDO2 WORM

第1章 次世代DVD技術

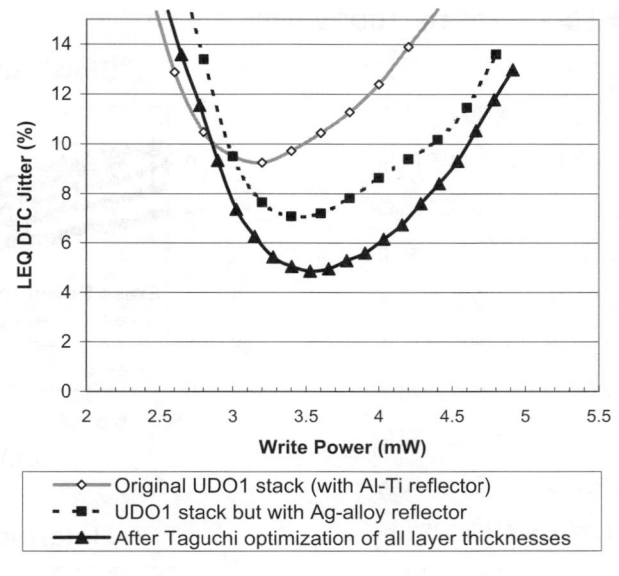

図6 UDO2追記型メディアの初期最適化による改善ステップ
（パルステック試験機ODU1000にて測定）

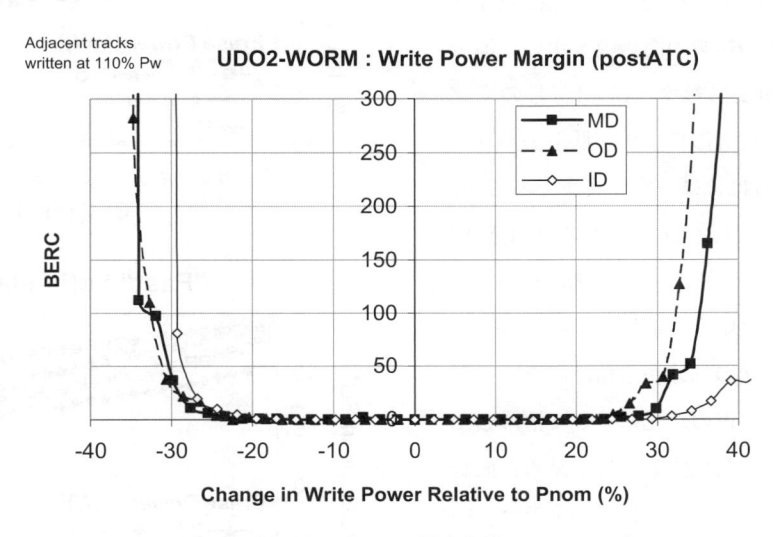

図7 UDO2追記型メディアの最適化後パワーマージン

6.4 UDO2書き換え型メディア技術（UDO2 RW）

書き換え型メディアの高密度化・高品質記録を達成するための重要な課題は，微小記録マークと狭トラック間隔における隣接トラック間消去に対する耐性である[4]。これは記録マークが小さくなること，および，隣接トラック間隔が狭くなることが課題になっている。また，ZCAV方式による内外周で記録線速度が異なることも課題となる。これらの課題に対して第一に，隣接トラックへの熱拡散を減少させるために各層の厚さを調整（主に反射層厚増加と，第2誘電層厚減少）。さらに上書きおよび，相変化性能を達成するために活性層のSb/Te比を調整して最適化した。

図8に，Sb/Te比を変更し，結晶化速度が異なる組成の複数の記録膜を用い，消去パワーと線速度に対するSUM信号の変化をプロットしたものを示す。低消去パワーではSUM信号はほぼ一定のままであるが，高消去パワーでは線速が上がるとSUM信号が急速に減少する。これはDC消去で記録層のトラック中心が溶融し，冷却時に溶融した領域の端の部分から結晶の再成長が起きる際に，線速の変化によって溶融した領域が完全再結晶化するには結晶の再成長が遅すぎてアモルファス領域がトラック中心に沿って残ってしまう状況に相当する。

この影響は図9に示すc-AFM画像で説明できる[5]。

最適パワーで1トラックおきにランダムデータが記録されている。図9(a)では記

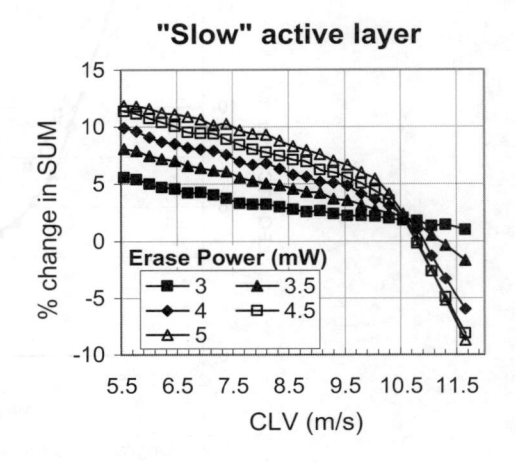

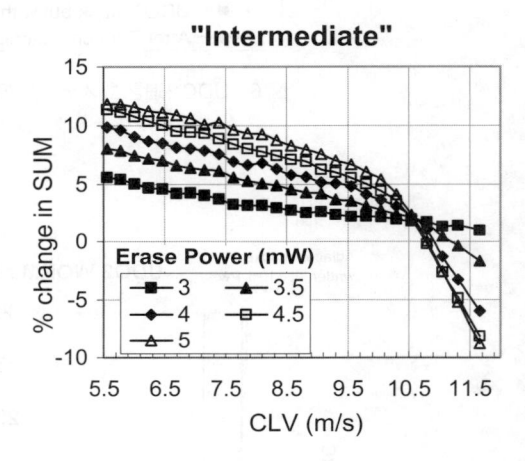

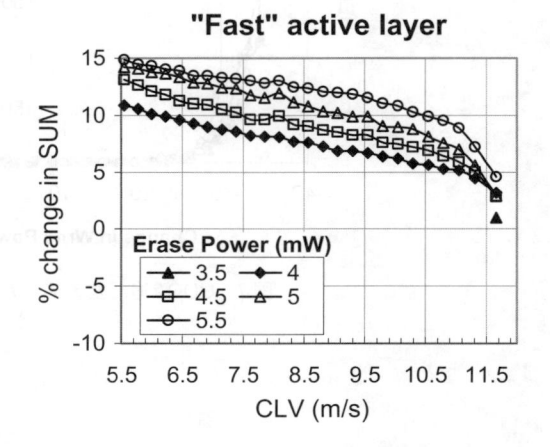

図8　Sb/Te比を変化させ，3条件での活性層の再結晶化速度が不十分な場合の交差点特性

第1章 次世代DVD技術

録速度と活性層の結晶化速度がよく適合しており,各記録マークがきちんと分離している。しかしながら,図9(b)では活性層の結晶化速度が記録速度に対して遅すぎ,かつ消去パワーが高く,トラック中心部の記録マーク間がアモルファス状態になっている。

もし,隣接トラック間消去が起きれば,隣接トラックの記録時の熱拡散を原因とした記録マークの端からの結晶の成長の結果,記録マークの幅が減少する。けれども,図10において公称パワーで記録された2T記録マークの隣接トラックが公称パワーの1.3倍で記録されているが,2T記録マークの幅の減少は見られない。

このことからUDO2は隣接トラック間消去耐性を持っているといえる。

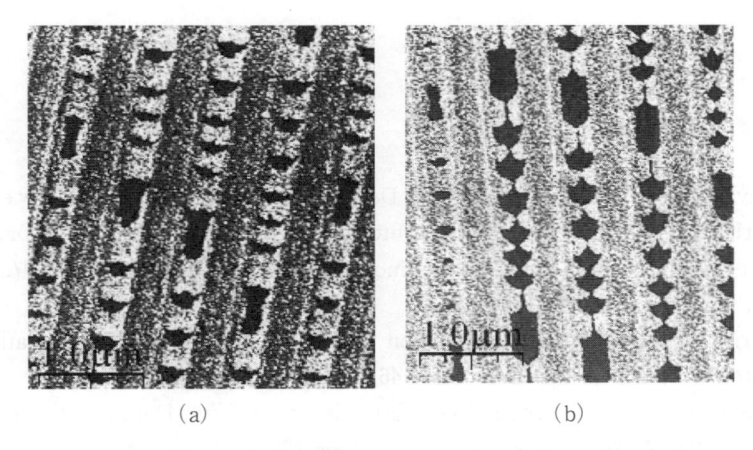

図9 (a)代表的な高速結晶成長記録マーク,(b)アモルファス状態の領域

図10 公称パワーの130%

6.5 結論

UDO2はドライブエンハンスやメディアの最適化などの組み合わせで開発された。また，UDO3は両面2層技術によって120GB達成に向け開発進行中である。

最後に，本原稿を書くにあたり多くの協力をしていただきましたプラズモン社の関係者へ深くお礼を申し上げます。

そして，一緒に原稿作成に協力してくれたコニカミノルタオプト㈱川島，麻生，白石各位に感謝の意を表します。

文　　　献

1) C. E. Davies, "Key Technology for Ultra Density Optical", E*PCOS03（www.epcos.org）
2) H. J. Verboom, "Selective Inter-Symbol-Interference Cancellation（SISIC）for high density optical recording using a d＝1 channel mode", in *Optical Data Storage 2001, Proceedings of SPIE*, **4342**, pp. 375–384（2001）
3) C. D. Wright *et al.*, "Computer simulation tools for the design and optimization of optical disk systems", *IEEE Trans. Con. Elec.*, **46**(3), pp. 586–596（2000）
4) E. R. Meinders *et al.*, "Thermal Cross Erase Issues in High Data Density Phase Change Recording", *Jpn. J. Appl. Phys.*, **40**, pp. 1558–1564（2001）
5) P. P. Yang *et al.*, "Nano Recording Bits on Phase-change Rewritable Optical Disk", E*PCOS05（www.epcos.org）

第2章　多層構造の光ディスク

1　ブルーレイディスク媒体の多層化技術

山田　昇[*1],　児島理恵[*2],　西原孝史[*3],
槌野晶夫[*4],　土生田晴比古[*5]

1.1　はじめに（多層BD）

　光ディスクの記録容量を目的として長年の間，記録密度の向上，すなわちディスク上での1ビットが占める面積を如何に小さくするかという取組みが行われてきている。しかし，レーザ光の短波長化や対物レンズの高NA化もブルーレイディスク（BD）で一区切りついた感があり，最近では高密度化とともに記録面積そのものを増やすという取組みが盛んになってきた。といってもディスクの大きさは決まっているので，記録層を縦に積み重ねることで記録面積を2倍，3倍…と増大していくという技術，すなわち多層化技術が興味を集めている（層を分けずに記録面を積み重ねる体積記録もある）。

　この節で述べるBDメディアでは，当初から単層25GBと2層50GBが並行して検討されてきた。書換形2層BD（BD-RE）では1倍速（データ速度36 Mbit/s）と1-2倍速（データ速度36-72 Mbit/s）の2種類，追記形2層BD（BD-R）では1-2倍速（データ速度36-72 Mbit/s），1-4倍速（データ速度36-144 Mbit/s），1-6倍速（データ速度36-216 Mbit/s）の3種類が既に製品化され，引き続き更なる多層化についても，様々な取組みが行われている[1,2]。

　本節では，これら書換形，追記形の多層ディスクの内，主として2層の書換形BD[3]について，

---

*1　Noboru Yamada　パナソニック㈱　AVコア技術開発センター
　　　　　　ストレージメディアグループ　グループマネージャー
*2　Rie Kojima　パナソニック㈱　AVコア技術開発センター
　　　　　　ストレージメディアグループ　メディア第2チーム　主幹技師
*3　Takashi Nishihara　パナソニック㈱　AVコア技術開発センター
　　　　　　ストレージメディアグループ　メディア第2チーム　主任技師
*4　Akio Tsuchino　パナソニック㈱　AVコア技術開発センター
　　　　　　ストレージメディアグループ　メディア第2チーム　主任技師
*5　Haruhiko Habuta　パナソニック㈱　AVコア技術開発センター
　　　　　　ストレージメディアグループ　メディア第2チーム　主任技師

そこに適用されている重要な材料技術，デバイス設計技術，考え方について説明する。書換形の2層ディスク技術は，3層以上の多層ディスクでも適用可能な基本的考えを多く含んでいるといってよい。多層メディアの例として，4層追記形メディアについても紹介する。

1.2 2層BDメディアの構成

図1に代表的な2層BD-RE（1-2倍速）の層構成を模式的に示す。記録再生用のレーザ光を案内するための連続凹凸溝を表面に刻んだ1.1mm厚のプリグルーブ樹脂基板上に，Layer 0（L0）と称する多層膜構成の記録層があり，その上に厚さ25μmで凹凸溝を刻んだ樹脂層（中間層）を介して，やはり多層膜からなる記録層（Layer 1：L1と略す）が形成されている。表面には，0.075mm厚の樹脂層がカバー層として設けられる。

L0層，L1層とも，相変化記録膜の両側を誘電体材料膜（保護層）でサンドイッチし，レーザ出射側に金属材料膜（反射層）を形成することは共通しているが，以下に示す点でかなり異なった積層構造を有する。これは，L0層が単層BD-REとほぼ同じような膜厚で構成されるのに対して，L1層は半透明層とするための2つの制約が加わるためである。すなわちL1では，①光吸収性の材料層である，相変化記録膜およびAg合金膜（反射層）は各6nm，10nmと十分に薄くし，光透過率を高く保持する，②より透過率を高くする意味で，反射層の上に大きな屈折率を持つ透明誘電体材料TiO_2膜を形成する等，膜厚や膜構成に大きな特徴を持つ。

では，なぜこのような構成をとっているのだろうか？その理由を次に述べることにする。

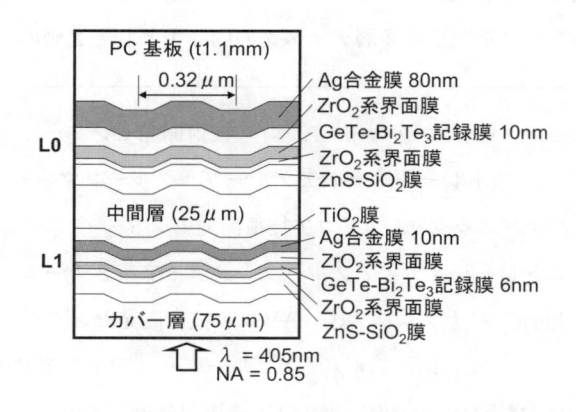

図1 書換形2層BDメディア（2層BD-RE）の層構成を示す模式図（断面）

第2章　多層構造の光ディスク

1.3　2層BDメディアの記録再生原理1：層間クロストークの除去

　2層メディアでは，L0層（奥側）にアクセス（記録再生）するためにはL1層（手前側）を介することになる。L0層へ記録する際にL1上の信号を消してしまう，あるいはL0層を再生する際にL1の信号がノイズになる等の問題が生じそうだが，実際にはその心配はない。これはL0層とL1層が中間層（分離層）により，光学的に十分大きな間隔で（25μm）隔てられていることによる。
　たとえばBDの光学系（対物レンズNA＝0.85）を用いてL0層にレーザ光の焦点を合わせたとする（図2）。このとき，L0層に当たる光スポットの面積を1とすると，L1層での光スポットの面積は10,000にもなる。したがって，L0層に焦点を合わせて記録動作を行った場合，L1層でのレーザパワー密度はわずか1/10,000程度にしかならず記録情報を消すことにはならない。同様に，L0層を再生する場合，L1層の各記録マークからの情報は，それぞれ1/10,000の強度に薄められ平均化されて光検出器に戻ってくるので問題が生じるようなノイズにはならない。これが多層光ディスクを可能とする層間クロストークの除去原理である。

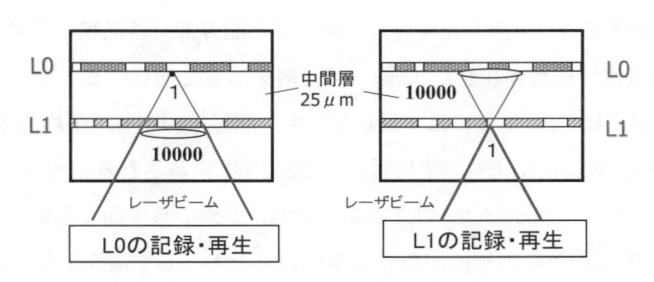

図2　2層ディスクの記録再生原理
中間層による隣接層影響の低減

1.4　2層BDメディアの記録再生原理2：透過率一定の不思議

1.4.1　L1透過率変動の影響

　次に，2層BDを実現させている「透過率一定の不思議」について述べる。2層BDではL1層を一度通過したレーザ光でL0層に記録し，またL0層を再生する場合にはL1層を通過したレーザ光がL1層で反射し，再度L1層を通過して戻ってきたものを検出する。したがって，L1層の透過率は考慮すべきデバイス設計要素となる。もしL1層が未記録の場合と記録済みの場合とで透過率が変動するなら，L1層を通過したレーザ強度も変動し，記録パワーや再生パワーの過不足を生じることになる。L1層上の個々の記録マークの透過率変化はごくわずかでも，その積分値としての透過率変動は十分大きな値となりうる。このことを実験した結果を以下に示す。

次世代光メモリとシステム技術

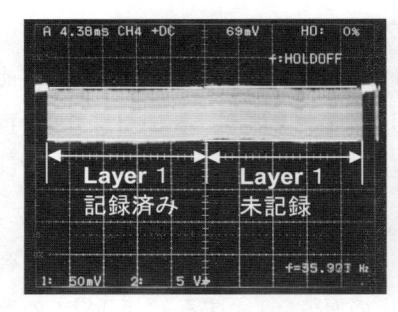

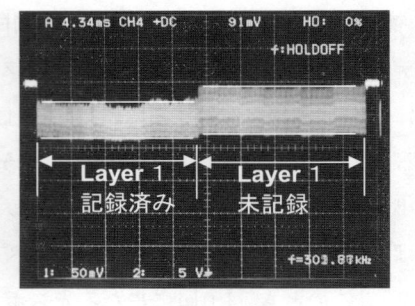

Disk A 平均透過率差 0.2%　　　　Disk B 平均透過率差 3.2%

図3　L1層での記録部−未記録部間の平均透過率差がL0層の記録再生信号に及ぼす影響
鳴海らの結果[4]を一部書換えた

図3はL1層の透過率変動がL0層の記録再生に及ぼす影響を調べた結果である。いずれの場合もL1層の約半分だけに記録を行っていて，図中では右半分では未記録部（全部が結晶状態）のL1層を通してL0層に記録し再生した場合，左半分では記録部（結晶膜中にアモルファスマークが約40%程度の面積比で多数存在した状態）のL1層を通して同様のことを行った場合を示している。平均的な透過率は，Disk Aでは未記録部50%，記録部49.8%，平均透過率差0.2%，Disk Bでは未記録部50%，記録部46.8%，平均透過率差3.2%と計算される。

図から明らかなように，Disk AではL1の記録状態にかかわらず同等な信号振幅が得られているが，Disk Bでは平均透過率の相違が信号振幅の顕著な差として観測され，この差が無視できない量であることがわかる。実際のBDでは，不思議なことにREでもRでも上記Disk Aで示したように，記録前後でL1層の透過率がほぼ一定に保持されるような光学的設計が行われている[4]。次に，この現象を可能とするメカニズムについて簡単に説明する。

1.4.2　透過率一定のメカニズム

GeSbTeやGeBiTe系相変化材料では材料層の厚さが薄い場合は，結晶相でもアモルファス相でも透過率がほとんど変わらないという面白い現象がある。図4はGeSbTe系に関して，膜厚dと波長405 nmの光に対する透過率Tとの関係を調べた結果で，結晶部の透過率T_{cry}とアモルファス部の透過率T_{amo}は，以下①−④に示すような関係を示している。

① 膜厚$d < 7$ nmの場合　　　$T_{cry} > T_{amo}$ （$T_{cry} \fallingdotseq T_{amo}$）
② 膜厚$d = 7$ nmの場合　　　$T_{cry} = T_{amo}$
③ 膜厚$d > 7$ nmの場合　　　$T_{cry} < T_{amo}$ （10 nm近傍までは$T_{cry} \fallingdotseq T_{amo}$）
④ 膜厚$d > 10$ nmの場合　　$T_{cry} < T_{amo}$ （15 nmより厚いと$T_{cry} \ll T_{amo}$）

上記現象は，GeSbTe系材料の相変化に伴う屈折率nと消衰係数kの増減の極性が反対方向を向

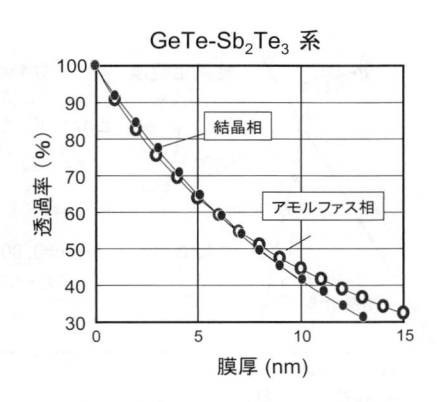

図4 GeSbTe薄膜の膜厚と透過率の関係：結晶相とアモルファス相の比較

いていることで生じる（第1章第3節参照）。つまり材料層の薄い領域①では，表面反射による入射効率低下（nの大きいほうが大）による透過率低下が支配的であり，材料層が段々と厚くなる②〜④では，徐々に吸収による光強度の減衰（kの大きいほうが大）が支配的になるというように説明できる。T_{cry}とT_{amo}の大小関係が交差する膜厚は$\Delta n (= n_c - n_a)$と$\Delta k (= k_c - k_a)$の大小関係により変動する。

　GeSbTeの利点は上記2つのパラメータΔnおよびΔkのバランスが良いことに起因している。50％以上の大きな透過率が得られる膜厚領域（<10 nm）では，相の変化によってGeSbTe薄膜の透過率は変化せず，反射率のみが変化するという，L1層には理想的な特性を有することがわかる。

1.5　相変化材料

　前項で述べたように，2層BDではL1層として記録膜を薄くし半透明化しなければならない。しかし，一般に記録膜が一定の厚さ以下になると結晶化温度が上昇し，結晶化速度が急激に低下する（結晶化に要するレーザ加熱時間が増大する）ことが報告されており[5,6]，2層BD-REでは単層のものに比べて，より高速に結晶化する材料が必要になる。最初に製品化された1倍速（線速4.92 m/s，記録速度36 Mbps）のBD-REメディアではL0層，L1層とも$GeTe-Sb_2Te_3$系の相変化材料が用いられていたが，1-2倍速（線速9.84 m/s，記録速度36-72 Mbps）のものではより短時間のレーザ照射で結晶化が生じる$GeTe-Bi_2Te_3$系材料[7]が適用されている。$GeTe-Bi_2Te_3$系は$GeTe-Sb_2Te_3$系に比較すると結晶化速度が大きく高速記録には有利であるが，反面，結晶化転移温度が低く耐熱性が低下するという不利がある。そこで，以下のように組成の最適化が行われている。

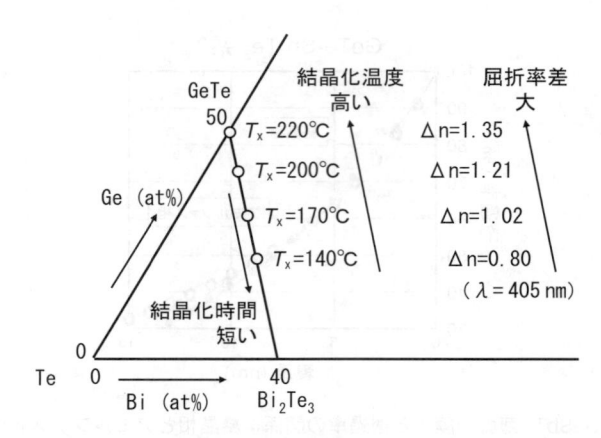

図5 GeTe-Bi$_2$Te$_3$擬2元系材料の結晶化温度，結晶化時間，光学定数の波長405 nmにおける組成依存性

　図5はGeTe-Bi$_2$Te$_3$系における，組成と結晶化温度，結晶化時間，結晶-アモルファス相間の屈折率変化の大きさとの関係を1つの三角ダイアグラム上にまとめたものである[8]。GeTe-Sb$_2$Te$_3$系と同様，GeTe-Bi$_2$Te$_3$擬2元組成線上では上記光学的，熱的特性が連続的にかつ緩やかに変化するというユニークな特徴が観測される。図中，矢印で示したようにGeTeに近い組成では，結晶化温度T_xが高くなってアモルファス相の安定性が向上している。さらに，屈折率変化Δnも増大傾向にあり，上記課題の克服に適した組成であることがわかる。

1.6　BDで用いられる誘電体材料
1.6.1　透明材料（界面層）
　書換形相変化光ディスクでは，レーザ照射により記録材料をアモルファス化（溶融→急冷）し，また結晶化（アニール）することで情報の書換えを行う。この際，多数回の書換えの結果として熱的損傷を生じる，保護膜材料との相互拡散が生じ特性変動を引き起こす等を抑制するために，記録層に接して高融点の誘電体材料膜を形成することがしばしば行われる。たとえばDVD-RAMではGeSbTe記録膜とZnS-SiO$_2$保護膜との間に界面層としてGe-N薄膜を形成することで，書換え回数が飛躍的に伸びることを確認している[9]。

　2層BDの場合には，たとえばZrO$_2$系の酸化物薄膜が界面層として適する。これは，この材料が青紫色レーザに対して透明度が高いことによる。多層ディスクでは，一番奥の層にも十分強いレーザ光が届くように，また十分大きな反射光が戻ってくるように，各層での不要な光吸収を抑制する必要がある。表1に示すように，ZrO$_2$系薄膜はGe-N系薄膜に比べると，波長405 nmでの消衰係数kがかなり小さく，光学設計上のロスが小さいことがわかる[10]。多層ディスクでは各

第2章 多層構造の光ディスク

表1 光ディスクで適用されるZrO₂系誘電体膜とGe-N系誘電体膜の光学定数比較

材 料	光学定数（405 nm） n-ik	光学定数（660 nm） n-ik
ZrO₂系	2.33 − i0.06	2.18 − i0.04
Ge-N系	2.38 − i0.22	2.21 − i0.07

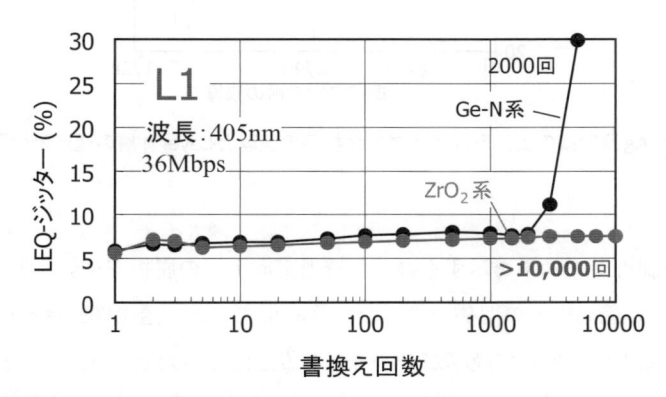

図6 ZrO₂系界面層ならびにGe-N系界面層を適用した書換形2層BD（Layer 1）の書換性能比較

材料膜の厚さをなるべく薄く構成する必要性があるので，全体としての耐熱強度や機械強度が低下しやすい。したがって，記録層に接して形成する界面層は光吸収がなるべく小さくそれ自身が発熱しないことが，信頼性の面でも重要になる。

図6は，2層BDのL1層に界面層としてZrO₂系薄膜とGe-N系薄膜を用いた場合の，書換え特性を比較した結果である。ZrO₂系薄膜を用いたものが1万回のオーバライトにも全く変化がないのに対して，Ge-N系薄膜を用いたものでは2000回程度で信号品質が急激に劣化している。これは，表1に示した両者の波長405 nmでの消衰係数kの相違に起因し，Ge-N系薄膜はZrO₂系薄膜に比べてはるかに高い温度に到達することが熱解析で確かめられている[10]。

1.6.2 高屈折率材料（透過率向上層）

多層ディスクでは手前側にある記録層の透過率をできるだけ高くして，奥に位置する層になるべく減衰しないレーザ光を届けることが構造設計上のキーとなる。光吸収性の材料層である相変化材料層や反射層（熱拡散層）をぎりぎりまで薄くすることに加えて，反射層の上にTiO₂のように大きな屈折率を持つ透明誘電体材料層を形成することで透過率を高める方法が開発されている[11]（図1参照）。ごく簡略化していえば，反射層を出た光が入射する界面の屈折率が反射層材料の屈折率に近いほど界面での反射が低減され光が出射しやすくなるという原理に基づく。ここでは，この材料層のことを透過率制御層と呼んでおく。

次世代光メモリとシステム技術

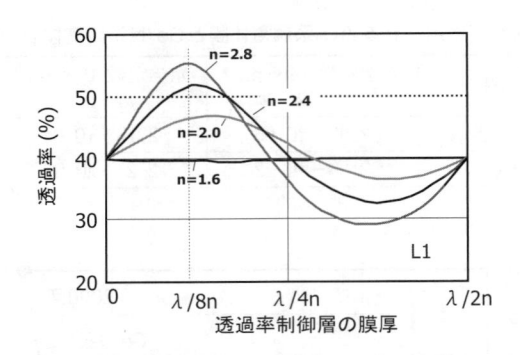

図7　Ag反射膜の上に形成する誘電体材料の膜厚とLayer 1層の透過率の関係

　図7は，透過率制御層の効果を示すもので，透過率向上層の屈折率nをパラメータとして，その膜厚とL1層全体の透過率との関係を調べた計算結果である。透過率制御層の膜厚を厚くしていくと，透過率は徐々に増加して膜厚が$\lambda/8n$となる近傍で極大となり，減少傾向に移る。極大の値は，パラメータが大きくなるとともに増大しn＝2.4以上では，透過率制御層がない場合に比べて絶対値で10％以上も大きな透過率が得られることがわかる[11]。

1.7　多層BD-Rメディアへの挑戦

　これまで述べたように，多層化には高い透過率を持つ記録層が必要であることから，現在のところ書換形では3層以上の積層例は，まだ報告されていない。一方，追記形の場合は構成上の制約が少なく，比較的透過率の高い記録材料層の適用が可能であることから，先行して3層以上の光ディスク開発が行われている。

　多層ディスクは，透過率さえ確保できれば，基本的に2層ディスクと同じような技術で実現できる。ただし，3層以上になると，ある層を再生する際に他の層の裏面から反射されて戻ってくる光が重畳されてノイズ成分（迷光）になるケースが生じる。これを避ける方法としては，図8に示すように，層間距離を一定値ではなく，戻り光が別の記録層で焦点を結ばないように，層間ごとに変える方法が提案されている[1]。別の提案としては，裏面の反射率を十分低減し，たとえ裏面からの戻り光が焦点を結んでも，その影響を低減できるという方法も提案されている[12]。

　図9は各層の記録膜にTe-O-Pd薄膜を用いた4層追記形光ディスクの構成例で[2]，2層BD-Rフォーマットに準じて試作されている。表2は各層を単独層として評価した場合の，反射率と透過率および4層ディスクとしての各層からの反射率である。4層ディスクでは，いずれの層からも4％程度の反射率が得られるような構成に設計されている。すなわち，L3，L2はそれぞれ80％以上，75％以上の高い透過率が必要なことから記録膜を6nmと極めて薄くし，さらに金属

第2章　多層構造の光ディスク

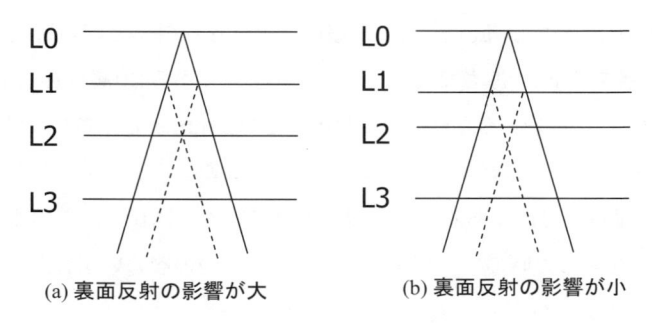

(a) 裏面反射の影響が大　　　(b) 裏面反射の影響が小

図8　多層光ディスクにおける裏面反射の影響

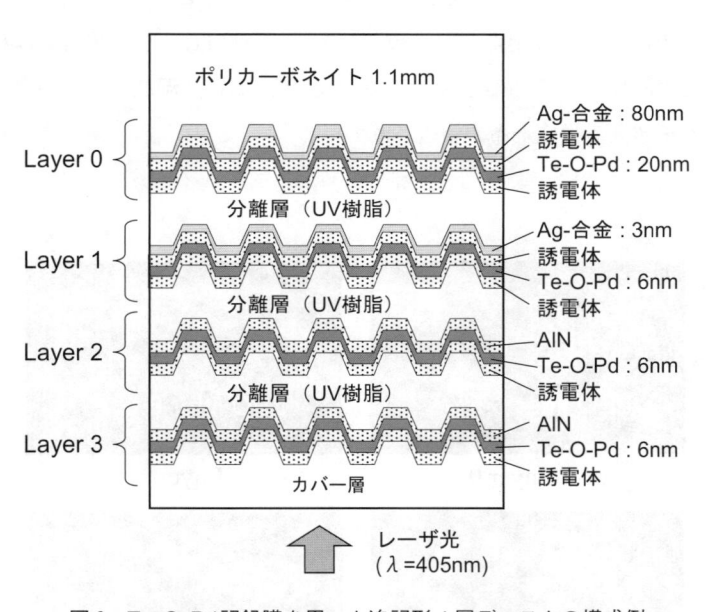

図9　Te-O-Pd記録膜を用いた追記形4層ディスクの構成例

表2　各層単独の反射率および透過率と4層ディスクとしての反射率（計算）

	個々の単独層		4層積層
	反射率（％）	透過率（％）	反射率（％）
Layer 0	25.5	0.0	4.0
Layer 1	10.7	64.7	4.0
Layer 2	6.1	75.4	4.0
Layer 3	4.0	81.0	4.0

材料を取り除いた構成にしている。また，L1層は，大きな反射率と高い透過率を両立する必要性からAg合金反射層を6 nmの厚さで用いている。最上層であるL0層は透過率の制限を受けず，また十分大きな反射率を確保するために記録膜の厚さは20 nmとし，さらに80 nmという厚い反射層を設けている。この4層ディスクではBD規格に準じ，1倍速（36 Mbps）から4倍速（144 Mbps）まで記録再生可能であることが報告されている。図10は，この4層ディスクに2倍速でランダム信号を記録した時のアイパターンである。4つの層のいずれからも高品質な再生信号が得られていることがわかる。

　光ディスクの大きな利点として，長期の保存性がある。多層ディスクではいずれの材料層も非常に薄くなることから腐食等による信号劣化には十分な対策が必要である。この4層ディスクでも，アレニウスの方法による推定寿命が求められている（図11）。極めて薄い膜構成にもかかわらず温度30℃，湿度85％という過酷な環境下でも100年，25℃，湿度55％というオフィース環境であれば，1000年を超える推定寿命が報告されている[2]。

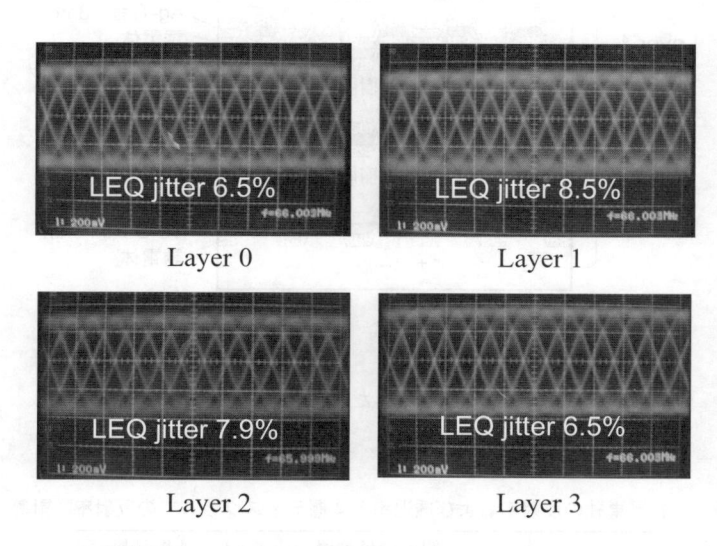

図10　Te-O-Pd記録膜を用いた追記形4層メディア（BD-Rフォーマットに準じて作製）の2倍速におけるアイパターン信号

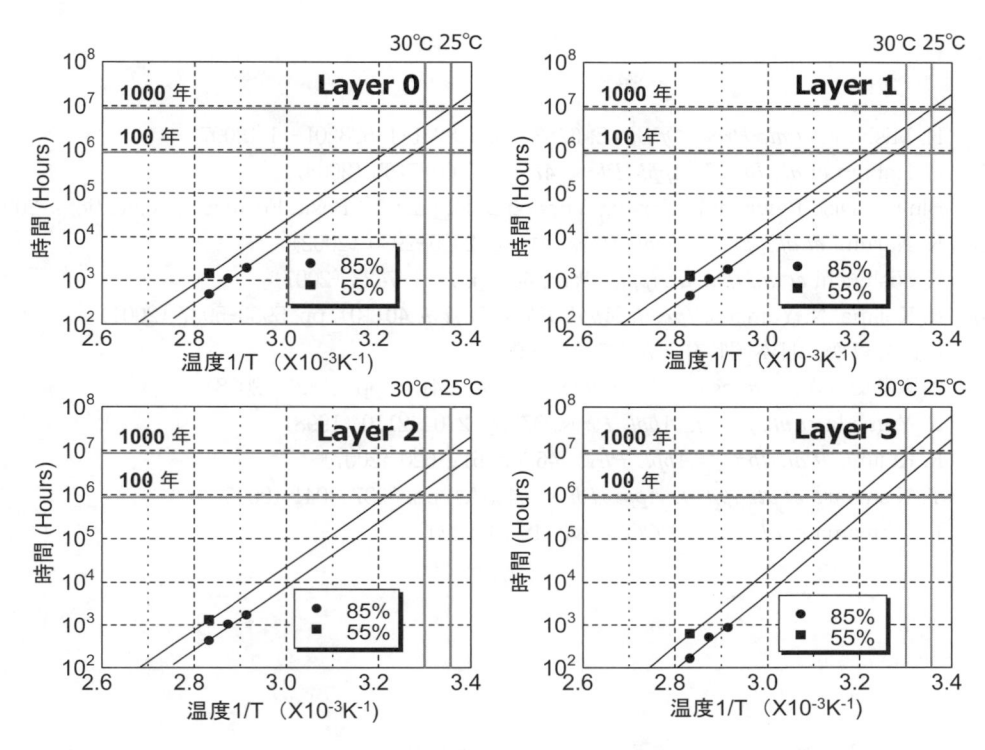

図11 アレニウスの方法によるTe-O-Pd記録膜を用いた追記形4層メディアの寿命予測試験結果

1.8 まとめ

　主として2層書換形BDを中心に，多層光ディスクの構造設計に関わる考え方，多層光ディスクに必要な相変化材料および誘電体材料について説明し，最後に多層メディアの具体的な開発例として4層追記形ディスクを紹介した．現在，BDは2層50GB容量のものまで製品化されているが，いずれ3層，4層…と，多層化が進んでいくことが期待される．ここで述べたのは，2層ディスクに関することであるが，より多層のディスクでもほぼそのまま適用可能な考え方，技術だと思う．今後，光ディスクを研究開発する方々に少しでも参考になれば幸いである．

次世代光メモリとシステム技術

文　　献

1) K. Mishima *et al.*, *Proc. Of SPIE*, **6282**, pp. 62820I-1-62820I-11（2007）
2) H. Habuta *et al.*, *Jpn. J. Appl. Phys.*, **47**, pp. 7160-7165（2008）
3) Blu-ray Disc Rewritable Format Version 2.11, part 1：Basic Format Specifications, 2006
4) K. Narumi *et al.*, *Jpn. J. Appl. Phys.*, **41**, pp. 2925-2930（2002）
5) K. Nishiuchi *et al.*, *Jpn. J. Appl. Phys.*, **46**, pp. 7421-7423（2007）
6) R. Kojima, N. Yamada, *Jpn. J. Appl. Phys. Part 1*, **40**(10), pp. 5930-5937（2001）
7) 山田昇ほか，日本国特許2574325号（1996）
8) 西原孝史ほか，*Panasonic Technical Journal*, **54**(3), pp. 21-25（2008）
9) N. Yamada *et al.*, *Jpn. J. Appl. Phys.*, **37**, pp. 2104-2110（1998）
10) R. Kojima *et al.*, *Jpn. J. Appl. Phys.*, **46**, pp. 612-620（2007）
11) T. Nishihara *et al.*, *Jpn. J. Appl. Phys.*, **44**(5A), pp. 3037-3041（2005）
12) J. Ushiyama *et al.*, *Proc. PCOS2007*, 48-51（2007）

2　0.1mm厚薄型光ディスクスタック型テラバイト光ディスク（SVOD）

粟野博之*

2.1　SVODは光ディスクの大容量化に有望—技術比較（面密度向上，多層化，薄型化）

　光ディスクの大容量化技術潮流を図1に示した。CD，DVD，BDと互換性を保ちながら面記録密度を7倍，5倍と高めてきた。面記録密度を高める王道は光スポット径(d)を小さくすることであり，dを半分にすると面記録密度は4倍向上する。BDでは既に従来光学系の限界に近い青色レーザーと開口数0.85の対物レンズを使っている。したがって，面密度向上は難しく多層化

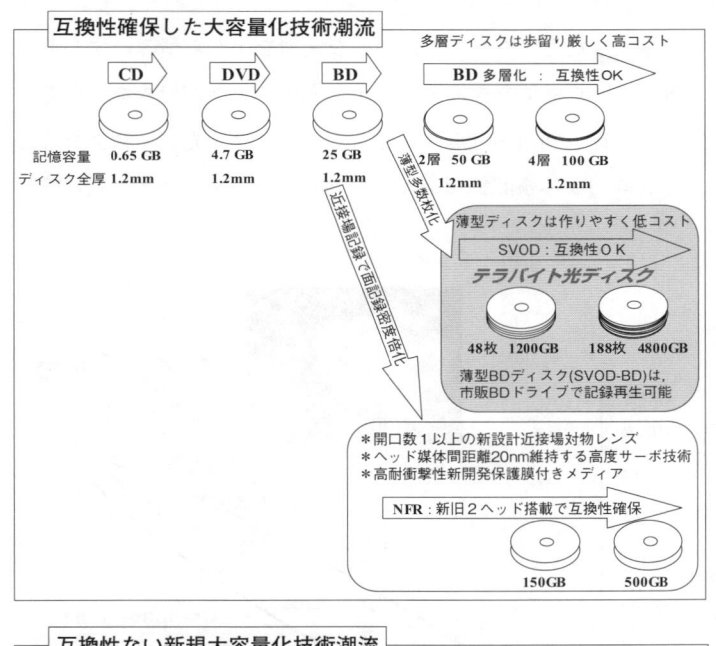

図1　光ディスク大容量化技術潮流
　SVODはCD，DVD，BD，多層BDドライブでも記録再生可能で互換性OK。
　カートリッジに複数枚収納することで1枚のテラバイト光ディスクとして利用できる。

＊　Hiroyuki Awano　日立マクセル㈱　開発本部　MMプロジェクト　プロジェクトリーダー

次世代光メモリとシステム技術

へと向かっている。しかし，多層化はディスク製造が極端に難しく，媒体の大幅なコストアップ要因となっている。そこで，面密度を高める近接場記録が注目されている。これは対物レンズの開口数を1より大きくする方法で光のトンネル効果と言われている。開口数が1より大きいと光は全反射するため光は伝播できない。しかし，対物レンズを光ディスクに数10 nmまで近接させると，狭い領域で光のトンネル効果が生じ，光スポット径を大幅に小さくできる。これが近接場記録であるが，CD，DVD，BDは読み書きできない。したがって，互換性を確保するには従来光学系と近接場用の2つのヘッドが必要で高価である。

一方，多層化や近接場記録ではテラバイト領域を狙えない。そこで，全く新しい記録再生メカニズムで大容量化を狙う提案がホログラム技術である。これは従来の面記録ではなく空間写真を媒体に焼きこみ，空間情報をCCDで取り出す大変難しい技術である。したがって，今まで光ディスクが信頼性を確保するためにやってきた様々な実績を1から積み直す必要がある。

そこで，もっと簡単に早く提供できるテラバイト光ディスクができないか考えてみた。それがSVOD（Stacked Volumetric Optical Discs）である。これは，光ディスクを薄くしてカートリッジに複数枚収納する擬似的な体積記録である。媒体には既存のBDを薄くして利用し，記録再生

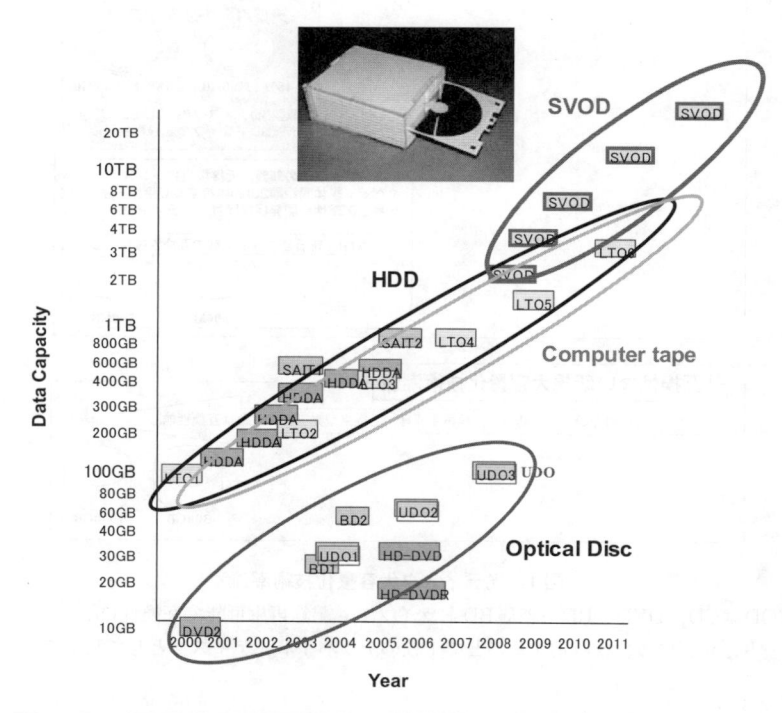

図2　ストレージ技術の記憶容量マイグレーション
SVODは，HDDやコンピュータテープのマイグレーションと同等以上の容量マイグレーション

第 2 章　多層構造の光ディスク

は既存BDドライブ，薄型ディスク交換には既存のオートチェンジャー技術，ファイル管理も既存のライブラリソフトを利用する．例えば，カートリッジに薄型片面2層BD（50 GB）を100枚収納し，既存ライブラリソフトで薄型ディスクオートチェンジャーを管理すれば，ユーザーは複数枚ディスクを意識することなく5 TB外付け大容量光ディスクを扱うことができる．

図2には，光ディスク，HDD，テープの記憶容量マイグレーションパスを示す．光ディスクの記憶容量は常にHDDやテープの一桁以上下にある．光ディスクの新市場開拓にはHDDと同等の大容量化が必要である．しかし，SVODであれば，現行技術を組み合わせるだけで図2に示される領域を狙うことができる．すなわち，HDDサーバー内データを丸ごとバックアップすることも可能になる．データセンターはHDDサーバーの塊となっており，巨大電力消費の問題にまでなっている．昔はHDDのデータをテープライブラリに退避することでHDDサーバー増設を回避していたが，現在ではコンプライアンスやデータマイニング等アクセス頻度の高いデータが爆発的に増えているため，ランダムアクセスできないテープライブラリは使えずサーバー増設が続いている．そこで，ランダムアクセス可能なSVODへの期待は高い．このようにSVODは光ディスクの業務用展開にも期待が高い．

2.2　薄型ディスクの作製方法（新しくナノインプリント技術を導入）

光ディスクは射出成型法で作製するが，基板厚が0.1 mmと薄くなると樹脂が金型内に流し込めない．そこで，熱ナノインプリントの量産モデルを試作した．これは図3に示すように暖めた樹脂シート表面に光ディスクパターンを転写する技術である．図3右にはBDパターンの転写結果を示したが，ピッチ320 nm，溝深さ24 nmのパターンがきれいに転写できている．光ディスク全面にきれいなパターンを作るために図3中央に示したような薄型ディスク基板の量産機を作製した．これにより全面記録可能なSVODディスクを作製した．

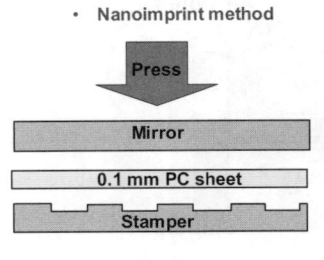

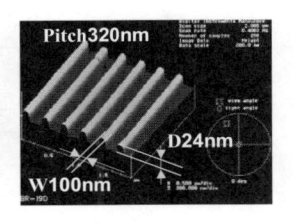

図3　薄型ディスクを作るための新製造技術ナノインプリント原理図（左），試作した生産マシン（中央），BDパターンの転写例（右）

2.3 SVOD-BDの性能評価

　図4には，薄型BD片面2層ディスクの構造（SVOD-BD-DL）を示した。厚さは1.2mm厚市販ディスクの6分の1。SVODは貼合せが対象で有利である。薄いディスク同士の貼合せは難しいが，この量産機も作製し全面記録再生可能なメディアを作製した。

　全面きれいにできたSVODを市販BDドライブで記録再生する方法を図5に示した。スピンドルに薄型ディスク，0.1mm厚のスペーサーつきエアフロー型回転安定板を乗せるだけで市販BDディスクと同様にディスク認識を行い，記録，再生できる。図6は，SVOD-BD-Rのジッター評価結果を示す。比較のために1.2mm厚の市販BD-Rディスクのジッター評価結果も示した。SVOD-BD-Rは1倍速，2倍速どちらの結果もディスク全面に渡って市販BD-Rと同等の結果であった。これはSVODが製品レベルにあることを示している。ここで用いた記録膜は製品と同等のものを用いており，再生パワー，記録パワーも製品同等の値になっている。すなわち，基板が薄くなっても記録再生性能や耐環境試験，寿命試験，全て厚い製品と同様の結果となった。

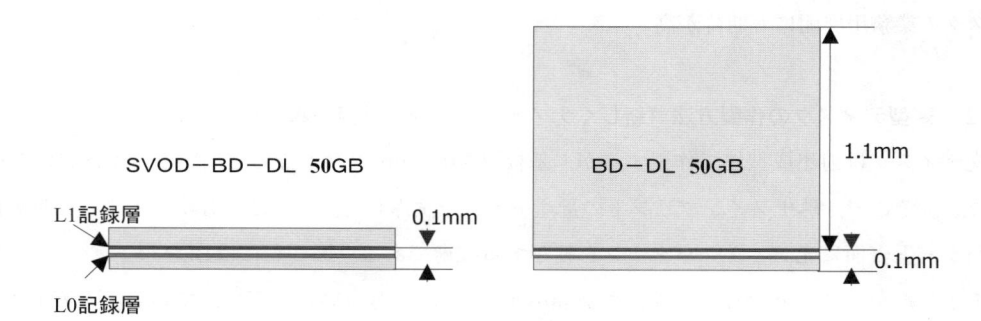

図4　SVOD薄型ディスクとBDディスクの構成
左がSVOD-BD-DL，右が片面2層50GBのBD-DL

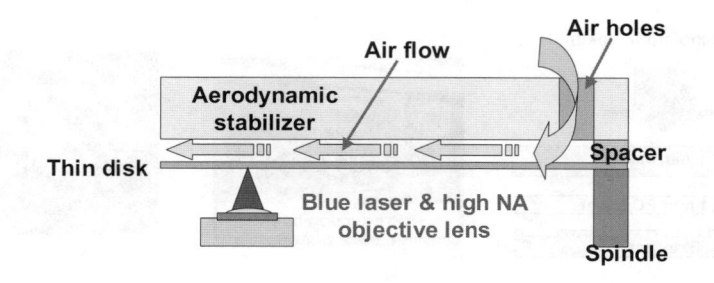

図5　SVOD薄型ディスクを市販BDドライブで記録再生する方法

第2章 多層構造の光ディスク

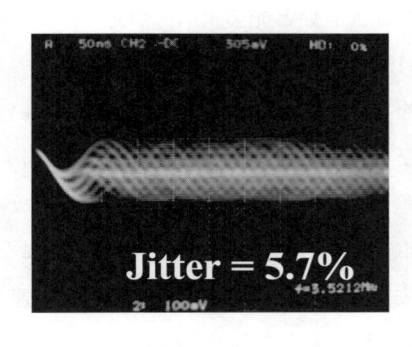

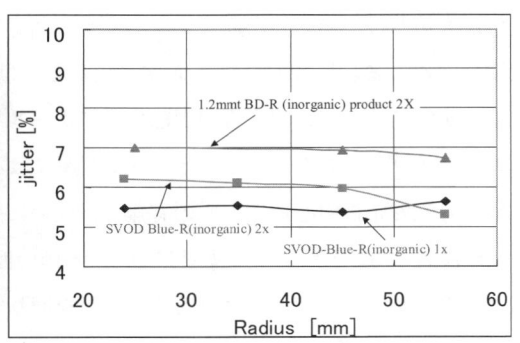

図6 左はSVOD-BD-Rのアイパターン。右はBD1倍速，2倍速での薄型BD-Rのジッター値
比較のために1.2mm厚の市販BD-Rディスクの2倍速でのジッター値の半径依存性も示す。薄型BD-Rはディスク全面で1.2mm厚製品と同等の性能であることがわかる。市販BDドライブに薄型ディスクをのせるだけでフルハイビジョン映像を記録再生できた。

2.4 15000回転における面ブレ量と面ブレ加速度評価

　記憶容量を増やせばその分転送レートの高速化も必要だが，光ディスクの最大回転数は10000回転と決まっている。これは，1.2mm厚の光ディスクが硬いためで，少しでもクラックがあるとそこを起点に破砕が起こる。しかし，薄型光ディスクは柔らかく破砕しにくいと考えられ，10000回転以上での高速転送化が期待できる。そこで，15000回転における面ブレ量（図7左）と面ブレ加速度（図7右）の評価を行った。測定結果を図7に示した。光ディスク回転時における

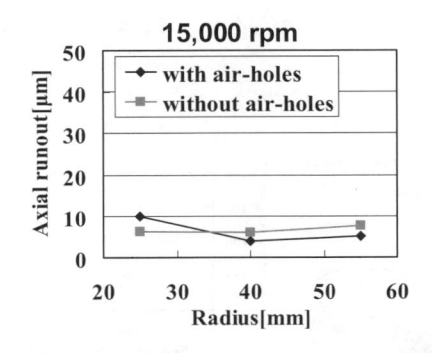

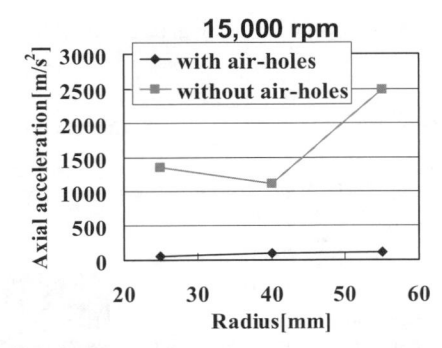

図7　SVOD薄型ディスクの15000回転における面ブレ量および面ブレ加速度評価結果
エアフロー型回転安定板を利用する事で低速から高速まで薄型ディスク全面に記録再生可能。面ブレ量はヘッドとメディアがぶつからないために100μm以下であればよく，エアフロー無くても十分。しかし，重たい光ヘッドが高速にメディアの上下ブレに追従するためには，100m/秒以下の面ブレ加速度が必要。エアフロー無しは面ブレ加速度が非常に大きくサーボがかからないので15000回転での記録再生は不可能。

変位量の最大値と最小値の差が面ブレであるが，面ブレが大きいと光ディスクが光ヘッドに衝突する危険性が高まる．したがって，面ブレ量としては100μm以下が好ましい．図7左に示した面ブレ量の測定結果は回転安定板内周部にエアホールをあけたエアフロータイプ，穴がないノンエアフロータイプ，どちらも10μmと小さく問題にはならない．しかし，面ブレ加速度（図7右）の結果は，回転安定板中心付近の穴の有無で桁違いに差が生じている．これは，回転安定板の穴から空気が流入することにより，薄型ディスクと硬い回転安定板の間の気圧が一様な負圧になる．これにより柔らかい薄型ディスクは硬くて平坦な回転安定板に平行に矯正され，面ブレ加速度は回転安定板の値に近づくことになる．この効果は低速においても有効で，図6に示したようにSVOD-BD-Rが1倍速の低速においてもディスク全面にフルハイビジョン録画できる理由となっている．

2.5 薄型基板の内周穴はドライブへのクランピングストレスに耐えられるか？

光ディスクをドライブにマウントして回転したときの偏芯量が大きいと光ピックアップが追従できなくなるため偏芯量は70μm以下にしなければならない．そこで，図8中央に示したようなクランピング試験機を作製し，柔らかい薄型ディスクのクランピング耐久試験を行った．図8左側に実験方法を示した．最適なクランピング位置から薄型ディスクを2mm横にずらした位置を初期位置とした．この状態でクランピングを行うと内周穴はスピンドル上を2mmクランパに押し付けられて滑り落ち，固定される．これはかなりの衝撃で1.2mmある厚い基板でこれを繰り返すと硬い内周穴が欠けるような障害を起こす．通常，ディスクセットされた状態における内周穴位置とスピンドル中心との相対位置はランダムである．しかし，この耐久試験においては，薄型ディスク内周穴の同じ場所を常に2mmずれた位置に戻してからクランピング試験を繰り返す，

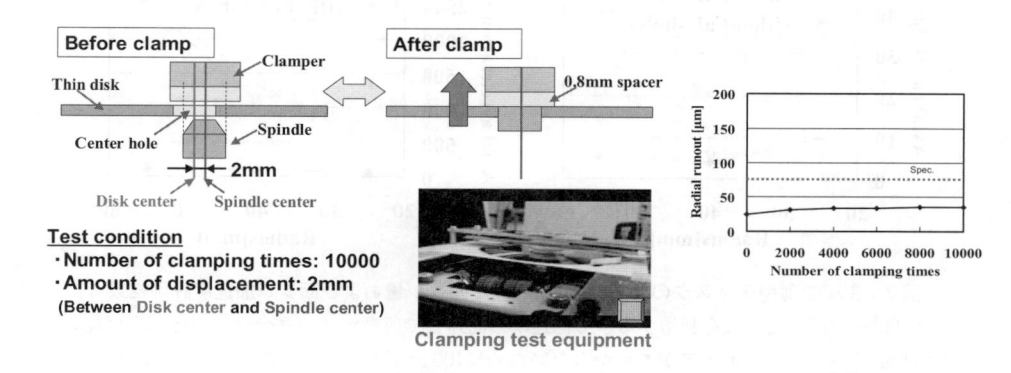

図8　SVOD薄型ディスクのクランピング試験における偏芯量変化結果
内周穴は2000回までわずかに変形するが，それ以降は変化しない．割れ，欠けも見られなかった．実用上100万回でも薄型光ディスク着脱が可能である事を示している．

第 2 章　多層構造の光ディスク

過酷な限界試験を行った。クランピング試験後に偏芯量を調べた結果を図8右側に示す。クランピング回数が増えると少しずつ偏芯量が増加している。これは内周穴のわずかな変形であるが，この程度では記録再生への影響は全く見られなかった。この変化は2000回付近で既に飽和し，10000回まで繰り返しても値は変わらない。10000回試験後の内周穴を観察したが，わずかな変形が見えるだけで内周に割れや欠けは全く見えなかった。実際にはスピンドルとディスクの相対関係はランダムであるため内周の1箇所だけに衝撃が集中することはない。したがって，この試験は実用上の100万回のクランピングテストに相当し，薄型ディスクは業務用ライブラリでも使用可能と考えられる。

2.6　SVODカートリッジと薄型ディスク用ミニチェンジャー

　SVOD1枚をつまんだ状態を図9（左上）に示した。薄いといっても貼合せてあるので大きく垂れ下がることはない。この1枚のSVOD薄型ディスクを，薄型ディスクトレーと薄型カバーシートの間に収納し1セットとする。これを48組重ねて図9中央に示したカートリッジに収納した。SVOD-BD-DLを48枚収納するとカートリッジ容量は2.4TB，両面SVOD-BD-DLにすることで記憶容量は4.8TBに拡張可能である。このカートリッジは8角，12辺，6面の落下試験にも耐えることを確認した。カートリッジ内にディスクとトレーが密集しており，カートリッジ内にもディスクずれを予防する工夫がしてあるので，カートリッジ振動や落下によっても薄型ディスクが動いて擦れる可能性は低い。

　この薄型トレーには，任意の薄型トレーを引き出すための工夫も凝らしてある。図9左下の写真に示すように，トレーをつまみ出すための穴はトレーを1枚重ねるごとに1箇所ずつ横にずれて開けてある。6枚で元にもどる。すなわち，7枚目は左端に穴があいたトレーとなる。1枚目と7枚目には6組のトレーディスクがあるために3.6mmの広い隙間ができる。トレーをつまみ出すための薄い引き出し爪は，確実にこの隙間に入るので任意のトレーを確実に引き出すことが

図9　薄型ディスク（左上），SVOD48枚入りカートリッジの開口部拡大写真（左下）
　　　SVOD48枚入りカートリッジ（中央）薄型トレーに薄型ディスクを格納（中央左）および蓋を閉じた状態，48枚入りカートリッジの中から任意の薄型ディスクを挿抜可能な試作したミニチェンジャー（右）

次世代光メモリとシステム技術

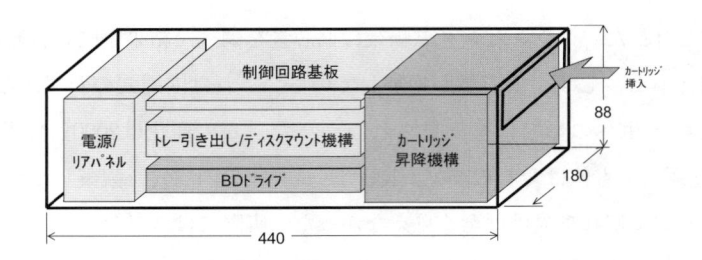

図10　SVOD-BDミニチェンジャー構成例

できる。カートリッジは，高さ39 mm，横幅133 mm，奥行き161 mmである。

　図10には，薄型ディスクオートチェンジャーの構成図を示した。電源，制御回路，トレー引き出しディスクマウント機構，BDドライブ，カートリッジ昇降機構からできており，大きさは，高さ88 mm，横幅180 mm，奥行き440 mmとコンパクト。図9右に示したようにパソコンの脇に置いてUSB 1本で接続簡単なテラバイト外付け光ディスク装置となる。市販BDドライブを用いているため既存のファイル管理ソフトが利用でき，2.4 TBカートリッジを用いると，パソコン画面に2.4 TBのSVODアイコンが現れ，この上にHDDアイコンをドラッグ＆ドロップすれば，全自動でHDDのバックアップができる。

2.7　SVODライブラリシステム

　図11には，図12左に示したSVODミニチェンジャーを2台搭載し，24カートリッジを内包したSVODライブラリの記憶容量マイグレーションを示した。比較のためにHDDライブラリ，テー

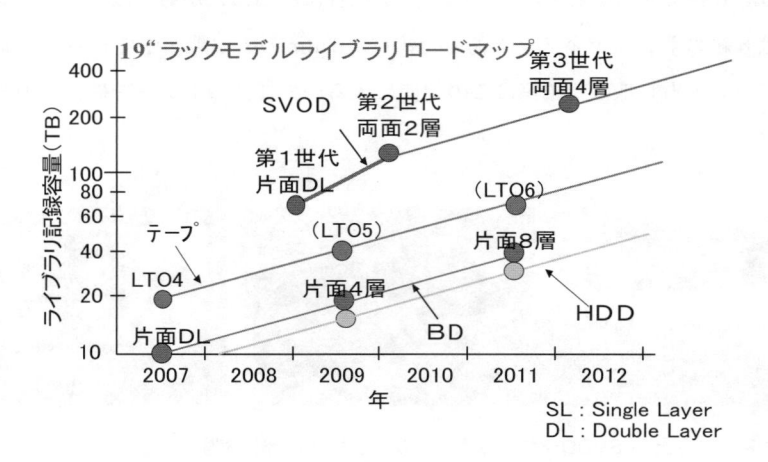

図11　SVOD-BDライブラリのロードマップ
HDDやテープライブラリの上をいくことができる

第2章　多層構造の光ディスク

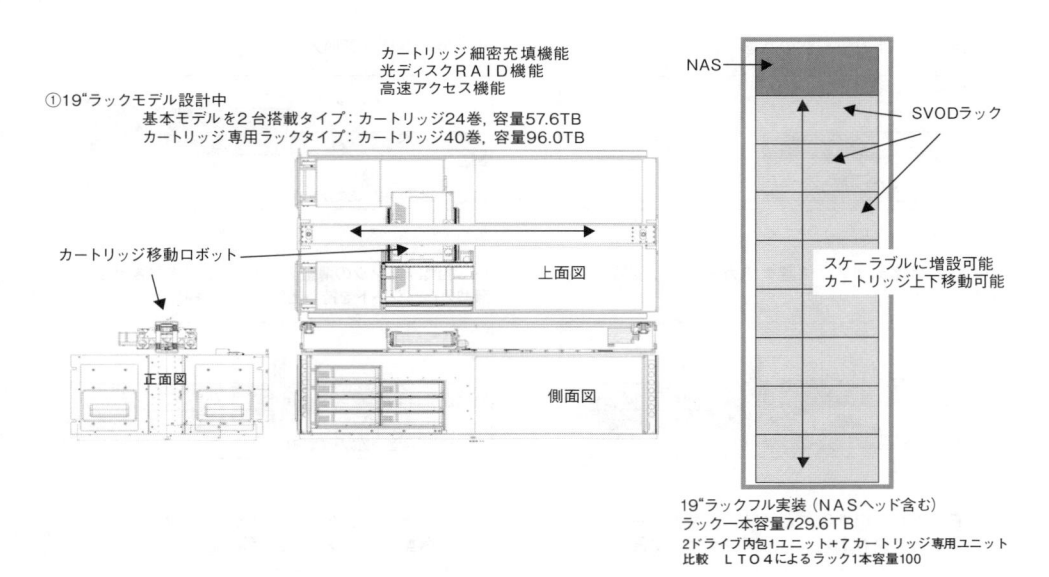

図12　SVOD-BDをバックに控えた巨大ペタバイトNAS構成例
NASの後ろにアクセスの少ないデータをニアラインストレージ

プライブラリの記憶容量も示した。このように，SVODはHDDやテープよりも大容量化できる。
　図12左のSVODミニチェンジャーをカートリッジに置き換えると，カートリッジ専用ラックとなり，40カートリッジ収納できる。図12右には，SVODミニチェンジャー2台搭載ユニットを1台，カートリッジ専用ユニットを7台，12TBのNAS（Network Area Storage）を1台搭載して，大型NASシステムとした場合の構成図を示した。カートリッジ運搬ロボットはこのラック内を自在に動けるスケーラブルな設計になっている。収納した2.4TBカートリッジは全部で304巻，記憶容量は729.6TBのSVODとなり，NASの中でアクセスの少ないデータをSVODに退避することで，安価で超省電力な大型NASシステムができる。地球温暖化の大きな要因の一つがサーバー電力であるが，SVODを活用すると消費電力は空調電力も加味して20分の1にでき，深刻なIT業界の電力問題の救済策に有効である。

2.8　薄型ディスクオートチェンジャーのディスク交換方法

　上記カートリッジを使って任意のトレーを挿抜する動きを図13に示し，以下にまとめた。
A：カートリッジ挿入前の状態。
B：カートリッジをミニチェンジャースロットに挿入するとカートリッジ蓋のロックが解除。
C：カートリッジエレベーターで目的ディスクを収納してあるトレーの高さまでカートリッジを移動。エレベーターは5ミクロンの位置精度で正確に素早くポジショニングできる。

A　カートリッジ空の状態

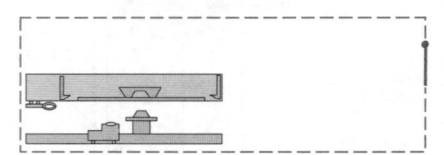

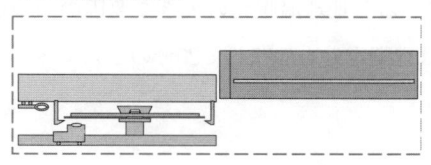

B　カートリッジ挿入

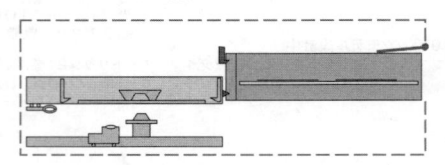

C　目標ディスク位置までカートリッジ降下

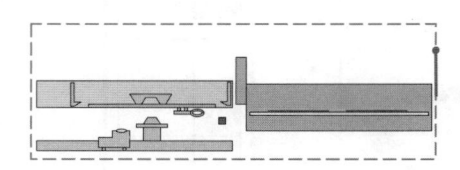

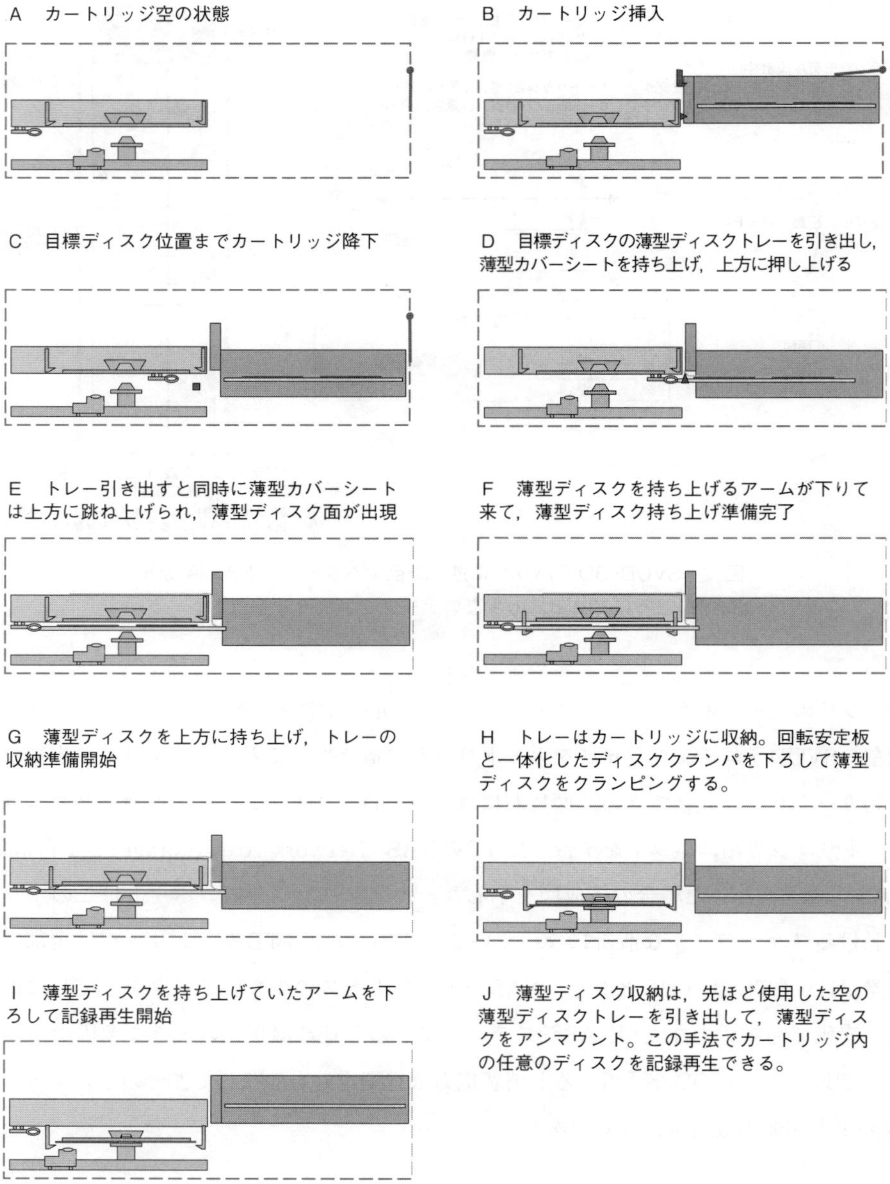

D　目標ディスクの薄型ディスクトレーを引き出し，薄型カバーシートを持ち上げ，上方に押し上げる

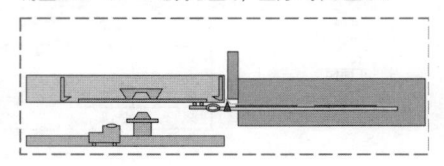

E　トレー引き出すと同時に薄型カバーシートは上方に跳ね上げられ，薄型ディスク面が出現

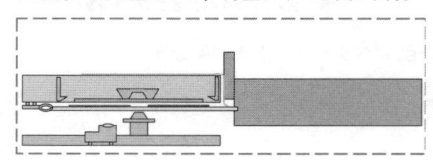

F　薄型ディスクを持ち上げるアームが下りて来て，薄型ディスク持ち上げ準備完了

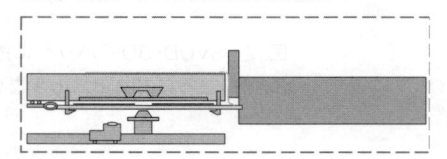

G　薄型ディスクを上方に持ち上げ，トレーの収納準備開始

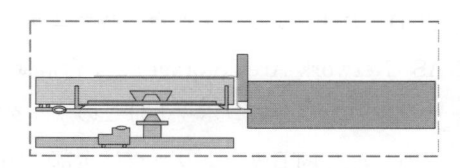

H　トレーはカートリッジに収納。回転安定板と一体化したディスククランパを下ろして薄型ディスクをクランピングする。

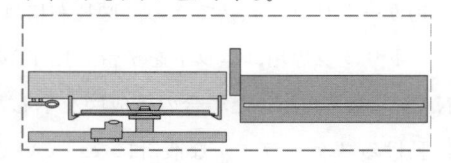

I　薄型ディスクを持ち上げていたアームを下ろして記録再生開始

J　薄型ディスク収納は，先ほど使用した空の薄型ディスクトレーを引き出して，薄型ディスクをアンマウント。この手法でカートリッジ内の任意のディスクを記録再生できる。

図13　SVOD薄型ディスクオートチェンジャーにおけるディスクマウント手順

D：目的の薄型トレーのフックをつかむため，薄い取り出し爪がスライドして所定の位置で止まり，トレーフックを爪で確実にホールドする。トレーを引き出し始めると，薄型カバーシートの先端が持ち上がる工夫をしてあり，更にトレーを引き出すと持ち上がったカバーシートはカートリッジの上面に沿うように押し上げられる。このカバーシート剥離機構で薄型ディスク上

第2章　多層構造の光ディスク

　面を開放する。

E：完全にトレーを引き出すと，完全に薄型ディスク上面がむき出しになる。

F：薄型ディスクを持ち上げる爪が上方より下りてきて，薄型トレーに開けてある穴を通り抜け，薄型ディスク下に入り込む。

G：薄型ディスクを持ち上げる爪が持ち上がり，薄型ディスクをトレーから持ち上げ，回転安定板位置でホールド。

H：薄型トレーをカートリッジに戻す。回転安定板とディスククランパは一体となっており，マグネットで上方に固定されている。マグネットの磁力をたち切って薄型ディスクと回転安定板をゆっくり下ろす。薄型ディスクを持ち上げる爪の4本の支持棒によって薄型ディスクの中心穴はスピンドル中心付近に位置矯正できるので，ディスク中心穴は必ずスピンドルモーターの先端に入る。そのまま爪を下ろすと回転安定板中央のディスククランパがマグネットの力でスピンドルに吸着。爪を更に下ろして薄型ディスクと完全に分離する。

I：薄型ディスク回転開始，レーザーが点灯し，フォーカスサーボ，トラッキングサーボがかかる。記録または再生を行い，光ピックアップは記録または再生に応じて外周に移動。

J：記録再生が終了すると，レーザーが消え，スピンドル回転が止まる。薄型ディスクを持ち上げる爪が上昇し薄型ディスクと回転安定板を持ち上げる。トレー引き出し爪がカートリッジ位置まで移動して空になった薄型ディスクトレーを再び引き出す。空のトレーに薄型ディスクを乗せる。元のカートリッジ位置に薄型ディスクを乗せたトレーを収納。カートリッジエレベーターを次のディスク位置に移動し上記を繰り返す。

このように，薄型ディスクを片面2層を両面貼合せれば4.8TB，将来商品化される片面4層BDを用いれば9.6TB，収納効率を高めて19.2TB，近接場500GBができれば48TBというように光ディスクの進化にあわせてSVODは更に大容量化することができる。

3 媒体の多層構造化技術

川田善正*

3.1 はじめに――多層光ディスクへの期待――

高度情報化社会の発展とともに，記録すべき情報量は指数関数的に増加している．このような記録需要の爆発的な増大は，インターネットの発展による世界規模での情報交換，電子商取引，多チャンネルディジタル放送，医療・生体情報の電子化，などの急速な進展に伴うものである．今後さらに，情報量が増加し，大容量・高密度の記録媒体の開発が不可欠になるものと予想できる．

このような要望に応える記録方式として，ビットデータを多層に記録する方式の高密度光メモリへの期待が高まっている[1~4]．多層光メモリでは，ビットデータを記録媒体の表面だけでなく，内部にも記録するため，記録する層数を増やすことによって，記録容量を向上させることができ，等価的な記録密度を向上させることができる．多層光メモリは，従来の光メモリ技術を光軸方向に拡張したものであるので，これまでの技術資産が有効に利用可能な手法として有望である．

本節では，図1に示すようにビットデータを多層に記録する光メモリを実現する上で必要な媒体の多層化技術について紹介する．また，新しい光メモリの形態として，ロール型媒体の構成を利用した多層化技術も紹介する．

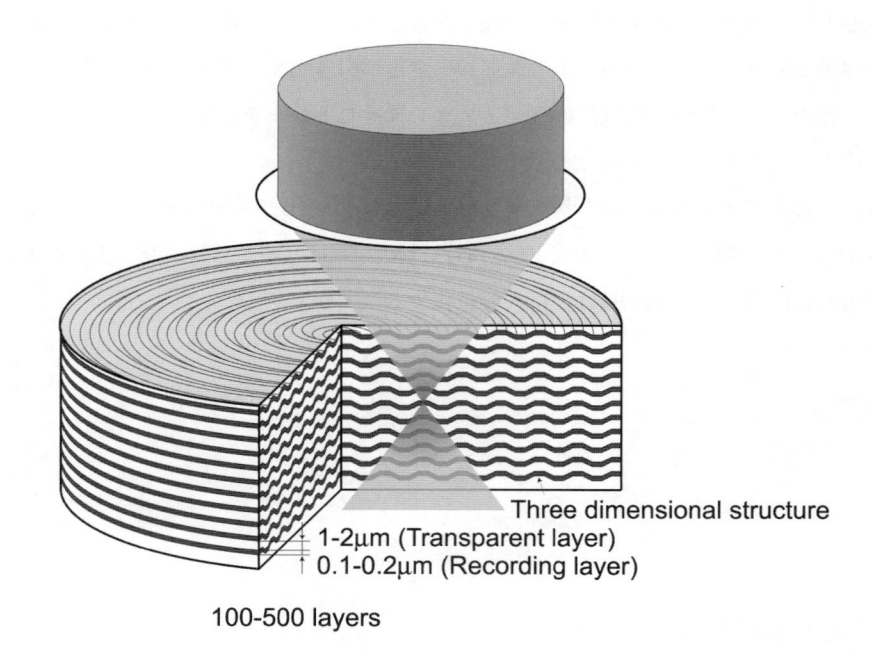

図1 多層光メモリの原理

* Yoshimasa Kawata　静岡大学　工学部　機械工学科　教授

第 2 章　多層構造の光ディスク

3.2　多層構造を有する媒体を用いた光メモリ

　多層光メモリにおいて，記録媒体中にビットデータを多層に記録するには，光強度に対する材料の非線形性を利用する。レーザー光を媒体内に集光すると，フォーカス点近傍では非常に大きな光強度が形成されるので，容易に2光子吸収などの非線形現象を誘起することが可能である。非線形現象の発生効率は，光強度に大きく依存するので，光強度の大きなフォーカス点近傍でのみ発生する。したがって，非線形過程によって屈折率や吸収率が変化する材料を用いれば，フォーカス点近傍でのみ，屈折率変化または吸収率変化を形成することが可能である。媒体内でレーザー光を集光する位置を3次元的に走査することにより，屈折率変化または吸収率の変化として，多層のデータを記録することができる。非線形効果を利用した光メモリでは，強度の大きな集光スポット付近では，光吸収が生じるが，それ以外ではほとんど吸収が発生しない。そのため，媒体の深部まで光を導くことが可能であり，原理的には記録できる層数に限界はない。

　これまで提案されてきた多層記録型の光メモリでは，厚い感光材料を用いたバルク型のものがほとんどであった。このような材料では，図2(a)に示すように集光スポットの3次元的な形状をそのまま記録媒体内に記録することになる。一般に集光スポットは面内の拡がりに比べて，光軸方向の拡がりは非常に大きいので，光軸方向に長いビットデータを記録していた。このため，光軸方向の記録密度が制限され，また層間のデータのクロストークを減少させるためには，層間の距離を大きくする必要があった。

　この問題を解決するために，図2(b)に示すような感光薄膜と透明なバッファ層を交互に積層した記録媒体を用いる方法が開発されている[2~4]。この記録媒体では，感光薄膜の厚みを十分薄

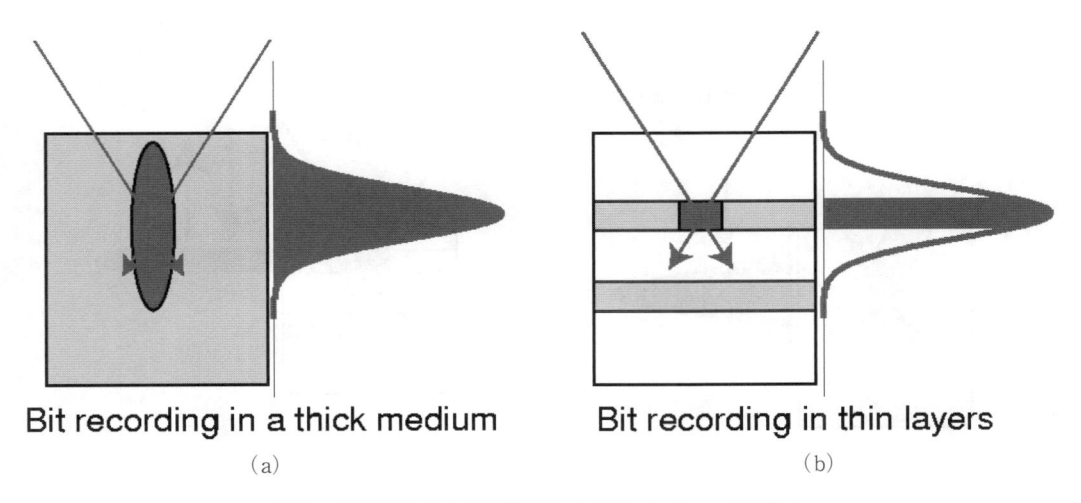

Bit recording in a thick medium　　　Bit recording in thin layers
　　　　　　(a)　　　　　　　　　　　　　　　　(b)

図2　多層媒体による層間隔およびクロストークの減少
(a)厚い感光材料および(b)薄い感光材料に記録したビット

くすることによって、ビットデータの光軸方向の拡がりを制限することが可能である。ビットの光軸方向の大きさを制限しているため、層間のクロストークを大きく減少させ、層間距離を小さくし、記録密度を大きくすることが可能である。

また、多層構造を有する記録媒体を用いることによって、これまで用いることが困難であった、反射型の共焦点顕微鏡を再生光学系に利用することが可能になる。反射型の共焦点顕微鏡の光学系は、もっとも高い光軸分解能を有し、多層記録型の光メモリの再生光学系としては、最適なものである[5]。また、再生システムを小型化できるという点においても大きな利点を有する。

図3(a)に示すように、厚い感光材料に集光スポットをそのまま記録する場合は、媒体中で屈折率がなめらかに変化するため、ほとんど反射光が発生しない。したがって、反射光学系を用いてデータを再生することができない。

一方、感光層と透明なバッファ層を交互に積層した記録媒体（図3(b)）では、感光層だけで屈折率変化が誘起されるため、感光層とバッファ層との間に屈折率ステップが形成され、レーザーの反射強度を大きくすることが可能である。感光層とバッファ層の屈折率差を制御することにより、最適な媒体構造を設計することが可能となる。

図4にスピンコート法を用いて作製した多層記録媒体の構成を示す。感光材料にウレタン-ウレア共重合体を、透明なバッファ層としてポリビニルアルコール（PVA）を用いたものである。感光層の厚みは$0.65\mu m$、PVA膜の厚みは$1.5\mu m$である[2]。

感光層に用いたウレタン-ウレア共重合体は、副鎖にアゾ色素を含み、アゾ色素のシス-トランス異性化反応によってデータを記録する。この材料は、480 nm付近に吸収ピークを持ち、600 nm以上の長波長域ではほとんど吸収を持たない。

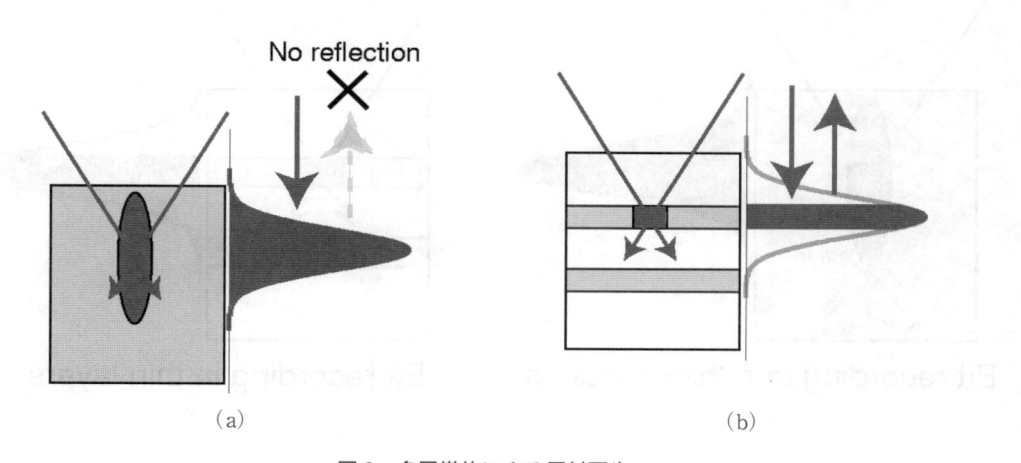

図3 多層媒体による反射再生
(a)厚い感光材料および(b)薄い感光材料に記録したビット

第 2 章　多層構造の光ディスク

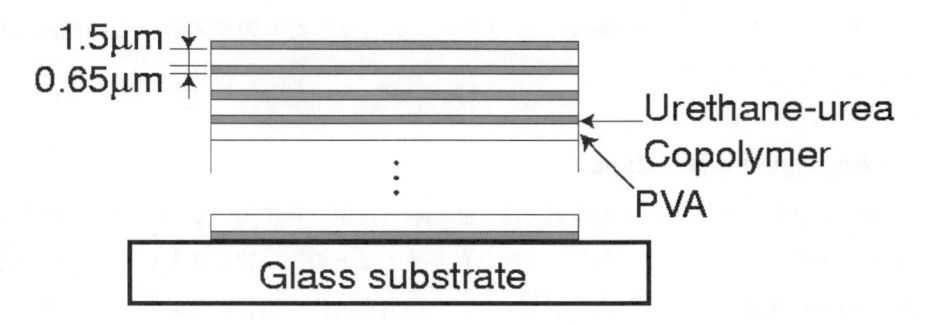

図 4　スピンコート法により作製した多層構造を有する記録媒体

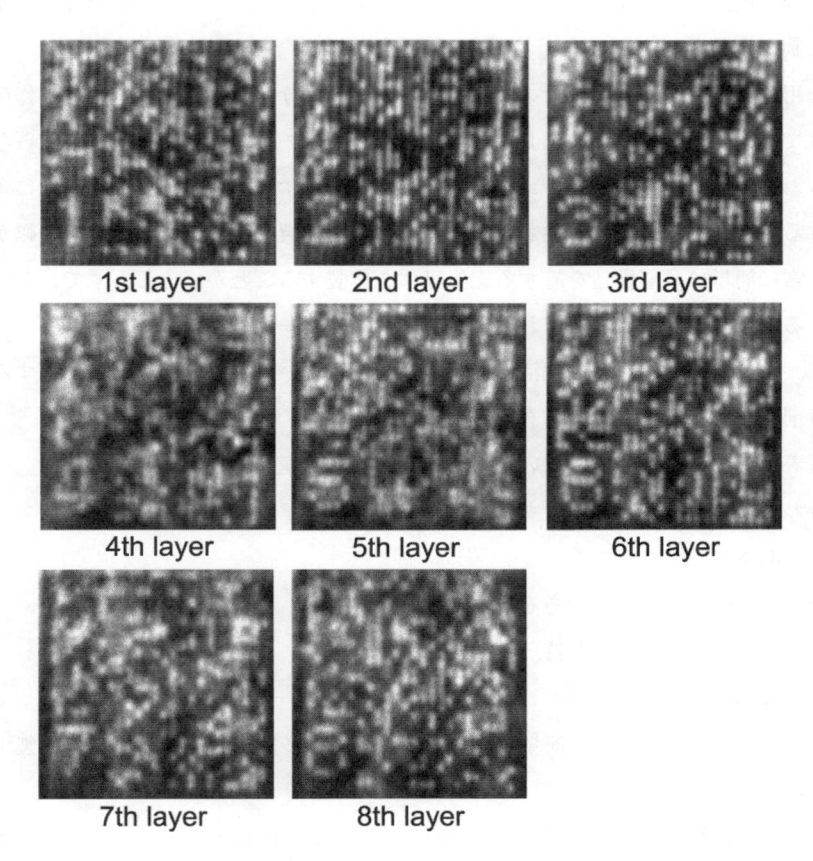

図 5　多層光メモリの記録・再生結果

　図 5 に反射型の共焦点顕微鏡で再生した結果を示す。光源に記録層の吸収の少ない 790 nm の光を用いているため，深い層で十分データの記録が実現できていることがわかる。感光層の間隔が 1.5 μm でも，それぞれの層が十分クロストークなく分離できていることがわかる。面内のデ

ータ間隔500 nm，層間隔2 μm間隔で8層のデータを記録したものである。この記録密度は，2 Tbits/cm^{3}を実現している[3]。

3.3 粘着剤を用いた多層記録媒体

スピンコート法による多層媒体の作製では，感光層と透明材料に用いる材料の選択が重要になる。積層する過程で互いに干渉したり，剥離したりすることのない相溶性を有する材料が必要であるため，材料の選択には大きな制限があった。多層構造の作製過程において，感光層または透明層がダメージを受けてしまうなど，歩留まりが悪かった。また，スピンコート法では，ディスクの中心部分と周辺部分で膜厚を同じにすることが困難であり，ディスクの全体で膜厚が均一になるように制御する必要がある。

粘着剤を用いたラミネートプロセスを利用することにより，多層膜媒体を簡単に作製する方法が開発されている[6〜8]。この手法では，フォトクロミックフィルムと粘着性樹脂からなる2層構造のフィルムを作製し，そのフィルムを貼り合わせて積層することによって，簡単に多層記録媒体を作製することが可能である。粘着フィルムを用いた作製手法では，材料選択の幅が拡がるとともに，非常に簡単に多層構造を有する記録媒体を作製することができる。すでに20層以上の記録層を有する記録媒体が報告されており，層間の膜厚の均一性も高い。

粘着剤は，水，溶剤や熱などの賦活作用を必要とせず弱い圧力で他の表面に接着することができる。粘着剤は，次のような特徴を有する。

- 瞬間接着でありタイムラグがない—自動化ラインに最適
- 貼り合わせのとき，他のエネルギーを必要としない
- 無公害である
- 均一な厚みの接着剤シートである
- 打ち抜き加工ができる，形を持った接着剤
- 歪応力の緩和

これらの利点を持つため，非常に簡単なプロセスで多くの多層構造を持つ媒体を作製することが可能である。

図6に粘着層の作製方法を示す。剥離フィルム上に粘着剤の溶液を一定の厚みで塗布し，ドライヤーで乾燥させる。もう一つの剥離フィルムでカバーして巻き取ることで，均一な膜厚の粘着層を作製することが可能である。粘着剤は透明層であり，記録層の間隔を制御するバッファ層としての役割を果たす。

図7にRoll-to-rollによる記録層と粘着層の2層シートの作製方法を示す。剥離フィルム上に溶液状の記録媒体を一定の厚みでコーティングし，乾燥させる。その記録媒体上に図6の方法で作

第2章　多層構造の光ディスク

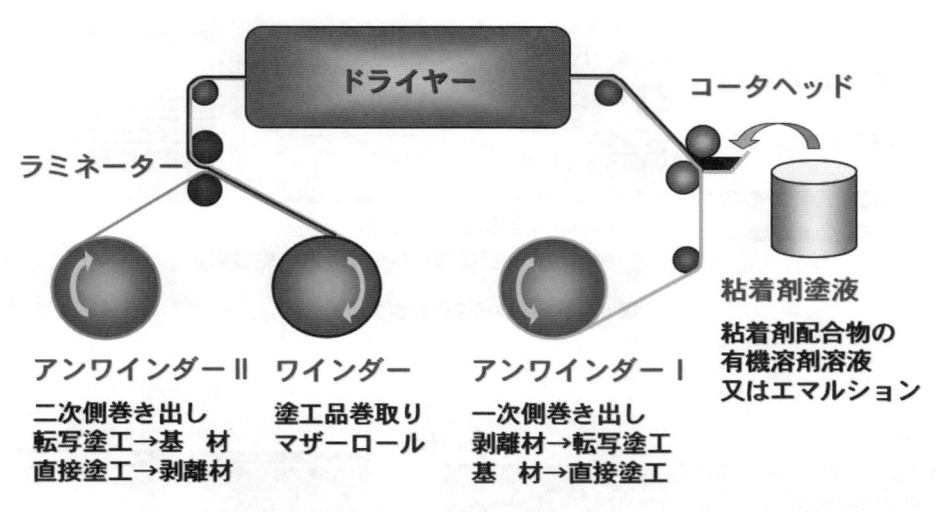

図6　粘着層の作製プロセス

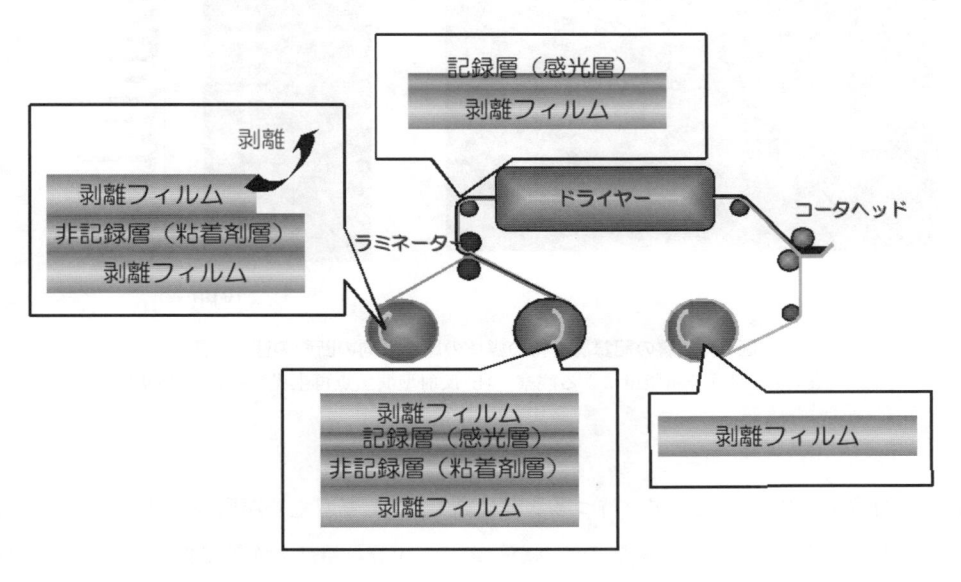

図7　Roll-to-rollによる2層シートの作製

製した粘着層を貼り合わせ，記録層と粘着層の2層構造を作製する。最終的には記録層と粘着層の上下を剥離フィルムでサンドイッチした構造でロールに巻き取る。

図8に作製した感光層と粘着層の2層フィルムから，多層媒体を作製する過程を示す。粘着層側の剥離フィルムをはがして，基板上にラミネートコートして透明層と記録層の媒体を作製する。この過程を繰り返し行なうことにより，容易に多層媒体構造を作製することが可能である。

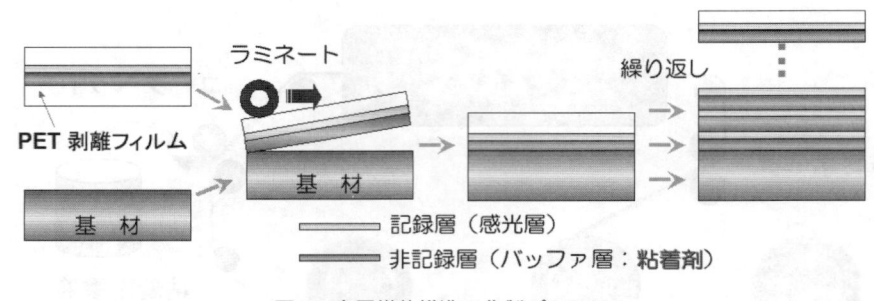

図8 多層媒体構造の作製プロセス

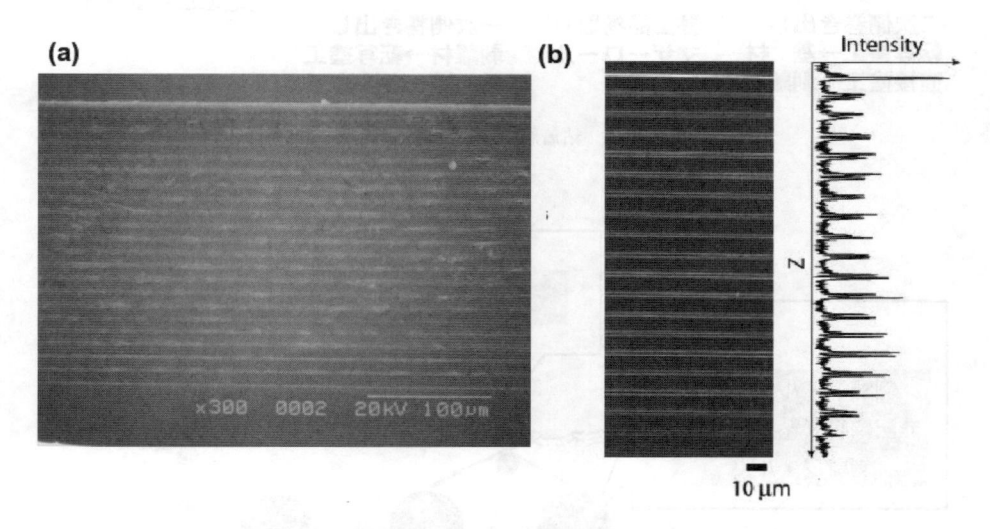

図9 20層の記録層を持つ媒体の厚み方向の断面の観察結果
(a)走査型電子顕微鏡による観察，(b)反射型共焦点再生光学系による観察

　図9に作製した20層の記録層を持つ多層膜構造を(a)走査型電子顕微鏡と(b)共焦点光学顕微鏡で観察した結果を示す。各記録層の厚みが一定で，十分な精度で作製できていることがわかる。記録層にはPMMAにフォトクロミック色素スピロピランをドープしたもの，バッファ層にはポリアクリル酸エステル系粘着剤を用いている。記録層の厚みは1.5μm，バッファ層の厚みは8μmである。
　図10に開発した記録媒体に20層のデータを記録再生した結果を示す。このデータの再生には，反射型共焦点光学系を利用した。ビット間隔は2μmである。各層ともコントラスト良くデータが再生できていることがわかる。新しく開発した粘着剤を用いた多層膜構造の作製方法が多層メモリの媒体作製法として非常に有効であることが確認できる。

第2章　多層構造の光ディスク

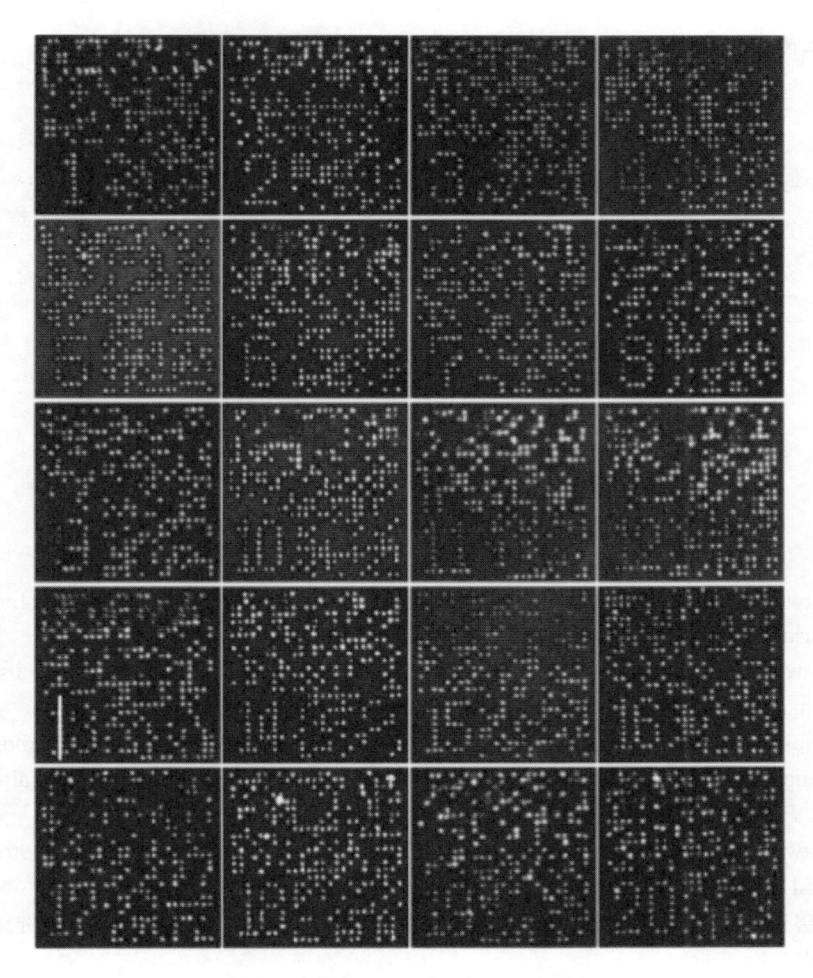

図10　20層のデータの記録・再生結果

3.4　ロール型媒体を利用した高密度光メモリ

　次世代高密度・大容量光メモリの新しい形態としてロール型の記録媒体を有する多層光メモリの開発も提案されている[9]。開発が進められている光メモリでは，記録媒体と透明層の2層フィルムをテープ状にロールした記録媒体に，フィルムを展開することなくデータを記録・再生する。2層フィルムをロールするだけで簡単に多層構造を作製することができるため，現在の光メモリにおける多層媒体の作製技術における多くの課題を克服することができる。また，シリンドリカルレンズ等を用いて，中心軸方向のデータを同時に再生することにより，データの高転送レートが実現できる。

3.5 まとめ

多層膜構造の作製方法は,多層光メモリの記録媒体としてだけでなく,ホログラフィックメモリ,反射フィルム,フレキシブルディスプレイなど,様々な分野への応用が期待できる。また粘着シートは均一な厚みを持つ自動化ラインに適した接着シートであり,その均一性や光学特性,作業性,安全性などから光記録媒体製造における優れた材料として利用可能である[10]。

今後は,多層膜構造の最適化,材料構成の最適化などを検討する必要がある。また,ロール状媒体でもデータの記録・再生システムの詳細な検討が必要である。

文献

1) S. Kawata and Y. Kawata, "Three-dimensional optical data storage using photochromic materials", *Chem. Rev.*, **100**, 1777-1788 (2000)
2) Y. Kawata, M. Nakano and S.-C. Lee, "Three-dimensional optical data storage using three-dimensional optics", *Opt. Eng.*, **40**, 2247-2254 (2001)
3) M. Nakano, T. Kooriya, T. Kuragaito, C. Egami, Y. Kawata, M. Tsuchimori and O. Watanabe, "Three-dimensional patterned media for ultrahigh-density optical memory", *Appl. Phys. Lett.*, **82**, 176-178 (2004)
4) Y. Kawata, H. Ishitobi and S. Kawata, "Use of two-photon absorption in a photorefractive crystal for three-dimensional optical memory", *Opt. Lett.*, **23**, 756-758 (1998)
5) 川田善正,"講座「分光学における極限を探る 第3回空間分解能」",分光研究,**52**, 178-189 (2003)
6) M. Nakabayashi, S. Miyata, M. Nakano, M. Miyamoto and Y. Kawata, "Fabrication of multilayered photochromic memory media using pressure sensitive adhesives", Technical Digest of International Symposium on Optical Memory 2004, 96-97 (2004)
7) M. Miyamoto, M. Nakano, M. Nakabayashi, S. Miyata and Y. Kawata, "Fabrication of multilayered photochromic memory media using pressure-sensitive adhesives", *Appl. Opt.*, **45**, 8424 (2006)
8) 中林,宮田,"粘着剤を利用した多層記録媒体の作製",オプトロニクス,**24**(284), 168-172 (2005)
9) M. Miyamoto, A. Ohta, Y. Kawata and M. Nakabayashi, "A proposal of roll-type optical advanced memory", *Jpn. J. Appl. Phys.*, **46**, 3886-3888 (2007)
10) Y. Kawata, S. Kunieda and T. Kaneko, "Three-dimensional observation of internal defects in semiconductor crystals by use of two-photon excitation", *Opt. Lett.*, **27**, 297-299 (2002)

第3章　近接場光を利用する光メモリ

1　近接場光学の基礎・光メモリへの展開

中野隆志*

　ここでは、"近接場光"と名付けられた光の特徴を説明し、その解析手法等を示す。また、第3章2節以降で述べられる近接場光を利用した光メモリの開発に展開していった、様々な近接場プローブについて説明し、近接場光を用いた光メモリの概略を示す。

1.1　近接場光

　近接場光とは、通常の光が横波で空間を伝搬できるのに対し、伝搬できずに局在する電磁場を示す。このような特殊な性質を持つ近接場光の一例と考えられるのが、古くからよく知られているエバネッセント場である。

　もっとも良く知られているエバネッセント場は、プリズム等において光が全反射するときに、プリズム表面の低屈折率媒質側に浸み出し、局在している電磁場を指し、プリズム底面に垂直な方向にはエネルギーが指数関数で減衰し、伝搬できない。これは、境界面での波数の連続性を考慮すると、臨界角以上で入射した光の境界面での波数の整合性をとるためには、境界面に垂直な方向の波数が虚数とならなければ低屈折率媒質中でその存在が許される波数を保存できないことからも説明できる。このような屈折率が異なる境界面での全反射に伴うエバネッセント場は、光ファイバや光導波路におけるコアとクラッドの界面においても存在する。媒質に吸収がないとすると、エネルギー保存の法則から、浸み出した光はそのままの状態では存在できず、再び伝搬できる光として元の媒質に戻ってくると考える。このとき、面内方向に光が進行できるため、位相がずれてくる。これはグースヘンシェンシフトとして知られている。

　このようなエバネッセント場は、回折格子の様な構造体においても生み出すことができる。回折格子での光の回折は、格子の空間周波数と入射光の波数のベクトル解析で求めることができる。このとき、格子の空間周波数が入射光の波数に比べて大きくなると、実回折波が存在せず、全ての光が透過するか反射することになる。しかしながら、その格子の部分（構造が波長より細かく

---

*　Takashi Nakano　㈱産業技術総合研究所　近接場光応用工学研究センター
　　スーパーレンズ・テクノロジー研究チーム長

なる）においては，格子の垂直方向にはエネルギーが伝搬できないエバネッセント場が存在すると考えることができる。通常は，このエバネッセント場が再び微細な構造によって回折され，元の光に戻って観測されると考えることができる。この考えは，現在のSub-wavelength光学素子等でも展開されている。

このようにエバネッセント場はその存在は解析できるがその場自体を利用することは通常できず，エネルギー保存則から元に戻ってくる（吸収があれば全てが戻るわけではない）。しかしながら，このエバネッセント場に何らかの作用を加えると別の光として取り出すことができる。例えば，プリズムでの全反射を用いたエバネッセント場の場合，別のプリズムを全反射している面に近接させることで，2つ目のプリズムの方に光が結合し，伝搬光として取り出すことができる。このようなエバネッセント場のマッチングによる結合はプリズム結合や回折格子による結合器として，導波路等への光の入力や出力にも用いられている。局在する電磁場は，何らかの方法によって状態を破壊することによって，その存在を外部に示すことができる。

一方，現在のより一般的な"近接場光"とは，光をその波長よりも小さな開口や散乱体といった対象に照射した場合に，それらの物体の周りに発生する電磁場を指すことが多い。一般には，波長より小さな開口を考えた場合，光は開口を透過できず，全て反射すると考えられているが，開口内部には電磁場が存在し，出射側にも電磁場が浸み出していると考える。この電磁場は，開口や散乱体からの距離に対し，指数関数的に減衰する。そのため，その存在は通常確認されなかった。

先に示したエバネッセント場と表記する場合と異なり，この光は，3次元的に局在している場合に用いられることが多い。これは，界面での全反射で生じるエバネッセント場が，界面に垂直な方向の1次元のみ局在することや，ファイバや導波路を透過する光では，コアとクラッドの界面で2次元的に局在すると見ることができるのに対し，より完全に局在化した系と考えることができる。そのため，この光を用いて物体との相互作用を起こさせた場合，その反応は，3次元空間のある局在点における反応となる。その光の局在性は"近接場光"を生み出す素子（開口や散乱点：近接場プローブ）の大きさで決定されるため，その素子サイズを小さくしていくことで，レンズ等で光学的に生み出すことができる集光スポットよりも，小さな局在スポットを生み出すことが可能となる。しかし，この素子を利用するためには，素子を物体に近接させる必要があり，この素子をSTMやAFMといった走査型の顕微鏡の駆動・制御系に取り付けることで，これらの顕微鏡と同様に観測点一点一点の光学特性を高分解能で検出（観察）できる走査型の顕微鏡が実現できるとして，研究開発が活発になった。特に，80年代末からは，加工技術が進歩し，可視光領域の光に対する素子の作製が可能となり，様々な研究が進められた。

また，"光"を物質内部の電子の疎密波（プラズモン）に変換したものも，そのエネルギーの

第3章　近接場光を利用する光メモリ

局在性等から，"近接場光"と同一の領域で取り扱われることが多くなっている。一般にプラズモンと呼ばれる物理現象は，金属において電子が示す疎密波を指す。このプラズマ振動が金属面における固有の光沢（金属光沢）を生み出すことが知られている。この疎密波は，電子に振動するエネルギーを様々な形で供給することによって生み出されるが，光学の分野においては，波数マッチングが良く知られている。波数は振動エネルギーと対応し，電子の励起と共鳴するエネルギーを入力することに他ならない。このような波数のマッチングをとる過程において，プラズモンは近接場光やエバネッセント場といった特徴的なシステムと相関があるため，同一の領域で考えられることが多くなってきている。特に金属薄膜に生じるsurface plasmonは，バイオ関連のセンサーデバイスに利用されているが，面内方向に進行する電子の疎密波であるため，光を用いて励振する場合，励振する電磁場が薄膜の垂直方向成分のベクトルを持ち，その薄膜面内での波数が一致しなくてはならないため，通常の可視光では励起できない場合が多い。そのため，一般的には高屈折率媒質や全反射，回折格子によるエバネッセント場を用いて励起する。入射波長や角度，膜構造等を最適化することで，これらの励振が初めて可能となる。一方，金属微粒子等の微小構造体で生じるlocal plasmonの場合，励起に必要な波数は同じであるが，励起対象が構造を持っているため，その構造による波数の付け足しが期待できる。構造に対して最適な波長は存在するが，程度を考慮しなければ，なんでも励起される。そのため，近接場プローブと呼ばれる微小デバイスでの反応が利用され，プラズモン自体の伝搬を用いた応用も考えられている。また，金属膜の表面に形状が存在したり，基板自体に構造がある場合は，surfaceとlocalの混在した状態となる。

　このように"近接場光"は，通常の光に無い，特殊な性質を有し，その特性を生かして，様々な分野での応用展開が進められている。しかし，"近接場光"自体は，最新の発見という訳ではなく，エバネッセント場の例からも分かるように，その概念は古くから存在し，H. Betheの理論解析等の解析手法の理論[1]や，J. A. O'Keefeによる顕微鏡の提案[2]などがあった。また，マイクロ波における方向性結合器[3]や，赤外線のワイヤーグリッド偏光子等，既に利用されていた分野も存在する。しかし，nmオーダーの加工技術や微弱光検出技術等の最先端技術の進歩により，可視光を対象とした応用が可能となり，顕微鏡や光メモリ等の解像限界による制限を受けていた分野に新たな考え方を持ち込んだ分野（技術）といえる。

1.2　近接場光の解析

　この様な近接場光の特性は，マイクロ波等の電波の領域では古くから利用されてきている。マイクロ波の導波路では，Beth-hole directional couplerと呼ばれる，微小開口を用いた分岐装置[3]が考案されている。また，アンテナ理論等においても近接領域の取り扱い理論として記述されて

いる。遠赤外域の光に対しては，偏光素子として，波長以下の間隔で並べた金属のワイヤグリッドが利用されている。このようなマイクロ波領域での解析は広範囲に渡って実現されていた。それは，これらの波長域においては，金属等の物体に完全導体を仮定できたことが挙げられる。これらの場合，Betheの微小開口の解析方法[1]において，検討することができた。

そのため，可視光領域等におけるこのような近接場光自体の解析にも，最初，マイクロ波と同様にBetheの回折理論や，キルヒホッフの回折理論に多重回折を導入した方法[4]等が解析解として示され，それらを用いた解析が進められた[5]。しかし，これらの解析はいわゆるプローブのみの解析であり，本質的に必要となる物体との相互作用を含んだ解析への対応は難しかった。

また，このような系に拡張されたフーリエ光学を用いる解析[6]も試みられてきた。これは，近接場光を作る微細構造はフーリエ光学で表現すると，多くの空間周波数を持つ格子の集まりと表現されるため，回折格子を用いた解析と同様に考えることができる。これによって便宜的ではあるが，測定対象を含んだ系での解析も可能となった。特に，エバネッセント場を積極的に利用する形式をとる，Solid Immersion Lens（SIL）の設計では，通常のレンズ設計にフーリエ光学を用いた波数領域の拡大を考慮した解析を追加することで，微小スポットのシミュレーションが可能となり，有効な手段となる。また，光磁気メディア用の対応（解析）方法として，ベクトル解析の方法も提案されている[7〜9]。しかしながら，この解析でも本質的に全てを表すことができない。それは，フーリエ光学は線形システムであり，先の起こった現象が次に影響を及ぼすだけで，非線形の相互作用を含めていくことが難しいためである。

そのため，多体多重散乱を含んだ系を考えるため，self-consistentな系として双極子法や多重局展開法，有限要素法，境界要素法等の数値解法が利用されてきた[10〜13]。その中でも有限差分時間領域法（Finite-difference Time-domain method：FDTD法）はモデリングの簡便さ，計算時間の有利性等の点で優位性を示し，数値解析手法の中心となっている[14,15]。

次にFDTD法の簡単な説明を示す。FDTD法は，基本方程式として，Maxwellの方程式

$$\nabla \times H = \partial D / \partial t + J + \sigma E \tag{1}$$

$$\nabla \times E = \partial B / \partial t \tag{2}$$

を用いた数値解析法の1つである[16]。

実際にこの手法を近接場光学における開口プローブや測定対象を含んだ複雑な系の解析に用いるには，2次元や3次元の解析モデルを電界・磁界を配置したYeeの格子を用いて分割し，個々の要素に対して，初期条件（誘電率，透磁率，導電率，光に対応する電流密度）を与え，Maxwell方程式の直接差分方程式をたてる。モデルの端には，吸収境界条件を用いる。この差分方程式を，初期条件から，時間ステップを進めながら，1つ前の時間ステップでの電場と磁場を

第3章　近接場光を利用する光メモリ

使って，次の時間ステップの電場・磁場を交互に求めていく。そのため，多体の相互作用問題である近接場光の振る舞いを求めるには，ある程度の時間ステップを繰り返し，解が安定になるまで計算する必要がある[17]。また，時間ステップの幅や領域の設定の仕方によっても解が異なる場合があり，注意が必要になる。しかしながら，この計算方法は，1次差分のためマトリックスを解く必要がなく，他の計算方法に比べて，計算に必要なメモリの量が，比較的少なくてすむため，細かな構造や3次元の解析をするのに適している。また，実際のプローブ等の形状や，屈折率（誘電率，導電率）などの物性値をそのまま用いることができる利点がある。

もともとのFDTD法はアンテナ等の解法に利用され，パルス波に対する時間応答が得られる特性があった。このFDTD法を近接場光学に応用するためには，時間応答よりも安定性を考慮した計算が重要視される。

また，標準的なFDTD法では金属を含んだモデルを取り扱うと計算が発散するため，このような場合には，ドルーデモデルや3次元のローレンツ分散モデルの式をFDTD法の基本式であるMaxwellの電磁場方程式の差分式に加える必要がある[18]。これは，FDTD法が差分法であるため，モデルの中に金属が存在して誘電率が負になった場合，そのセル部分で計算値が発散していくために発生する。

一般的に利用されている2つの金属の取り扱い方法は，

① ローレンツモデル：分散を拘束された電子の振動として表現し，材料の固有振動数と共鳴振動数で規定する。そのため，パラメーターの設定が難しくなる問題がある。
② ドルーデモデル：電子を自由電子として分散を計算するため，比較的パラメーターを設定しやすい特徴がある。しかし，ある周波数領域でしかうまくフィットしない場合がある（反射率がかなり高いところはうまく表現できる。反射率が低下し，透明になってくるところ（プラズマ周波数近辺）は近似がうまくいかなくなる）。

といった特徴があり，実際には利用するモデルにおいて，最適な方法を選択する必要がある。

最近では異方性や非線形性を組み込める計算プログラムも開発され，市販のFDTD法のソフトで，例題として近接場光の取り扱いを示しているものも多く，簡単な解析は自由にできるようになってきている。

このような状況から，FDTD法によるシミュレーションは検討しているモデルにおける近接場光の発生や相互作用の状態を把握し，検討するには有効なツールになっていると考える。実際の開口プローブや金属プローブでの近接場光の解析結果は，数多く示されており，参考文献等を参考にして頂きたい[19〜21]。

しかしながら，構造が細かく複雑になっていった場合に，マクロの定数である屈折率や物体の厚さ，境界の考え方等，実際とは異なると思われるものを持ち込むことを問題とする考え方もあ

り，実験結果との対応をもって評価することが重要となり，計算のみで一人歩きすることは危険である。

また，FDTD法のみで近接場領域のみでなく，入出力系までを含んだ計算を行うことは，計算機の性能や時間的な観点から難しい。そのため，FDTD法において微小領域のみを計算し，その前後は通常の光学設計ソフトを用いることが有効である。また，FDTD法でメッシュの間隔を不等間隔にする手法を用いると比較的容易に計算ができる。

より正確な解析を進めるため，FDTD法自体（プログラム）の計算機の丸め誤差等に対する精度保証の方法も開発されてきている。

1.3 近接場光の光メモリへの展開

近接場光は，その光学分解能が解像限界の制限を受けない特徴を持っていたため，レンズを用いた一般の結像光学系で実現できない高分解能の光学像を得たいということで，可視光領域では，近接場光学走査顕微鏡（SNOM, NSOM, Photon STM）として，その応用・開発が進められた。そのため，大容量化が求められ続けてきた，光メモリの分野に近接場光の応用・開発が進むのは，自明であった（当初は青紫LDの登場も期待できなかった）。

近接場光を最初に光メモリ分野に展開してきたのは，E. Betzigらによる光磁気効果検出の確認であった[22]。この論文では，微小開口プローブを用いて，光磁気媒体に対するカー効果による偏光回転を検出している。この論文が契機となって，解像限界に依存しない近接場光の光メモリへの展開が進められた。しかしながら，近接場光を用いるためには，近接場プローブである微小開口等とメディアの距離がナノメートルであること，光の利用効率が悪いことが問題となり，多数のアイデアは出るものの，すぐに実用化に結びつくまでには至らなかった。その間に，超解像（磁区拡大等）による光磁気記録の高密度化の実現，光メモリの主体の光磁気メディアから書換型の相変化ディスクや追記型のディスク等へ移行，に従って，近接場メモリのターゲットは相変化媒体とROMとなった。相変化媒体の場合，情報の記録／消去には，光磁気ディスクにもましてエネルギーが必要となり，開口プローブ等の高効率化が図られた。この開発過程では，先に示した計算手法等を用いて，様々な開口形状（円形ではなく，エッジを持つC字型やE字型といった文字形状や，金属材料を取り込んだプラズモンプローブ，ボウタイアンテナ型，等），偏光特性や電場増強効果を見込んだプローブの解析が進められ，実用化が図られている。

また，メディアとの距離の制御も，近接場プローブをハードディスクのヘッドに取り付けたような，フライングヘッド型が開発されている。この開発の流れは，そのまま，光ディスクの市場の低迷に合わせ，熱アシスト型のハードディスクヘッドへの適用が検討されてきている。

もう1つの流れは，最初から独立した近接場プローブをデバイスとして利用せず，超解像ディ

第3章　近接場光を利用する光メモリ

スクと同様の技術でメディアに組み込んだ非線形材料を用いて，情報の読み出しスポット内に近接場プローブを作り出す方法であり，様々な仕組み（材料）が検討されている。

Super-resolution Near-field Structure (Super-RENS) と名付けられたディスクメディアでは，図1に示すように，第1世代でSbを用いた開口型[23]，第2世代でAgO_xを用いた散乱点型[24]が報告され，現在も少しずつ方式を変えながら開発が進められている。

これらに対して，近接場光を利用するもう一種類の方法として，古典的なエバネッセント場の利用と考えられる，Solid Immersion Lens (SIL) を用いた光記録システムが完成されつつある。このSILは，Kinoらによって発表された方法で，光学顕微鏡では大きな開口数（NA）のレンズを実現する方法として日常的に利用されてきた油浸や水浸レンズと呼ばれる技術を固体媒体とエバネッセント場の考え方で実現したものである[25]。

その構成を図2に示す。高屈折率材料で製作した半球レンズを，その底面の中心が通常の対物レンズにおける集光点に一致するように配置する。これによって，対物レンズを出射した光は半球レンズ面に垂直入射するため，元の対物レンズからの出射における角度条件を保ってSIL底面に集光させることができる。SILの屈折率をnとするとSILの内部底面における集光スポットはSILを入れない場合と比べて$1/n$となる。このレンズからの出射光は，スネルの法則に基づくため，SILの下部が空気に接しているとすると，全反射角以内の入射光線（$n \sin \theta < 1$）は，図3に示すようにfar-fieldへ伝搬することができる。この場合でも，SILの外側でのNAは，$n \sin \theta$の値を持つため，SILを挿入する前に比べてn倍の開口数を持つことができる。far-fieldへの伝搬成分で形成されるスポットは，通常のレンズによるスポットと同様に，伝搬方向に対して焦点深度程度の領域で存在する。この入射条件での，出射NAの最大値は"1"となる。

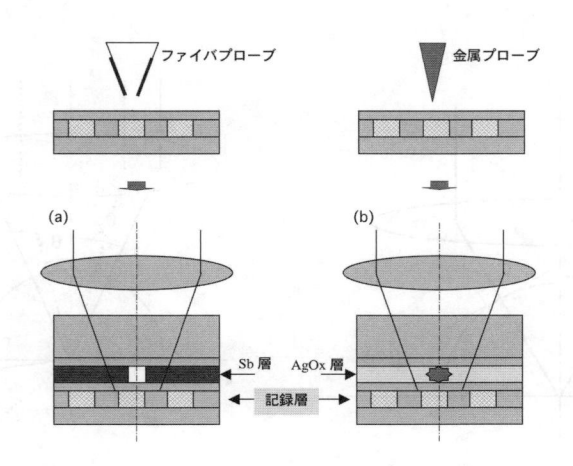

図1　Super-RENS disc　(a)第1世代：開口型，(b)第2世代：散乱型

それに対して，入射角θに対して$n\sin\theta>1$の条件が満たされ，SIL底面で入射光の一部が全反射している場合，SIL底面の外側にはエバネッセント場が存在している。その面内方向の光の波数成分はSIL内の波数成分と一致しているため，このエバネッセント場を含めて生み出される光のスポットは，SIL内のスポットと同程度になることができる。この原理は，拡張されたフーリエ光学を用いて説明できる。レンズによる集光スポットはフーリエ変換を用いて，図4に示すように様々な角度から入射する平面波の足し合わせで与えられる（Angular spectrum）。各波面を波数ベクトルで表現すると，スポットサイズの決定に関係するのは，面内方向の波数分布となり，より大きな波数まで含む場合に実面でのスポットは小さくなる。波数分布の連続性から，エバネッセント場における面内方向波数分布はSIL内部の波数分布と一致するため，SIL内部と同じスポットサイズが実現される。しかしながら，エバネッセント場は，伝搬方向への波数が虚数となっているため，その強度はSIL底面からの距離に対して指数関数的に減衰し，SIL内部と同等のスポットは表面に近接する部分でのみ存在する。そのため，底面から離れるに従ってスポットは広がり，伝搬光成分のみによるスポットと同じになる。

また，SILへの入射光が底面での全反射成分のみに制限された場合，SILの外側ではエバネッセント場のみでスポットが形成されるため，その強度は指数関数的に減衰するが，スポットサイズ自体は，波長程度まで変化しない[26]。また，入射光が輪帯照明（Annular illumination）となるためにスポットの形状が，J_0（0次ベッセル関数）で与えられることになり，サイドピークは大きくなる。

このような特徴を持ったSILは，光メモリ用として，その基本形から様々な展開を見せた。オリジナルのhemisphere型のSILでは，SILへの光の入射に大きな開口数の対物レンズを用いる場合，その作動距離（working distance）が短いため，挿入できるSILのサイズも小さくなり，位

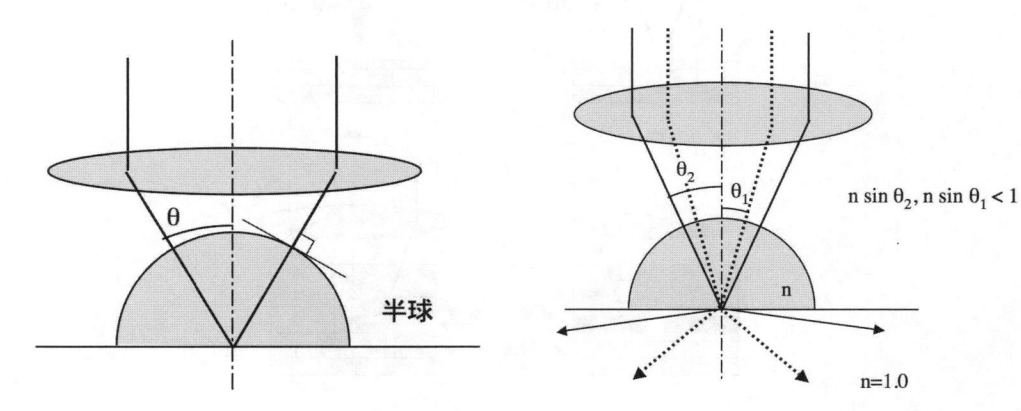

図2　固体浸レンズ（半球）Solid Immersion Lens（SIL）　　　図3　SILからの透過光

第3章　近接場光を利用する光メモリ

置制御も難しくなる。それに対し，低NAの対物レンズでありながら，より大きなSILによるNA増大の効果を生み出す素子として，図5に示すSuper-hemisphere型が，光学のレンズ設計で用いられる不遊点（aplanatic point）の原理を用いて設計されている。このSILの場合，実効NAは元のレンズのNAに対して，n^2の効果が期待できる。しかしながら，この配置の場合，SILへの入射において屈折を伴うため，SIL中で集光スポットを形成するには，元の入射角 θ に制限が加えられる。よって，super-hemisphereのSILでは，入射NAが $1/n$ に制限される。制限値以上の入射NAを用いた場合，実効NAは角度によらず n 倍となり，実効NAの最大値はhemisphereのSILと同じにしかならない。また，SILへの実際の入射角 θ' が大きくなるとSIL表面での透過率が急激に減少するため，$\sin \theta$' が"1"に近い部分での利用は現実的ではなく，低NAの範囲でのNA向上手段ということができる。

　また，ディスク媒体と一体型のSILも提案されている。SILを光記録に用いる場合，エバネッセント場の存在する範囲がSILの底面近傍であるため，記録・読み出しのピットはディスク表面に存在しなければならない。そのため，記録ピットの保護に必要となる表面の保護コート層は，厚くても数十nmといったオーダーにしなければならない。SILとディスク基板もしくはカバー層の屈折率が同一とできる場合，SILをディスク基板込みで設計することが提案されている。この場合，屈折率が比較的小さく1.5程度になるため，超高分解能は期待できないが，十分な保護膜の厚さを確保することが可能となる。この方式をうまく利用できれば，記録面を2層持つようなディスクの読み出しも実現できる。

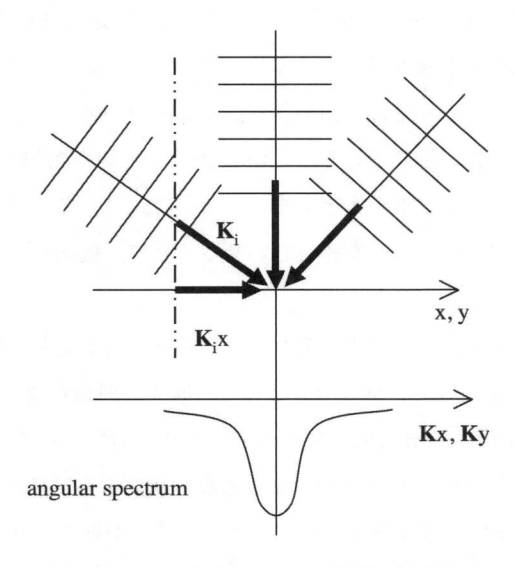

図4　波数ベクトルによる集光スポットの解析（Angular spectrum）

次世代光メモリとシステム技術

図5 SIL（Super-hemisphere）

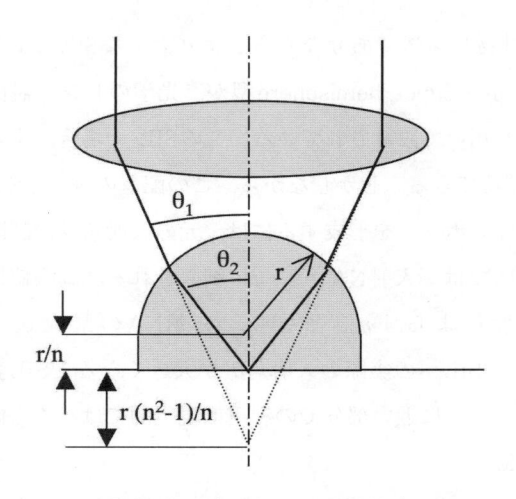

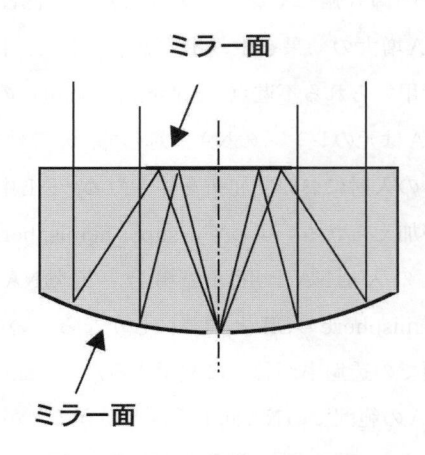

図6 SIM by plano-convex shape

　また，SILとディスク媒体を一体化するのではなく，直接ディスク媒体のL&G構造にシリンドリカル形状のSILを構築し，トラッキング方向の高密度化を図る方法も提案されている[27]。この方式では，光学系にSILが入らないため，光学系の調整等の問題が発生しない。SILと媒体のnmオーダーでの距離制御が必要なく，これまでの装置と同等の光学系を利用できるメリットがある。

　一方，SILと同じ効果を反射光学系で実現した，Solid Immersion Mirrorも提案されている[28,29]。SILの場合に必要であった入射用の対物レンズを省略し1つの素子としたため，素子の組み合わせの調整作業をなくせる利点がある。また，屈折しないため，色収差の影響を緩和できる特徴を持っている。これらのSIMの形状が複雑で，量産に適していないのに対し，平凸レンズと輪帯照明系を用いたSIMが提案されている[30]。図6に示すように，このSIM通常平凸レンズの凸面に反射膜をコートし中心部分に開口を作り，平面の中心部に反射膜をコートすることで作ることができるため，製造性に優れている。しかしながら，入射光が輪帯照明となるため，円形開口に比べ収束光でのサイドピークが大きくなることが課題として挙げられる。非球面形状と入射角依存性を用いた多層膜反射ミラーを組み合わせることで，遮蔽部分を小さくした素子も報告されている[31]。

　このように，近接場光を光メモリに用いるため，高効率の素子開発が重要課題として展開されてきた。その間に，様々な光メモリシステムとしての研究・開発が進められ，SILを用いたシステムは，BD系と組み合わせ，Gap制御システムも合わせて開発することで，150 GBのシステムが既に開発されている。近接場プローブ型も単なる原理実験から，HDシステムの熱アシスト源としての実用化，Super-RENSのようなメディアとの一体化が進められている。今後も，解像限界を打ち破る特徴を生かした，光メモリシステムの開発に期待したい。

第3章 近接場光を利用する光メモリ

文　　献

1) H. Bethe, *Phys. Rev.*, **66**, 163 (1944)
2) J. A. O'Keefe, *J. Opt. Soc. Am.*, **46**, 359 (1956)
3) R. Collin, "Foundations for microwave engineering", McGraw-Hill (1966)
4) E. Marchand, E Wolf, *J. Opt. Soc. Am.*, **52**, 761 (1962)
5) T. Nakano, S. Kawata, *Journal of Modern Optics*, **39**, 645 (1992)
6) G. Massey, *Appl. Opt.*, **23**, 658 (1984)
7) I. Ichimura, S. Hayashi, G. S. Kino, *Appl. Opt.*, **36**, 4339 (1997)
8) W. H. Yeh, M. Mansuripur, *Appl. Opt.*, **39**, 302 (2000)
9) G. S. Kino, *Proc. SPIE*, **3467**, 128 (1998)
10) C. Girard, D. Courjon, *Phys. Rev. B*, **42**, 9340 (1990)
11) Ch. Hafner, "The generalized multiple multipole technique for computational electromagneteics", Artech, Boston (1990)
12) O. Zienkiewicz, K. Morgan, "Finite elements and approximation", John Wiley & Sons (1983)
13) L. Nobotny, D. Pohl, P. Regli, *J. Opt. Soc. Am. A*, **11**, 1117 (1994)
14) D. Christensen, *Ultramicroscopy*, **57**, 189 (1995)
15) H. Furukawa, S. Kawata, *Opt. Commun.*, **132**, 170 (1996)
16) K. Yee, *IEEE Trans. Antenna &Propag.*, **14**, 302 (1966)
17) A. Taflove, S. Hagness, "Computational electrodynamics : The Finite-difference Time-domain Method 2nd.", Artech House, Boston (2000)
18) J. Judkins and R. Ziolkowski, *J. Opt. Soc. Am. A*, **12**, 1974 (1995)
19) T. Nakano, T. Gibo, L. Men, J. Tominaga, N. Atoda, H. Fuji, *Proceedings of SPIE* (ISOS2000), **4085**, 201 (2001)
20) T. Nakano, A. Sato, H. Fuji, J. Tominaga, N. Atoda, *Jpn. J. Appl. Phys.*, **40**, 1531 (2001)
21) T. Kikukawa, T. Nakano, T. Shima, J. Tominaga, *Appl. Phys. Lett.*, **81**, 4697 (2002)
22) E. Betzig, J. K. Trautman, R. Wolfe, E. M. Gyorgy, P. L. Finn, M. H. Kryder, C. H. Chang, *Appl. Phys. Lett.*, **61**, 142-144 (1992)
23) J. Tominaga, T. Nakano, N. Atoda, *Appl. Phys. Lett.*, **73**, 2078 (1998)
24) H. Fuji, H. Katayama, J. Tominaga, L. Men, T. Nakano, N. Atoda, *Jpn. J. Appl. Phys.*, **39**, 980 (2000)
25) S. M. Mansfield, G. S. Kino, *Appl. Phys. Lett.*, **57**, 2615 (1990)
26) T. Nakano, S. Kawata, *Scanning*, **16**, 368 (1994)
27) J. Guerra, D. Vezenov, L. Thulin, P. Sullivan, K. Nelson, E. Glytsis and T. Gaylord, *Proc. SPIE*, **4342**, 285 (2001)
28) C. W. Lee *et al.*, Tech Dig. Optical data Storage, WA4, 137 (1998)
29) K. Ueyanagi, T. Tomono, *Jpn. J. Appl. Phys.*, **39**, 888 (2000)
30) H. Hatano, T. Sakata, K. Ogura, H. Ueda, *Jpn. J. Appl. Phys.*, **41**, 1889 (2002)
31) K. Konno, M. Okitsu, K. Ogura, H. Hatano, OJ2003 Enhanced Abstract, p. 124 (2003)

2 高速大容量近接場光メモリ用表面プラズモン増強ヘッド

後藤顕也[*]

Abstract

　GaP結晶に金薄膜ナノグレーティング加工後にレーザー光を裏面から照射することによって金属薄膜に穿孔した30 nm超微小開口から射出される近接場光の出力効率を増強させるための設計とヘッド基本部の開発。この研究は入射レーザー光強度増強を溝幅10 nmでピッチ118 nmという超微細ナノ加工の回折格子と近接場光波長との共鳴増強を利用している。金薄膜表面にp偏光レーザー光を照射によって誘起された表面プラズモン波が周期構造で共鳴増強されることを三次元FDTD（時間領域差分法）を利用してシミュレーションした結果，超微小開口サイズが30 nmのときに入射レーザー光の約1.5%が近接場光に変換されることがわかった。周期ナノ金属グレーティングによる共鳴増強を利用し，さらにマイクロレンズによるレーザー光の集光により70倍の光密度増加が期待できるので，20-30 nmの超微細開口による相変化光媒体に光記録するに必要なVCSELのパワーは20 μ Wで良いことがわかった。

2.1 はじめに

　次世代DVDであるBlu-ray Disk（BD）の記録容量は高々100 GB程度であり，データ速度も40 Mbps程度である。将来必要となる記録密度はTbit/in^{2}以上であり，記録・再生速度としては10 Gbpsとされているが，従来の光の回折による記録方式では記録密度の理論限界が20～30 Gbit/in^{2}程度に存在しており，高密度化を達成することはできない。大容量化の候補として，①ホログラフィック方式，②超多層方式，③近接場光方式[1~6]などが挙げられている中で，前述回折限界を打ち破るために，VCSEL（面発光レーザー[8]）のアレイ化技術と表面プラズモンによる近接場光の増強効果を応用した高効率・超高速近接場光ヘッド[6~23]の研究が行われている。

　従来の近接場光を利用する問題点は元のレーザー光パワーに対する30 nm以下の超微小開口から得られる射出エバネッセント光への変換効率が10^{-6}程度と低いことであった。この効率を飛躍的に増大させる手段として，高屈折率半導体材料GaPで構成するマイクロレンズによる集光機構ならびに超微細ナノ周期構造による光波と表面プラズモン・ポラリトン波（略称SPP，縦波）の共鳴による近接場光の飛躍的増強を狙っている。1996年にこのヘッドを提案し，学振の援助を得て基礎技術のみを開発したが[4,9~23,26]，実用機の開発はまだ行われていない。FDTD法による解析結果から30 nmの超微小開口へマイクロレンズならびに金の薄膜で構成した構造（幅10 nm，深さ30 nm，周期120 nm）グレーティングを併設することで10^{-6}の変換効率が10^{-3}程度に向上す

＊　Kenya Goto　東海大学　開発工学部　教授

第3章　近接場光を利用する光メモリ

ることがわかった[23,26]。そこで東工大ナノ支援プロジェクトの協力や兵庫県立大の協力も得て，GaP基板上に周期金属幅30nmでピッチが118nmのグレーティング構造を有する試料を製作している。SEMの観察無しでは実験が極めて困難であるが，現在この種の試料を用いたSNOMによるエバネッセント波変換効率の測定をトライしている。VCSEL出力100μW以下のレーザー光を20nmの超微小開口から10μW以上引出すことが目的である。このパワーはDVDにおけるディスク上のピットサイズ1μmの記録に必要なレーザーパワー10mWに等しい記録パワー密度になる。

2.2　原理

超微細孔（ナノアパーチャ）をレーザー光送出部に設ける。そしてこのレーザーとして垂直共振器表面発光半導体レーザー素子を格子状に配列してなる面発光レーザーアレイを持つ記録・再生用光メモリヘッドとすることで，超高速で記録・再生が可能という課題を解決するものである。

レンズ等を使用した収束光学素子につきまとうFar-Field（遠視野）光学の回折限界を打ち破ることにより，飛躍的な大容量光メモリディスク記録再生装置[7]を開発するため，面発光レーザー（Vertical Cavity Surface Emitting Laser）素子アレイを従来のレーザーダイオードに代えて採用する。そして，記録媒体との間隔を極めて狭い約10nmに保つことができるコンタクトヘッド方式とすることで，超並列による高速化の課題を解決する。また，微弱な近接場光波を表面プラズモン・ポラリトン波との共鳴増強を起こさせる[11~13]目的で，ナノ加工先端技術を駆使し，レーザー光が透過し易いGaPヘッド基板に溝幅20-30nm，溝深さ10-30nm，周期が118nmのグレーティング構造を形成した後に金薄膜をコートした。

図1は，光メモリヘッドとして用いる面発光半導体レーザー（VCSEL）素子1を格子状とした原理[2,6]を示すもので，平面的に見た斜視図である。ここで，VCSEL素子1は，レーザー活性層を含む所定厚さの基板部2と半導体もしくは誘電体で構成された多層の反射膜，およびレーザー光が送出される突起状部なる送出部3とからなっている。このレーザー光送出部3の上面の中央には，各1本のエバネッセント光が垂直上方に向けて放たれるための超微細孔4が設けられている。

図2はVCSEL素子1の部分断面図である。VCSEL素子1は，レーザー光送出部3と多層反射膜と基板部2とで構成されている。前記レーザー光送出部3の表面には，光が漏れないように厚さ100nm程度の金の薄膜をコーティングしてあり，中心部には直径20-30nmの超微細孔4が設けられている。この超微細孔を通じて，レーザー発振によって生成されたエバネッセント光はそれぞれ1本のみのレーザー光として垂直上方に照射される。VCSEL素子1を形成する材料はn-AlGaAs/GaAsおよびp-AlGaAs/GaAsなどの一般的な半導体レーザー材料である。

次世代光メモリとシステム技術

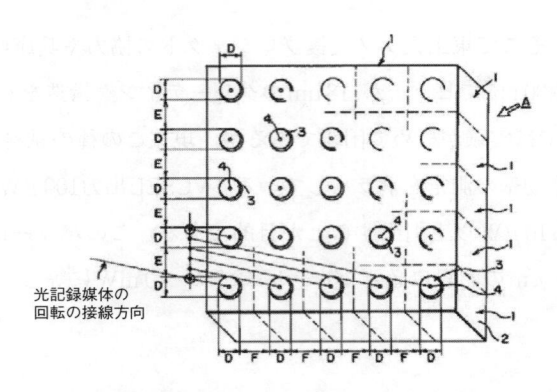

図1 記録再生用光メモリヘッドの斜視図

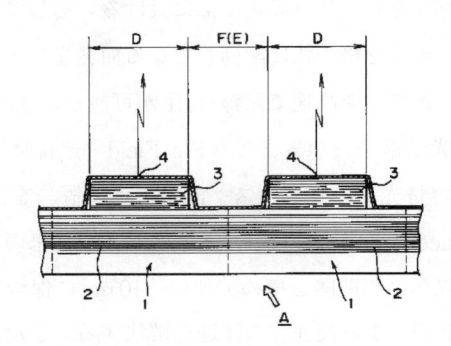

図2 ヘッド要部拡大断面図

　VCSEL素子1の複数個が格子状に一定間隔に配列されたものがVCSELアレイAである。VCSELアレイAを実際に製造するには，複数のVCSEL素子を接合して配列させるのではなく，通常のエピタキシャル成長法等によって形成されたエピウェーハーをマスクを使って同時にエッチングしたVCSEL素子1，1，…を格子状に同時に形成する方法が取られている（概念としてのVCSELアレイAは，複数のVCSEL素子1，1，…が接合されて配列させるものである）。ここで，行と列の二次元に配列されたアレイを想定する。同一の行に配置されたVCSEL素子1から射出される一列をなすレーザー光は，図示されていない光記録媒体（または光磁気記録媒体）が回転する（表面記録光ディスク）とディスク記録層の上に，一列の素子数だけビーム軌跡が形成される。説明の便宜上，前記VCSEL素子1を5行5列からなる構成とする。ここで，行とは光記録媒体の回転の接線の方向に沿った一列を，列とは光記録媒体の半径方向に沿った一列をそれぞれ指すものとする。
　また，図1の前記5行5列のVCSELアレイAにおける第5行第1列目から第5列目に配列された5つのVCSEL素子1からは，合計5本のレーザー光が紙面垂直上方に向かって射出される。

第3章　近接場光を利用する光メモリ

VCSELアレイAと対向して配置される図示されていない光記録媒体の記録層上に，5個のビームスポットを形成する。前述のように，本光記録媒体は回転して情報の記録と再生がなされるものであるから，その記録層上には前記した5本のレーザー光の軌跡が描かれる。しかし，前記光記録媒体の回転の接線と前記VCSELアレイAにおける行方向とが平行となるように，光記録媒体とVCSELアレイAが配置されている場合は，5個のビームスポットが記録層上で描く軌跡は重なりあって1本になってしまう。

そこで，前記VCSELアレイAを光記録媒体の回転の接線に対して所定の微小角度のみ傾けて設定し，前記5個のビームスポットは，同列かつ隣り合う行に配置された2つのVCSEL素子1が形成する2個のビームスポット，すなわち，前述の場合は第4行第1列と第5行第1列に位置するVCSEL素子1が形成する2個のビームスポットの間に難なく納めることができる（ただし，端点である第3行第1列に位置するVCSEL素子1が形成する1個のビームスポットは，前記5個のビームスポットに含めるものとする）。したがって光記録媒体が回転すれば，その記録層上に5本の重ならない連続した軌跡を描くことができるので，5トラックによる情報の記録再生が可能となる。以上の作用に基づき，VCSELアレイAにおけるVCSEL素子1の個数をさらに増やして，同時に記録・再生可能なトラック数を増大した実施例について，図面に基づいて以下に述べる。なお，本記述中における「光記録媒体」とは，いわゆる一度のみ記録可能な光記録媒体や読出専用光ディスクならびに書換可能な光記録媒体である相変化（Phase Change：PC）光ディスクやフォトンモード記録媒体を含む光ディスクの総称である。

図3に示したものは，記録用VCSELアレイAヘッドで記録された情報を再生するためのものであり，これは，VCSEL素子1のレーザー発振の有無を監視し，その有無を二値情報に対応させることで光記録媒体に記録されている情報ビットを読み取る。具体的には，前記光記録媒体に記録された情報ビットの有無に応じて，例えば該情報ビットが存在するときは，該情報ビットを高い反射率を有する結晶状態としておけば，該情報ビットに反射した光が前記超微細孔部を通じ

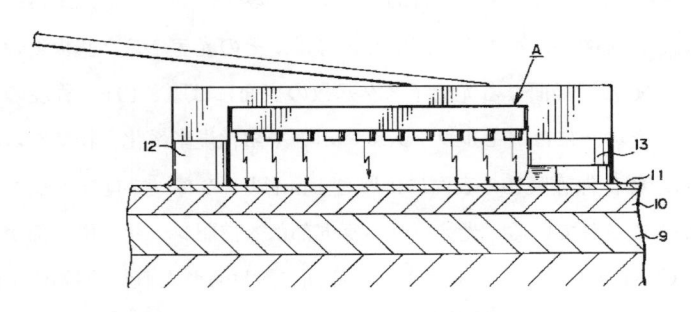

図3　コンタクトヘッドによる記録再生用光メモリヘッド

てVCSELアレイA中に入射し，前記VCSEL素子1を励起させてレーザー発振ならしめる。反対に，前記情報ビットが存在しないときは，該情報ビットを低い反射率を有するアモルファス状態としておけば，その情報ビットに反射した光が超微細孔4を通じてVCSEL素子1に入射しても，このVCSEL素子1をレーザー発振ならしめるほどの利得を生じないので，これらの二値情報を前記レーザー発振の有無に対応させることで，記録用のVCSELアレイAヘッドで記録された情報を読み取ることができる。また，実験によればレーザーへ反射光が強く戻るか弱く戻るかに応じてVCSELレーザー素子の内部インピーダンスが変わるので，内部インピーダンスをモニタするためにVCSEL電圧をモニタする方法を採用できる[12]。

　超微細開口以外からの透過を防ぐために金属薄膜を前記超微細孔部以外のレーザー光出力部の上面にコーティングする。ここで前記超微細孔4は，直径20-30 nmとし，前述の要領で設ける。各VCSEL素子1にはレーザー発振しない一定の注入電流を流しておく。前記超微細孔4の上方に，光記録媒体等の記録層に記録された低反射率情報ビットが位置しても，これによる反射光によって前記VCSEL素子1が励起されない程度に前記注入電流を調整しておけば，ディスクから反射してきた反射光量の大小（アモルファスピット部からの反射光と結晶部からの反射光では反射光強度が異なる）にしたがって，VCSELへの戻り光量の差に応じてVCSEL内部インピーダンスが変化する[12]。このメカニズムで光記録媒体に記録された情報ビットを読み取ることが可能である。なお，ここでは説明のため記録用光メモリヘッドと再生用光メモリヘッドを別個に記載したが，記録と再生とで前記光メモリヘッドを共用することが可能である。

　従来の光メモリディスク記録再生装置において，従来のヘッド部を本稿で述べた前記記録再生用光メモリヘッドに代え，また，従来のアクチュエータを30 nmの精度を有する従来のマイクロアクチュエータに代えて，従来技術の空気流浮上式ヘッドあるいは従来技術の電磁力・バネによる浮上式ヘッドを以下に述べるコンタクトヘッド方式として採用すれば，理想的な光メモリディスク記録再生装置を構成することができる。

　ここで述べるコンタクトヘッド方式とは，厚さ1 nm以下の薄い潤滑剤11の薄い膜を介して光ヘッドを光記録媒体に近接させることを目的に3本脚のみを接触させる記録再生方式であり，その実施の形態の概念図を図3に示す。光記録媒体等は，その光ディスク基板上の記録面を上にして水平に置かれる。その記録面なる光ディスク基板の表面には厚さ10 nm程度の光記録媒体層9が設けられており，その上にはアモルファスカーボンや窒化炭素系化合物でなる媒体保護膜10がコートされている。媒体保護膜10の表面には厚さ1 nm以下のパーフロロポリエーテル等の潤滑剤による薄膜11が形成されている。光メモリヘッド部は，前記レーザー出力部が下に向くように逆さまにされたVCSELアレイAを有しており，底面に設けられた直径約数100 μmの，2箇所の円形リーディングパッド12および1箇所の円形トレーリングパッド13の計3点のみによって，前

第3章　近接場光を利用する光メモリ

記潤滑剤を介して光記録媒体上で支持され，上方からは市販のものに孔穿け加工を施したサスペンションによって軽く押えられている．このようにすると，前記円形トレーリングパッド13および円形リーディングパッド12の周囲に，前記潤滑剤の表面張力によって，いわゆるメニスカスが形成される．このメニスカスの張力によって，前記光記録媒体等が回転する際の跳躍量が逓減され，光記録再生が安定的に行われる．このような記録再生方式をコンタクトヘッド方式と呼ぶ．

　次に，この光メモリヘッドに，$\lambda/4$膜15，およびファラデーローテータ膜16を形成すると，理想的な光磁気メモリヘッドを構成することができる．再生記録方法は従来技術と同じであるが，図4に基づいて，前記VCSELアレイAを光磁気記録再生に応用した場合の概要を記す．VCSEL素子1において，n-AlGaAs/GaAs多層反射ミラーとレーザー活性層とでなる基板部2の間に，ECR（Electron Cyclotron Resonance）スパッタによってコートされた配向性を有する（結晶性の）いわゆる$\lambda/4$膜15，およびファラデーローテータ膜16を形成する．前記VCSEL素子1でTE波が生成されたとすると，そのTE波が$\lambda/4$膜を経て光磁気記録媒体にて反射し，再び$\lambda/4$膜に入射してレーザー活性層に戻ったときに光波の電界成分はTE波と90°振動方向が異なるTM波となる．光磁気記録媒体に磁化方向の向きの違いによる情報ビットが記録されていれば，光ディスク媒体で反射された前記VCSELアレイA内で発生しているTE，TM波間に位相差が現われる．ここで，多層反射ミラーとGaAs基板の間にはショットキーダイオードが挿入されており，ダイオードの二乗特性により光磁気膜の磁化方向に応じて2つの光波の差の周波数に相当する高周波が生成される．従来技術と同様，この高周波を検出することにより記録情報の再生を行うものである．なお，本光磁気メモリヘッドを構成する場合は記録用に磁性体を必要とするので，前記記

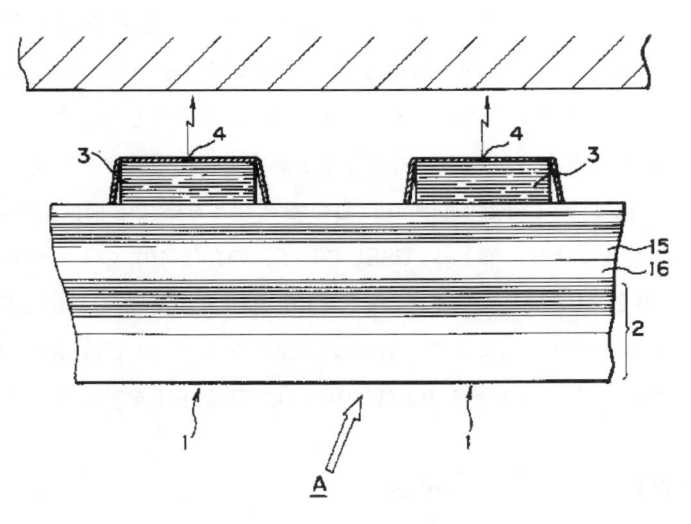

図4　光磁気ヘッドの単素子の状態図

次世代光メモリとシステム技術

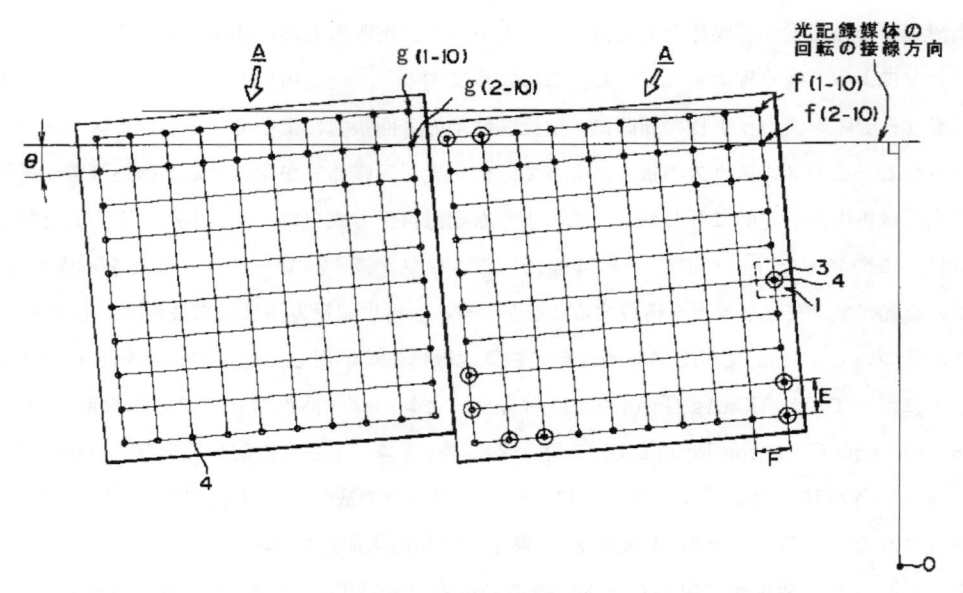

図5 本VCSEL二次元アレイチップを2個設置した補償用光ヘッド平面図
図面共通の符号説明　A：垂直共振器表面発光半導体レーザーアレイ，1：VCSEL素子，
3：レーザー光送出部，4：超微細孔（10〜30nmの超微細アパーチャ）

録用および再生用VCSELアレイAの側面周囲を，光磁気光学記録に必要な磁石または磁性体で覆ってファラデー光学素子の磁界と光磁気光学記録用磁界とを兼用にする。

次に，本方式の光メモリヘッドにおける故障素子補償アレイを設けたことを特徴とする光メモリヘッドの作用的概念を図5に示す。VCSELアレイAにおいていくつかのVCSEL素子1が故障した場合，新しいVCSELアレイAに交換せずに，故障した素子を他のVCSEL素子1で代替する。すなわち，前記VCSELアレイAと同一構造のVCSELアレイAを予備的にもう1つ設けておく。具体的には，第1のVCSELアレイAと，それと同一構造の予備のものを第2のVCSELアレイAを配置し，第1のVCSELアレイAにおける故障素子が第1行10列目にある場合をf (1, 10) と表わすことにすれば，第2のVCSELアレイAにおいてそれと対応する補償素子は第1行10列目，すなわちg (1, 10) と表わせる。第1のVCSELアレイAのf (1, 10) のレーザー光が光記録媒体上に描く軌跡は，第2のVCSELアレイAのg (1, 10) のレーザー光の軌跡と同一であるから，図示されていない信号制御部等によって，第1のVCSELアレイAのf (1, 10) の故障を検出すると同時に正常な第2のVCSELアレイAのg (1, 10) のVCSEL素子1を補償用に供するものである。

2.3　VCSEL二次元アレイ光ヘッドの構成

図6は，本研究の光メモリヘッドに供するVCSELアレイAであり，このVCSELアレイAは，

第3章 近接場光を利用する光メモリ

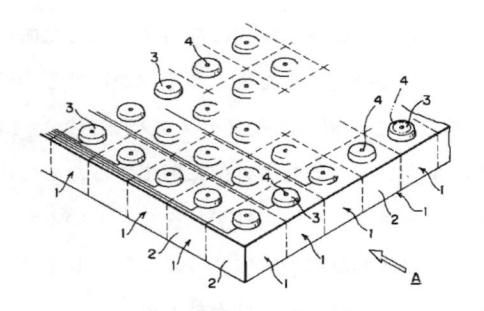

図6 ヘッド要部斜視図

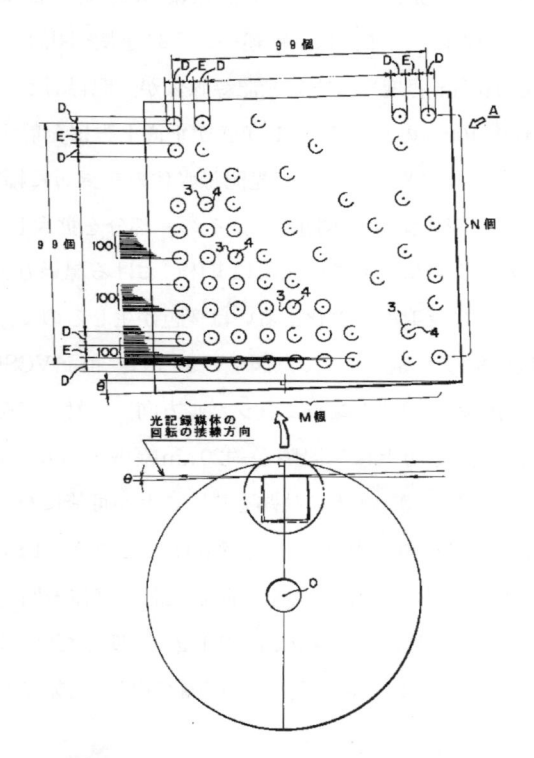

図7 光記録媒体に対して平面的にヘッドを設置する状態図

複数のVCSEL素子1と個別電極と共通電極からなり，基板部2とレーザー光送出部3とで構成されている。前記VCSEL素子1は，レーザー光送出部3の直径を1μm，各VCSEL素子の間隔は2μmとする格子状の正方行列をなすことが理想的である。ここでは，最適な構成として，図7に示すように，X軸方向に100個の，Y軸方向にも100個の格子状の正方行列となるようにVCSEL素子1を配列する。各VCSEL素子1のレーザー光送出部3の中央には直径10nm程度の超微細孔4が設けられている。この超微細孔4は，シリコン-ナイトライド固体結晶等をエッチ

117

次世代光メモリとシステム技術

ングして複数の針状アレイを形成し，先端が鋭利になるようにした微小針の先端が前記レーザー光送出部の中心上に位置するように接近させた後，ゆるやかに押し当てることで，正確に前記超微細孔4を設けることもできる。この超微細孔（ナノアパーチャ）4は，前記VCSEL素子1が生成するエバネッセント光波を光ビームとして外部に射出するための出力窓として機能する。なお，前記レーザー光送出部3は高さが僅かな円柱形状をなしているが，円柱の他にも，楕円形状や正方体，直方体等の如何なる立体的な形態も取りうる。特にレーザー光の偏光特性を利用する際には円柱形状や正方柱状よりも楕円柱や直方柱が使われる。

　図8は，前記100行100列のVCSELアレイAが光記録媒体に情報を記録する際の作用図でもある。説明の簡単のため，VCSELアレイAは，前述のように超微細孔4を上にして水平の状態にされ，その微小距離（大約10nm程度）上方に光記録媒体が，記録層が平行かつ対向するように配置されている。前記100行100列のVCSELアレイAが垂直上方に発射する合計10,000本のエバネッセント波（ニアーフィールド光）は，前記光記録媒体の記録層に幅約200μmに亘って合計10,000個のビームスポットを形成する。本図では，その一部分を拡大して記載している。なお，このビームスポットが当たった点は，通常の光記録媒体における記録方法と同様に，その記録層の材料によって，くぼみまたは反射率の変化あるいは変色が生じるので，これを二値信号に対応させる周知方法にて情報を記録する。ここで，図7のように，前記VCSELアレイAを前記光記録媒体（光ディスク）の回転の接線（タンジェンシャル方向）に対して微小角度だけ傾けて設置すると，前記光記録媒体の記録層上に，間隔が約20nm幅の，お互いに重ならない連続した10,000個のビームスポットによる10,000本の軌跡を描くことが可能になる。

　具体的には，10,000本を全て合計したビーム幅が200μmとなる。10,000本のビームスポットを形成する前記100行100列のVCSELアレイAを，前記光記録媒体の回転の接線方向（タンジェンシャル方向）に対して$\theta = \tan^{-1}(2/199) = 0.57582$ degree（度）だけ傾けて設置する。すると，前記光記録媒体の記録層上に，各ビームスポットの間隔が約20nm幅でお互いに重ならない連続

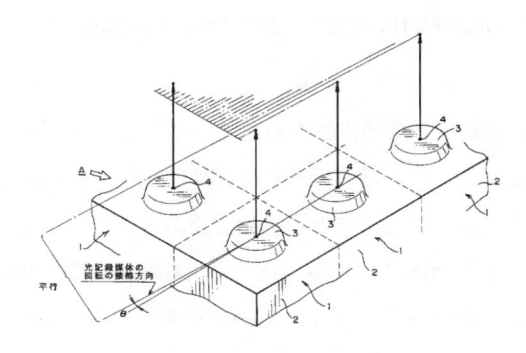

図8　ヘッド要部拡大斜視図

第3章 近接場光を利用する光メモリ

した10,000本の軌跡を描くことができる。この状態で各VCSEL素子1の入出力信号を個別に高速パルス変調すれば，一度に10,000トラック分，すなわち10,000 bit＝1.25 MBの情報を同時に記録再生することができる。したがって，前記光記録媒体等の記録層に照射された幅200 μmをなす10,000本の前記レーザービームは，ディスク接線速度が10 mm/secの場合で，1トラックで1 Mbit/sとすると，10,000トラックであるから10 Gbit/sのデータ転送速度（連続記録・連続再生速度）が実現する。結果として直径120 mmのDVDディスク形状片面の光記録媒体においては合計で約1テラバイト（TByte）の情報を記録することができる。

　ここで，前記VCSELアレイAを傾ける際の微小角度の求め方について説明する。前記VCSELアレイAにおいて，光記録媒体の半径方向（列方向）に並んだVCSEL素子1の数をN，光記録媒体の回転の接線方向（行方向）に並んだVCSEL素子1の数をMとして，前記VCSELアレイA素子のレーザー光送出部3の直径をD，列方向における隣接するレーザー光送出部3，3の内間隔をE，行方向における隣接するレーザー光送出部3，3の内間隔をFとすれば，前記VCSELアレイAの行方向の外端間の長さは，$MD+(M-1)F$，列方向の外端間の長さは$ND+(N-1)E$で表わされる。また，列方向の隣接するレーザー光送出部3，3の1つの内間隔は，$E+D$となる。これより，前記VCSELアレイAの放射する$M×N$本のレーザー光全てが連続して重なることなく軌跡を描くことができるときの，前記光記録媒体等の回転の接線となす角度θは，$\theta = \tan^{-1}\{(D+E)/[MD+(M-1)F]\}$の関係を満たす。ただし$\theta$は，前記VCSELアレイAの行方向と，前記光記録媒体の回転の接線方向とがなす角とする。

2.4　二次元アレイ光ヘッドの効果

　ここで述べた二次元アレイ光ヘッドでは，超微細孔4をレーザー光送出部3に有する面発光レーザー1，1，…を格子状に配列してなる面発光半導体レーザーアレイAとしてなる記録再生用光メモリヘッドとしたことで，光学素子における理論的限界値以下のサイズのビームスポットを複数形成することができるようになり，従来の光メモリヘッドを使用したときに比べて飛躍的大容量の情報を光記録媒体または光磁気記録媒体に記録再生できる（遠視野用のレンズ不使用で，かつ，近接場光であるので，回折限界の制限が無い）。

　次に，前記VCSELアレイAは光記録媒体の回転の接線方向に対して所定の微小角度傾いてなる記録再生用光メモリヘッドとしたことで，複数の前記レーザー光送出部の超微細孔からのレーザー光が，光記録媒体の記録層上に多くの記録再生トラックを極めて簡易に形成することができる利点がある。

　また，同一行に配置された前記VCSEL素子1から射出されるレーザー光のなす複数のビームスポットは，同列かつ隣り合う行に配置された2つの面発光レーザー素子1，1の間に納まって

次世代光メモリとシステム技術

なる記録再生用光メモリヘッドとしたことで，極めて多くの記録再生トラックであっても，交差したり，重なることなく，光記録媒体の記録層上に，確実に形成することができ，かつ最小単位面積内での多数ビームスポット構成にすることができる大きな効果がある。

次に，前記VCSELアレイAに並列して，別個に，故障した素子を補償するためのVCSELアレイAを設けて，相互間において，同行同列の超微細孔が同一トラック上に存在するようにした記録再生用光メモリヘッドとしたことで，補償光メモリヘッドが確保できると共に，従来の光メモリヘッドを使用したときに比べて，飛躍的大容量の情報を光記録媒体に，極めて高い確実性および信頼性において記録再生できる。連続記録・再生速度が10 Gb/secすなわち10 Gbps以上を可能とする。

2.5 表面プラズモンの周期構造金属により近接場光を100倍以上も増強させる新方式

GaP結晶（波長が赤色から赤外域で吸収が無い透明材料）を本ヘッドの基板材料として，近接場光ヘッド基板を構成する。図9(a)にはこの結晶表面にナノ溝加工による微細周期構造を設けた後で，スパッターにより金を100 nm程度薄膜を形成した模式図である。

ここで，これまで述べた二次元レーザーアレイ[4,6]は図9(a)を天地反転させて図9(b)に示すように図9(a)の絵の下方に位置するものである。本GaP結晶の裏面部には直径10 μmの結晶と一体化させたマイクロレンズ（半球形状）がVCSELアレイの1個ずつに対応して設置される[10]。図9(b)は3個のVCSEL[8]ヘッドを示し，図9(c)はそのうち1個のみの表面プラズモン増強超微細開口を持つヘッド端面とその超微細開口へ効率よくVCSEL光を集光させる詳細図[21,28]である。

ここでは下部のマイクロレンズアレイ[15]やレーザーアレイを省略して上部の超微細グレーティング構造による近接場光（エバネッセント光）増強効果を詳しく説明する[21]。

本構造による表面プラズモン・ポラリトン波（疎密波：縦波）と近接場光（電磁波：横波）の相互共鳴が周期構造グレーティングによって達成されることをFDTD手法にてシミュレーションした[16~20]。

その結果を図10, 11に示す。図9(c)の上方にある単一レーザーと単一マイクロレンズとを通ってGaP結晶に収束レーザー光が入射する。結晶中を進む光波はやがて30 nmの微小開口から射出されるエバネッセント光となる。しかし結晶全体には金の薄膜（厚さ100 nm）があり，しかも前述したように金属幅が10 nm前後で深さも約30 nm，ピッチは118 nmの超微細構造グレーティングである。まず，金の薄膜に到達した波長780 nm前後のレーザー光波はGaP結晶中では半波長サイズが$\lambda/(2n)=780/(2\times3.3)=118$ nmである。すなわち前述超微細グレーティングに結晶中のレーザー光が共鳴することがわかる[18]。

さて，図10に示すように，偏光した光波が金の薄膜へ到達すると金原子の核は動かないが，核

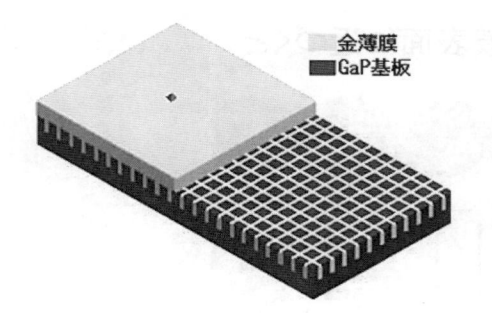

第3章　近接場光を利用する光メモリ

Optical Head covered with Gold thin film corrugated with nano-structured fine grating (Width:10nm, Depth:30nm, Resonance Period with VCSEL light and the Surface Plasmon/Polariton wave)

図9(a)　ヘッド最下部のみの鳥瞰図

ナノ格子と表面プラズモンとの共鳴を起こさせるためにVCSELと金属超微細開口（30 nm）との間にGaP基板を挿入し，金属超微細二次元回折格子をナノ加工（118 nmピッチ，格子幅10 nm，深さ30 nm）で実現。ここでは金薄膜厚を100 nmとしている。微細開口内部もGaPで埋めてある。GaPの屈折率は3.3であり，VCSEL波長は780 nmである。この場合の共振半波長は118 nmとなる。

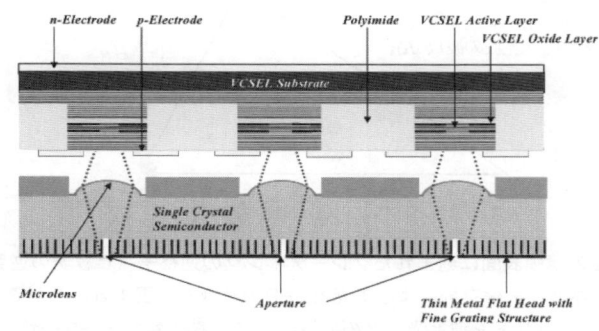

NEW HEAD STRUCTURE OF 30nm APERTURE, MICROLENS, and VCSEL ARRAY COVERED WITH NANO-GROOVED CORRUGATED THIN GOLD FILM

図9(b)　前図（図9(a)）を天地逆さまにして図の下部に位置させたもの。ここではVCSELとマイクロレンズも書き加えた3素子のみの断面図を示す

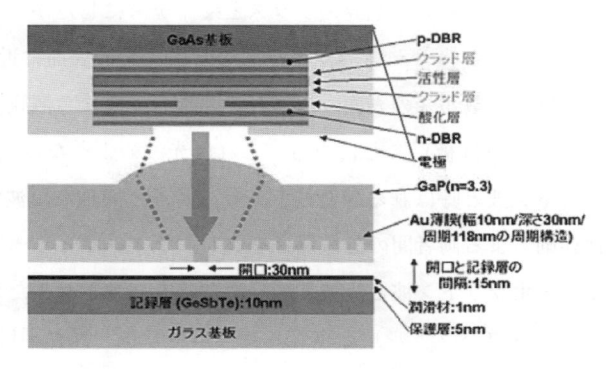

高効率近接場ヘッドの1素子と表面記録GST光ディスクと塗布された潤滑剤

図9(c)　前図に示された3素子のうち1素子のみを拡大表示。VCSELの内部構造模式と潤滑剤を含む光ディスクとの位置関係を示す

偏光波が金属薄膜表面に近づくと

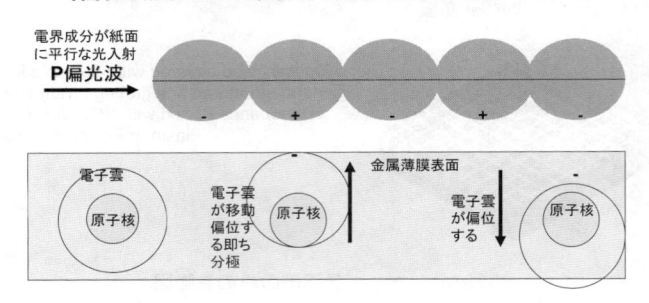

図10 金属を構成している原子の核は動かないが核を取り巻いている電子雲が偏光波のプラス電界に引き寄せられて分極を起こす。偏光波のマイナス電界では電子雲は反対方向へ少し動く（分極する）

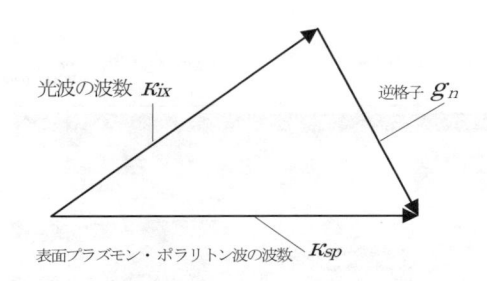

図11 金の薄膜表面に刻まれたグレーティングの逆格子（ピッチの逆数）が
エネルギー保存則によって光とSPPの分散を補正することができる

表面プラズモン・ポラリトン波と光波との分散関係によるエネルギーを一致させるためにグレーティングピッチの逆数（グレーティングベクトル）を重畳させ，エネルギー保存則によりκ_{sp}のエネルギーがκ_{ix}に移せることがポイント。

を取り巻く電子雲が，偏光レーザー波の電界のプラスとマイナスにしたがって金の表面から離れたり近づいたりする。すなわちレーザー電界がプラスの時には金の表面に近づく。また反対に，マイナスの電界のときには電子雲が金の表面から離れる。このように金薄膜表面にはプラス電荷とマイナス電荷が交互に並ぶ（分極）ことになる。これは光波のような横波の電磁波ではなく，表面プラズモン・ポラリトン波と呼ばれる疎密波であり，音波と同様な縦波である[16]。しかし図11に示すエネルギー保存則による両者間の分散関係をグレーティングピッチにて補正できる。すなわち，表面プラズモン・ポラリトン波と光波との分散関係を一致させるためにグレーティングピッチの逆数（グレーティングベクトル）を重畳させ，エネルギー保存則によりκ_{sp}のエネルギーがκ_{ix}に移せることがポイントである[21]。

この分散関係を図12に示す。横軸にエネルギーの次元である波数κをとり，縦軸に光波や表面

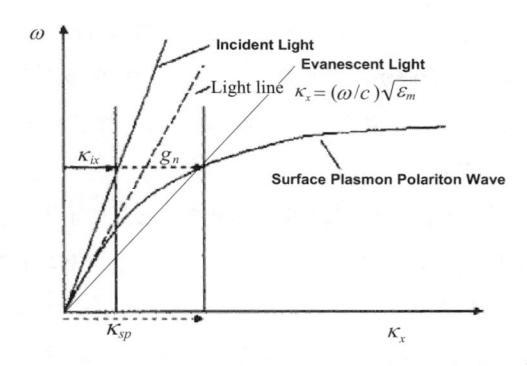

第3章　近接場光を利用する光メモリ

図12　表面プラズモン・ポラリトン波と光波の分散関係を示す
結晶中ではκとωは線形ではない。

$$\kappa_{dx} = \kappa_{ix} + g_n = \frac{\omega}{c}\sqrt{\varepsilon_m}\sin\theta + \frac{2\pi}{a}n \quad (1)$$

K_{dx}: input light wave number component along metallic grating surface which irradiated with angle θ

$$\kappa_{sp} = \frac{\omega}{c}\sqrt{\varepsilon_m}\left(\frac{\omega^2-\omega_p^2}{(\varepsilon_m+1)\omega^2-\omega_p^2}\right)^{1/2} \quad (2)$$

K_{ix}: Wave number of input laser light
K_{sp}: wave number of Surface Plasmon Polariton
g_n: inverse grating, a: pitch
n=1,2,3

図13　光波（(1)式）と表面プラズモン波（(2)式）の各波動について
波数κと周波数ωの関係を明確にする分散関係を表す数式を示す

プラズモン・ポラリトン波の周波数ωをとったものである。光波は空中でも物質中でも波数と周波数は比例している。すなわち$\kappa = 2\pi/\lambda$，$\lambda f = c$，$2\pi f = \omega$から$\omega = c\kappa$となり，ωとκとは比例定数cで直線の関係にある。屈折率nの物質中では$\omega = (c/n)\kappa$となり直線の関係である。グレーティングベクトルも同じであり$g_n = (2\pi/a)n$となる。したがって図13の(1)式が成り立つ。

ところが，物質中の表面プラズモン・ポラリトン波は周波数には比例せず(2)式で表されるようにプラズマ周波数の複雑な関数の平方根で表されるような関数で示される。

ここまでに述べたことを簡単にまとめてみる。図9（a）の開口ならびにナノ周期構造金属薄膜が被ったGaP基板とVCSELとの間に図9（b）ならびに図9（c）に示すマイクロレンズを挿入する。すでに説明した図10の原理で金属（ここでは金）薄膜表面に偏光々波の正負電界に応じた分極（表面プラズモン・ポラリトン：通称SPP波）が現れる。このSPP波は図12，13や図11で説明した分

散関係があるにもかかわらず，周期構造のピッチ（その逆数は波数と同じエネルギーの単位）とエネルギー保存の原理によって光波からSPP波へ，あるいはSPP波から光波への相互変換が行われる。さらに周期構造の共鳴による増強効果が起こる。この様子をまず，二次元時間領域差分（FDTD）法によって計算してみた。

周期構造金属格子の無い場合の開口からの出力強度を1として正規化し，金属グレーティング幅を変えて，超微細開口孔（アパーチャ）を変数としてエバネッセント光の相対出力変化を計算した。その結果の一例が図14[17,18]である。

微小開口からの出力はもはや通常の伝搬光ではなく非伝搬のエバネッセント光であり，エバネッセント光の増強は開口径が小さいほど，また，グレーティングの金属構造幅が狭いほど，表面プラズモンによるエバネッセント光の共鳴増強効果が強く現れていることがわかる。たとえば金のグレーティング幅が10 nmと30 nmでは2倍の増強強度差がある。すなわち，金属構造が10 nmという超微細構造になればなるほど，エバネッセント波の増強に貢献する。

GaP結晶中の光波の振動数と波数との関係は直線状であるが，GaP結晶中のプラズモン波の振動数と波数との関係は曲線状で図12に示すような分散関係がある。780 nm VCSEL光波とSPP波を整合させるためにグレーティングベクトル（逆格子）が必要である。光波と表面プラズモン波とをマッチングさせるために，光波のグレーティングへの入射角度調整が必要であり，実際にはVCSELと格子との間にマイクロレンズを設置して角度調整に代えている。図14，図15は二次元

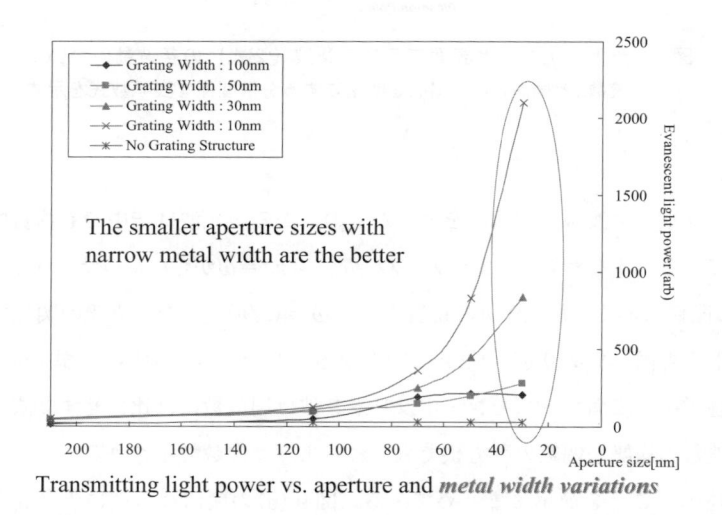

図14　周期構造金属格子の無い場合を1として正規化したエバネッセント光の金属グレーティング幅特性
　　　超微細開口孔（アパーチャ）が小さいほど，また，グレーティングの金属構造幅が狭いほど，表面プラズモンによるエバネッセント光の共鳴増強効果が強く現れている（10 nmと30 nmでは2倍の強度差があることに注目したい）。

第3章　近接場光を利用する光メモリ

FDTDシミュレーションの結果[17,18,21,28]である。図15は，図9(a)のグレーティングピッチを徐々に変化させた場合の超微細開口から射出されるエバネッセント波の相対増強効果を計算したものである。ピッチ長が入射光波のGaP結晶中での半波長の長さ毎に相対増強のピークが発生していることがわかる。

　図16は三次元FDTDシミュレーション結果である。縦軸は電界強度の二乗であり，エバネッセント波の絶対パワーを示している[19～23]。この計算に用いた金の薄膜厚さは80nmであった。したがって膜を通してVCSEL光が約1.5%漏れているので超微細開口から射出される正味のエバネッセント光パワーは約1.5%である。ただし，この計算ではマイクロレンズを入れないで行っている。もしVCSELと開口の間にマイクロレンズを挿入しレーザーパワー密度を上げると10～70

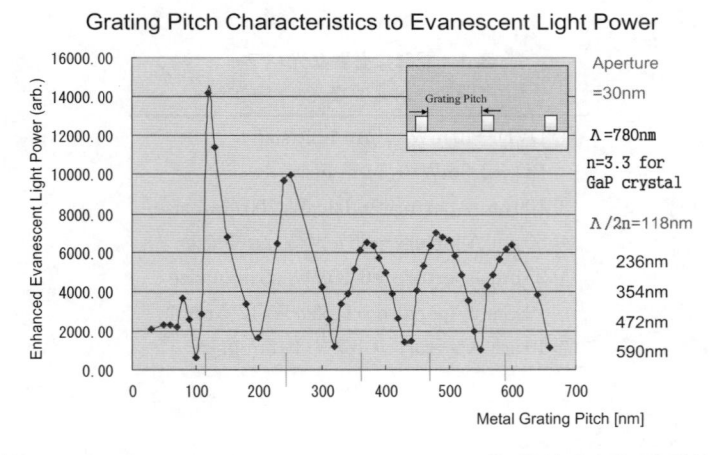

図15　グレーティングピッチを変化させてエバネッセント波の相対増強効果を計算したもの
　　　入射光のGaP結晶中での半波長毎に相対増強効果が発生していることがわかる。

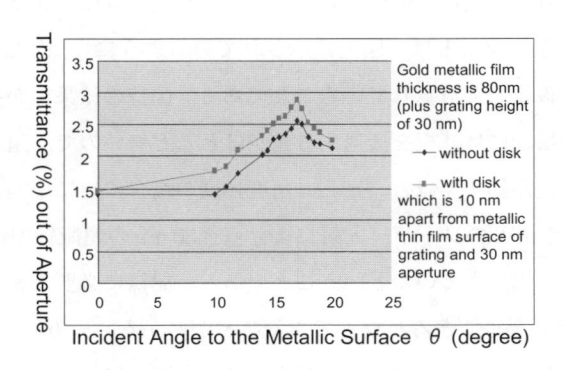

図16　三次元FDTDシミュレーション結果
　　　縦軸は電界強度の二乗であり，エバネッセント波の絶対パワーを示している。

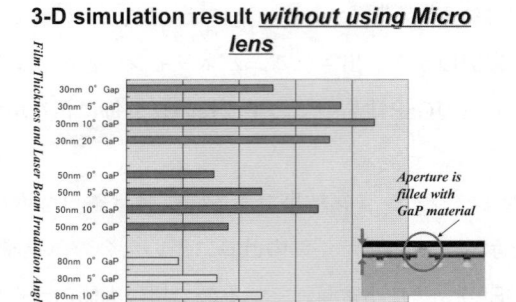

3-D simulation result *without using Micro lens*

図17 基板厚を30 nm，50 nm，80 nmと3通りに分け，開口への入射角度も4通りに分けて三次元FDTD法で計算した結果を示す

表1 記録に必要な光パワー
（開口径対必要な光パワー）

① DVD→10 mW/1 μmΦ bit size
② BD→2.5 mW/0.5 μmΦ size
③ 100 nm Aperture→100 μW/100 nmΦ size
④ 50 nm Aperture→25 μW/50 nmΦ size
⑤ 25 nm Aperture→6.25 μW/25 nmΦ size
⑥ 12.5 nm Aperture→1.56 μW/12.5 nmΦ
⑦ 10 nm Aperture→1 μW/10 nmΦ size

倍程度は向上するものと期待される[18]。図17も三次元FDTDシミュレーション結果[22,23]を示す。ここではGaP基板の厚さを30 nm，50 nm，80 nmの3通りに分けて計算した。また，マイクロレンズを使わない代わりに，開口への光波の入射角度も0度，5度，10度，20度の4通りに分けて計算した。さらに，重要なことは（図内に示されているように），超微細開口の内部にも誘電体で埋められていると仮定して計算していることである。図17の結果わかったことは，基板厚が100 nmに近い80 nmの場合には基板を透過する光がほとんど無いので，超微細開口からのみ正味のエバネッセント光強度が約1％ほど（ビーム角度10度の場合に）に増強されて射出しているということである[22,28]。1 mWのレーザー入射により直径30 nmの超微細開口から10 μWのエバネッセント光が増強されて出てきているということである。記録に必要な光パワー計算（表1）から見てこの数値は充分に記録できるパワーであることがわかる。一方，基板とVCSELとの間にマイクロレンズを図9（b）や図9（c）のように挿入すれば，図18に示す計算結果のように，単純比較でも70倍の効果が期待できる。これを実際に設計に見積もる際に低くして50倍とすると

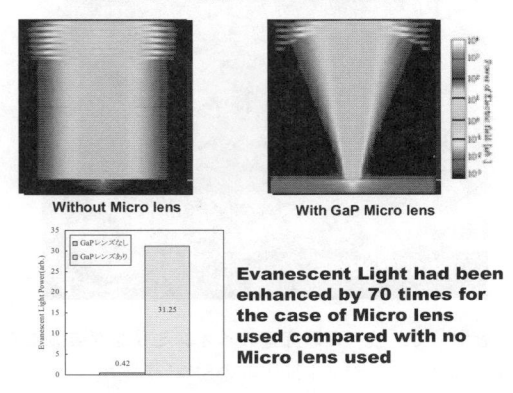

第3章　近接場光を利用する光メモリ

図18　マイクロレンズがある場合と無い場合との超微細開口から得られる
エバネッセント光強度比較計算
70倍も増大効果がある。

VCSEL出力は1mWではなく，20μWでも充分記録できることを意味する。

2.6　試作実験

近接場光ヘッドのスループットを高効率化するために，SPPによる光の増強効果[22〜25,28]を利用したナノ周期構造をGaP基板上に加工した。GaP基板を電子線リソグラフィ露光した。レジスト除去後，イオンミリング装置を用いてドライエッチングを行った（図19(a)，19(b)）。ドライエッチングプロセスの後，金薄膜を成膜した。収束イオンビーム（FIB）を用いておよそ30nmの微小開口を穿孔できた（図20）[21,28]。本研究の目的である溝幅10nmまでには届かなかったが，30nmの溝幅を試料上に加工することができた。このヘッドを用いて本来の超高速（10Gbps），

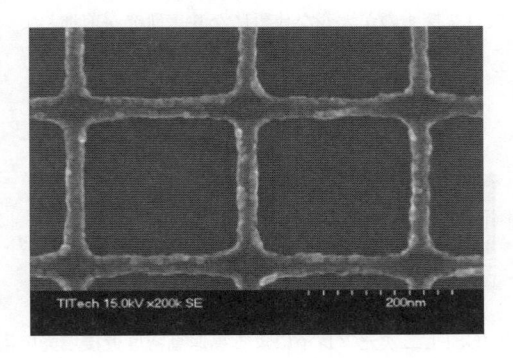

図19(a)　GaP基板に特殊フォトレジストをコーティングして東工大宮本教授
のところでEB描画マスク（幅25-30nm）作製

次世代光メモリとシステム技術

図19(b)　ナノマスクを用いて，我々の研究室のイオンミリング装置にてドライエッチング
この写真はフォトレジスト除去前のSEM写真。
フォトレジストを除去するとキャラメル表面状の溝が現れる。

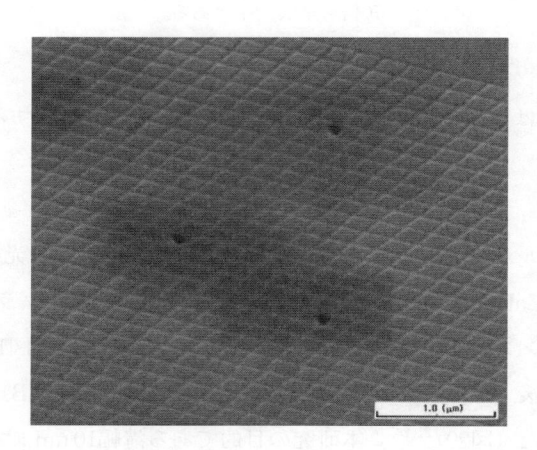

図20　図19(b)で述べたキャラメル表面状のナノ加工GAP基板（溝幅30 nm，ピッチ118 nmの矩形グレーティング状）に厚さ100 nm前後の金薄膜を蒸着。その後に兵庫県立大学の松井教授のところでFIB照射により直径20-30 nmの超微小開口を穿孔した写真
この開口点を探すのが大変な仕事になり，研究が前進していない。

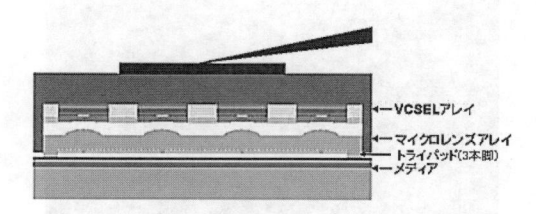

図21　完成後のVCSEL二次元アレイによる高速高密度近接場光応用ヘッド模式図
光ディスク表面に上から押さえてギャップ間隔を約10 nm一定にしている。ヘッドと光ディスクとは3本の脚（トライパッド）で潤滑剤を経由して常時コンタクトしている。

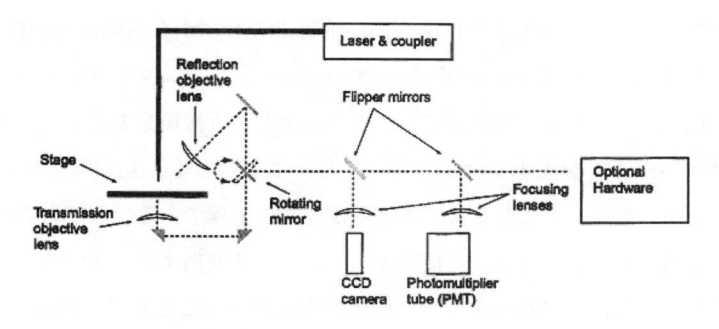

第 3 章　近接場光を利用する光メモリ

図22　SNOM（Scanning Near-field Optical Microscope）の光学系概略

ステージに図9(a)，すなわち図20のサンプルを乗せる。レーザー光をSNOMの光ファイバプローブ（40-60 nm）へカップリングさせ，その出力（エバネッセント光）を20-30 nmの図20に示す超微細開口へ照射する。透過してくるわずかな光をフォトマルチプライヤー電子管にて検出する。その強度測定にてグレーティングがある場合と無い場合の比がマイクロレンズ無しでも10倍程度あるかどうかを調べる（図21）。

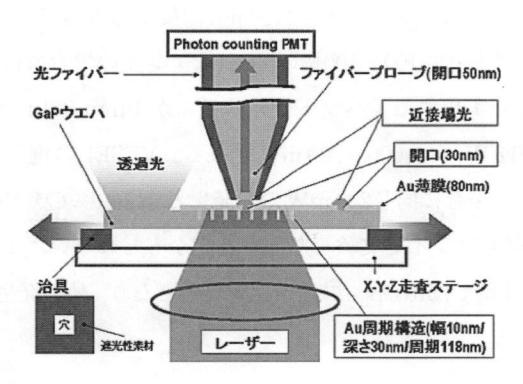

図23　SNOM（Scanning Near-field Optical Microscope）を使用したエバネッセント光の透過光強度測定の原理 II

図22の場合とは異なり，下部からレーザー光を入射させて光ファイバプローブに受ける光パワーを測定する。図22の方法に比較して測定は困難になる。

超高密度（Tera byte）光ディスクシステムが完成するわけであるが，図20に示した20-30 nm直径の超微細開口を二次元VCSELアレイの各素子に対向させてかつ，対向マイクロレンズも組み合わせる必要がある（その方法の一例は文献参照[20～23]）。その前に，マイクロレンズを使用しない方法で，これまで述べた方法の実証実験が必要である。図22と図23とを用いて説明する。

2.7　金属周期構造ヘッドの近接場光透過効率測定

作製したヘッドの透過光効率測定を行い，シミュレーション結果と比較し，かつ周期構造によ

る光の増強効果を確認する。近接場光は微小開口部付近のわずかな領域にしか存在しないため，測定が難しい。そこで，SNOM（走査型近接場光学顕微鏡）のコレクションモード（試料の開口部へレーザーを集光し，開口部（超微細アパーチャ）からの近接場光を測定）で実験を行う。問題は超微細ナノアパーチャを探すことが非常に難しいことである。SEM装置の中で行うことができれば問題ないが，そうでもしなければ本実験は非常に困難である。図23の場合には，微小ファイバプローブ先端で表面を走査し，近接場光をプローブで検出するわけであるが，この方法も楽ではない。しかし，開口（アパーチャ）を偶然にも見つけることができれば，30 nmの開口径に対してファイバプローブの先端径は50-60 nm程度であるので，微小開口から漏れてくる光をすべて検出できるはずである。

これらのナノ加工の周期構造近接場光ヘッドの実験が充分に測定できれば，表面プラズモン・ポラリトンによる近接場光の共鳴増大が可能となり，前述したように20 μWのVCSELレーザー光で30 μW以上のエバネッセント光が得られるはずであり，GeSbTeなどの相変化光ディスク材料に充分記録できる。そのときのビットサイズは20 nm前後であるので，ディスク1枚で1テラバイトの高密度記録が可能であり，100×100個のVCSELアレイの場合には10 Gbps以上の（60 Gbpsが目標）高速転送レートが実現する。ヘッド全体サイズが1 mm×1 mmの中に入り，1万個による全レーザー出力は20 μW×10,000＝200 mWとなる。VCSELの電気-光変換効率は50％を超えているので，50％とした場合に同じ200 mWの熱発生となる。この熱の除去が問題となろう。

当面は3×3個のVCSELアレイで実験した方が良いかもしれない。1個のVCSELの変調周波数を1.1 Gbpsとすれば，9個では10 Gbpsの高速化が可能となり，熱の発生も20 μW×9＝180 μWであり，ほとんど無視できる。

2.8　おわりに

本研究におけるナノ加工では文科省ナノ支援プロジェクト（東工大　宮本恭之教授）ならびに，兵庫県立大学　松井真二教授のお世話になった。心から感謝したい。イオンミリングによるドライエッチングやその後の加工は自分たちの研究室にて行った。SNOMの実験では数10 nmの超微細開口を取り扱うので，非常に困難であり，顕微鏡下で30 nmの超微小開口を探さなければならない。スムーズな実験のためにはSEM装置中にてすべての実験ができるような装置を試作しなければならない。現在のところ，我々の現有試作済みのサンプルに穿孔したFIBによる超微小開口の個数が非常に少ないために，近接場光をこの開口へぴったり合わせる作業が困難を極めている。他の方法による位置のセンシングを行う方法を開発しなければならないかもしれない。

一方，現在はレーザー光波の透過特性から光ヘッド基板誘電体材料としてGaP結晶を基板に選んでいる。この基板の一方の面にナノグレーティングを形成，その表面に金薄膜をコーティング

第3章 近接場光を利用する光メモリ

して幅10-20 nmの金溝を形成（図9(a)）している。そして他の面にはマイクロレンズアレイ（図9(b)）[14,15]を形成している。ここで，基板材料として高価な結晶（GaP結晶）を使わず，ナノインプリントの可能な，かつ，複屈折のない材料で代替できれば，材料単価だけでなく製造工数の点からも極めて望ましい。

この新基板材料として科学技術振興機構ERATO-SORST小池フォトニックポリマープロジェクトの小池康博教授（慶應義塾大学）と多加谷明広准教授が発明した「ゼロ・ゼロ複屈折ポリマー[26,27]」を活用することを考えている。本ヘッドでは偏光レーザー光が薄膜金属に照射される際にこの基板を必ず透過する。この際に基板に複屈折が発現したり，基板に応力がかかることにより現れる光弾性屈折が発現すれば表面プラズモン・ポラリトンの発生が不安定になる。この「ゼロ・ゼロ複屈折ポリマー」は配向複屈折と光弾性複屈折のいずれも発現しないという優れた特性を持っている。しかしながら，二次元アレイのVCSELならびに二次元アレイのマイクロレンズのお互いの軸が温度変化にどう影響するか？ すなわち「ゼロ・ゼロ複屈折ポリマー」の線膨張係数や体膨張係数の温度特性を詳細に調べたり，場合によっては「ゼロ・ゼロ複屈折ポリマー」のさらなる改良も必要かもしれない。

文　献

1) E. Betzig, J. K. Trautman, R. Wolfe, E. M. Gyorgy, P. L. Finn *et al.*, *Appl. Phys. Lett.*, **61**, 142-144 (1992)
2) 日本国特許第3656341号（平17.3.18），平08-298981出願（平8.11.11）
3) T. Ebbesen, H. Lezed, H. Ghaemi, T. Thio and P. Wolf, *Nature*, **391**, 667-670 (1998)
4) K. Goto, *Jpn. J. Appl., Phys.*, **37**, 2274-2278 (1998)
5) H. Ghaemi, T. Thio, D. Grupp, T. Ebbesen and H. Lezed, *Phys. Rev. B*, **58**, 6779-6781 (1998)
6) Kenya Goto, "Two-dimensional near-field optical memory head", U. S. Patent No. 6, 084, 848 (Date of Patent July 4, 2000)
7) Y.-J. Kim, Y. Hasegawa and K. Goto, *Jpn. J. Appl. Phys.*, **39**, 929-932 (2000)
8) Kenichi Iga, "Surface emitting laser-Its birth and generation of new optoelectronics field", *IEEE JSTQE*, **6** 1201-1215 (2000)
9) Y.-J. Kim, K. Kurihara, K. Suzuki, M. Nomura, S. Mitsugi, M. Chiba and K. Goto, *Jpn. J. Appl. Phys.*, **39**, 1538-1541 (2000)
10) Y.-J. Kim, K. Suzuki and K. Goto, *Jpn. J. Appl. Phys.*, **40**, 1783-1789 (2001)
11) Satoshi Mitsugi, Young-Joo Kim and Kenya Goto, *Optical Review*, **8**, 120-125 (2001)

12) Shu-YingYe, Satoshi Mitsugi,Young-Joo Kim and Kenya Goto, *Jpn. J. Appl. Phys.*, **41**, 1636-1637 (2002)
13) X. Shi, L. Hesselink, *Jpn. J. Appl. Phys.*, **41**, 1632-1635 (2002)
14) K. Kurihara, Y.-J. Kim and K. Goto, *Jpn. J. Appl. Phys.*, **41**, 2034-2039 (2002)
15) K. Goto, H. Maruyama, K. Suzuki and Y.-J. Kim, *Proc. of ISOM/ODS 2002*, WC-5, Hawaii, July. 7-11, 293-295 (2002)
16) K. Goto, Y.-J. Kim, S. Mitsugi, K. Suzuki, K. Kurihara and T. Horibe, *Jpn. J. Appl. Phys.*, **41**, 4835-4840 (2002)
17) K. Goto *et al.*, Tech. Digt., Opt. Data Storage 2003 (ODS'03), TuD3, Vancouver, Canada, May 11-14, 129-131 (2003)
18) K. Goto, Y. Masuda, T. Kirigaya, K. Kurihara and S. Mitsugi, Tokai University, HTHW, **14**, 23-34 (2004)
19) K. Goto, Y.-J. Kim, T. Kirigaya and Y. Masuda, *Jpn. J. Appl. Phys.*, **43**(8B), 5814-5818 (2004)
20) K. Goto, K. Ohkuma, K. Suzuki, K. Nakamatsu and S. Matsui, Techn. Digest, Micro Opt. Conf., Oct., 94-95 (2005)
21) K. Goto, T. Ono and Y.-J. Kim, *IEEE Trans. Magnetics*, **41**, 1037-1041 (2005)
22) K. Goto, K. Ohkuma, Y. Masuda, Proc. IQEC/CLEO/PR2005, CTuN1-4, July, 104-105 (2005)
23) K. Goto, K. Suzuki, K. Ohkuma, Y. Masuda, Proc. MANCEF, BS19, 1, COMS2005, Germany, Aug., 460-464 (2005)
24) T. Onishi, T. Tanigawa, T. Ueda, D. Ueda, CLEO/QELS2006, CWP4, 151-152 (2006)
25) M. Camarena, G. Verschaffelt, M. Moreno, L. Desmet, H. Unold, R. Michalzik, H. Thienpont, J. Danckaert, I. Veretennicoff and K. Panajotov, Proc. Symp. IEEE/LEOS Benelux Chap., Amsterdam
26) A. Tagaya, H. Ohkita, T. Harada, K. Ishibashi and Y. Koike, "Zero-birefringence optical polymers", *Macromolecules*, **39**, 3019-3023 (2006)
27) 小池康博, 多加谷明広, ゼロ・ゼロ複屈折ポリマー, 液晶, **11**(1), 6-15 (2007)
28) K. Goto, Nanofabrication and Evanescent Light Enhancement by Surface Plasmon, *IEEE Transactions on Magnetics*, **43**(2), 851-855 (2007)

3 SIL（Solid Immersion Lens）を用いた，高密度記録技術

中沖有克*

3.1 近接場の応用

　近接場光を用いて高分解能を得ようという試みは，1928年Synge[1]によるアイディアにまでさかのぼる。これは狭い開口部を用いて回折限界を超えた分解能を有する顕微鏡を作ろうというものであった。この時，彼はEinsteinと手紙を通してやりとりを行い，その実現性に関する議論を行ったというエピソードが残っている。事実，Syngeのアイディアを実証する成果が出始めるのはかなりの時間が経過してからであり，この時交わされた議論の奥深さを改めて知る事ができる。1984年に入ってPohl等[2]から近接場光学顕微鏡（SNOM：Scanning Near-field Optical Microscope）の原型を示唆する論文が報告された。その後，近接場光を利用した顕微鏡の開発が急速に発展しており，いわゆる近接場技術開発の幕開けと考えられる。

　光の波長よりも小さな微小開口を設けてこの開口部を光波が通過した際には，回折を起こして通過していく光とは別に，エバネッセント光（Evanescent Light）と呼ばれる光が開口部近傍に発生する。これは，我々が通常容易に観察できる伝搬光とは異なり進行方向に減衰する性質を持っており，一般的に出射端からの距離が$\lambda/2\pi$以下の範囲で顕著になる。例えば，可視光域の波長では高々～100nm程度を意味し，開口部の極近傍にのみ存在する事となる。この光は，開口部の大きさに応じた高い周波数の成分を含んでいる為に，顕微鏡としては高分解能が得られる訳である。エバネッセント光を発生させる方法は他にもある。1990年Mansfield等[3]はSIL（Solid Immersion Lens）と呼ばれるレンズを用いた高分解能顕微鏡を提案した。彼らは，屈折率2.0の材料を用いて半球形状のレンズを試作し，波長436nmの光源を資料表面100nm近傍にまで接近させる事で100nmライン＆スペースを認識し，明らかに回折限界以下の分解能を確認した。

　一般に光は，屈折率が高い媒質から低い媒質へと進入する際に，進入する角度が深いと界面で全反射してしまう。この時の臨界角θ_cは，光が屈折率n_sの媒質より大気中に進入する場合を想定して，

$$\sin\theta_c = \frac{1}{n_s} \tag{1}$$

で与えられる。式(1)は，開口数（NA：Numerical Aperture）が1の場合に相当しており，逆に言えば全反射が起こってしまう為にNAが1を越えない事が理解できる。光学系の持つ解像度は光の集光度と収差で決まるが，収差が十分に小さい場合にはNAと光の波長だけで決まる。これが回折限界であり，NAを限界まで高めても波長で分解能が決まってしまう事が判る。上述の

---

*　Ariyoshi Nakaoki　ソニー㈱　先端マテリアル研究所　次世代光システム研究部　統括課長

次世代光メモリとシステム技術

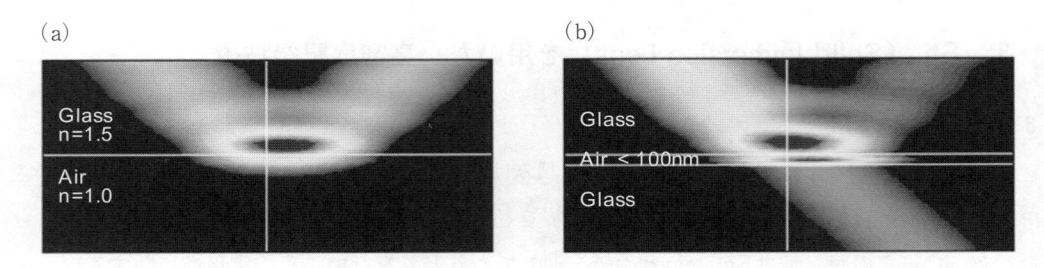

図1 計算機シミュレーションによるガラス端面での電磁波解析例
(a) ガラス端面で全反射が起こっている場合。(b) 100 nm以下の空気層を介して2枚のガラスが近接している場合。エバネッセント結合により，一方のガラスに光が伝搬している。

Mansfield等の実験に於いて純分に波長より小さな情報が得られるのは，観察対象をレンズの極近傍（〜100 nm）にまで近づける事でレンズ端面に発生しているエバネッセント光を利用し，回折限界上の分解能を得た為である。図1には，ガラス中を伝搬する光が大気との界面において全反射する様子(a)と，その状態から〜100 nm近傍にまで同じガラス材質を接近させて光を伝搬させた様子(b)を，計算により求めた結果を示した。この様に，本来全反射し媒質から大気中へ伝搬しないはずの光も，エバネッセント光を介して結合する事によりもう一方の媒質へと伝搬する事が可能である。但し，媒質は十分な大きさの屈折率を有し，上述の回折限界の条件を満たす必要がある。こうする事で，媒質中では再び伝搬光として取り扱う事ができるようになる。

3.2 SILの基本設計

前述のMansfield等[3,4]の実験では，SILとして図2(a)に示すような球体レンズを正確に半球にした半球レンズが用いられた。彼らはNA0.6の対物レンズと屈折率1.5の半球レンズを組み合わせた2群レンズを用いる事で実効NA0.9を実現しその性能を確認している。また他方では，NA0.6の対物レンズに，屈折率1.93の半球レンズを組み合わせて実効NA1.15を実現し，光磁気

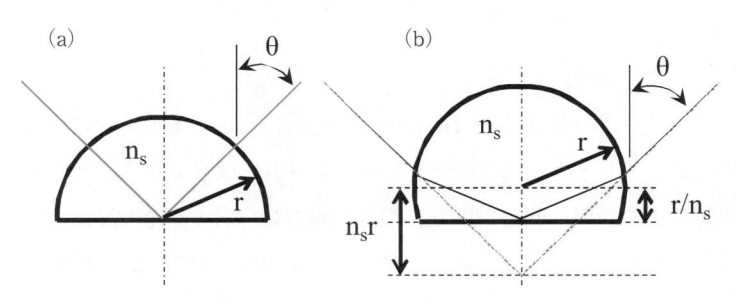

図2 2種類のソリッドイマージョンレンズ
(a) 半球レンズ (b) 超半球レンズ

第3章　近接場光を利用する光メモリ

材料に記録を行った例も報告されている[5]。この様に半球レンズSILを用いた場合のNA$_{hs}$は，レンズの屈折率をn_sレンズに入射する光の入射角度をθとした場合に以下の式で与えられ，スポットサイズを屈折率分の1に小さくする事ができる。

$$NA_{hs} = n_s \times \sin \theta \tag{2}$$

他方，図2(b)に示すように，半球レンズの高さrに対してr/n_sだけ厚くした超半球レンズを用いると屈折率の2乗分の1にまでスポットサイズが縮小され，より高分解能化が期待できる[6~8]。

$$NA_{ss} = n_s^2 \times \sin \theta \tag{3}$$

但し超半球レンズの場合には，レンズ厚さに対する許容度が非常に小さくなってしまう。図3は球の半径rで規格化されたレンズ高さL/rに対するザイデルの球面収差係数W$_{040}$を，以下の式より求めてグラフにしたものである。

$$W_{040} = \frac{1}{8\lambda}(\sin \theta)^4 \left[\frac{n_s r}{n_s r - L(n_s-1)}\right]^3 \frac{L}{n_s}\left(\frac{L}{r}-1\right)^2 \times \left\{\frac{L(n_s-1)}{n_s^3 r}\left[\frac{n_s r}{n_s r - L(n_s-1)}\right]+\frac{1}{n_s^2}-1\right\} \tag{4}$$

この結果より，無収差条件（aplanatic point）が得られる解として，少なくとも2箇所存在する事が判る[9]。先ず，$L/r = 1$となる条件で曲線は緩く W$_{040}$ = 0 に接しているが，これは$L = r$すなわち半球レンズの場合に相当しており，本条件下ではレンズ高さに対して比較的許容度があるものと理解できる。他方，$L = r + r/n_s$となる条件でも，曲線はW$_{040}$ = 0と交差している。これが超半球の場合に相当しており，その急峻な変化から超半球レンズの場合にはレンズ高さに対して厳しい精度が要求される。その対策として，上記無収差条件ではなく残留収差はあるものの極値条件を選択し，SILに対する厚み許容誤差を改善する試みもなされている[10]。いずれにせよ，レンズ加工，組立すべてに於いて，高度な精度が要求される事は必至である。

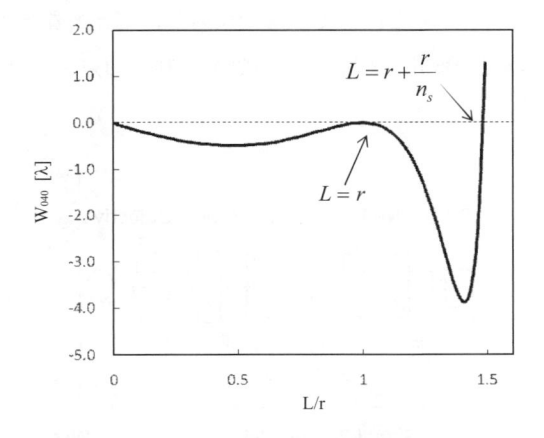

図3　SILの厚さに対するザイデルの球面収差係数の変化を求めた結果
計算は，波長：405 nm，SILの半径：0.5 mm，SILの屈折率：2.075，入射光NA：0.42を用いた。

3.3 ナノギャップ制御技術

効率よくエバネッセント光との結合を起こす為には，前述のように少なくとも～100 nm以下の距離にまでSILを媒体に近づけておく必要がある．その為には，SIL表面と媒体表面との距離（Gap）に連動した信号を得なければならない．これまで，キャパシタンスを利用した方法[11]と，光学的な方法[12]とが報告されている．前者は，SIL底面に電極を形成し，媒体表面との間隔に依存してキャパシタンスが変化する事を利用したもので，LC発振器を形成し周波数の変化でGapの変化を捉え制御を行う．オープン時のサーボ特性として，DCゲイン74 dB，カットオフ周波数2 kHz，位相余裕40°という報告[11]がある．これは，例えば媒体の面振動が10 μm程度であったとき，2 nm程度にまでGap制御が可能である事に相当する．他方，光学的な方法とはSIL端面からの全反射光（total internal reflection）を利用してGapを制御する方法である（全反射法）．図4には本方法を解説する為の最も簡略化された光学系を示した．ここで簡単の為，媒体は単純な反射膜とし旋光性は無いものと仮定する．先ず，予め直線偏光に調整されたレーザ光を，直前の1/4波長板（QWP：Quarter Wave Plate）を通し円偏光にして媒体に照射する．この時，媒体もしくはレンズから反射されてきた光は再びQWPを通り偏光方向が90°回転した直線偏光となる．その後，偏光ビームスプリッタ（PBS：Polarized Beam Splitter）により，偏光方向がそれぞれ90°異なる2種類の直線偏光成分の信号に振り分けられる．ここで，SILが媒体と接している場合には反射光は媒体表面で起こっている状態とほぼ同様と考えられる為，元来の偏光方向成分（Signal-1）のみが検出され，直交方向のもう一方の成分（Signal-2）は検出されない．ところが，SILが媒体から離れ，全反射が起こるようになると反射光の偏光状態に変化が生じ，Signal-2に信号が検出されるようになる．この現象は，有名なフレネル菱面体（Fresnel rhomb）を思い出すと理解しやすい．フレネル菱面体とは約52°の鋭角を持つガラスの菱面体であり，入射光として45°の角度の直線偏光を入射すると内部で二度全反射し円偏光となって出射するものである．この様に，全反射が偏光状態を変化させる事は一般的に自明であり，本検出方法と同様の原理に

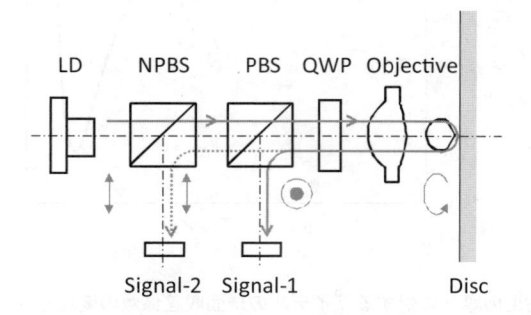

図4 全反射光量により，SILと媒体表面との距離を制御する為の，最も簡略化された光学系の模式図

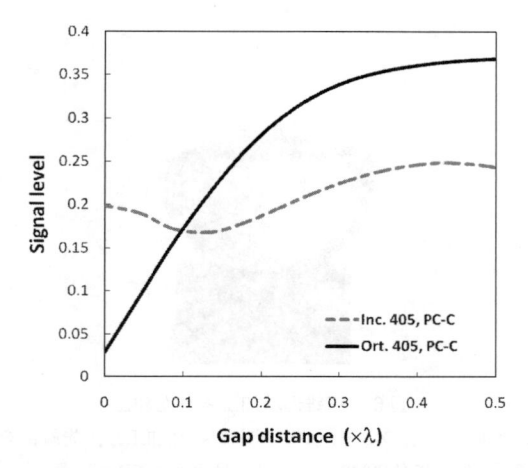

第3章　近接場光を利用する光メモリ

図5　金属媒体表面にSILを近接させた場合の，全反射光量を計算した結果
Signal-1は元の直線偏光方向に，Signal-2は直交方向成分にそれぞれ相当している。

基づいている事は言うまでもない。図5には，単純な膜構成を有する相変化材料表面で反射されるものとして実際の光学系を想定し，最終的に検出器で観測される光量をGap変動に対して計算した例を示した。計算に用いた波長は405 nmであるが，横軸は波長に対する相対的な距離として示した。NAは1.8，相変化材料は均一に結晶化状態であると想定してある。Signal-1は多少の変動はあるもののほぼ同量の信号が得られているのに対し，Signal-2では0.2λ以下の領域で概ねGapに対し比例した信号が得られる。筆者等は全反射法を用いて，汎用の光ディスク2軸アクチュエータによりアクティブ制御を行い，Gap長80 nmに対し誤差±2.4 nmの精度で制御する事が可能である事を確認している[13]。

3.4　光ディスクへの高密度記録

上述してきたように，SILを用いた光ディスクなど媒体への記録実験の為には，数十nmというGapを実現する事が必須となる。これは光ディスクというよりはむしろHDDの環境に近く，通常環境におけるGap動作の安定性が懸念される。この課題に対し，筆者等はSIL先端部に傾斜を付けたConical形状を提唱した[14]。図6には試作したConical型SILの側面写真を示したが，先端部に～40μm程度の平坦部を残してその周囲を約20°の角度で削った形状をしている。この様なConical型SILを，線速数m/sで相対移動している媒体表面に近接させた場合SIL先端部を回避する様に空気流を形成する事が計算機解析により求められた[15]。更に，SIL周辺部特に進行方向に対し前後の位置に形成される気圧差も緩和され，例えば中央部のみ突起部を形成したNavel型SILの場合に比して随分と様相が異なっている。これらの現象は，主に動作中にGap動作の妨げ

図6　円錐形状加工されたSIL
直径φ1.0mmのボールレンズを超半球加工し，先端部を40μm残して約20°の角度で傾斜研磨されている。

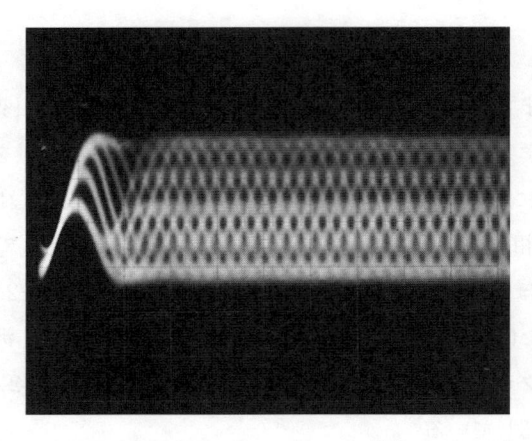

図7　相変化媒体にSILを用いて記録された，72 Gbit/in² （Blu-ray準拠で100 GB相当）のランダムデータ再生アイパターン信号

となるダストの侵入を防ぐダストコントロールの効果があると考えられる。事実Conical型SILを用いたテスターは一般の環境下での実験が可能であり，クリーンルームなど特殊環境を準備することなく動作させる事ができる。Conical型SILには，高屈折率のガラス硝材（S-LAH79, n =2.075@405 nm, OHARA Inc.）を直径φ1.0 mmの球状に加工されたものを用いた。これを超半球として，NA0.42の対物レンズと組み合わせて実効NA1.84を実現している[16]。図7は，記録媒体としてDVD，Blu-rayと同等の相変化材料を選び，表1に示す条件に基づいて信号の記録を行った時のrawアイパターンである。1トラック，OW無しでジッター7％程度，OW後も7.5％の結果を得ている。線密度に関してBlu-rayディスクの場合と比較すると，データビット

第3章　近接場光を利用する光メモリ

表1　代表的な記録再生のための諸条件

Wavelength	405 nm
Numerical aperture	1.84
Track pitch	160 nm
Channel Clock	66 MHz（1T．15：15ns）
Linear velocity	2.46 m/s
Bit length	56 nm
User disc capacity*	100 GB
Areal density	72 Gbit/in^2
Modulation code	17 pp
User data transfer rate	36 Mbps

*according to the Blu-ray format

長120 nmから56 nmへ高密度化が実現されており，これはNAを0.85から1.84へ増加した比率と一致している事から，設計された光学性能が得られているものと考えられる。

3.5　実用化に向けて

これまで，SILを用いた高密度記録のための要素技術に関して紹介してきたが，実用化される為に越えなければならない課題は山積している。その中で最重要と考えられているのは，信頼性技術と容量のgrowth pathであろう。それぞれの課題に対する明確な対策は未だ無く現在も検討中ではあるが，ここでは解法となる可能性を持つ技術を紹介する。

信頼性と一言で言ってしまうとその守備範囲は非常に広くとても簡単に記せるものではないが，ことSIL技術に関しては先ずは動作安定性とユーザーデータの保障が懸念されるところである。動作安定性に関しては，前述のConical型によるダストコントロール効果により格段に向上しているものと考えられるが，筐体内のダスト管理，ディスクカートリッジの利用などにより更なる安定化を実現する必要がある。とは言え，数十nmのGapで動作している事を考えると，外部からの衝撃が加わった場合など最悪の事態を想定した対策が必要と考えられる。そこで，ディスク表面を薄い透明なコート材で覆い保護する方法が提唱されている[17]。トップコートでディスク表面を保護する事で，仮に光ヘッドが衝突したとしても，動作・データ保存性に支障を来たさない様な強度，摩擦力，耐久性などの状況を作り出せる可能性がある。トップコート材としては既に議論したように，SILから出射された光がエバネッセント結合し媒体内を伝搬する状況を考慮しなければならない。即ち，最低限NAと同等の値の屈折率を有する事が必須条件となる。この点に関してもう少し詳細に考察する。図8には，トップコートとして屈折率1.5の材料を2μm形成した状況を仮定し，入射光の開口数を変化させた時の残留収差を計算した例を示した。開口数

次世代光メモリとシステム技術

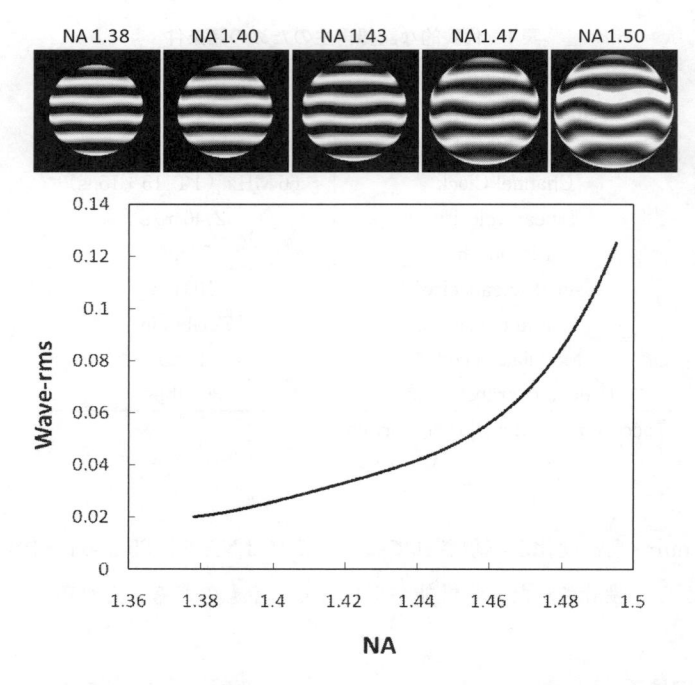

図8 屈折率1.5,厚さ2μmのトップコートを介した場合の残留収差を,
使用するレンズの開口数をパラメータに求めた結果
各NAにおける波面分布も併せて示した。

　が屈折率の数値に近づくにつれ急峻に残留収差が増加していく。この時の瞳上波面分布を確認すると，NA＝nとなる周辺で急激に位相回りが発生しているのが判る。この様に，設定NAに対しおよそ1割程度高い値の屈折率を有する材料を用いる必要があるものの，トップコートされたメディアより信号を得る事が可能となる。この事はHDDと大きく異なる点であり，光の伝搬が可能となる条件を満たす事で，記録層は必ずしも表面近傍に無くても良い事となる。更には，トップコートを幾層にも重ねた多層化[18]が可能である事も意味する。但し，容量を上げる為には屈折率もNA以上の値を有するトップコート材の開発が必須となり，高屈折率を目指した開発が行われている状況にある[19]。

　容量のgrowth pathに関しては，最終的な目標容量が想定アプリケーションによって異なる為に定量的な議論は難しい。とは言え，大容量化の要求は必ずと言っていいほどつきまとう為，容量アップが見込まれる要素技術は必須である。SILの場合は，①高NA化による記録密度向上，②媒体多層化による大容量化，③信号処理による高密度化，の3つが考えられる。①の高NA化に対しては，レンズ硝材の選択が重要となるが，これまでガラスのような非晶質材料によるアプローチの例はあまりなく，等方性の結晶材料を用いた報告例[20,21]が幾つかある。但し，NAが上

140

第3章　近接場光を利用する光メモリ

がるとそれに伴いトップコートの屈折率も上げなければならず，媒体設計が必要となる。②の多層化は，計算上できる事は早くから確認されていた[18]が，最近になってようやく実験例が報告された[22]。未だ屈折率が低い材料を用いている為実効NAが低く低容量である事，球面収差を補正する為に各記録層に調整された個別のSILを用意しているなど，課題は多く残されているものの，容量のgrowth pathを実証する重要な証拠となる。最後に③の信号処理であるが，これは既存の信号処理技術が，SILによる記録技術と比較的容易に組み合わされる事が既に示されており[23]，大容量化だけでなく最終的なマージン確保など非常に有効な手段であると考えられる。

文　献

1) E. H. Synge, *Phil. Mag.*, **6**, 356 (1928)
2) D. W. Pohl et al., *Appl. Phys. Lett.*, **44**, 651 (1984)
3) S. M. Mansfield et al., *Appl. Phys. Lett.*, **57**, 2615 (1990)
4) S. M. Mansfield et al., *Opt. Lett.*, **18**, 305 (1993)
5) H. Sukeda et al., *IEEE Trans. Mag.*, **37**, 1234 (2001)
6) B. D. Terris et al., *Appl. Phys. Lett.*, **65**, 388 (1994)
7) B. D. Terris et al., *Appl. Phys. Lett.*, **68**, 141 (1996)
8) I. Ichimura et al., *Appl. Opt.*, **36**, 4339 (1997)
9) Y. Zhang et al., *Jpn. J. Appl. Phys.*, **43**, 4929 (2004)
10) Y. S. Shin et al., *Proc. SPIE*, **6620**, 66201W (2007)
11) I. Ichimura et al., *Jpn. J. Appl. Phys.*, **39**, 962 (2000)
12) K. Saito et al., *Jpn. J. Appl. Phys.*, **41**, 1898 (2002)
13) T. Ishimoto et al., *Proc. SPIE*, **4342**, 294 (2002)
14) M. Shinoda et al., *Jpn. J. Appl. Phys.*, **42**, 1101 (2003)
15) T. Ishimoto et al., *Jpn. J. Appl. Phys.*, **44**, 3410 (2005)
16) M. Shinoda et al., *Jpn. J. Appl. Phys.*, **44**, 3537 (2005)
17) C. Verschuren et al., *Jpn. J. Appl. Phys.*, **45**, 1325 (2006)
18) J. van den Eerenbeemd et al., *Jpn. J. Appl. Phys.*, **46**, 3894 (2007)
19) A. Nakaoki et al., Tech. Digest of ISOM/ODS' 08, 199 (2008)
20) M. Shinoda et al., *Jpn. J. Appl. Phys.*, **45**, 1332 (2006)
21) M. Shinoda et al., *Jpn. J. Appl. Phys.*, **45**, 1311 (2006)
22) M. Birukawa et al., Tech. Digest of ISOM/ODS' 08, TD05-152 (2008)
23) A. Nakaoki et al., Tech. Digest of ISOM/ODS' 08, TD05-151 (2008)

4 プラズモンヘッドを利用するシステム

渡辺　哲*

4.1 はじめに

ファーフィールド光ディスクシステムにおいて，光ビームスポットの大きさが記録再生の分解能を決定する。記録密度を増大させるには，対物レンズで絞られるビーム径を小型化することが必要である。記録媒体面上の光ビームスポット径は，光の波長λと，光束の絞り込みの角度で決定され，この角度の正弦が開口数（NA）である。逆に，光エネルギーをλ/NA以下の寸法に集中させることができない。この光技術の性能限界は，回折限界と呼ばれている。また，近年，SIL（solid immersion lens）やSIM（solid immersion mirror）デバイスを用いエバネッセント光を利用する記録方式も提案されているが，光ビームスポット径は，やはり光の波長λに制約される。そこで近年，波長λに制約されないで超小型光スポットを実現できる方法として近接場光の研究が急速に進んできた。一方，磁気記録において記録密度を向上させるには，磁気媒体の粒径を小さくする必要がある。この時，熱ゆらぎが増加し，記録状態が不安定になるといった限界説が浮上してきている。その対策の一つとして，光と磁気を用いるハイブリッド記録が注目されている。本方式は，記録時に媒体の記録部分だけ光ビームスポットを利用して温度を上昇させ，その部分の保磁力を低下させることで低磁界でも記録を可能にする方法であり，微小領域の温度を上昇させるためにはやはり高分解能な光ビーム（超小型光スポット）が必要となる。

図1に光記録・磁気記録における記録面密度の現状と限界についてまとめた。光記録は，SIL

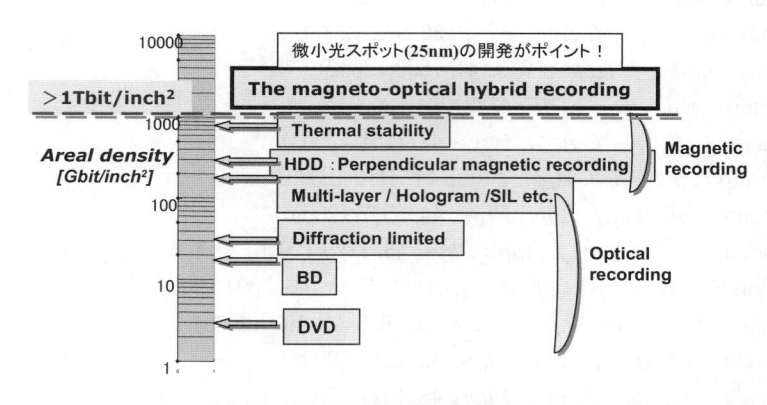

図1　光記録・磁気記録の面密度の現状と限界予想

*　Tetsu Watanabe　ソニー㈱　オーディオ・ビデオ事業本部　記録システム開発部門 AS開発部

第3章　近接場光を利用する光メモリ

記録方式を用いても100 Gbit/inch^{2}程度の面密度である。片や磁気記録も現状の商品化レベルで200 Gbit/inch^2～300 Gbit/inch^{2}程度であり，ディスクリートメディア等を用いても600 Gbit/inch^2～800 Gbit/inch^{2}程度の面密度が限界だといわれている。そこで光・磁気記録両者において限界を超える記録技術が要求されており，その基本仕様は1 Tbit/inch^{2}以上（1 bitが25 nm×25 nm以下のピット）の記録が可能な新光ヘッドの開発であり，その要素技術は，以下の3項目が挙げられる。

① スポットサイズが，25 nm×25 nm（FWHM：Full Width at Half Maximum）以下の光ビームを実現する。
② 磁界発生手段を有している（ハイブリッド記録の場合）。
③ ヘッド全体が，例えば，ピコスライダー（1.25×1.0×0.3 mm）以内に収まる。

①の条件を満たす微小光スポットを実現する手段としては，近年，表面プラズモンヘッドを用いて近接場光を発生させる方法が提案されている[1~3]。しかし，③の条件を考慮している研究は少ないが，最近，上記3条件を満たせる具体的な構造として光学レンズを用いず，半導体レーザと表面プラズモンヘッドをダイレクトカップリングし（もしくは一部導波路を用いる場合もある），かつ記録パワーも十分出せる方法が提案されている[4,5]。本節では，表面プラズモンヘッドを用いた光記録ヘッドシステムの代表的な開発例の詳細を説明することにより，従来から指摘されていた記録の限界を超えるデバイスが実現可能であることを述べる。

4.2　近接場光の作り方

4.1項に記した新光ヘッドの第1番目の要素技術である高分解能実現のための近接場光の作り方について述べる。近接場光を発生させるには，図2に示す通り大きく分けて二つの方法が挙げられる。一つ目(a)の方式は，光源波長以下の大きさの微小開口を作り，開口直径と同程度の近接場光を発生させる方法であり，近接場光プローブとも呼ばれている。もう一つ(b)の方式は，

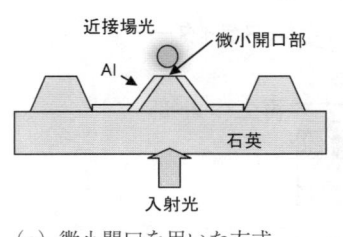

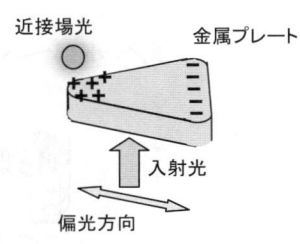

　　　　（a）微小開口を用いた方式　　　　　　（b）金属プレートを用いた方式

図2　近接場発生素子

金属プレートをnmオーダーで加工し，先端部の偏った電荷により，強い電場を発生させる。偏った電荷は，反電場を発生させ，この偏りを元に戻すように作用することにより，電荷は振動する。この電荷振動の共鳴周波数と光の周波数を一致させることにより強い電荷振動を発生させる現象を局在プラズモン共鳴と呼んでいる。この現象を利用し，高分解能で高いパワーを発生できる近接場光を作り，高密度記録に利用したのが表面プラズモンヘッドと呼ばれるタイプである[6]。

4.3 磁界発生手段

光・磁気ハイブリッド記録を実現する上で，光発生手段とともに重要なのが4.1項に記した2番目の要素技術である磁界発生デバイスであり，その構造や配置が記録過程に重要な影響を及ぼす。磁界発生構造は，大きく分けて2種類が提案されている。一つ目の構造は，図3に示す通り，光発生手段（光ヘッド）部に平行に磁界発生手段（記録用磁気ヘッド）部を配置し，光ヘッド先端部から発生する光で温められた磁気媒体領域に対して記録用磁気ヘッド先端部で磁界変調された信号を書き込む方法である。本構造のメリットは，理想的な形状のデバイスを組み合わせて構成できる点である。特に磁界ヘッドは，HDD用垂直記録ヘッド構造を用いることが可能なため磁界強度が上げやすい点である。片やデメリットは，光で温められる媒体上の場所と磁界で書き込む場所がずれているため，媒体の移動速度や温度応答性を考慮して光発生部と磁界発生部との位置関係を決定する必要がある。二つ目の構造（一例を図5に示す）は，コイルの真ん中に光発生手段（光ヘッド）部を配置するタイプで，この構造のメリットは光で温められる媒体上の場所が書き込む磁界とほぼ同一領域に配置できる点であるが，反面デメリットは，磁界発生手段（磁気ヘッド）の構造が単純なコイル構造になる場合が多く，発生磁界強度が上げられない点である。どちらの方式も媒体の磁界感度や温度応答性が重要な要素技術となるので，ヘッドとともにハイブリッド記録用媒体の開発は重要となる。

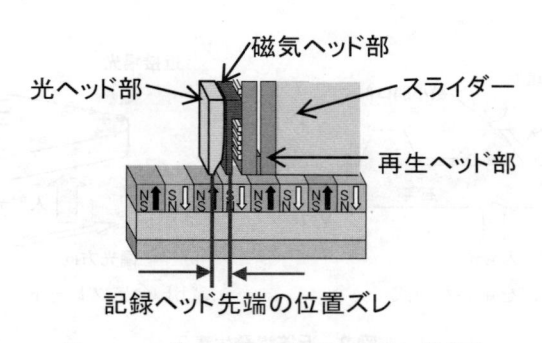

図3　ハイブリッド磁気記録ヘッドの構成例

第3章　近接場光を利用する光メモリ

4.4　小型新プラズモンヘッドの開発例

4.1項に記した新光ヘッドの第3番目の要素技術であるシンプルな構造で実現できる記録ヘッドの具体的開発例に関して説明する．図4に代表的なヘッド構成図を示す．3種類の中では，(c)のレーザ搭載一体方式が最もシンプルな構造であり，本解説例でもこの方法の可能性について言及する．本例のヘッド構造は，光発生手段（光ヘッド）部を表面プラズモンヘッドで構成し，そのまわりに磁界発生手段（コイル）を配置したタイプであり，新プラズモンヘッドそのものの開発構想，検討結果，課題等を述べることにより本方式の今後の可能性について考察してみる．

図5に本例の表面プラズモンヘッドを用いたハイブリッド記録用ヘッド先端部の概念図を示した．構造の特徴は，段差構造のプラズモンヘッドの周辺に一定条件を満たした磁界発生用コイルを配置した点である．プラズモンヘッドの構造解析は，光源波長780 nmの直線偏光を用いて，FDTD法（finite difference time domain method）でシミュレーションをおこなっている．記録膜は，TbFeCoを用い，シミュレーション条件は，図6に示す通りプラズモンヘッドを媒体より

(a) 導波路方式（光ファイバー）　　(b) 空間伝送方式　　(c) レーザ搭載一体方式

図4　代表的なヘッド構成図

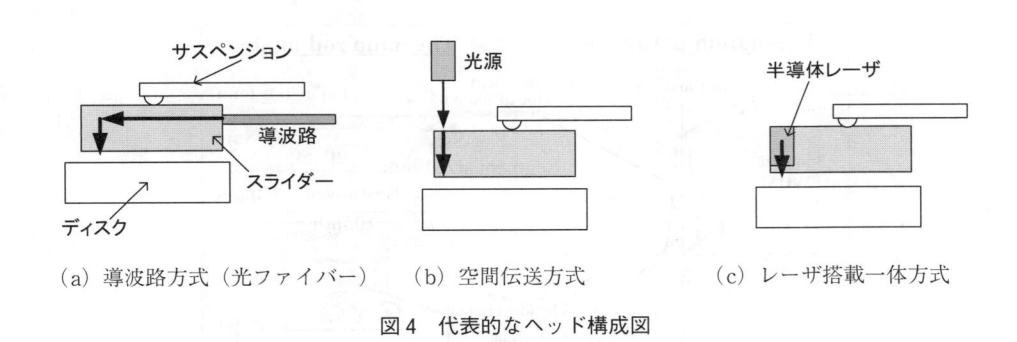

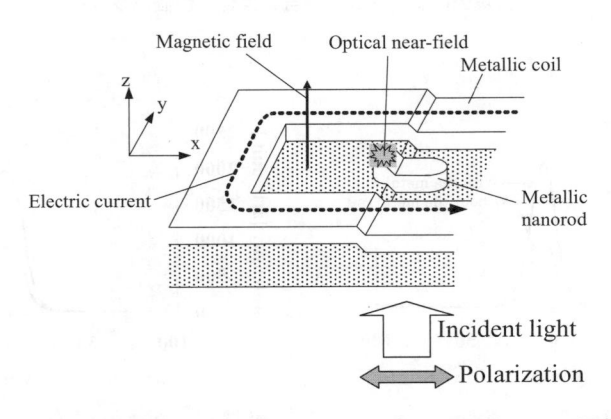

図5　表面プラズモン技術を用いた新ハイブリッド記録ヘッド概念図

8nmの位置に配置し，媒体表面における近接場光の電界強度を計算している．入射光は強度が一様な平面波とし，媒体表面における近接場光の電界強度は入射光強度を"1"として規格化をおこない，スポット径はFWHMで定義した[4,5]．

本ヘッド構造の特徴は，段差加工された石英基板上に「金」を用いて，プラズモンヘッド（ナノロッドとも呼ぶ）を構成した点にある．段差構造を採用した目的は，ナノロッドの片方だけを媒体面に近づけて，光強度の強い近接場の一箇所だけを媒体に照射するためである．つぎに，媒体表面とナノロッド先端部との距離（図6のl_1）に対して，ナノロッド先端長（図6のセグメントサイズ:Ss）を調整することにより，最適強度でなおかつ安定な近接場光が発生できる．また，媒体表面とナノロッド先端部を近づける構造を採用しながら，ナノロッド全体の厚みを均一にできるので，光パワーの増強効果も高くできることが挙げられる．

図6のナノロッド上面の媒体表面における近接場光強度分布についてシミュレーションした結果を図7（X軸方向）と図8（Y軸方向）に示した．座標原点は，ナノロッドセグメントサイズ

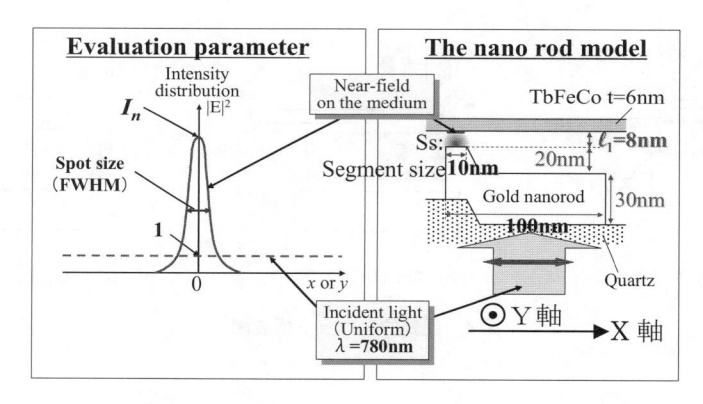

図6 近接場光のシミュレーション条件と評価パラメータ

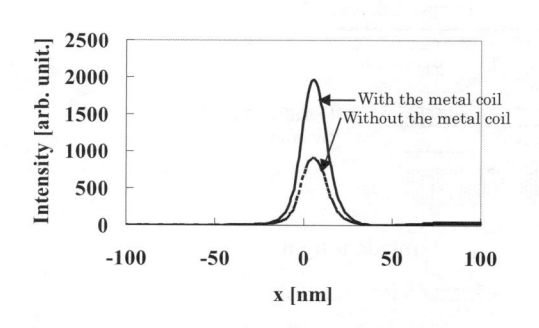

図7 近接場光の電界強度のX軸依存性

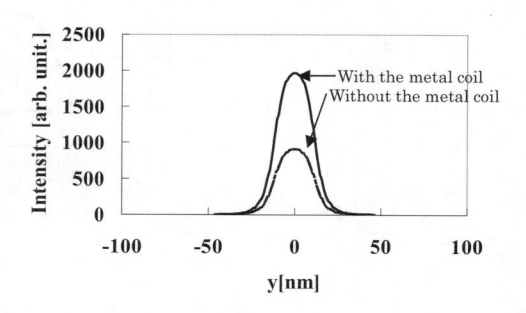

図8 近接場光の電界強度のY軸依存性

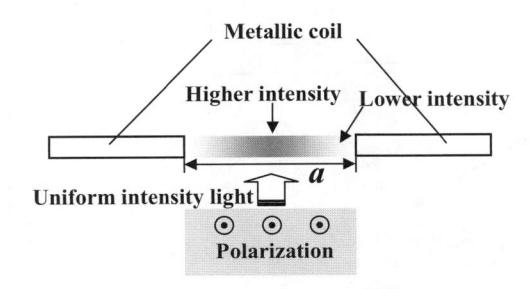

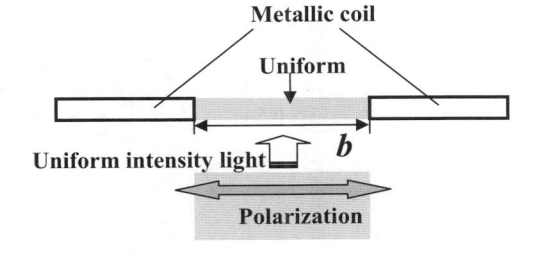

第3章　近接場光を利用する光メモリ

図9　金属界面が偏光方向と平行になる場合

図10　金属界面が偏光方向に垂直になる場合

センター上面としている。結果（Without the metal coil）は，記録媒体表面において入射光比約800倍の電界強度を有し，かつFWHMもX軸/Y軸それぞれ16 nm/24 nmの高分解能が得られており，1 Tbit/inch^{2}以上の密度の実現性を示唆している。

メタルコイルは，ナノロッド同様「金」で製作され，二つの機能を満足すべく，ナノロッドの周辺に配置されている。一つ目の機能は，記録磁界を発生させるためで，二つ目の機能は，入射光を部分的に増強させる効果（光エンハンス効果）を有することである。入射光の偏光方向とメタルコイル間隔（スリット間隔）(a)と(b)との関係を示した断面図を，図9と図10に示し，それぞれ入射光の増強効果についての概念を説明した。図9に示した金属界面が偏光方向と平行になる場合は，金属表面に分極は生じず入射光と反射光のみで電磁界を考慮すればよいこととなる。従って，スリット間隔(a)を適切に選ぶと，開口部内にて入射光と反射光の干渉で強い光がスリットセンター近傍に得られる。図10に示した金属界面が偏光方向と垂直になる場合は，開口部内に反射光は生じず，干渉光による強弱も生じず，基本的には，伝搬光がそのままスリット間を伝搬する。そこで，ナノロッドを偏光方向に平行になるように配置し，近接場光強度のスリット間隔(a)(b)長の依存性をシミュレーションで確認した。断面図9にメタルロッドを配置し，メタルコイルが無い場合とメタルコイルがある場合の近接場光強度のスリット幅(a)依存性の結果を図11に示した。スリット幅(a)を最適化するとコイルが無い場合に比べ，約2.2倍の光学増強効果が得られることがわかる。また，スリット間隔(a)の最適値は，式(1)に示す通り，入射光の波長λと基台として用いている石英ガラス（SiO$_2$）の屈折率nで決まる[5]。

$$a_{\text{best}} = \frac{\lambda}{2n} \tag{1}$$

反対に，断面図10にメタルロッドを配置し，メタルコイルが無い場合とある場合を比較した結果を図12に示したが，光学増強効果が得られないことがわかる。以上，メタルロッドの周辺に磁界変調用コイルを最適位置（$a = 300$ nm，$b = 500$ nm以上）に配置し，入射光比近接場光強度を

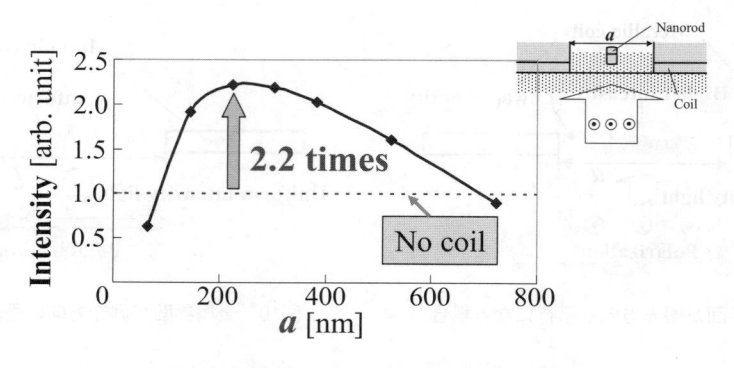

図11 近接場光のスリット間隔aの依存性

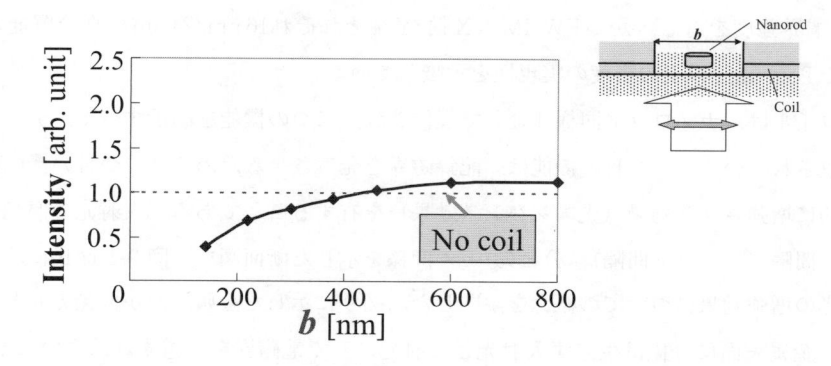

図12 近接場光のスリット間隔bの依存性

再度シミュレーションした結果を図7（With the metal coil）と図8（With the metal coil）に示した。その結果より，入射光強度比約2000倍の近接場光が発生できることが確認できる。

上記シミュレーションと同形状のヘッドを試作した結果について，図13にSEM（Scanning electron microscopy）写真と図14にAFM（Atomic force microscopy）写真を示す。SEM結果より外形目標寸法100 nm×25 nmに対して105 nm×31 nm，AFM結果より目標20 nmの段差に対して21.4 nmとほぼ所定の値が得られていることがわかる。

シミュレーションした結果，約2000倍の近接場光強度が発生できることが確認できたので，ヘッド全体をピコスライダーに配置するためのレンズレスヘッド（半導体レーザとプラズモンヘッドのダイレクトカップリング）の可能性を考察してみた。図15より，まず，DVD-RWの記録パワーを実測し（10.8 mW），シミュレーションで得られた分解能16 nm×24 nmのピットを記録するパワーを算出した（0.013 mW）。780 nmの半導体レーザとプラズモンヘッドを距離（d）離し

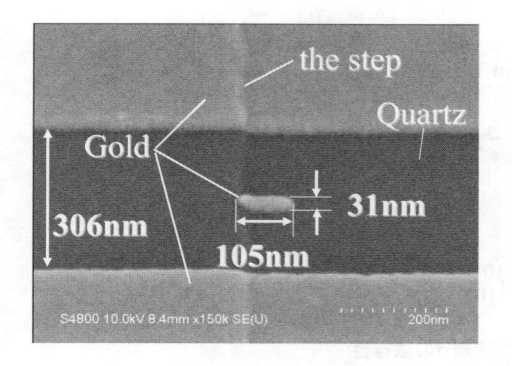

第3章　近接場光を利用する光メモリ

- Acceleration voltage　　　:10kV
- Gradient angle　　　　　　:25 degree

図13　プラズモンヘッドのSEM写真

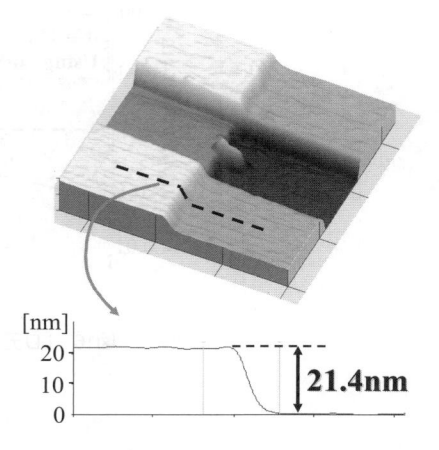

図14　プラズモンヘッドのAFM写真

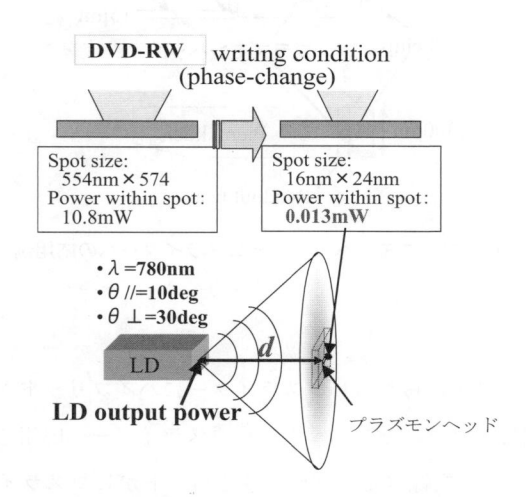

図15　半導体LDのダイレクトカップリング構成

て配置し，媒体表面で0.013mWの出力が得られる距離（d）と半導体レーザ元パワーとの関係を算出し図16に示した。図より，例えば，$d=15\mu m$で，媒体表面に所定のパワー（0.013mW）が得られる半導体レーザの元パワーは1mWとなる。従って，この程度の出射パワーなら発熱を考慮してもレンズレスで十分対応可能といえる。ただし，本考察は，シミュレーションで得られた媒体表面での近接場光（電界強度）全てが記録パワーとして媒体発熱に寄与すると仮定した計算結果であり，正しくは媒体の熱伝導特性等を明確にした上で熱解析をおこなう必要がある。

次世代光メモリとシステム技術

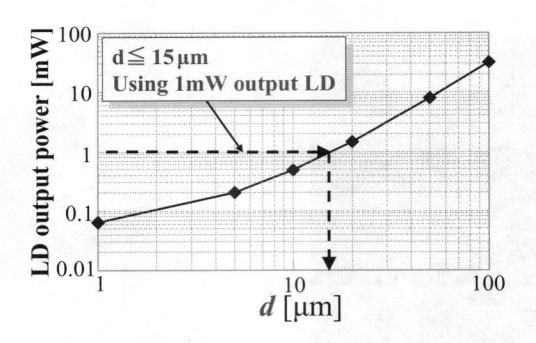

図16 LD元パワーの距離dの依存性

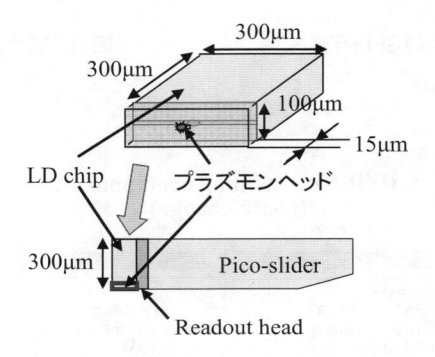

図17 プラズモンヘッドのピコスライダーへの応用例

さらに，ハードディスクに用いられるピコスライダーにハイブリッドヘッドが搭載できるかについて考察してみた．図17にプラズモンヘッドのピコスライダーへ応用した構成例を示す．本構成を用いれば，1 Tbit/inch^{2}の記録密度を実現できるヘッドがピコスライダー内に構成できる可能性がわかる．

4.5 今後の課題

今までの研究は，主にFDTD法で電磁界解析をおこない強い近接場光を発生させるプラズモンヘッドの構造を中心に論じられてきた．しかし，今後は，求められた電界強度により，記録媒体が所定の温度まで温められ，変調磁界によりピットが形成されるまでの過程の研究が重要となる．従って，課題は，①ハイブリッド用の媒体の研究がさらに進められ，基板構造（ディスクリートトラックメディアやパターンドメディア）や記録膜構成，その光特性や磁気特性や熱特性等の研究，②プラズモンヘッドとの組み合わせによる媒体中の熱応答性の研究，③媒体磁気特性に

第3章　近接場光を利用する光メモリ

沿った磁気ヘッド構造の最適化研究，④光源部（半導体レーザ）とプラズモンヘッドの光結合効率を上げるための光導波路技術等の研究，⑤スライダー内に構成されるヘッドとしての製造工程の研究等が挙げられる。

文　　　献

1) T. Matsumoto, T. Shimano, H. Saga, H. Sukeda and M. Kiguchi, *J. Appl. Phys.*, **95**, 3901 (2004)
2) K. Nakagawa, J. Kim and A. Itoh, *J. Appl. Phys.*, **99**, 08F902 (2006)
3) S. Miyanishi, N. Iketani, K. Takayama, K. Innami, I. Suzuki, T. Kitazawa, Y. Ogimoto, Y. Murakami, K. Kojima and A. Takahashi, *IEEE Trans. Magn.*, **41**, 2817 (2005)
4) 渡辺哲，本郷一泰，日本磁気学会第158回研究会資料，13-18 (2008)
5) K. Hongo and T. Watanabe, *JJAP*, **47**(7), pp. 6000–6001 (2008)
6) 大津元一ほか，「大容量光ストレージ」，オーム社 (2008)

5 Super-RENS

島　隆之[*]

まず5.1項において，Super-RENSの提案から開発初期までの経過を辿る。次に5.2項に良好な記録層材料の一つである酸化白金（PtO_x）について，5.3項に実験的に検討した超解像再生機構について，5.4項に媒体の実用化を目指した取り組みについて，をそれぞれ順に述べる。筆者は5.2項以降の研究開発に主に携わったことを，あらかじめ断っておく。最後の5.5項において，本節の内容をまとめる。

5.1 開発初期

Super-RENSは，Super-REsolution Near-field Structureの略語であり，直訳すると，超解像近接場構造となる。1998年に産業技術融合領域研究所（現在の産業技術総合研究所）の富永らが発案した方式で，基本的には保護層/機能層/保護層の3層構造から成る[1,2]。図1に示すように，集光したレーザ光を機能層に照射すると，スポット内の光強度はガウス分布を示すので，スポット径よりも小さい領域を加熱することができる。機能層材料として，温度によって光学特性が変わる材料を用いれば，この熱スポットは新たな光学スポットとなり，分解能も従来に比べ高くすることができる。光ディスクの記録容量を増やすため，この熱スポット（あるいはその周辺部）

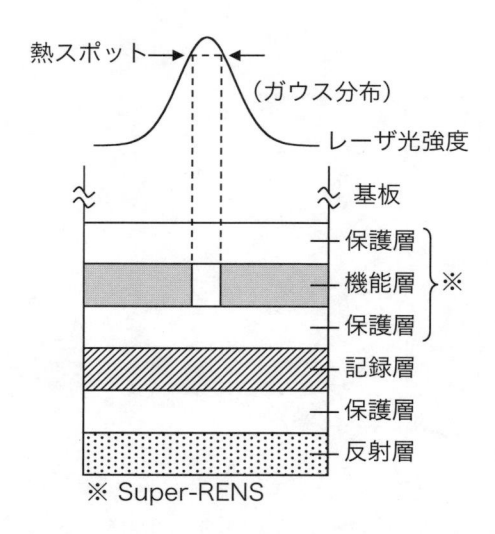

図1　Super-RENS光ディスクの構造例と熱スポット生成の説明図

---

[*]　Takayuki Shima　㈱産業技術総合研究所　近接場光応用工学研究センター　主任研究員

第3章　近接場光を利用する光メモリ

を利用して，周期が回折限界以下の記録マーク（ピット）列を超解像再生する手法は，Super-RENSに限らず，これまでに広く検討されている。1993年頃には既にソニーの保田らが，PSR（Premastered optical disk by SuperResolution）を報告しており，機能層材料の$Ge_2Sb_2Te_5$（GST）を溶融させている[3]。シャープの森らは2005年頃，EG-SR（Energy-Gap-induced Super-Resolution）を報告しており，酸化亜鉛の禁制帯幅を昇温によってシフトさせている[4]。

様々な取り組みがある中，Super-RENSは元々近接場光学をベースとしたコンセプトのもとに提案されている。機能層材料としては当初，Sb[1]と酸化銀（AgO_x）[5]の2種類が検討された。熱スポットにおいて，前者は屈折率変化した部分が「微小光学開口」として，後者は熱分解により析出したAg微粒子が「光学散乱体」としてそれぞれ機能し，観察対象である記録層との間の距離は保護層の厚さで制御する，というものである。実際図1に示すようなSuper-RENSを使った光ディスク（以下，Super-RENS光ディスク）では，解像限界（回折限界の半分）の23％程度の非常に短い記録マークを超解像再生することができており[1,2]，近接場光学に基づく基礎実験やシミュレーション結果も，開口または散乱体による再生機構を支持するものが多い[6,7]。実用化に向け，搬送波対雑音比（Carrier-to-Noise Ratio, CNR）特性の改善が図られたが，これはなかなか進展せず，結果として，解像限界に比較的近いマーク長での検討が中心となった。TDKの菊川らは2002年頃，AgO_xを使ったときのディスク構造を最適化した結果，解像限界の約76％の記録マークの再生で，約40 dBのCNRを得ることに成功した[8]。

図2はそのAgO_xディスク試料の透過型電子顕微鏡（TEM）像である[8]。記録および超解像再生を行った後，ディスク接線方向の断面を観察している。マーク長は200 nm（周期：400 nm）である。解像限界は，ディスクテスタで使用する光学系のレーザ光波長をλ，レンズの開口数をNAとすると，$\lambda/4NA$で与えられる（デューティ比：50％の場合）。図2の結果では，$\lambda=635$ nm，NA＝0.60（DVDベース）であるため，解像限界は約265 nmとなり，200 nmマークは

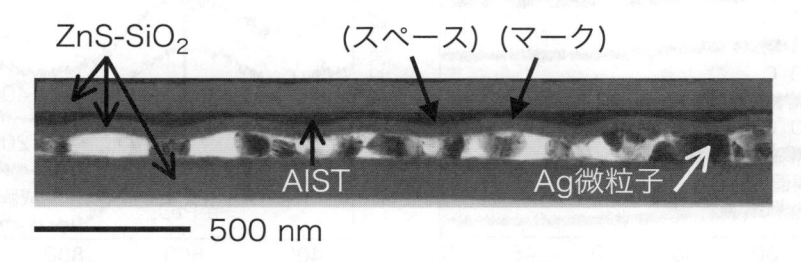

図2 AgO_xを使ったSuper-RENS光ディスク（マーク長：200 nm）の断面TEM像[8]
ディスク構造は，基板/$ZnS-SiO_2$ 130 nm/AgO_x 18 nm/$ZnS-SiO_2$ 40 nm/AIST 60 nm/$ZnS-SiO_2$ 100 nm。光学系は，$\lambda=635$ nm，NA＝0.60。
Japanese Journal of Applied Physics（JJAP）から許可を得て転載。

その約76％である．以降，5.3項までのディスク特性評価は，このディスクテスタにて行った．AgO_xからのAg微粒子析出は当初可逆とされたが，少なくとも良好なCNR特性が得られた図2のときは不可逆であった[8]．記録も，$Ag_6In_4Sb_{61}Te_{29}$（AIST）層への相変化記録ではなく，AgO_x熱分解に伴う変形記録であった[8,9]．元のコンセプトから想定される状態と図2の結果は大きく異なったが，良好な超解像再生特性が得られていることを踏まえ，次項以降はこれをベースに，実用化に向けた改善を図った．

5.2 酸化白金記録層

Agなど貴金属の酸化物は，比較的低温で還元（熱分解）させることができる．AgO_xの中で熱的に安定なのは，Ag_2O（$x=0.5$）であるが，それでもギブスの自由エネルギーは約200℃で符号が反転し，酸化から還元へと反応の向きが変わる．実際反応性スパッタリング法で作製したAgO_x薄膜では，少なくとも110℃以上で徐々に熱分解する傾向があった[10]．またxが1に近い場合は，130-160℃にやや顕著な熱分解があった[10]．

AgO_xから内容を大きく変えず，熱分解の役割を残すことを念頭に，酸化白金（PtO_x）を代替材料として検討してみることとした．ギブスの自由エネルギーから500℃以上で還元反応が起きると期待でき，また熱分解温度は約600℃であるとの報告がある[11,12]．反応性スパッタリング法で実際PtO_x薄膜を作製し，その熱分解過程をAgO_xと比較することから検討を始めた．図3は$PtO_{1.6}$薄膜（膜厚：約100 nm）を各表示温度まで加熱した後に，a）X線回折とb）ラマン散乱光

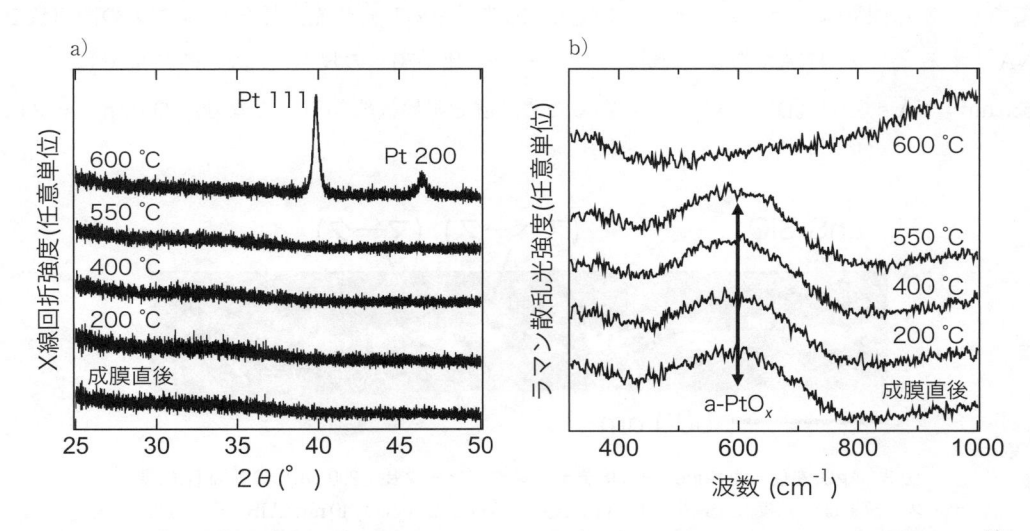

図3 $PtO_{1.6}$薄膜を各温度で加熱処理した後の，a）X線回折パターン，b）ラマン散乱光スペクトル[13]
Japanese Journal of Applied Physics（JJAP）から許可を得て転載．

第3章　近接場光を利用する光メモリ

を測定したときの結果である[13]。成膜直後のX線回折パターンではピークは観測されず，ラマン散乱光スペクトルでは約600 cm^{-1}にアモルファス（amorphous, a-）PtO$_x$の形成を示すブロードなピーク[11]が観測された。X線およびラマンとも，550℃まで加熱しても状況は変わらず，PtO$_x$は基本的に成膜直後と同じ状態のままである。600℃になるとPt由来のX線回折ピークが観測され，またa-PtO$_x$由来のラマンピークが消失したことから，PtO$_x$は熱分解したことがわかる。このときの温度は先の報告例にある分解温度とほぼ同じである。熱分解過程は，PtO$_x$とPtで光学的特性が異なることを利用し，その特性変化を観察することでも評価できる[13]。この方法を使った実験から，少なくとも$x=0.7$以上あれば同様の熱分解は起こり，またxが小さいほどその温度はやや低くなることがわかった。AgO$_x$との比較では，PtO$_x$の熱分解はより高温で起こることに加え，しきい性があること[12]が特徴的であった。

　図4は，菊川らがAgO$_x$の代わりにPtO$_x$を使って作製したSuper-RENS光ディスクについて，記録および超解像再生を行った後の断面TEM像である[14]。マーク長は，図2のときと同じく200 nmである。マーク部分では，O$_2$バブルの中に，粒径20 nm程度のPt微粒子が分散しており，PtO$_x$が熱分解したことがわかる。つまりPtO$_x$を使ってAgO$_x$と同様の変形記録を行うことができた。図のディスクにおけるCNRは46 dBであり，AgO$_x$のときに比べ大きく向上した[14]。また再生耐久性についても，PtO$_x$では3万回近く超解像再生した後もCNRは変化しない結果が得られ，AgO$_x$の数千回程度で既に下がっていた状況からは大幅に改善した[15]。CNRおよび再生耐久性に関するディスク特性が良くなった理由としては，記録層としての機能が改善したことが挙げられる。超解像再生のためには，通常よりもやや高い再生パワー条件（2～5 mW）を使うため，記録層材料は熱的に安定であることが必要である。また熱分解過程にしきい性がある方が，記録マーク部と未記録スペース部との間で変形記録のコントラストを付けやすい。加えて図2のAg微粒子は粒径100 nm程度と大きく，またランダムに分布しているため，記録を攪乱する要因とな

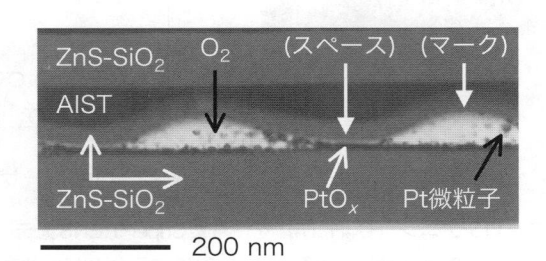

図4　PtO$_x$を使ったSuper-RENS光ディスク（マーク長：200 nm）の断面TEM像[14]
ディスク構造は，基板/ZnS-SiO$_2$ 130 nm/PtO$_x$ 4 nm/ZnS-SiO$_2$ 40 nm/AIST 60 nm/ZnS-SiO$_2$ 100 nm。
光学系は，$\lambda=635$ nm，NA $=0.60$。
American Institute of Physics（AIP）から許可を得て転載。

っているが，図4のPt微粒子では，このような「副産物」がもたらす影響は，相当抑制されている。

　Samsung ElectronicsのKimらはさらに，図4のAIST層厚を薄くし（12 nm），PtO$_x$層の上下に2層設けたSuper-RENS光ディスクを作製した[16]。マーク長が80 nm（解像限界の約30%）と非常に短い場合においても，43 dBを超えるCNRを得ることに成功した。このように（AgO$_x$の代わりに）PtO$_x$を使って検討した結果，解像限界以下のマーク長におけるCNRは，実用検討レベルともいうべき40 dBを容易に超えるようになってきた。

5.3　再生機構の解明に向けて

　可逆的ではないものの，析出したAg微粒子（図2）やPt微粒子（図4）が，超解像再生の主たる起源であるとする報告は少なくなかった。その可能性をまず検証するため，貴金属微粒子を含まないSuper-RENS光ディスクを作製することとした。具体的に，AgO$_x$やPtO$_x$に代え，メタルフリーフタロシアニン（$C_{32}H_{18}N_8$）を真空蒸着法により成膜した。フタロシアニンなどの有機色素は，広く追記型の記録層材料として使われており，熱分解や昇華などによる変形記録が期待できる。また使用した材料では，その名が示すとおり，金属元素は一切含まれていない。図5 a)は，$C_{32}H_{18}N_8$を使ったSuper-RENS光ディスクについて，200 nmマークを記録し，超解像再生を

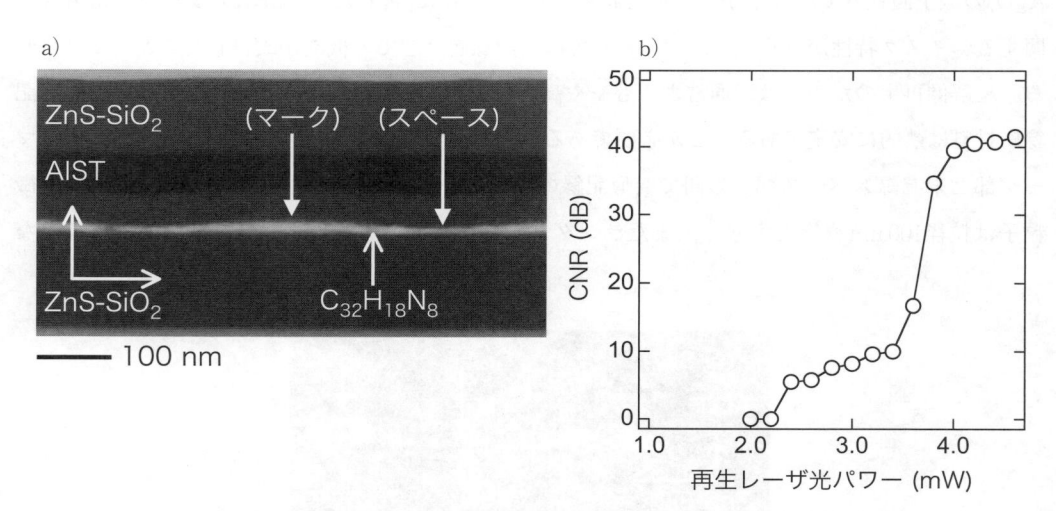

図5　メタルフリーフタロシアニン（$C_{32}H_{18}N_8$）を使ったSuper-RENS光ディスク
　　　（マーク長：200 nm）のa) 断面TEM像[17]，b) CNRの再生パワー依存性[18]
ディスク構造は，基板/ZnS-SiO$_2$ 130 nm/$C_{32}H_{18}N_8$ 6 nm/ZnS-SiO$_2$ 40 nm/AIST 60 nm/ZnS-SiO$_2$ 100 nm。光学系は，$\lambda=635$ nm，NA $=0.60$。
　　a)はJapanese Journal of Applied Physics（JJAP），b)はAmerican Institute of Physics（AIP）からそれぞれ許可を得て転載。

第3章　近接場光を利用する光メモリ

行った後の断面TEM像である[17]。$C_{32}H_{18}N_8$層のやや膨らんだ部分が記録マークである。元々金属フリーであることに加え，マーク内に粒子状のものは観測されなかった。図5 b）に，同ディスクの超解像再生特性を評価した結果（線速：6.0 m/s）を示す[18]。4.6 mWの再生パワーにおいて，41 dBと比較的高いCNRが得られた。つまり，貴金属微粒子の有無は，良好な超解像再生特性と直接関係がなかった。

次に本来記録層と想定していたAIST層が機能層である可能性を検討した。図6 a）はAIST層をZnS-SiO$_2$層で挟んだ3層構造について，AIST層を結晶化させた後に，レーザ光パワーに対する反射率変化を評価した結果である（線速：6.0 m/s）。図6 a）（およびb））では，レーザ光パワーが1.0 mWのときの反射率が「1.0」になるよう規格化している。本来レーザ光パワーを変えてもこれは変わらないはずであるが，実際は4.0 mW以上で元の8割程度にまで下がる結果となった。またこの反射率変化は（短時間であれば）可逆であった。つまり，AIST層（を含む3層構造）には，光学的に非線形ともいうべき効果があることがわかった[18～20]。図6 b）は，その3層構造にPtO$_x$記録層を追加し，200 nmマークを記録した後の結果である（線速：6.0 m/s）。3層構造があるので，やはり「光学非線形」な効果を確認することができる。またCNRが高くなるのは，この非線形効果が大きいときであり，この二者の間には明らかな相関があった。つまり，AIST層（を含む3層構造）が超解像再生の起源ということになる。

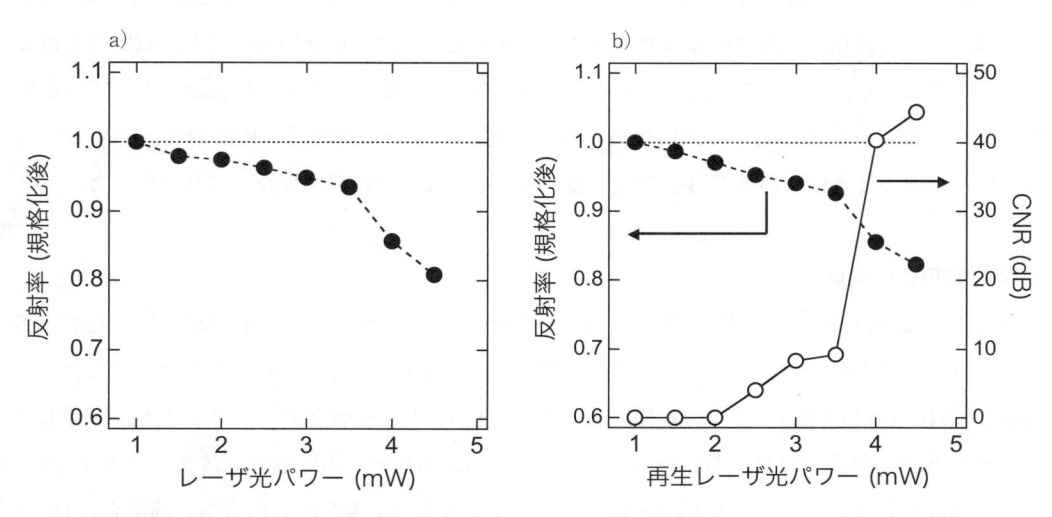

図6　a）3層構造光ディスク（基板/ZnS-SiO$_2$ 200 nm/AIST 60 nm/ZnS-SiO$_2$ 100 nm）のレーザ光パワーに対する反射率変化　b）3層構造およびPtO$_x$層から成るSuper-RENS光ディスク（基板/ZnS-SiO$_2$ 130 nm/PtO$_x$ 4 nm/ZnS-SiO$_2$ 40 nm/AIST 60 nm/ZnS-SiO$_2$ 100 nm）の再生レーザ光パワーに対する反射率変化およびCNR特性
b）では解像限界以下の200 nmマークを記録している。光学系は，$\lambda=635$ nm，NA＝0.60。a），b）ともレーザ光パワーが1.0 mWのときの反射率が，それぞれ「1.0」になるよう規格化している。

機能層部分の材料を変えることで，ディスク特性の更なる改善を図ったが，これはあまり功を奏さなかった。ただこの取り組みの中で，2点ほど新たな知見を得ることができた。1点目は，融点が極小となる（共晶などの）組成近傍の材料を選択すると，良好な特性が得られる場合が多かったことである[21]。AISTについて，AgやInは必須でないことに加え，$Sb_{80}Te_{20}$〜$Sb_{67}Te_{33}$の組成範囲であれば，ほぼ同等の特性を得ることができた[21〜23]。また$Zn_{33}Sb_{67}$や$Ge_{20}Te_{80}$などの共晶近傍の組成でも，特性は比較的良好であった[24]。2点目は，AIST層の層厚条件に最適値（10〜20 nm程度）があったことである[16,22,23]。産業技術総合研究所の桑原らは，Super-RENS光ディスクの線速依存性に関する実験などから，超解像再生はAIST層が昇温したことによって起こることを明らかにしている[18,20]。層厚が厚いと，レーザ光に近い側と遠い側との温度差が顕著となり，熱スポットと周辺部の境目（図1参照）における光学コントラスト変化がなだらかになってしまう。また逆に層厚が薄すぎると，同層を昇温すること自体が難しくなってしまう。結果として，その中間にあたる層厚条件が超解像再生に最適であったと考えられる[23]。

AISTやGSTなどの相変化材料は，溶融時にアモルファスに近い屈折率を示すとされ，熱スポットでの光学コントラスト変化を高く設計することもできる。そのため良好な超解像再生が実現できたのは，機能層材料が溶融したため[3]と考えるのが自然である。PSRと5.2項以降のSuper-RENSが異なる点としては，（前述の）機能層材料の最適化を検討した結果が同じでなかったことと，Super-RENSでは保護層付きの3層構造をその基本設計[1,2]にしていることが挙げられる。後者は，機能層変化の可逆性確保など，熱スポット形成における保護層の役割を比較的重要視していることによる。ただこの設計のいかんにかかわらず，機能層の上下は保護層となっている場合が多く，PSRなどと外見上の区別はつかない。他に5.2項以降では，機能層と記録層の間の保護層厚が薄いときに，超解像再生特性が必ず良くなるといった相関は認められなかった。

5.4 実用化に向けて

前項まではDVDベースの赤色光学系（$\lambda = 635$ nm, NA = 0.60）にて評価実験を行ったが，実用化を目指すにあたり，青色レーザを使った光学系での実験に移行した。これを始めたとき，青色系にはHD DVDとBDの2つの規格があった。0.1 mmカバー層を取り付ける必要がなく簡便ということで，弊所ではHD DVDベース（$\lambda = 405$ nm, NA = 0.65）のディスクテスタを使い，本項の実験を行った。菊川らやKimらは，Super-RENS光ディスクの青色系への適用をBDベースの評価系で検討した結果，機能層を含め赤色系とほぼ同じ材料を使った場合も，良好な超解像再生特性が得られると報告した[22,25]。つまり青用に新たな材料探索を行う必要は，基本的になかった。PSRにおける実績や5.3項での検討結果などから，PtO_x記録層の代わりにROM基板を用いても，保護層／相変化材料層／保護層があれば，良好な超解像再生を行うことは可能であ

第3章　近接場光を利用する光メモリ

る[3,26~28]。図7に，青用の追記記録型と再生専用型について，CNRのマーク（ピット）長依存性を評価した内外の結果のうち，良好だった分を幾つかまとめて示した[28]。図では，解像限界以下どの程度短いマーク（ピット）まで良好な再生ができるかを評価するため，NAの違いに伴う効果を計算で取り除き，HD DVD系とBD系の解像限界が同じ位置にくるようプロットしている。両青色系とも広範囲で高いCNRが得られており，（λとNAの違いを考慮したときの）赤色系の結果と比較しても遜色はなかった[29]。ただ青色系（少なくともHD DVD系）では短マークほど，良好な特性を再現性良く得るのがやや難しい傾向にあった。解像限界以下であることに加え，マーク長が数10nmと絶対的に短くなったことで，画一的な記録が容易でなくなったためと推測される。また記録フリーのROM（50nmピット，HD DVD系）も，ピット形状をディスク半径方向に長くし（200nm），その面積を増やすこと[30]で，ようやく図7の結果（○）を得ている。図8は，その50nmピットを超解像再生したとき（線速：2.2m/s）の再生波形である[28]。観測は，ACモードで行い，また波形揺らぎの問題[31]を抑制するため，低周波数域カットのフィルタを使っている。図では予想される周波数（22 MHz）の波形が，明瞭に観測されていることがわかる。このピット長を最短として使うことができれば，1層あたりの容量をHD DVD-ROM（15 GB）の4倍（60 GB）に増やすことができる。さらにBD系にNA換算すると，1層あたり100 GBが実現する。多層化も基本的に可能であるため，次世代光ディスクとして魅力的な容量スペックが実現することが期待される。

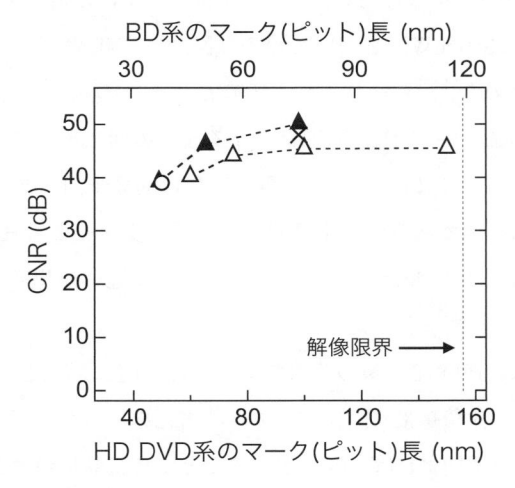

図7　青色光学系を用いたときのマーク（ピット）長に対するCNR特性[28]
▲：BD系の追記記録型[22]，×：BD系の再生専用型[27]，△：HD DVD系の追記記録型[29]，
○：HD DVD系の再生専用型[28]。
Japanese Journal of Applied Physics（JJAP）から許可を得て転載。

次世代光メモリとシステム技術

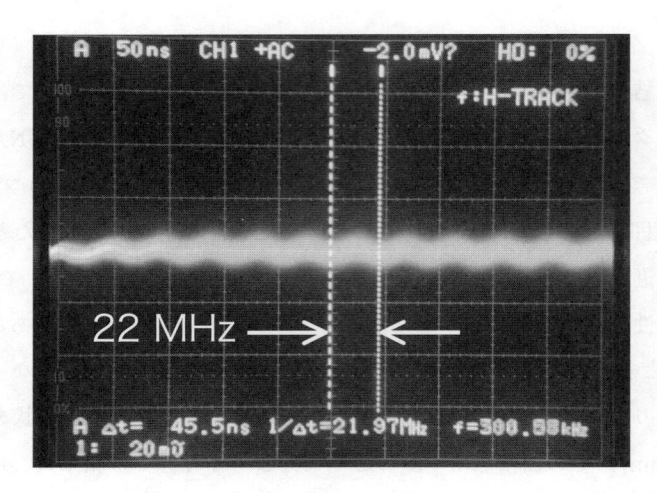

図8 50 nm ROMピット（周期：100 nm）を超解像再生したときの再生波形[28]
ディスク構造は，基板/ZnS-SiO$_2$ 50 nm/Sb$_{75}$Te$_{25}$ 15 nm/ZnS-SiO$_2$ 50 nm/Al-Cr 40 nm。
光学系は，$\lambda=405$ nm，NA $=0.65$。
Japanese Journal of Applied Physics（JJAP）から許可を得て転載。

容量以外の実用化に向けた課題としては，重畳した再生信号を適切に分離処理する方法の開発と再生耐久性を十分確保することの2つがある。前者については，既に良好な成果を得ている他報告があるので，詳細を含め，そちらを参照して頂きたい[32,33]。後者について，菊川らによるSb$_{75}$Te$_{25}$機能層とPtO$_x$記録層を使った青用Super-RENS光ディスク[22]をベースに検討を行った。耐久性を検討する際の再生パワーは，良好なCNRが得られるほぼ最低条件（例えば図5b）では4.0 mW，後述の図10では3.0 mW）を用いている。図9にCNRの再生回数依存性を評価したときの，一連の結果をまとめた[34,35]。それぞれ，100 nmマークの超解像再生を始めたときのCNRが40 dB以上あることを確認し，これが3 dB低下するまでの回数をプロットしている。まず元のディスク構造の場合は，図9a）に示すように再生回数は約3千回であった。回数は作製の仕方などにもよるためこれは一例であるが，全般的に青色系（少なくともHD DVD系）では，赤色系[15]に比べ再生劣化がやや早い傾向にあった。このような違いが出る理由は明らかでないが，とにかくこれを起点に次の検討を行った。

最初に取り組んだのは，PtO$_x$記録層の改善である。記録時に形成されるO$_2$バブルが，超解像再生時に高温となることで体積膨張し，光ディスクの劣化を早めたと仮定した。その場合，PtO$_x$に誘電体（例えばSiO$_2$）を添加すれば，O$_2$量が減ることで膨張効果が押さえられ，またその誘電体が記録部分の「支え」となることも期待される。実際PtO$_x$の代わりにPtO$_x$-SiO$_2$記録層を使って検討した結果，図9b）に示すような良好なCNR特性を得ることができ，また再生回数も約7万回まで改善した[34]。結果は，劣化に対する仮定がある程度確かであったか，PtO$_x$-SiO$_2$中の

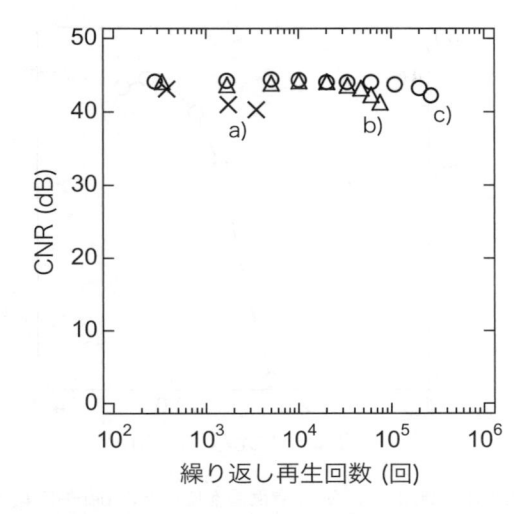

第3章　近接場光を利用する光メモリ

図9　100nmマークを繰り返し超解像再生したときのCNR特性変化[34, 35]

a ）記録層：PtO_x，界面層：なし（基板/ZnS-SiO_2 110nm/PtO_x 4nm/ZnS-SiO_2 40nm/$Sb_{75}Te_{25}$ 10nm/ZnS-SiO_2 20nm/Ag-Pd-Cu 40nm）

b ）記録層：PtO_x-SiO_2，界面層：なし（基板/ZnS-SiO_2 110nm/PtO_x-SiO_2 4nm/ZnS-SiO_2 40nm/$Sb_{75}Te_{25}$ 10nm/ZnS-SiO_2 20nm/Ag-Pd-Cu 40nm）

c ）記録層：PtO_x-SiO_2，界面層：GeN_y（基板/ZnS-SiO_2 110nm/PtO_x-SiO_2 4nm/ZnS-SiO_2 35nm/GeN_y 5nm/$Sb_{75}Te_{25}$ 10nm/GeN_y 5nm/ZnS-SiO_2 15nm/Ag-Pd-Cu 40nm）

光学系は，$\lambda = 405$nm，NA $= 0.65$。括弧内に具体的なディスク構造を示した。
Japanese Journal of Applied Physics（JJAP）から許可を得て転載。

PtO_xの熱分解温度が上昇したため[34]，と考えられる。本稿ではPtO_xを中心に記録層材料の検討をしたが，超解像再生時よりも高温で記録できれば基本的に良いので，他にも多くの代替材料があると考えられる[36]。次に$Sb_{75}Te_{25}$機能層周りの改善を検討した。松下電器産業（現在のパナソニック）の山田らは1998年頃に，相変化光ディスクの書き換え記録回数を増やすため，相変化記録層とZnS-SiO_2層の間に，窒化ゲルマニウム（GeN_y，y：組成比）界面層を挿入する方法を報告している[37]。具体的に，ZnS-SiO_2中のSが相変化記録層に拡散するのをGeN_y界面層が防ぎ，相変化記録層を元の状態のままに保つことで，記録回数が増えるというものである。超解像再生と相変化記録とでは，使っている材料は基本的に同じ（前者は機能層材料として，後者は記録層材料として）であり，またどちらも溶融させて使っている。そのため，超解像再生においても，Sなどが層間で拡散し，再生劣化をもたらしていることは十分考えられる。そこで$Sb_{75}Te_{25}$機能層の前後にGeN_y界面層を挿入したSuper-RENS光ディスク（記録層：PtO_x-SiO_2）を作製した。図10に，100nmマークの超解像再生特性を評価した結果を示す（線速：4.4m/s）[35]。3.0mWの再生パワーで，40dBを超える良好なCNR特性が得られていることがわかる。このパワー（および

次世代光メモリとシステム技術

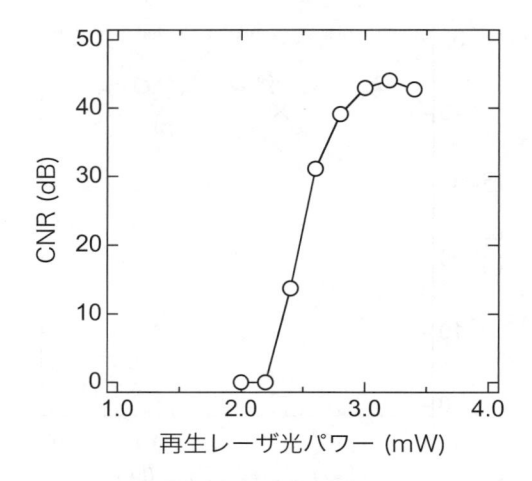

図10 PtO$_x$-SiO$_2$記録層およびGeN$_y$界面層を使ったSuper-RENS光ディスク（マーク長：100 nm）の再生レーザ光パワーに対するCNR特性[35]
ディスク構造は，図9のc）に同じ。光学系は，$\lambda = 405$ nm，NA $= 0.65$。
Japanese Journal of Applied Physics（JJAP）から許可を得て転載。

線速）条件で超解像再生を続けたとき，図9c）に示すように，再生回数は約26万回と大幅に改善した[35]。よって，Super-RENS光ディスク（超解像再生光ディスク）の再生耐久性向上に対しても，界面層を用いる方法は非常に有効であることが実証された。

ここまではCNR（単一長のマーク）による評価であったが，実際の光ディスクでは様々な長さのマークが存在しており，例えば再生波形形状やディスク反射率が変わらないことも重要である。簡単な混在例として，「97 nmマーク（2T，解像限界以下）が20個と340 nmマーク（7T，解像限界以上）が2個連なる」複合パターン[38]を準備し，Super-RENS光ディスクに記録できるようにした。ディスク試料は図9のb）およびc）と同じものを使い，GeN$_y$界面層のありなしで比較検討した。図11は，良好な超解像再生が可能なほぼ最低のレーザ光パワー条件で，2T-7T複合パターンを再生し続けたとき，再生波形が再生回数の増加とともにどう変わるかを観測した結果である[38]。a）のGeN$_y$界面層がない場合（再生パワー：2.8 mW）は，回数増に伴い，振幅が小さくなるなど波形形状は不明瞭となり，また反射率も徐々に低下した。これに対しb）のGeN$_y$界面層がある場合（再生パワー：3.0 mW，図10参照）は，波形形状および反射率とも，5万回再生後もほぼ何も変わらなかった。2Tマーク部分の再生波形は，振幅が小さくわかりにくいが，b）5万回後の波形を拡大すると，きちんと残っていたことが確認できる[38]。Kimらはさらに，より多くのマーク長（2T～9T）から成る複合パターンについて検討し，少なくとも10万回まで安定な再生を行うことに成功している[36]。このように，界面層を使う方法は，再生波

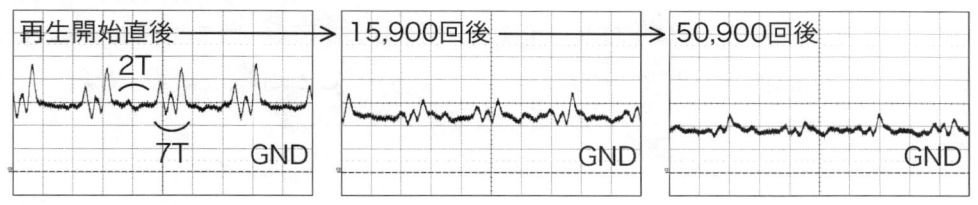

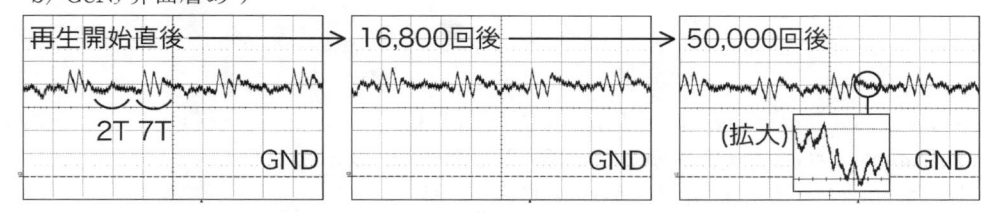

第3章　近接場光を利用する光メモリ

図11　2T（97 nm）-7T（340 nm）複合パターンを繰り返し超解像再生したときの再生波形変化（GND：グランド）[38]
a）GeN_y界面層なし，b）GeN_y界面層あり。
b）5万回後の挿入図は，波形観察のため，GND位置を変えて拡大している。
a）とb）のディスク構造はそれぞれ，図9のb）とc）に同じ。光学系は，$\lambda = 405$ nm，NA = 0.65。
The Society of Photo-Optical Instrumentation Engineers（SPIE）から許可を得て転載。

形に関わる評価においても有効であった。機能層材料が溶融するタイプの超解像再生法では界面層は実質必須かもしれない。最近では，再生専用型への界面層の適用も検討され，NECの大久保らは再生回数が100万回と実用レベルの結果を報告している[39]。

5.5　本節のまとめ

本節では，Super-RENS光ディスクの特性が大幅に向上するきっかけとなったPtO_x記録層について述べ，またこれを使ったディスクにおける超解像再生の起源（AISTなどの相変化材料）を実験的に特定した。実用化に向け，青色の光学系への適用を検討し，1層あたりの容量を現行の4倍程度まで増やせる可能性があることを示した。超解像再生時の再生耐久性についても，同じ相変化材料を使った書き換え記録型光ディスクにおけるノウハウを応用し，界面層を再生機能層とZnS-SiO_2保護膜の間に挿入することで，大幅な耐久性向上が実現することを明らかにした。元々近接場光学ベースで始められたSuper-RENSの検討も，良好な特性を求める過程でPSRベースとなってしまった感はあるが，超解像再生光ディスクの実用化（光ディスクの大容量化）に向けては，一定の成果が得られたものと考えている。

次世代光メモリとシステム技術

謝辞

本稿で示したデータの一部は，TDK菊川隆氏（図2および図4と図7の一部），Samsung Electronics Jooho Kim博士（図7の一部）によるものであり，ここに深く感謝致します。

文　献

1) J. Tominaga *et al.*, *Appl. Phys. Lett.*, **73**, 2078（1998）
2) J. Tominaga *et al.*, *Jpn. J. Appl. Phys.*, **39**, 957（2000）
3) K. Yasuda *et al.*, *Jpn. J. Appl. Phys.*, **32**, 5210（1993）
4) G. Mori *et al.*, *Jpn. J. Appl. Phys.*, **44**, 3627（2005）
5) H. Fuji *et al.*, *Jpn. J. Appl. Phys.*, **39**, 980（2000）
6) D. P. Tsai *et al.*, *Jpn. J. Appl. Phys.*, **39**, 982（2000）
7) W. C. Liu *et al.*, *Appl. Phys. Lett.*, **78**, 685（2001）
8) T. Kikukawa *et al.*, *Jpn. J. Appl. Phys.*, **42**, 1038（2003）
9) J. Tominaga *et al.*, *Jpn. J. Appl. Phys.*, **31**, 2757（1992）
10) T. Shima *et al.*, "Optical Nanotechnologies", Springer, p. 49（2003）
11) J. R. McBride *et al.*, *J. Appl. Phys.*, **69**, 1596（1991）；**72**, 1660（1992）
12) K. L. Saenger *et al.*, *J. Appl. Phys.*, **86**, 6084（1999）
13) T. Shima and J. Tominaga, *Jpn. J. Appl. Phys.*, **42**, 3479（2003）
14) T. Kikukawa *et al.*, *Appl. Phys. Lett.*, **81**, 4697（2002）
15) 菊川隆ほか，第63回応用物理学会学術講演会予稿集，27a-YD-2（2002）
16) J. Kim *et al.*, *Appl. Phys. Lett.*, **83**, 1701（2003）
17) T. Shima *et al.*, *Jpn. J. Appl. Phys.*, **43**, L88（2004）
18) M. Kuwahara *et al.*, *J. Appl. Phys.*, **100**, 043106（2006）
19) E. R. Meinders and C. Peng, *J. Appl. Phys.*, **93**, 3207（2003）
20) M. Kuwahara *et al.*, *Jpn. J. Appl. Phys.*, **43**, L8（2004）
21) I. Hwang *et al.*, *IEEE Trans. Magn.*, **41**, 1001（2005）
22) T. Kikukawa *et al.*, *Jpn. J. Appl. Phys.*, **44**, 3596（2005）
23) T. Shima *et al.*, *Proc. of SPIE*, **6282**, 62821T（2006）
24) T. Shima *et al.*, *Jpn. J. Appl. Phys.*, **45**, 136（2006）
25) J. Kim *et al.*, *Jpn. J. Appl. Phys.*, **43**, 4921（2004）
26) H. Kim *et al.*, *Jpn. J. Appl. Phys.*, **44**, 3605（2005）
27) J. Kim *et al.*, *Jpn. J. Appl. Phys.*, **46**, 3933（2007）
28) T. Shima *et al.*, *Jpn. J. Appl. Phys.*, **47**, 5842（2008）
29) T. Shima *et al.*, *Jpn. J. Appl. Phys.*, **44**, 3631（2005）
30) K. Kurihara *et al.*, *Nanotechnology*, **17**, 1481（2006）

31) I. Hwang *et al.*, *Jpn. J. Appl. Phys.*, **44**, 3542 (2005)
32) R. Kasahara *et al.*, *Jpn. J. Appl. Phys.*, **46**, 3878 (2007)
33) H. Minemura *et al.*, Technical Digest of Optical Data Storage 2007, TuC3 (2007)
34) T. Shima *et al.*, *Jpn. J. Appl. Phys.*, **46**, 3912 (2007)
35) T. Shima *et al.*, *Jpn. J. Appl. Phys.*, **46**, L135 (2007)
36) J. Kim *et al.*, *Proc. of SPIE*, **6620**, 662013 (2007)
37) N. Yamada *et al.*, *Jpn. J. Appl. Phys.*, **37**, 2104 (1998)
38) T. Shima *et al.*, *Proc. of SPIE*, **6620**, 662011 (2007)
39) S. Ohkubo *et al.*, Technical Digest of ISOM/ODS 2008, ThC07 TD05-59 (2008)

第4章　ホログラフィック・メモリ

1　ホログラフィックメモリその技術と課題

田中拓男*

1.1　はじめに

　本節では，ホログラフィックメモリの技術とその課題について，特に記録密度の観点から解説する。ホログラフィックメモリは，1948年にGaborがホログラフィーを発明した直後から提案された歴史の長い技術である。このホログラフィックメモリの開発研究は，これまで3度活発化したが[1～5]，残念ながら現在も実用化には至っていない。その間にCDやDVDを始めとするビット記録型の光ディスクが実用化され，光メモリというとビット記録型光ディスクを指すのが一般的となっている。筆者もホログラフィックメモリそのものを研究した経験はなく，主に第2章ならびに第5章で解説されている3次元多層光ディスクの研究を15年程弱続けてきた。本節では，ホログラフィックメモリを専門としない研究者の視点に立って，ホログラフィックメモリの技術の概要を俯瞰するとともに，主に記録密度にフォーカスを絞って，ホログラフィックメモリの記録容量（密度）をビット型3次元メモリのそれと比較して，ホログラフィックメモリが潜在的に抱える問題点を明らかにしたい[6]。

1.2　ホログラフィックメモリの光学系

　図1にホログラフィックメモリの原理的な構成を示す。ホログラフィックメモリでは，記録される情報は，液晶パネルなどの空間光変調器を用いて2次元的な「画像」として生成される。この2次元画像を一度に記録・再生する点がホログラフィックメモリの最大の特徴である。この画像は光強度信号として生成されることが多いが，原理的には位相差や偏光方向の違いとして構成しても構わない。この空間光変調器をレーザーで照明することで信号画像を生成し，レンズを用いて記録媒体に照射する。この時，空間光変調器が作り出す画像をそのまま記録媒体に照射しても構わないが，光学的にフーリエ変換やフレネル変換などの処理を施しても構わない。いずれにせよこれが情報を含む信号光であり，ホログラフィーでは慣例的に「物体光」と呼ぶ。一方，空間光変調器に入射したレーザーとは独立かつコヒーレントな光を「参照光」として記録媒体に同時に照射して，物体光との干渉縞を生成する。この干渉縞がホログラムそのものである。ホログ

---

*　Takuo Tanaka　㈱理化学研究所　基幹研究所　田中メタマテリアル研究室　准主任研究員

第4章　ホログラフィック・メモリ

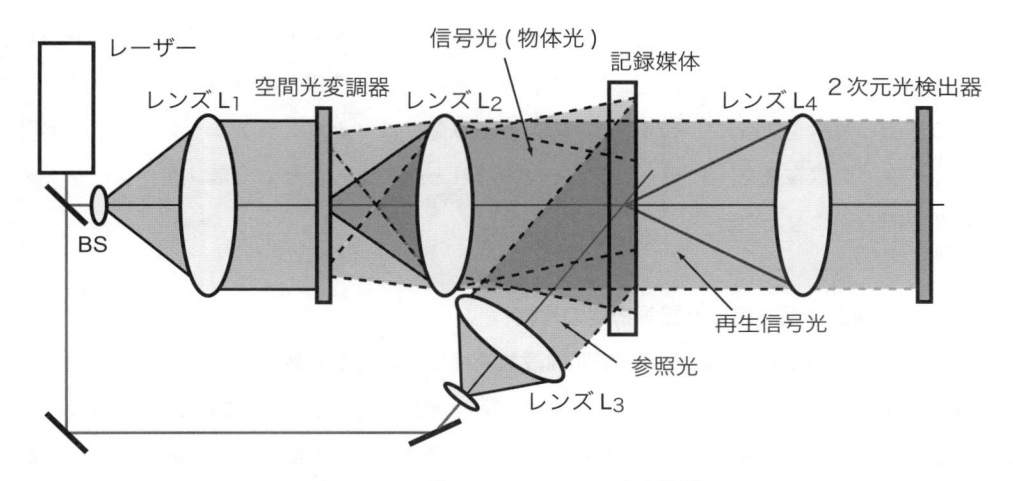

図1　ホログラフィックメモリの光学系

ラムは，記録媒体の吸収率や屈折率の変化として記録されるが，一般にはホログラムを再生した際に光の回折効率を大きくとれる屈折率変化として記録されることが多い。

　記録されたホログラムの再生は，書き込み時と同じ参照光を記録媒体に照射することで行う。記録媒体に参照光を照射するとホログラムによって参照光が回折され，回折光として記録した信号光（物体光）と同じ光波が生成される。その再生信号光を2次元画像として結像させ，CCDなどの2次元光検出器で検出すればデータの読み出しが行える。

　ホログラフィックメモリでは，ホログラムを記録する記録媒体の厚みが重要な意味を持つ。記録媒体が充分な厚みを持つと，記録されるホログラムはブラック回折型の回折格子となる。すると，ホログラムは角度選択性や波長選択性を持ち，ホログラムを記録した際に用いた参照光と同じ参照光を照射しなければ，元の信号光が全く発生しないか元の信号光とは異なる角度方向に再生されて検出器で検出されなくなる。この特性を利用すれば，1つの記録媒体中に複数枚のホログラムを多重に記録し，これを独立に再生することが可能となる。これがホログラムの多重記録である。多重記録には参照光の入射角度や波面の位相状態，照射位置，波長をそれぞれ変化させる手法がこれまで提案されており，それぞれ角度多重記録法，位相多重記録法，シフト多重記録法，波長多重記録法と呼ぶ。

　ホログラフィックメモリが次世代の大容量光メモリとして期待されるのは，この多重記録性を利用して1つの記録媒体中に2次元情報を複数枚記録することでトータルの記録容量を稼ぐことができると考えられたからである。ホログラフィックメモリの特徴は，空間光変調器上で生成された1つ1つのビットが記録媒体全体に広がって記録されていることであり，さらに複数のホログラムを多重記録した状態では，記録媒体上の各点が，それぞれあらゆるビットの情報を同時に

167

次世代光メモリとシステム技術

保持している。これは，空間的に分離された異なる場所にビットを1つずつ記録するCDやDVDなどのビット記録型の光メモリと全く異なる特徴である。この性質の違いが，ホログラフィックメモリの長所と短所を同時に生み出している。次項以降では，ホログラフィックメモリで実現できる記録密度，記録容量を，ビット型光メモリのそれと比較することで，ホログラフィックメモリの課題を明らかにしたい。

1.3 空間周波数帯域を用いた記録密度の比較

　光の波長を決めると波数が決まり，空間周波数領域においてその波数を半径とする球面が定義できる。これがエバルト球であり，エバルト球表面の各点がそれぞれの方向を向いた波数ベクトルに対応するので，エバルト球を用いれば，波長で決定される全空間周波数帯域を表すことができる。本項では，ホログラフィックメモリとビット記録型3次元メモリが各々この空間周波数帯域をどのように使っているかを示し，そこからそれぞれの記録密度に関する特性の違いを議論する。なお，ここでは，角度多重型ホログラフィックメモリを取り上げて議論するが，その他の多重方式においてもその本質は変わらない。

　まず最初に，ホログラフィックメモリとの比較に用いる3次元ビット記録型メモリの光学系の概要のみを図2に示す。3次元ビット記録型メモリの詳細については，第2章ならびに第5章を参照いただきたい。ビット記録型メモリでは，ホログラフィックメモリと同様に，光強度に応じて屈折率や吸収率が変化する記録媒体を使用する。そして，レンズを用いてこの記録媒体中にレーザー光を集光すると，その集光点で，記録媒体が変化して情報が記録される。データの3次元的な記録は，レーザー光を強度変調しながら記録媒体を3次元走査することにより，3次元空間

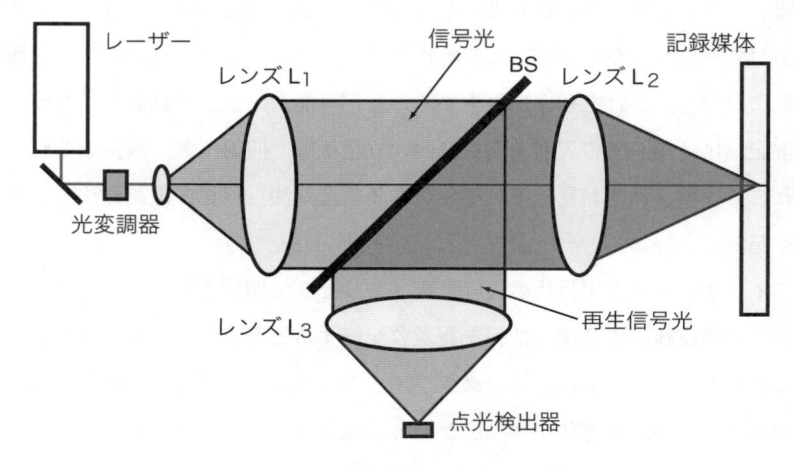

図2　ビット記録型光メモリの光学系

第4章 ホログラフィック・メモリ

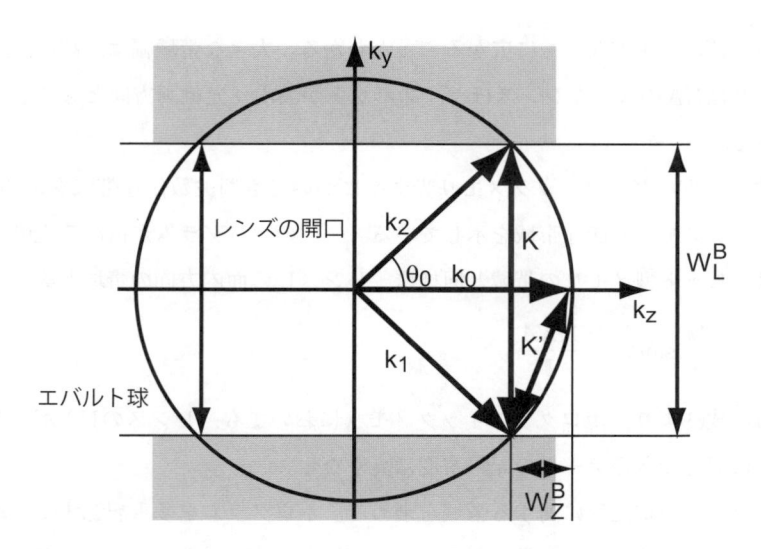

図3 ビット型光メモリの空間周波数帯域

内に1ビットずつ記録する。記録されたデータは，記録光学系とほぼ等価なレーザー走査型顕微光学系によって再生される。ビット型メモリでは，1点ずつ情報を再生するのでホログラフィックメモリのような2次元光検出器は不要である。

3次元ビット型光メモリの記録密度は，記録媒体中へ集光されたレーザービームスポットのサイズで決まる。そして，このレーザービームスポットのサイズは，フォーカシングレンズL_2の周波数伝達帯域によって決定される。レンズの伝達帯域は，光源の波長をλ，波数を$k=2\pi/\lambda$とすると，k空間においてエバルト球を用いて，図3のように表現される。図3は，エバルト球の光軸を含む断面であり，このうちレンズL_2の開口で決まる空間が結像に寄与する帯域を示している。この帯域のうち，面内方向の帯域幅は，収束する光のうちで最大の入射角$2\theta_0$を持つ光波k_1とk_2が作る干渉縞Kの波数（格子定数）が決め，これは，レンズの開口数をNAとすると，

$$W_L^B = \frac{4\pi}{\lambda}\sin\theta_0 = \frac{4\pi NA}{\lambda} \tag{1}$$

で与えられる。

一方，光軸方向の伝達帯域幅は，媒体に垂直に入射する光波k_0と，入射角θ_0で入射する光波k_1がつくる干渉縞K'の光軸方向の波数が決めるので，

$$W_Z^B = \frac{2\pi}{\lambda}\left(1-\sqrt{1-NA^2}\right) \tag{2}$$

で与えられる。式(1), (2)より，ビット型メモリの伝達帯域幅は，NAの大きなレンズを用いるほ

ど，面内方向並びに光軸方向ともに広がることがわかる。大きな帯域幅は，高い記録密度と等価であるが，これはNAの大きなレンズほど，スポットが面内，光軸両方向ともに小さいことからも明らかである。

同様の方法で，ホログラフィックメモリ光学系についても周波数伝達帯域を求める。図4は，ホログラフィックメモリの伝達帯域を示している。一枚のホログラムが占める光軸に垂直な面内方向の帯域は，ビット型メモリの帯域と同様に，レンズL_2の面内方向の帯域と等しく

$$W_L^H = W_L^B = \frac{4\pi}{\lambda}\sin\theta_0 = \frac{4\pi NA}{\lambda} \tag{3}$$

で与えられる。式(3)より，ホログラフィックメモリにおいても，レンズのNAが大きいほど1枚のホログラムに記録できるデータの記録密度は高くなる。

次にホログラムの多重記録に関する帯域を求める。ホログラムを多重記録するためには，多重記録するホログラムの枚数と同じ数の参照光が必要であり，しかもこれらの参照光は，すべてレンズL_2の瞳の外側から入射させなければならない。参照光を照射する入射角の帯域は，図4に示すように，エバルト球の半空間のうち信号光が占める帯域を除いた角度領域となる。これはレンズのNAを用いて，

$$W_\theta^H = \pi - 2\theta_0 = \pi - 2\sin^{-1}(NA) \tag{4}$$

となる。この式(4)は，レンズL_2のNAが小さいほど，角度帯域が大きくなって多重記録できるホ

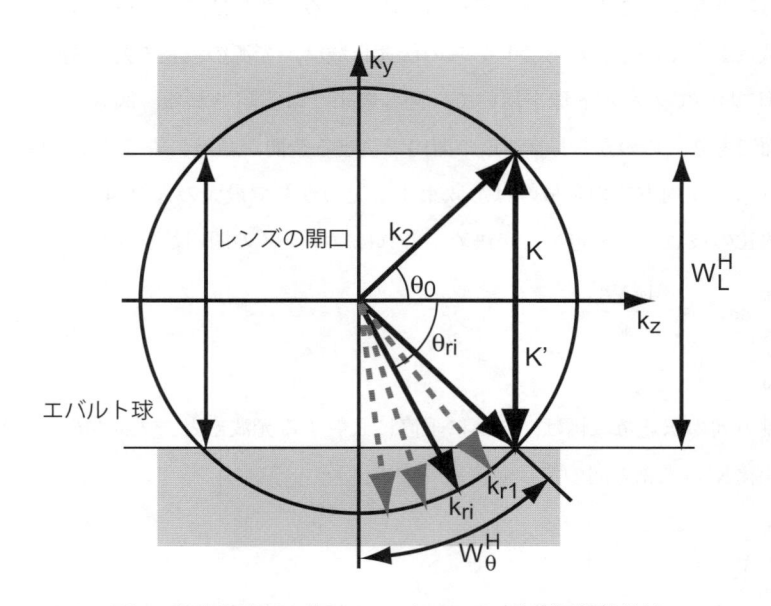

図4　角度多重ホログラフィックメモリの空間周波数帯域

第4章　ホログラフィック・メモリ

ログラムの数が増加することを示している。しかし，式(3)で示したように，レンズL_2のNAを小さくすると，一枚のホログラムあたりの記録密度は低下する。つまり，ホログラフィックメモリでは，ホログラム1枚あたりの記録密度と多重記録できるホログラムの枚数との間にトレードオフの関係がある。

ホログラフィックメモリとビット型メモリそれぞれの伝達帯域とレンズのNAの関係を図5に示す。図5(a)に示すようにビット型メモリでは，レンズのNAが大きくなるにつれて面内，光軸両方向の伝達帯域が広がる。そして，レンズのNAが1.0となった場合に，面内と，光軸の両方の帯域は最大値をとり，3次元記録密度が最大になる。これに対して，ホログラフィックメモリでは，図5(b)に示すように，レンズのNAが大きくなると，面内の伝達帯域は広がるが，参照光のための角度域は減少する。そして，レンズのNAが1.0に近づくと，参照光の角度帯域がなくなりホログラムの角度多重記録はできない。また逆に，NAが小さいレンズを使用すると，多重記録に関する帯域が大きくなるので，多重記録できるホログラムの数は増加するが，一枚のホログラムが利用する帯域が減少するので，トータルの記録容量を稼げない。これが，レンズの

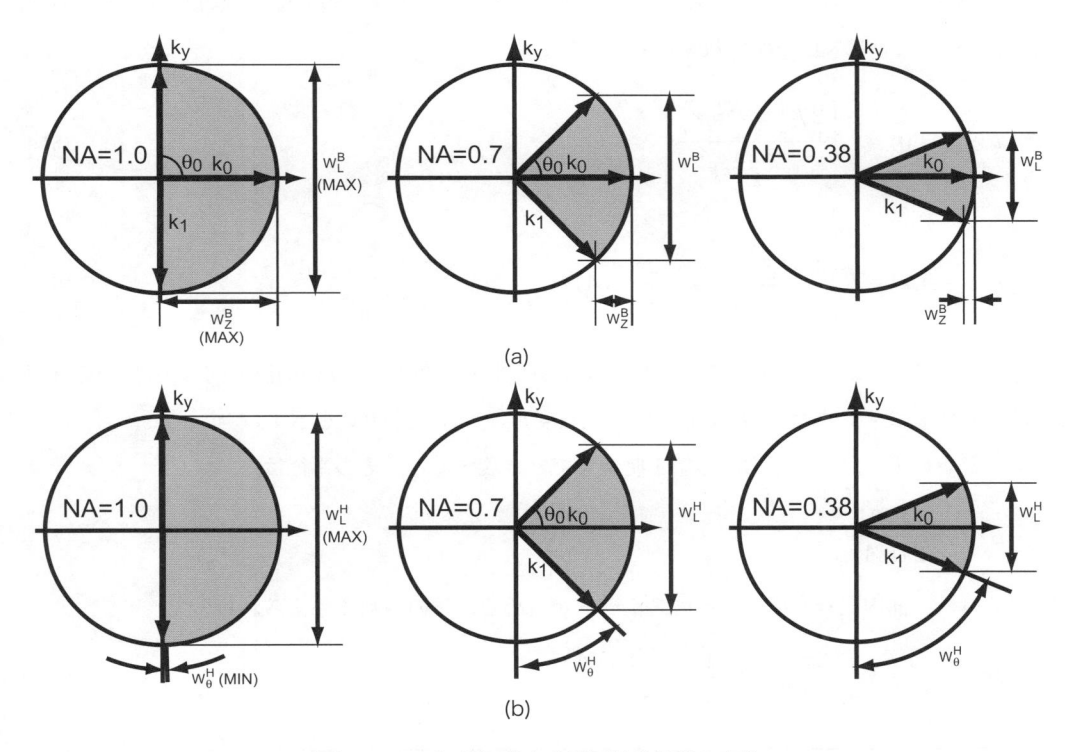

図5　レンズの開口数と空間周波数帯域の変化
(a)ビット記録型メモリ，(b)角度多重ホログラフィックメモリ

NAが大きいほど記録密度が高くなるビット型メモリとは決定的に異なる特徴である。

　Blu-rayディスクのようにNA＝0.85といった高NAレンズを利用できる現在のビット記録メモリでは，エバルト球のほぼ半分に近い広い帯域を利用するという状況に近づいている。しかし，2次元の画像データを一度に並列に記録するホログラフィックメモリでは，そのレンズは広い視野をカバーする必要があるので必然的にレンズのNAは低くなり，物体光が広い帯域を活用することは難しい。さらに，コリニア方式のホログラフィックメモリでは，レンズL_2の帯域の中を信号光と参照光に分割している。高い記録密度を実現するには広い空間周波数帯域を利用しなければならないという原則に従えば，コリニア記録方式が必ずしも記録密度の点で最適な記録・再生方式ではないことがわかる。

1.4　記録密度の解析的導出と比較

　前項の，周波数空間における記録密度の比較に対する定性的説明を，記録密度を解析的に求めることで具体的に比較する。

　ビット型メモリでは，記録媒体中に集光されたレーザービームスポットがビットを形成する[注1]。ビット型メモリにおいて，レンズL_2が生成するレーザースポットの光強度分布$I(r, z)$は，光源の波長をλ，レンズL_2の開口数をNAとすると，

$$I(r, z=0) = I_0 \left[\frac{2J_1\left(\frac{2\pi NA}{\lambda}r\right)}{\frac{2\pi NA}{\lambda}r} \right]^2 \tag{5}$$

$$I(r=0, z) = I_0 \left[\frac{\sin\left(\frac{u}{4}\right)}{\frac{u}{4}} \right]^2 ; u = \frac{2\pi}{\lambda}(NA)^2 z \tag{6}$$

で与えられる[7]。ここで，原点を焦点面と光軸が交わる位置とし，rが動径方向の半径，zが光軸方向の距離を表す。また，I_0は，原点での光強度$I(r=0, z=0)$を示す。

　スポットの広がりを焦平面内の第1暗環までと定義すると，その半径は，

$$\Delta r = \frac{3.833\lambda}{2\pi NA} \tag{7}$$

で与えられ，面内記録密度は，そのスポットが占める面積の逆数で与えられるので，

$$D_L^B = \frac{1}{\pi \Delta r^2} = \left(\frac{2\pi NA}{3.833\lambda}\right)^2 \frac{1}{\pi} = \frac{0.86 NA^2}{\lambda^2} \tag{8}$$

注1）ここでは現在主流のマークエッジ記録ではなく，マークポジション記録とする。

第4章 ホログラフィック・メモリ

となる。

一方，スポットの光軸（z軸）方向の広がりにおいても，原点と第一暗点までの距離をビットの広がりと定義すると，これは

$$\Delta z = \frac{2\lambda}{NA^2} \tag{9}$$

となり，光軸方向の記録密度は，

$$D_Z^B = \frac{1}{2\Delta z} = \frac{NA^2}{4\lambda} \tag{10}$$

と求まる。

3次元記録密度は，面内の記録密度と光軸方向の記録密度の積で定義できるので，結果として，

$$D_{3D}^B = D_L^B \times D_Z^B = \frac{1}{2\Delta z} = \left(\frac{2\pi NA}{3.833\lambda}\right)^2 \frac{1}{\pi} \times \frac{NA^2}{4\lambda} = \frac{0.21\pi NA^4}{\lambda^3} \tag{11}$$

で与えられる。式(11)から，3次元ビット型光メモリの記録密度は，レンズL_2のNAの4乗に比例することがわかる。

3次元ホログラフィックメモリの記録密度は，ビット型メモリの記録密度と同様に求めることができる。ホログラフィックメモリの場合，3次元記録密度は1枚のホログラムあたりのデータ記録密度と，媒体の単位厚さあたりに多重記録できるホログラムの枚数の積となる。

ホログラフィックメモリにおいても，ビット記録メモリと同様に再生されるビットデータは像面において回折によるボケを伴う。レンズL_2，L_3の開口数をNAとし，また，光源の波長をλとすると，それぞれのビットの再生像の強度分布は，

$$I(r) = I_0 \left[\frac{2J_1\left(\frac{2\pi NA}{\lambda}r\right)}{\frac{2\pi NA}{\lambda}r} \right]^2 \tag{12}$$

と表せる。式(12)の光強度分布は，ビット型メモリにおける，各ビットの面内方向の光強度分布（式(11)）と等しいことがわかる。つまり，ホログラフィックメモリの2次元記録密度は，ビット型光メモリの2次元記録密度と等しく，

$$D_L^H = D_L^B = \left(\frac{2\pi NA}{3.833\lambda}\right)^2 \frac{1}{\pi} = \frac{0.86 NA^2}{\lambda^2} \tag{13}$$

で与えられる。

次に，このような密度で記録したホログラムを，厚みのある記録媒体に，どれだけ角度多重記録できるかを求める。ホログラフィックメモリでは，データは干渉縞として媒体に記録される。各ビットは1つの信号光k_{si}のさらに一成分k_{sij}と参照光k_{ri}とによって生成されるそれぞれの干渉

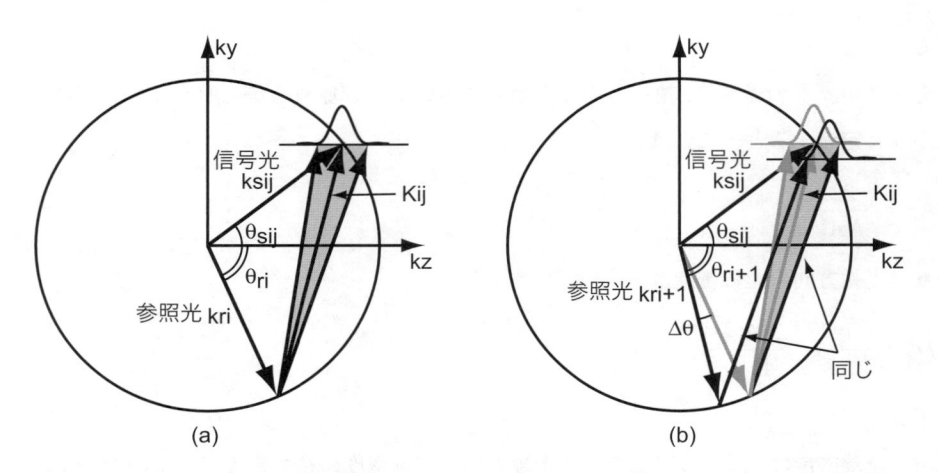

図6　角度多重ホログラフィックメモリにおける角度選択性

縞に対応する。この信号光k_{sij}と参照光k_{ri}とによって生成された干渉縞の波数ベクトルをK_{ij}とすると，これは図6(a)に示すように，波数ベクトルk_{sij}，k_{ri}の差ベクトルとして与えられる。このベクトルK_{ij}は，記録媒体の厚みが有限であるとき，エバルト球上の1点ではなく，k_z方向にsinc関数状にボケて広がる。そして，このように干渉縞の波数ベクトルが光軸方向に広がりを持つと，ホログラムを再生する際に，記録に使用した参照光k_{ri}と異なる入射角の照明光で照明しても，位相整合条件が満足されて回折光k_{sij}が発生する（図6(b)）。これがクロストークである。このクロストークを避けるためには，参照光の入射角は，互いに角度間隔を開けて入射させなければならず，この参照光の入射角度間隔の最小値が角度多重記録できるホログラムの最大枚数を決定する。いま波数ベクトルの広がりをsinc関数の±第1零点までと定義すると，Kogelnikの回折理論[8]より，参照光の最小分離角$\Delta\theta$が

$$\Delta\theta = \frac{\lambda}{T\sin\frac{\theta_B}{2}} \tag{14}$$

と求まる。ここでTは媒体の厚さ，θ_Bはブラッグ回折条件を満足する角である。この$\Delta\theta$を用いると，厚さTの記録媒体に記録できるホログラムの多重枚数が求まり，これは

$$N_\theta^H = \left[\frac{\frac{\pi}{4}-\frac{1}{2}\sin^{-1}(NA)}{3\lambda} \times 4T\sin\left(\frac{\pi}{8}-\frac{1}{4}\sin^{-1}(NA)\right)+\frac{1}{2}\right] \tag{15}$$

で与えられる。

式(14)，(15)より，角度多重ホログラフィックメモリの3次元記録密度は，

$$D_\theta^H = D_L^H \times \frac{N_\theta^H}{T} = \frac{0.86NA^2}{\lambda^2} \times \frac{1}{T}\left[\frac{\frac{\pi}{4}-\frac{1}{2}\sin^{-1}(NA)}{3\lambda} \times 4T\sin\left(\frac{\pi}{8}-\frac{1}{4}\sin^{-1}(NA)\right)+\frac{1}{2}\right] \tag{16}$$

第4章 ホログラフィック・メモリ

となる。

式(16)の第1項は，1枚のホログラムあたりの記録密度で，これはNAの2乗に比例しておりビット型光メモリと同じである。しかし，ホログラムの多重度（第2項）は，ビット型光メモリの光軸方向の記録密度とは逆に，NAが大きくなると低下する。この結果は，前項の周波数伝達帯域を用いた解析結果と一致している。

最後に，シフト多重型ホログラフィックメモリも同様に記録密度を求めておく。シフト型ホログラフィックメモリの光学系は，図7に示すように，ディスク状の記録媒体を回転させて，ホログラムの記録領域を少しずつシフトさせながら記録する[9]。Psaltisらによって提案されたこの手法では，球面波状の参照光をディスクと垂直に照射し，一方で信号光は参照光の光軸に対して角度θ_sの方向から斜めに入射させる。参照光が球面波なので，ディスクが回転すると参照光の入射角が変化したのと同じ作用を与え，結果として角度多重記録と同等な多重記録が可能となる。

参照光を照射するレンズL_3の開口数をNA，参照光の集光点と記録媒体との距離をz_0，波長をλ，記録媒体の半径ならびに厚みをそれぞれr，T，信号光の光軸と参照光の光軸とがなす角をθ_s，空間光変調器の素子数を$N_p \times N_p$，その素子のサイズを$b \times b$とすると，ホログラムのシフト選択性は，

$$\delta_x = \frac{\lambda z_0}{T \tan \theta_s} + \frac{\lambda}{2NA} \tag{17}$$

$$\delta_y = z_0 \sqrt{\frac{2\lambda}{T}} + \frac{\lambda}{2NA} \tag{18}$$

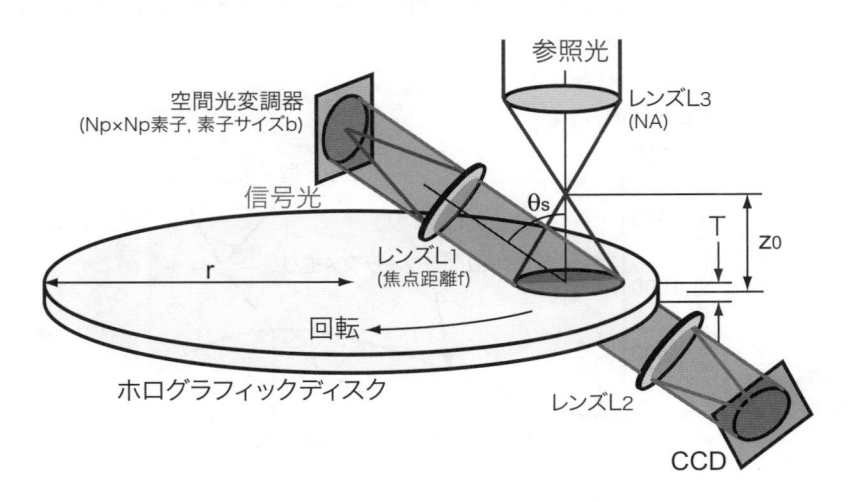

図7　シフト記録型ホログラフィックメモリの光学系

で与えられる．これはホログラムをそれぞれ $2\delta_x$, $2\delta_y$ ずつ離して記録しなければならないという指標で，これが記録密度を決める．このシフト選択性（式(17), (18)）を用いると，シフト多重型ホログラフィックメモリの記録密度は，

$$D_{\text{shift}}^H = \frac{N_p^2}{4\left(\frac{\lambda z_0}{T\tan\theta_s}+\frac{\lambda}{2NA}\right)\left(z_0\sqrt{\frac{2\lambda}{T}}+\frac{\lambda}{2NA}\right)}\times\frac{1}{T} \tag{19}$$

と導出できる．

1.5 数値計算結果，ビット型メモリとホログラフィックメモリの比較

式(11)と(16)を用いて，光源の波長780 nmを仮定した場合の，角度多重ホログラフィックメモリとビット記録型メモリの記録密度をレンズの開口数（NA）を変化させながら計算した．その結果を図8に示す．なお光の波長は，CDと同じ780 nmを用いたが，式(11), (16)を比較すれば明らかなように，どちらの手法においてもその記録密度は波長の三乗に逆比例しているので，波長が変わると記録密度の値そのものは変化するが，両者間の傾向はそのまま比較できる．この結果より，低NA域ではホログラフィックメモリが高い記録密度を示すが，その記録密度はNA＝0.65付近で頭打ちになり，それより高NA側では記録密度は低下する．これは1.3項で述べたホログラフィックメモリにおける1枚のホログラムの記録密度と多重度とのトレードオフに起因している．一方ビット型メモリの記録密度はNAが大きくなるにつれて単調に増加している．そして，NA＝0.68で両者の記録密度が交差し，それより高NA側では常にビット側メモリの方が高い記録密度となる．これは言い換えると，CD，DVDのピックアップレンズ域では，ホログラフィックメモリの方が高い記録密度を維持できるが，Blu-ray相当のNA＝0.85域では，ビット型メモリの

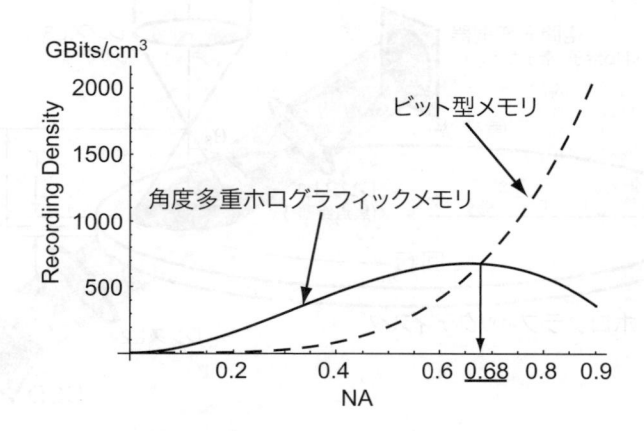

図8　角度多重ホログラフィックメモリの記録密度特性

第4章 ホログラフィック・メモリ

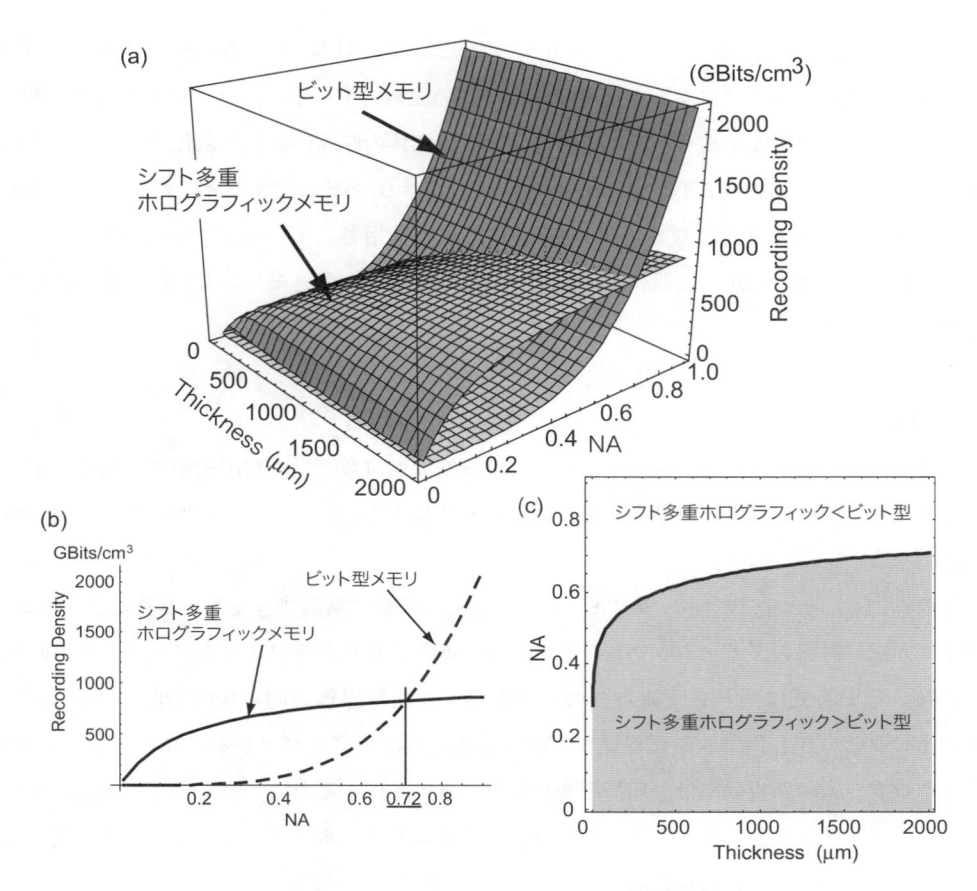

図9 シフト多重ホログラフィックメモリの記録密度特性

記録密度がホログラフィックメモリのそれを完全に凌駕することになる。

　図9は，シフト多重型ホログラフィックメモリの記録密度をビット型のそれと比較したものである。式(19)に示したように，シフト多重型メモリの場合は，その記録密度が媒体の厚さに依存して変化する。そこで記録媒体の厚さTとレンズの開口数の両方に対する記録密度を計算した。その結果が図9(a)である。また図9(b)は，記録媒体の厚さが2mmの時の両者の記録密度を抜き出してプロットしたものである。シフト多重型メモリの場合は角度多重型と異なり，レンズのNAの増加に伴ってその記録密度が増加する。ただその増加の割合はNAが大きくなるにつれて減少する。一方，ビット型の記録密度はNAの増加とともに急速に増加するので，両者の傾向は異なる。シフト多重型メモリの場合も，低NA領域ではその記録密度はビット型の記録密度に勝るが，NA＝0.72で両者は交差し，高NA側ではビット側メモリの記録密度の方が勝るようになる。図9(c)は，この両者の記録密度が交差するポイントを記録媒体の厚みとレンズの開口数を

パラメータにして示したものである．図9（c）のラインより低NA側（シェードを施した領域）ではシフト多重型ホログラフィックメモリの方が高い記録密度を示し，ラインより高NA側ではビット型の方が記録密度が高くなる．この境界は記録媒体の厚みに応じて変化するが，いずれの厚みにおいてもレンズの開口数がBlu-rayクラスのNA＝0.85域に達すると，常にビット型メモリの記録密度が上回ることになる．Blu-rayディスクに使用されているNA＝0.85クラスのピックアップレンズの実用化が，記録密度（容量）におけるビット型メモリの優位性を決定的なものとしたと結論できる．

1.6 まとめ

本稿では，ホログラフィックメモリ技術における空間周波数帯域の利用効率や記録密度を，現在主流となっているビット記録型光メモリのそれと比較することで，その特性の違いを明らかにした．

これ以外にも，ホログラフィックメモリには，紙面の関係で議論できなかった課題が多数ある．その1つが記録材料のダイナミックレンジの問題である．ホログラフィックメモリで多重記録を行うには，その方式に関わらず複数枚のホログラムが記録媒体の同じ場所に記録されるため，個々のホログラムが利用できる記録媒体の屈折率変化量は多重度が上がるにつれて小さくなる．一方，ホログラムの回折効率は，屈折率変化量の二乗に比例するため，結果として多重度を上げるには，ダイナミックレンジの大きな記録材料が必要になる．ホログラフィックメモリ実現のための技術的課題の1つはこの点にある．

デジタルデータの記録が主な任務となった今日の光メモリでは，高い記録密度の実現が最重要課題であるので，この比較はホログラフィックメモリにとってやや不利な結果となった．しかし，この結果がホログラフィックメモリを完全に否定するものではないことを最後に付け加えておく．1.5項で述べた結果は，ホログラフィックメモリが，低NAレンズを用いながらも高い記録密度を実現できる技術であることを示した結果とも解釈できる．細部に拘らない冗長性の大きな画像データを大量に記録するといった用途では，2次元画像を一度に読み書きできるという高い記録・再生スピードのメリットとの相乗効果で，その長所が活かせるはずである．このようなホログラフィックメモリの特性に合致したアプリケーションの探索が，真の課題かもしれない．

第4章　ホログラフィック・メモリ

文　　献

1) L. Solymar and D. J. Cooke, "Volume Holography and Volume Gratings", Academic Press, London, pp. 306-315 (1981)
2) L. d'Auria, J. P. Huignard, C. Slezak and E. Spitz, "Experimental Holographic Read-Write Memory Using 3-D Storage", *Appl. Opt.*, **13**, pp. 808-818 (1974)
3) F. H. Mok, M. C. Tackitt and H. M. Stoll, "Storage of 500 high-resolution holograms in a $LiNbO_3$ crystal", *Opt. Lett.*, **16**, pp. 605-607 (1991)
4) L. Hesselink, M. C. Bashaw, "Optical memories implemented with photorefractive media", *Opt. Quantum Electron.*, **25**, pp. S611-S661 (1993)
5) Hsin-Yu S. Li and D. Psaltis, "Three-dimensional holographic disks", *Appl. Opt.*, **33**, pp. 3764-3774 (1994)
6) T. Tanaka and S. Kawata, "Comparison of recording densities in three-dimensional optical storage systems: Multilayered bit-recording versus angularly multiplexed holographic recording", *J. Opt. Soc. Am. A*, **13**, pp. 935-943 (1996)
7) M. Born and E. Wolf, "Principles of Optics", Pergamon Press, New York, pp. 435-449 (1980)
8) H. Kogelnik, "Coupled Wave Theory for Thick Hologram Gratings", *The Bell System Technical Journal*, **48**, p. 2909 (1969)
9) G. Barbastathis, M. Levene and D. Psaltis, "Shift multiplexing with spherical reference waves", *Appl. Opt.*, **35**, pp. 2403-2417 (1996)

2 ホログラム記録材料の開発状況と課題

桜井宏巳*

2.1 はじめに

データストレージの分野では，高密度・大容量化が進むハードディスクメモリ，大容量低価格化が著しい半導体不揮発性メモリに対し，光データストレージは長期保存性の観点からアーカイブ用途として不可欠なシステムである。その中にあって，ホログラフィック・データストレージ（HDS）は規格が一本化された青色レーザ使用のブルーレイ・ディスクシステムに続く次世代光ディスクの一方式として多大な期待が寄せられている。特にホログラムならではの多重記録性を利用した大容量化，また従来のビット・バイ・ビット記録に対して100万画素を超えるページデータ単位での高速記録再生が可能なことから，現状，最も注目されている光記録方式である。しかしながらHDSを実現化する上で，依然としてシステムおよび記録材料の面において多くの技術的難問が存在するため，実用化には予想以上の開発期間を要している。

近年になって，高性能かつ安価なプロジェクター向けの用途に数100万画素の液晶素子やDMD（Digital Micromirror Device）が量産され，市販品として安価で入手可能な状況になってきた。また，デジタルスチールカメラやビデオカメラの高画素化に伴い，1000万画素を超えるCCDやCMOS撮像素子も大量かつ安価で市販されており，システム環境は予想以上に整ってきている。さらに，国内ベンチャーであるオプトウエア社が提案したコリニア方式は，信号光と参照光を同軸上の1光束にして媒体に記録照射できるようにしたもので，システム面で非常に大きなブレークスルーであり，HDSの実現性を大きく前進させるものである[1~3]。

現時点で実用化の鍵を握っているのは，ホログラム記録材料そのものである。ライトワンスタイプ（WORM）記録材料としては，フォトポリマー材料の開発が大きく先行している。中でも米国のベンチャー企業を中心に開発が進んでおり，実用まであと一歩の段階にきている[4]。また，国内材料メーカーによるフォトポリマー材料開発の進展も著しく，数多くの材料メーカーが開発に凌ぎを削っている[5~7]。一方，リライタブル（RW）用記録材料については様々な材料構成が提案され，開発が進められているが，非破壊再生の問題や応答性の悪さなど材料の開発課題が依然として多く残されており，実用化は大幅に遅延している。表1にホログラムメモリ用記録材料における主要研究機関および開発企業のまとめを示す。

本稿ではWORMおよびRW用ホログラム記録材料の最近の開発状況について詳細に紹介するとともに，技術課題について述べる。

---

* Hiromi Sakurai　旭硝子㈱　中央研究所　高分子工学F　主幹研究員

第4章 ホログラフィック・メモリ

表1 ホログラムメモリ用記録材料における主要研究機関および開発企業

Record type	Applications	Materials	Developer/Company
Write once (WORM) *Advanced stage*	高品位非圧縮動画データ アーカイブ（医療，公文書等）	フォトポリマー	InPhase・日立Maxell，Aprilis，日本ペイント TDK，東亞合成，新日鉄化学，ダイソー 日産化学，ダイキン，共栄社化学 etc.
		サーモプラスチック	GE
Rewritable (RW) *Development stage*	ネットワークサーババックアップ セキュリティ（防犯カメラなど） VOD用途 ムービー／ゲーム	アゾベンゼンポリマー	富士Xerox
			Optilink/Risφe，豊田中研，産総研 etc.
		アントラセン二量化	InPhase/Bayer
		ジアリールエテン系	旭硝子
		カルコゲナイド系film	Polight（ケンブリッジ大ベンチャー）

2.2 WORM用記録材料の開発動向

WORM用記録材料のほとんどがフォトポリマーを中心に開発されている。基本的な材料構成は，一般的にエポキシ化合物やウレタン化合物などの低屈折率かつ形状安定性に優れたマトリクスと，ビニル化合物やエポキシ化合物などの高感度かつ高屈折率の感光性モノマーからなり，これらの主要成分の他に光重合開始剤，増感剤などの微量成分が添加されている。記録材料の内側で干渉するレーザ光により，光が強め合う明の部分では光重合性モノマーのポリマー化が進行し，一方，打ち消し合う暗の部分からモノマーのマイグレーションが生じ，最終的に明部のポリマーと暗部のマトリックスバインダーに相分離が起こり，屈折率差としてフリンジが形成されることになる。その様子を模式的に図1に示した。

米国ベンチャーで，ポラロイド社からスピンアウトしたアプリリス社は光重合時の収縮を低減するためにCROP（Cationic Ring-opening Polymerization）モノマーの開発を行っている[4,8]。同社は1990年代後半に米国DARPAが行ったHDSS（Holographic Data Storage System）やPRISM（Photorefractive Information Storage Material）プロジェクトのコンソーシアムメンバーによる材料評価を受けて，材料開発および量産検討を進めてきた。ポリマー材料の多くはアクリル酸エステル等のビニルモノマーを光重合させることにより記録するものであるが，重合前のモノマーの分子間距離に比べ，重合後に形成される共有結合距離が短くなるため，大幅な体積の減少が生じる。所謂，重合収縮と呼ばれる現象で，記録されたビットデータに位置ずれが生じるため，正確に再生することが困難になる。アプリリス社はカチオンリング開環機構を利用して重合する新規モノマーを開発し，1999年より商品化に着手した。開環重合を利用することにより，ホログラム記録時の重合収縮を低減するものである。表2に示した材料は，ポリシロキサンを基本骨格と

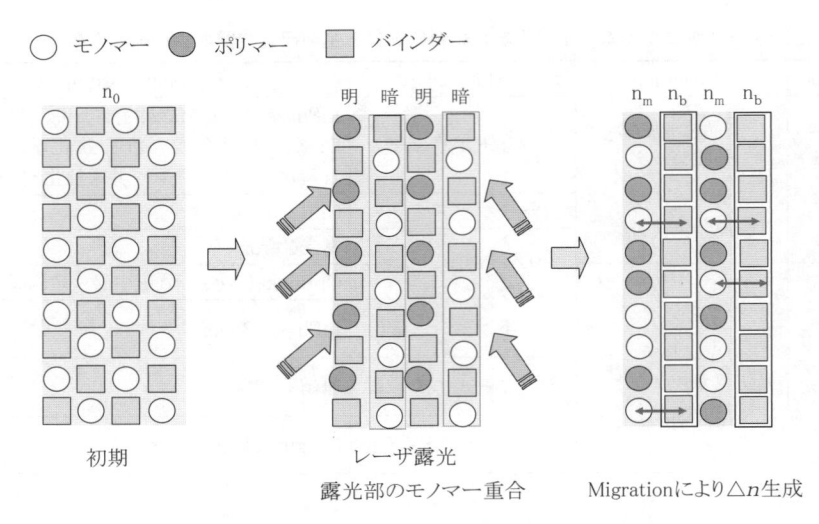

図1 フォトポリマーにおける光記録のメカニズム（模式図）

表2 アプリリス社フォトポリマーの構造と特徴

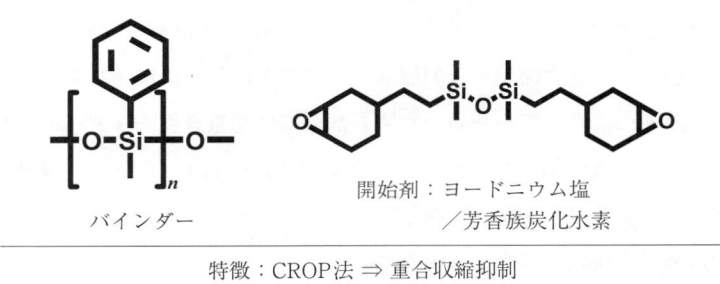

バインダー
開始剤：ヨードニウム塩／芳香族炭化水素
特徴：CROP法 ⇒ 重合収縮抑制
体積変化～0.1%

し，シクロオキセン酸化物誘導体が光照射により開裂しながら重合反応が進むため，重合収縮は0.1%程度に抑制される。アプリリス社は2002年より50mm□形状と120mmφディスク形状の200μmおよび300μm厚のサンプル販売を開始し，2004年3月より従来サンプルに対して2倍以上の高感度化と400μmの厚膜化を図ったディスク形状メディアをリリースした。但し，ダイナミックレンジは1/2以下に低下している。現在は韓国企業のSTXフォーステック社の傘下に所属し，開発を継続している。

ルーセントテクノロジー社ベル研究所よりスピンアウトしたインフェーズ社も独自に低収縮性フォトポリマーの開発を進めている[4,9]。予め熱重合した光不活性マトリックスに光重合性モノ

第4章 ホログラフィック・メモリ

表3 インフェーズ社フォトポリマーのマトリックスポリマーと光反応性モノマーの組合せ

マトリックスポリマー	光反応性モノマー			
	(メタ)アクリレート	スチレン	ビニルエーテル	エポキシ
エポキシ	○	○		
ビニルエーテル	○	○		
不飽和エステル (アミン+メルカプタン)		○		
ウレタン	○	○	○	○

(○印:可能な組合せ)

マーを含浸させた"Tapestry™"と呼ばれる相溶性の良い2 chemistry materialsから構成される低収縮性フォトポリマーである。表3に同社特許に記載されたマトリックスポリマーと光反応性モノマーの組合せを示す[10]。最新の開発材料では体積収縮率が0.1%以下,また屈折率変調量 $\Delta n \sim 0.1$ の結果が報告されている。高密度記録に向けて,さらなる重合収縮の低減および Δn の向上について検討が行われており,日立マクセル社による量産化の検討も進められてきた。また2004年より,これまでのグリーンレーザ用(510〜532 nm)の記録媒体に加えて,400〜410 nm帯のブルーレーザ用記録媒体HDS 5000のサンプル出荷を開始し,さらに2007年には300 GB容量のメディアのリリースも発表された。

一方,国内では産業技術総合研究所とダイソー社のグループ[11],また日本ペイント社[7]や東亞合成社[5,6]などの材料メーカーがフォトポリマー材料の開発に精力的に取り組んでいる。特に,2003年春より日本ペイント社と東亞合成社の2社はNEDOのプロジェクトの枠組みでオプトウエア社と連携した材料開発の取り組みを行い,記録特性の改良を進めてきた。

日本ペイント社のグループはカチオン重合性モノマーとラジカル重合性モノマーのハイブリッド硬化を用いた非常に高感度かつ低ノイズのフォトポリマー材料を報告している[7]。

また,ダイキン社とAPIM(Research Center for Advanced Photonic Information Memories)のグループはフッ素含有の新規開発フォトポリマーにおいて高い多重記録性能が得られることを発表している[12]。共栄社化学,メモリーテック社および豊橋技術科学大学のグループもナノゲル構造のフォトポリマーを開発し,低散乱性の優れた記録特性を報告している[13]。

2.3 RW用記録材料の開発動向

書換え可能なRWタイプの有機系記録材料は,フォトリフラクティブ系とフォトクロミック系に分類される。フォトリフラクティブ系材料としては液晶複合体[14]やNLO含有液晶ポリマー[15]などが挙げられるが,いずれも低電圧での駆動,および高速応答が課題である。一方,フォトク

ロミック系としては欧州および国内ともにアゾベンゼンを含有する材料系を中心に開発研究が活発に進められてきた。いずれの記録材料も基本的にはアゾベンゼン分子のシス-トランス（cis-trans）の光異性化反応を利用して屈折率変調Δnを誘起するもので，現時点で最も盛んに研究されている。ドイツのバイエル社は表4下段に示したフォトアドレシブポリマーと呼ばれる，側鎖にアゾベンゼンと液晶性部位を導入したポリマーを提案した[4,16]。この材料においては，直線偏光を照射するとアゾベンゼンはシス-トランスの光異性化反応を繰り返しながら，偏光方向に対して垂直に一軸配向していく。それに伴い液晶性部位の配向が誘起され，ポリマーは偏光方向に平行な光学軸を持つ複屈折性を発現する。この様子を図2に模式的に示す。バイエル社では側鎖にアゾベンゼンと液晶性部位を有する共重合体構造の最適化を行い，薄膜において0.5を超える非常に大きなΔnを得た。ガラス転移温度（T_g）は約120℃であり，160℃という高温であっても非常に安定したΔnを発現し，室温下で1年以上記録が保持されることを報告している。しかし，この記録材料では568 nm，100 mW/cm^{2}のレーザ光で1つのホログラム記録に10秒以上の時間を要するため，感度を大幅に向上する必要がある。現状，バイエル社は単独の開発を断念し，2005年よりインフェーズ社との共同開発に移行している。また，デンマークのリソー（Risφe）国立研究所はハンガリー／スイスのオプティリンク社との共同開発により表4上段に示す側鎖にアゾベンゼンを持つポリエステル構造の記録材料を開発し，ホログラフィックメモリカードの提案を行っていたが[17]，2003年秋以降，事実上の開発から撤退している。

一方，国内では富士ゼロックス社が同様に側鎖にシアノアゾベンゼンを導入したポリエステル系の材料を用いてベクトル・ホログラフィックメモリと呼ばれる偏光多重記録方式を提案している[18]。この方式は他の多重方式との組合せが可能であるため，高密度化の利点がある。

表4 アゾベンゼンを含有するRW用記録材料

	Materials	Company	特徴
RW	（側鎖にアゾベンゼン基構造、n=6）	富士Xerox 豊田中研 Risφe	側鎖にアゾベンゼン基を有する結晶性／液晶性ポリエステルorポリウレタン T_g, T_mの制御容易
	（共重合体構造 x=50%, y=50%）	Bayer	側鎖型液晶性ポリマー $T_g \sim 120℃$, $T_c > 160℃$ $\Delta n \sim 0.5$ 1～2 mm厚：M#～2-5

第4章　ホログラフィック・メモリ

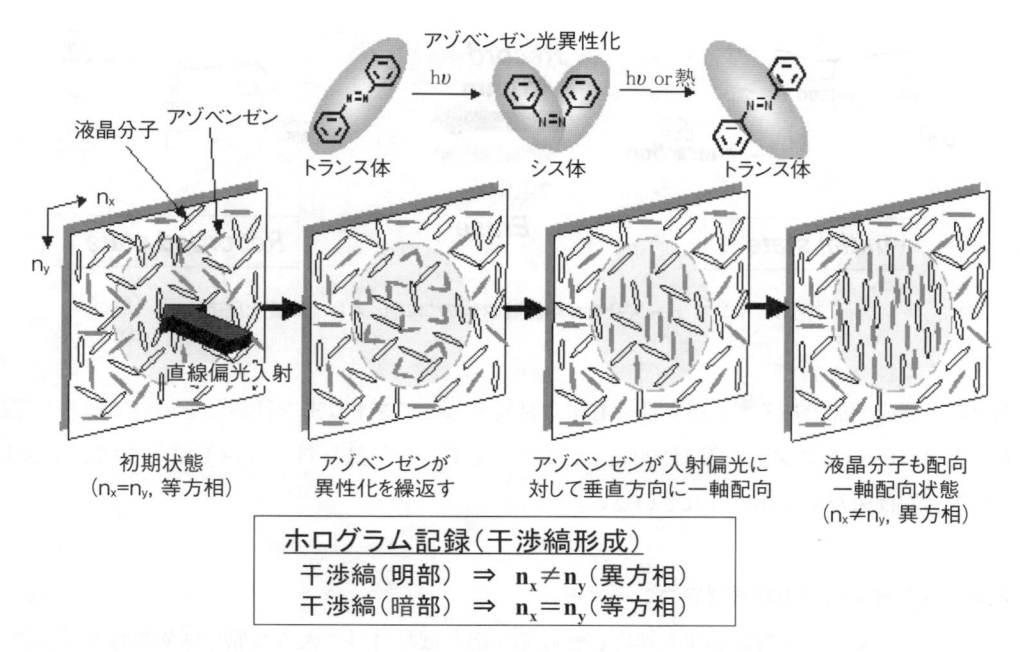

図2　直線偏光によりアゾベンゼン分子配向に誘起される液晶配向の模式図

　また，豊田中研と静岡大学のグループもほぼ同系統の記録材料を発表している[19]。この材料は476.3 nmに大きな吸収ピークを示し，600 nm以上ではほとんど吸収がない。ガラス転移温度T_gは142℃で，記録されたデータはT_g以上の温度である150℃で1時間アニール処理した後も変化がないことが示された。この記録材料を用いて，2ウェイホログラム法により高密度記録の提案を行っている。2ウェイホログラム法では，表面レリーフホログラム記録，体積ホログラムの消去，偏光ホログラムの記録，そして2ウェイホログラム再生の順でプロセスが進み高密度記録が可能となるが，現状では実用レベルの光応答性と高いΔnを両立するまでには至っていない。産総研のグループもメタクリレート・コポリマーからなる記録材料を開発し，共重合比が1：1で大きな複屈折性が発現することを報告している[20]。この材料系はアモルファス状態を示し，低散乱性が特徴となっている。その他にも，電気光学効果に基づいた有機フォトリフラクティブ材料系も盛んに研究されており，低電圧駆動，高速応答性および非破壊再生実現の可否がこれらの材料系の最大の課題である[21~24]。

　前述のインフェーズ社も，同社フォトポリマー材料と同様に"2ケミストリー"と呼ばれる材料系でリライタブル用記録材料の開発を行っている。"2ケミストリー"材料系では，互いに相溶性の良好なマトリックスポリマーと感光性モノマーが化学的反応をすることなく光記録媒体を構成しており，光照射により感光性モノマーとマトリックスポリマーの二量化が可逆的に進行し，

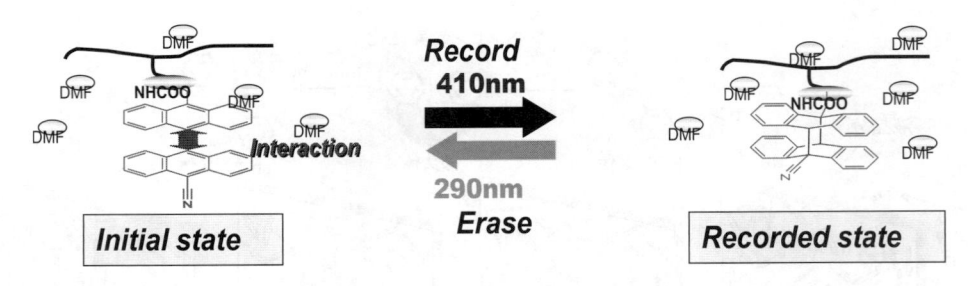

図3 インフェーズ社RW用記録材料のコンセプト（二量化反応）

光記録が達成可能である[25]。感光性を有する材料としてアントラセン誘導体を用いており，記録光波長は410 nm，消去光波長は290 nmとのことである。記録材料のコンセプトを図3に示す。なお，詳細は未だ明らかにされていない。

2.4 旭硝子のRW用基本材料コンセプト

フォトクロミック材料が示す高速応答性の光反応と液晶材料の大きな屈折率異方性を最大限に活かし，これらを複合化することでより大きな協奏効果を引き出すことにより高性能のRW用記録材料が期待される。我々のグループでは図4に示すような材料コンセプトに基づき，材料検討を行った。ジアリールエテン（Diarylethene；DE）は代表的な熱非可逆性フォトクロミック材料で[26]，ホログラムに代表されるフォトンモード記録において非常に有望な材料である。典型的な光異性化反応による分子構造の変化と分光スペクトルを図5に示す。その開環－閉環反応は分子構造の最適化によりピコ秒応答を示し，かつ10^4～10^6回の繰り返し耐久性があることから，DEは次世代RW用の光記録材料の候補として非常に期待されている。ホログラム記録材料として重要なファクターである屈折率変調量Δnに関しては，光異性化によるDE単体のΔnは余り大きくない[26]。そのため，屈折率異方性の大きい液晶との組合わせによる複合化が有望と考えられることから，我々は液晶に対して高い相溶性を有し，かつ光異性化に伴う物性変化を液晶配向状態に誘起可能なDE構造の探索を行っている[27~30]。具体的には，DEへのメソゲン基導入により液晶性を発現するDEの創製，光異性化に伴うDEの物性変化を液晶配向状態に誘起可能な構造検討を行った。図6(a)に示す対称性構造を持つジチエニル型DEにおいて，数種類のメソゲン基を導入したDE誘導体を合成し，液晶性を検討した。その結果，ジチエニル型DE（DEBO8：$n=8$）はネマチック（N）液晶相を示し，その開環体が400 nm帯の光に対する感度を示すため，青紫色レーザ光による記録材料として有望である。配向膜付きガラスセル（9 μmギャップ）に等方相（I相）を示す温度でDEBO8を注入し徐冷することで，DEBO8が一軸配向したサンプルを作製し，開環体が感度を有する405 nmレーザ光と，閉環体が感度を有する633 nmレーザ光を交互

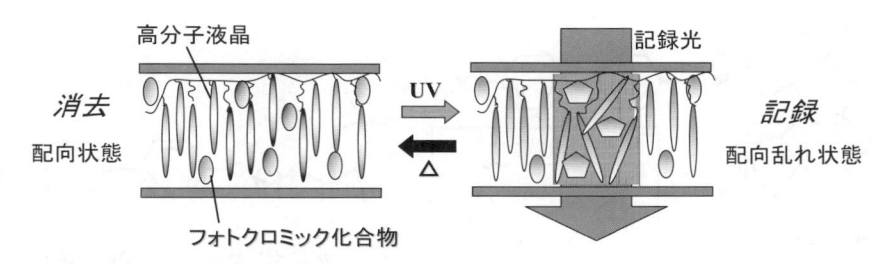

図4　フォトクロミック化合物の光異性化による液晶配向変化と記録／消去のコンセプト

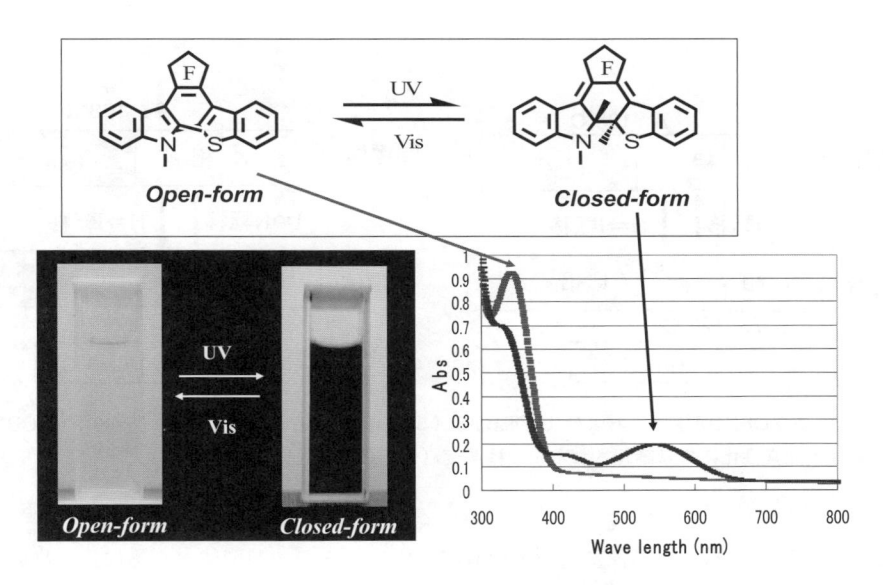

図5　典型的なジアリールエテン（DE）の光異性化反応と両異性体の分光スペクトル

に照射し，両異性体が感度を持たない830 nmのレーザ光で透過率をモニターしたところ，クロスニコル下においてDEBO8の光異性化に伴う可逆的な透過率変化が観測された。DEBO8の光異性化により両異性体が異なるN-I相転移温度（T_c）を示すことが明らかになった。図7（a）に示すように閉環体は開環体に比べ低いT_cを示し，N相-I相の可逆的相転移は120〜125℃の範囲で生じる。さらに9μmギャップのガラスセルにDEBO8と図6（b）に示す液晶ポリマー（Poly（P6OCB））との混合物をI相にて注入し，前述の方法と同様にして液晶ポリマーが一軸配向した評価サンプルを作製した。DEBO8と液晶ポリマーとの相溶性は良好で，DEBO8を5 mol％含む材料系では図7（b）に示すように105〜108℃の温度領域で可逆的N-I相転移が観察された。これは，液晶ポリマー中に含まれるわずか5 mol％のDEBO8の異性化により，液晶ポリマーのT_cが変化することを示しており，DEBO8の異性化が液晶物性に大きな影響を与えることを示して

次世代光メモリとシステム技術

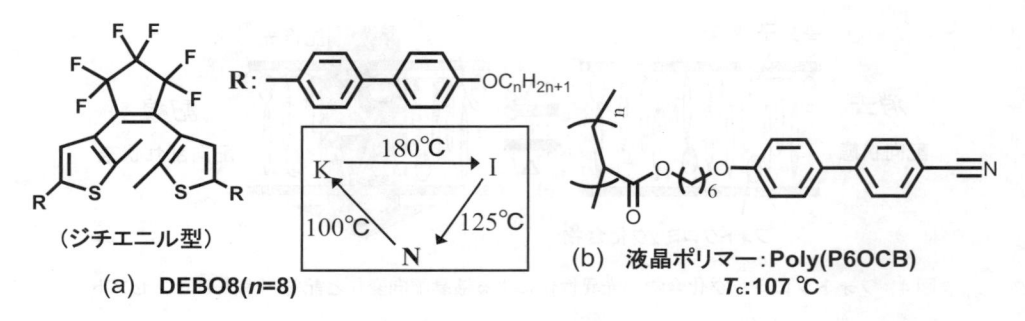

図6 (a)液晶性を示すジチエニル型DE誘導体，および(b)液晶性ポリマーの構造と相転移

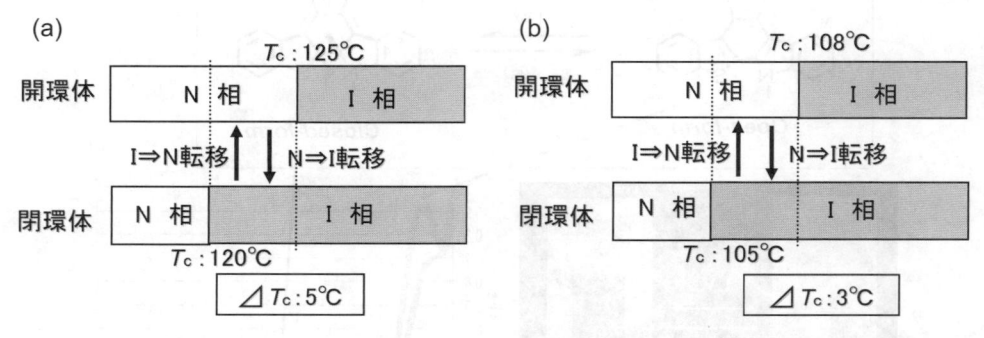

図7 (a)液晶性DEBO8単体，および(b)DEBO8（5 mol%）含有液晶ポリマー（Poly(P6OCB)）における光異性化により誘起された相転移温度（T_c）の変化

いる。DEBO8単体の場合と同様に閉環体含有液晶ポリマーが，開環体含有物に比べ高いT_cを示す[30]。

　405 nmレーザ光に対するDEBO8開環体と閉環体それぞれの液晶温度領域における測定結果を図8に示す。光異性化に伴うDE自体の屈折率変化量Δnは0.01から0.015程度であり[26]，我々が開発した液晶性DEBO8単体においても同様に屈折率変化そのものは余り大きくない。検討材料においては，材料中のDEBO8が光異性化することによって液晶ポリマーの配向が微視的に変化し，結果として記録層内に屈折率変調Δnが発現する。ホログラム記録性能については，405 nmのLDあるいは407 nmのKr$^+$レーザを用いて開発材料の評価を行った。上述の温度域において405 nmレーザ光によるホログラム記録が可能であることが確認された。図8(a)にDEBO8単体および液晶ポリマー（Poly(P6OCB)）複合体に対するホログラム記録時のΔnを，また，図8(b)に回折効率を示した。DEBO8単体は液晶ポリマー複合体より大きなΔnを示すが，回折効率は非常に小さい。これは，DEBO8単体が大きな屈折率異方性を有するものの配向保持性が乏しく，回折効率として観測されないことを意味している。一方，DEBO8を含む液晶ポリマーは狭い温

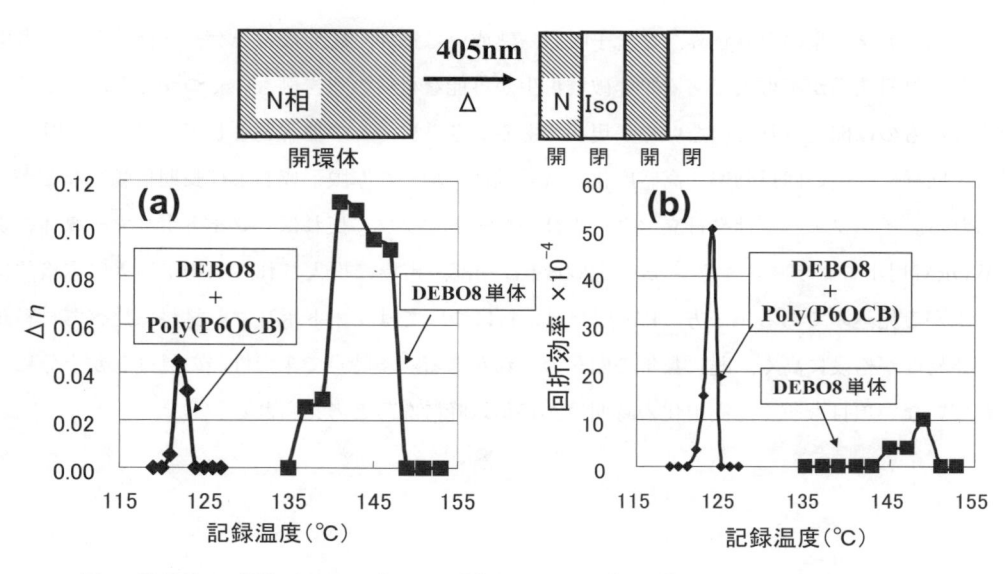

図8 液晶性DE単体（DEBO8）および液晶ポリマー（Poly(P6OCB)）複合系における
ホログラム記録による(a) Δn, および(b)回折効率

度域ではあるが，比較的大きな回折効率を示し，DEBO8の異性化に誘起された配向変化が保持されることが確認された。しかし，現状では相転移温度の幅ΔT_cが3℃程度と狭く，実用化に向けたΔT_cの拡大，さらに非破壊再生や低散乱性の確保など，今後の継続的な材料開発が不可欠である。

2.5 今後の課題と展望

ホログラムメモリ用記録材料はWORM用のフォトポリマー材料を中心に開発が進展している。材料の開発課題はダイナミックレンジの拡大，高感度化，低収縮性の確保，低散乱化などがメインで，様々なアプローチが報告されつつある。現時点では未だインフェーズ社のフォトポリマーが一歩抜きん出た記録性能を保有しており，これを上回る材料の実現はさほど遠くないと思われる。最大の未着手の材料課題は温度特性で，特に使用温度における線膨張係数がかなり大きく，BER（ビット誤り率：Bit Error Rate）が大きく左右されることである。これはシステム面での工夫が不可欠と思われる。一方，RW用記録材料の最大の課題は何と言っても非破壊再生の実現である。信号光と参照光の干渉によって形成された透過型回折格子は，信号読み出し時の再生光によって媒体全域にわたり光反応が進むため，回折格子のコントラストが徐々に低下する。その結果，再生信号光は弱まり，最終的には全く読み出しが不可能になる。これが記録された情報の再生破壊の現象である。これを防止するためには，材料設計の面では記録光と再生光に対して有

効な非線形光学効果の取り込み，2光子吸収，熱或いは電界・磁界などをゲート機能として考慮に入れた材料開発が不可欠である．非破壊再生が可能な材料の報告例もいくつか見られるが，未だ十分なものは開発されていないのが現状である．さらに，その他課題として，フォトポリマー材料と同様に，高い回折効率，高感度化，低散乱性，均一な厚膜形成および長期信頼性などが挙げられる．インフェーズ社や日立マクセル社のロードマップに拠れば，フォトポリマー媒体によるWORM用ホログラフィックメモリは2008年に一部，市場に投入され，2010年過ぎに本格的に立ち上がる見込みである．一方，RW型記録材料についてはフォトポリマー材料に比べて材料課題の難易度が格段に高く，既に数年の開発の遅れがある．現時点で未だ性能の見通しが十分に得られていない項目も多く，実用化の時期は2015年以降になると考えられる．

文献

1) Y. Kaneko et al., ISOM/ODS2005, PM22
2) 堀米，光学，**32**, 542 (2003)
3) K. Ishioka et al., ISOM/ODS2005, ThE3
4) H. J. Coufal et al. (Eds.), "Holographic Data Storage", Optical Sciences, Springer, New York (2000)
5) A. Satou et al., *Proc. SPIE*, **5380** (2004), from ODS2004
6) 服部，佐藤，東亞合成研究年報TREND, **8**, 26 (2005)
7) 寺西卓，「ホログラフィックメモリーのシステムと材料」，志村努監修，シーエムシー出版，第3章1節 (2006)
8) R. T. Ingwall, D. W. Waldman, *SPIE's Int. Tech. Gr. Newsletter*, **11**, 1 (2000)
9) L. Dhar et al., ODS Conference Digest, WA4, 158 (2000)
10) 特許：特開2000-86914
11) H. Tanigawa et al., *J. Photopolym. Sci. Technol.*, **14**, 281 (2001)
12) K. Satoh et al., ISOM/ODS'08 Tech. Digest, MP01 TD05-60 (2008)
13) R. Arai et al., IWHM2008 Digests 21P7 (2008)
14) H. Ono et al., *Appl. Phys.*, **88**, 3853-3858 (2000)
15) G. B. Jung et al., *Jpn. J. Appl. Phy.*, **45** (1A), pp. 102-106 (2006)
16) R. Hagen, T. Bieringer, *SPIE's Int. Tech. Gr. Newsletter*, **11**, 12 (2000)
17) E. Lorincz et al., ODS Conference Digest, WA5, 161 (2000)
18) K. Kawano et al., ISOM Tech. Digest, Fr-J-25, 156 (2000)
19) Y. Aoshima et al., ISOM Tech. Digest, Fr-J-23, 152 (2000)
20) T. Fukuda et al., *MOL.CRY.LIQ.CRY.*, **446**, 71 (2006)

21) H. Ono *et al.*, *Jpn. J. Appl. Phys.*, **44**, 1781-1786 (2005)
22) 佐々木, 液晶, **6**(2), 168 (2002)
23) N. Tsutsumi, T. Murao and W. Sakai, *Macromolecules*, **38**, 7521-7523 (2005)
24) A. Hirao *et al.*, *Rev.Laser Eng.*, **30**, 166 (2002)
25) トレントラーほか, 特表2006-505807
26) M. Irie, *Chem. Rev.*, **1000**, pp. 1685-1716 (2000)
27) 桜井宏巳,「ホログラフィックメモリーのシステムと材料」, 志村努監修, シーエムシー出版, 第3章3節 (2006)
28) Y. Kaida *et al.*, Abst. of XXIst IUPAC Sym. on Photochemistry, p. 223 (2006)
29) Y. Kaida *et al.*, Proc. of 7Th Int. Sym. on Functional π-Electron Systems, IL-8 (2006)
30) 海田ほか, 光学, **36**(11), 631 (2007)

3 ホログラムメモリシステム

小笠原昌和*

近年,フォトポリマなどの高感度光記録媒体の登場によりホログラムメモリシステムの実用可能性が高まってきた。本節ではホログラムメモリの記録システムについて解説する。

3.1 角度多重方式
3.1.1 原理

角度多重によるホログラム記録は最も基本的なホログラム記録形態で,記録媒体の評価装置などにも採用されている。図1(a)に角度多重方式の記録原理を示す[1]。2次元ページデータで空間変調された信号光と参照光の2光束を記録媒体中で交差させ,干渉縞を形成することで記録媒

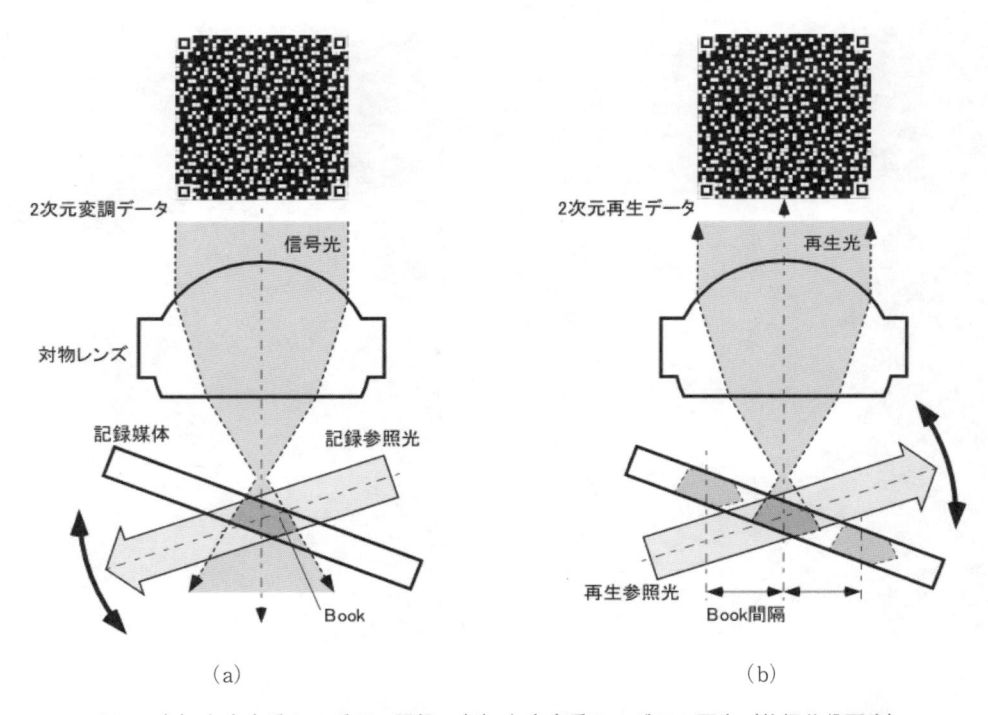

図1 (a) 角度多重ホログラム記録,(b) 角度多重ホログラム再生(位相共役再生)

---

* Masakazu Ogasawara　パイオニア㈱　技術開発本部　総合研究所
　　　　　　　　　　　次世代ドライブ技術研究部　第四研究室　室長

第4章　ホログラフィック・メモリ

体中に回折格子（ホログラム）を形成する。信号光は記録されるホログラムの大きさを小さくし，記録媒体に数多くのホログラムを記録するために対物レンズで集光される。一方，参照光は平面波で，記録媒体中のある一点で信号光と交差するように設定される。ホログラムの多重記録は，この交差点を中心に参照光の記録媒体への入射角度を変更することで行われる。

　図1(b)に角度多重されたホログラムの再生原理を示す。ホログラムの再生には通常再生と位相共役再生[2]がある。通常再生は，記録時と同一の波面，進行方向の参照光を記録媒体に照射し，再生信号を得るものである。通常再生の場合，再生光は記録時の信号光と同じ状態でホログラムより再生される。つまり，再生光は対物レンズと反対側に生じ，対物レンズと対向するように配置されたレンズによりイメージセンサー上に結像され，ページデータとして復元される。一方，位相共役再生は，記録時と同一の波面であるが逆方向に進行する参照光を記録媒体に照射することにより，記録時とは逆方向，すなわち記録に用いた対物レンズ側に再生光を生じさせることができる。位相共役再生を行うことで，ホログラム記録用の対物レンズと再生用の結像レンズとを共用することができるため，ホログラム記録システムの簡略化が可能である。

3.1.2　ポリトピック方式

　角度多重では記録媒体中の同一箇所に複数のページデータを記録し，それをBookと呼ばれるホログラム群として扱う。通常，Bookは記録媒体平面内で互いの干渉を防ぐために十分な距離をもって記録される。しかし，この記録方法だと記録媒体平面内に記録される総Book数が極めて制限されるため，記録面密度を高くすることが困難である。図2(a)に近接して記録されたBookを再生した場合を示す。目標とするBookを再生するために照射した参照光は隣接するBookにも照射され，隣接Book内に記録されたページデータの内，その参照光角度にブラッグマッチするホログラムが再生されてしまう。この余分な再生光は，目標とするホログラムからの再生光と重複再生されるので，イメージセンサー上でクロストークとなり正確な再生信号を得ることができない。

　InPhase社は，この問題を解決するために図2(b)に示す改良された角度多重方式（角度多重ポリトピック方式）を提案している[3]。この方式では再生光が集光するフーリエ面近傍にアパーチャ（ポリトピックアパーチャ）を配置することで隣接するホログラムから再生される不要なクロストーク光を遮断することが可能となり，Book間隔をより近接させることができる。ポリトピック方式により，515 GBits/in.^{2}の記録密度を達成した[4]という報告がなされている。

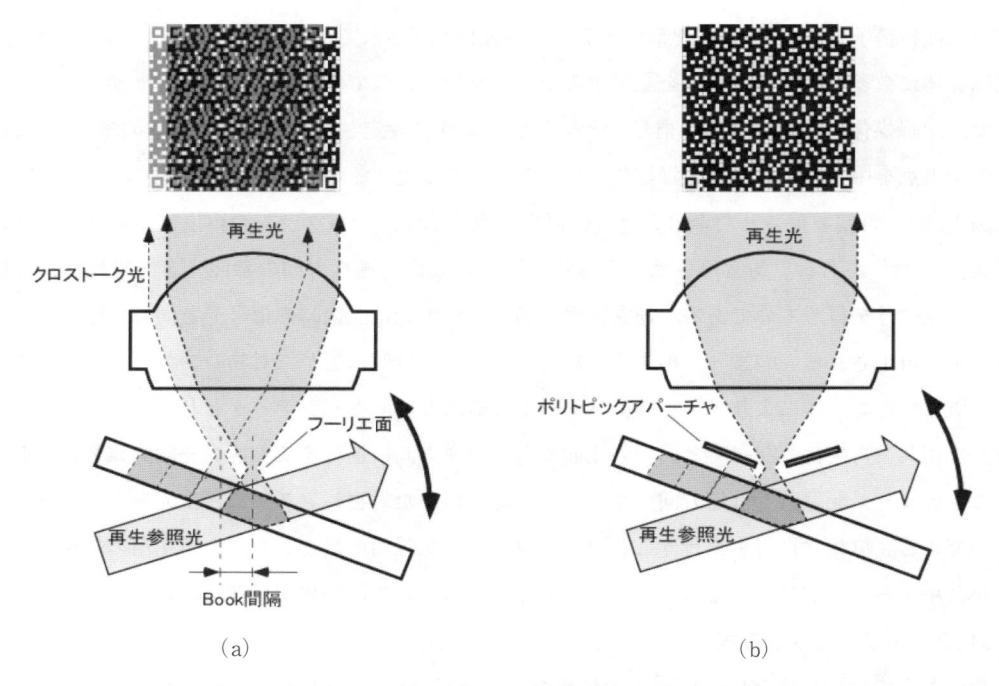

図2 (a) 角度多重ホログラム再生（ポリトピックアパーチャ無し），
(b) 角度多重ホログラム再生（ポリトピックアパーチャ有り）

3.1.3 ポリトピック方式記録光学系

図3にポリトピック方式の典型的なホログラム記録光学系を示す．記録光源から射出されたレーザー光はビームスプリッタにより信号光と参照光に分離される．信号光は空間変調器で2次元的に空間変調される．空間変調された信号光はレンズで集光される．集光点にはナイキストフィルターと呼ばれるアパーチャが配置され，空間変調器の画素で発生する不要な回折光，迷光を遮断する．このフィルターを通過した信号光は対物レンズにより記録媒体中に集光される．一方，参照光は4fスキャナーと呼ばれる光学系に入射される．これは1組のf-θレンズとガルバノミラー偏向器とを組み合わせた物で，記録媒体中のある一点を中心に参照光の角度を変化させる働きを持つ．再生時には，記録媒体を挟んで配置されたガルバノミラーにより参照光を反射し，再び記録媒体に入射させることで，位相共役再生を可能としている．位相共役再生された再生光は記録時と同一の光路を記録時とは逆方向にたどり，再びナイキストフィルターに入射する．ナイキストフィルターはポリトピックアパーチャを兼ねており，隣接するBookから発生する不要なクロストーク光はここで遮断され，目標ホログラムからの再生光のみが得られる．InPhase社ではこのような光学系を用いた記録再生システムのプロトタイプ[4]を完成させており，実用化され

第4章 ホログラフィック・メモリ

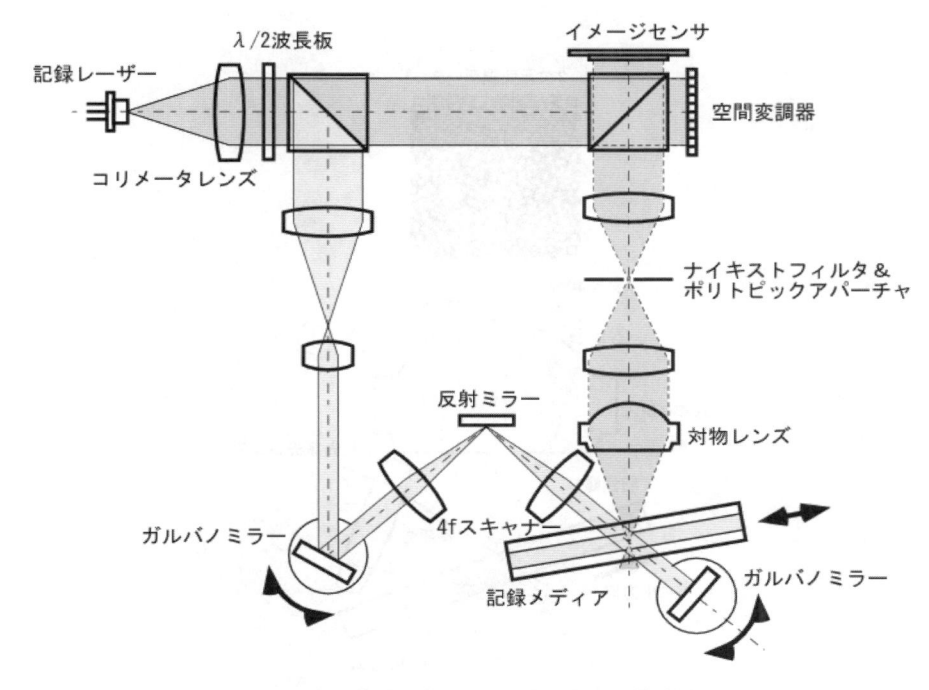

図3 角度多重ポリトピック方式記録光学系例

る日も遠くないと思われる。

3.2 シフト多重方式
3.2.1 原理

　角度多重に対して，記録媒体を光学系に対して相対的に移動（シフト）させるだけで多重記録可能なのがシフト多重方式[5]である。図4にシフト多重方式の基本原理を示す。信号光と参照光の2光束を記録媒体中で交差させ，記録を行う点は角度多重と同じである。角度多重とは異なり参照光は集光レンズにより球面波に変換され，記録媒体中で信号光と交差するように設定される。ホログラムの多重記録は，記録媒体と光学系を相対的にシフトさせることで行われる。シフト多重では参照光を球面波とすることで記録媒体をシフトさせた場合に，目標ホログラムを再生する参照光の波面がその前後のホログラムを記録した参照光の波面と異なることを利用し，ホログラムの選択再生を可能としている。シフト多重は，記録媒体をシフトさせるだけで多重記録が可能であるため，角度多重で用いられるガルバノミラーや4fスキャナーが不要である。

図4　シフト多重方式

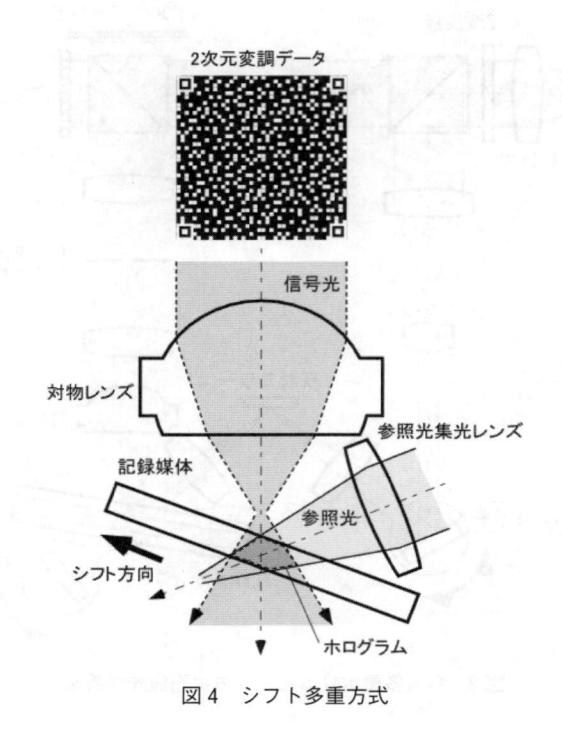

3.2.2　コリニア方式

　シフト多重方式は比較的簡単な光学系で実現可能だが，レーザー光を参照光と信号光の2光束に分離する必要がある点においては角度多重方式と同一である。この問題を解決するためにオプトウェア社から提案されたのが偏光コリニア方式[6]である。ここではその改良とも言えるコリニア方式[7]について解説する。図5に示すようにコリニア方式ではレーザー光の光束外周部を参照光領域，内周部を信号光領域として同軸形状に分割して使用する。参照光領域にも空間的な変調を与えることで参照光に回折による広がりを持たせ，参照光と信号光との十分な干渉領域を確保できることが特徴である。しかも，参照光の空間変調は信号光の変調と同一の空間変調器を用いることができるため，新たな光学部品を導入する必要がない点も特筆に値する。

第4章 ホログラフィック・メモリ

図5 コリニア方式

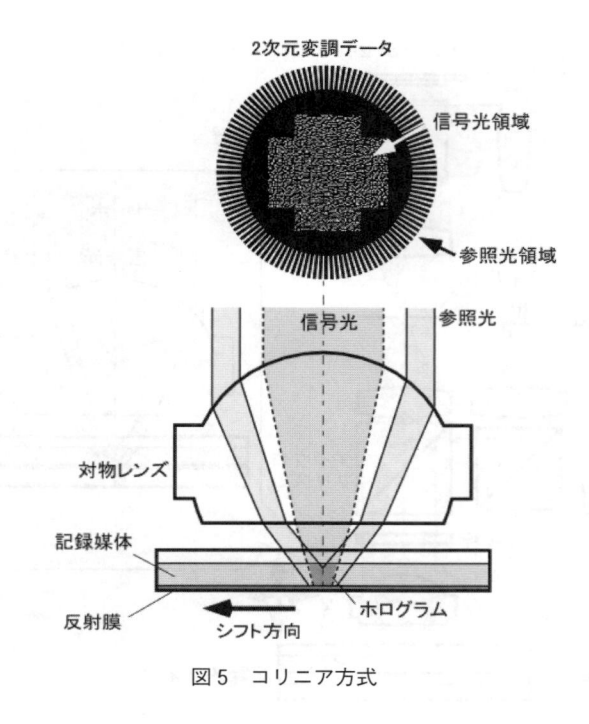

3.2.3 コリニア方式記録光学系

　コリニアのようなシフト多重方式では，数ミクロンオーダーの微小な間隔でのホログラム記録が求められるため，CDやDVDのような光ディスクで用いられているフォーカシング，トラッキングなどの記録媒体と光学系の相対位置関係を正確に制御するサーボシステムの導入が必須である。オプトウェア社はこの課題を解決するために，さらに新しい記録媒体構造[8]を提案している。図6にサーボ用ガイド層を用いたホログラム記録メディア構造および，この記録媒体を用いるコリニア方式の典型的な光学系を示す。記録メディアは，波長選択性反射膜を境にホログラム記録層，サーボガイド層という2層構造になっている。ホログラム記録光は，波長選択性反射膜により反射され奥のガイドトラック層に入射することはない。一方，サーボ光は，ホログラム記録光とは別の波長に設定されており，波長選択性反射膜を透過し，最下層にあるサーボガイドトラックを読み取ることができる。その結果，光ディスクライクなフォーカス，トラッキングエラー信号を得ることができる。

　光学系レイアウトは，サーボ用光路と記録用光路を複合した形態となっている。記録光源から射出されたレーザー光は，空間変調器の変調状態を領域ごとに変化させることで信号光領域，参照光領域に分割される。参照光，信号光は，ナイキストフィルターを通過後，対物レンズにより記録媒体中に集光される。サーボ光はダイクロイックプリズムなどで記録用光路と合成され，対

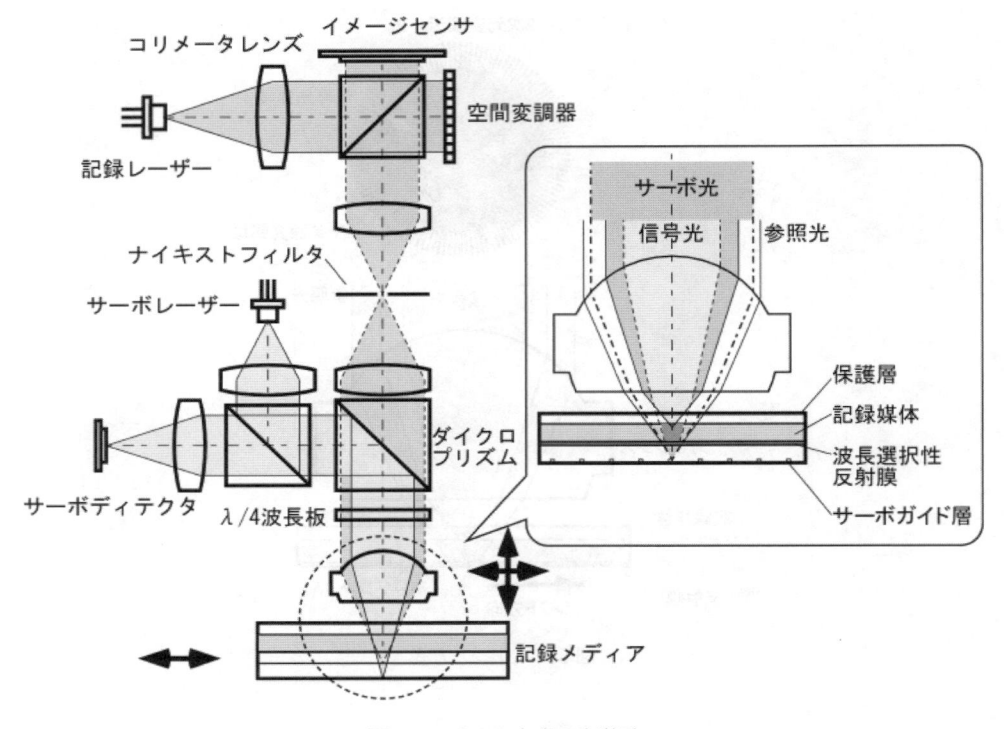

図6 コリニア方式の光学系

物レンズによりサーボ層に集光される。対物レンズの駆動は一般的な光ディスクの手法を用いることで得られたサーボエラー信号を用いて行われる。オプトウェア社では，このような光学系を用いた記録再生システムのプロトタイプを完成させており学会で公表[9]している。またSONY社においても研究開発[10]が進んでおり，本方式も実用化に向けて開発が加速されている。

3.3 ホログラムメモリシステムの課題
3.3.1 要素技術

ホログラム記録システムを実現するためには記録媒体の他にも数多くの要素技術の開発が行われなければならない。特に一般的な光ディスクに用いられている光学部品とは異なる光学部品が数多く必要で，それらの開発の進展がホログラム記録装置の実用化の鍵といっても過言ではない。

(1) 光源

ホログラムを記録するのに適した光源は，高いコヒーレンシーを要求されるため，一般的な半導体レーザーを用いることは困難である。実験装置や評価装置では，SHG（Second Harmonic Generation）レーザーが用いられることが多い。また最近では単一縦モードレーザーとして

DFBLD（Distributed Feedback Laser Diode）[11]や，リトローレーザーの原理を応用し電気的に波長をコントロール可能としたレーザー[12]の開発も盛んである。

(2) 空間変調器

ホログラム記録に用いられる空間変調器には高いコントラストと高いフレームレートが求められる。初期の実験では一般的な透過型液晶表示素子が使われることが多かったが最近では反射型のDMD（Digital Micro mirror Device）素子やLCOS（Liquid Crystal On Silicon）素子が使われるようになってきた。最新のホログラム記録用の空間変調器は1216×1216の画素数を有しフレームレート1.1Kfpsを誇る素子（DisplayTECH社製）も登場している。

(3) イメージセンサー

高い転送レートを実現するためには受光部にも高い性能が求められる。最近では超高速度カメラ用のデバイスが進化しており，CMOSセンサーでは画素数1696×1710，485fpsのもの（SYPRESS社製）も登場している。

(4) 対物レンズ

一般的な光ディスクの対物レンズとは異なりホログラム記録用対物レンズではカメラレンズに相当する性能が求められる。実験では多群，多玉の組レンズが使用されることが多い。最近ではレンズ構成の最適化や非球面レンズの導入によって小型のホログラム記録再生装置を実現可能な対物レンズの開発[13]も進んでいる。

3.3.2 環境信頼性

ホログラム記録装置のターゲットは，記録媒体，装置に万全の信頼性が求められるデータセンターや放送局，研究機関，オフィスなどのストレージと推定できる。記録媒体の高温湿度環境下における信頼性は媒体そのものの改良はもとより，記録システムでの様々な補正が必要となる。例えば記録媒体の温度による膨張は，干渉縞間隔の歪みとなり再生信号が適切に得られないという問題を発生させる。この課題を解決するために，光源に波長可変レーザーを用いて補正する試み[14]が行われている。また，コリニア方式において対物レンズが記録媒体に追従して動くと，2次元空間変調された信号光と対物レンズとの間にずれが生じるという問題がある。これを解決する方法として，信号光を偏向ミラーを用いて対物レンズの駆動に追従させるという試み[15]が行われている。

ホログラム記録システム実用化には，記録媒体の性能，対物レンズ，空間変調器など要素技術，サーボシステムなど補正技術，画像処理，エラー訂正などの信号処理技術[16]の4点が進展する必要がある。昨今の研究開発では，本節で述べたように各々の分野でそれぞれ新たな試みが行われており実際にめざましい効果を上げている。これらの進展によって近い将来，ホログラム記録システムは実用化に向かうと思われる。

文　　献

1) F. H. Mok, *Optics Letters*, **18**, 915-917 (1993)
2) B. H. Soffer, G. J. Dunning, Y. Owechko and E. Marom, *Optics Letters*, 1-11(2), 118-119 (1986)
3) K. Anderson and K. Curtis, *Optics Letters*, **29**(12), 1402-1404 (2004)
4) K. Curtis, ISOM'06 Technical Digest, Mo-D-01 (2006)
5) G. Barbastathis, M. Levene and D. Psaltis, *Applied Optics*, **35**, 2403 (1996)
6) NEDO，超高速テラバイト光ディスク記憶装置の開発—成果報告書 (2001)
7) H. Horimai and X. Tan, *Optical Review*, **12**(2), 90-92 (2005)
8) H. Horimai and X. Tan, *Applied Optics*, **45**(5), 910-914 (2006)
9) H. Horimai and Y. Aoki, ISOM/ODS' 05 Technical Digest, ThE6 (2005)
10) K. Tanaka, H. Mori, M. Hara, K. Hirooka, A. Fukumoto and K. Watanabe, ISOM'07 Technical Digest, Mo-D-03 (2007)
11) 長濱慎一ほか，レーザー学会学術講演会28回年次大会講演予稿集，S3-31pI3 (2008)
12) T. Tanaka, K. Sako, R. Kasegawa, M. Toishi, K. Watanabe and S. Akao, ODS'06 Technical Digest, WC3 (2006)
13) 野口一能，レーザー学会学術講演会28回年次大会講演予稿集，S3-31pI5 (2008)
14) M. Toishi, T. Tanaka, M. Sugiki and K. Watanabe, ISOM/ODS'05 Technical Digest, ThE5 (2005)
15) K. Hirooka, K. Takasaki, S. Kobayashi, H. Okada, S. Akao, S. Seko, A. Fukumoto, M. Sugiki and K. Watanabe, ODS'06 Technical Digest, MA4 (2006)
16) H. Hayashi, ISOM'04 Technical Digest, We-G-08 (2004)

4 認識機能を持つホログラム

小舘香椎子[*1]，渡邉恵理子[*2]

4.1 はじめに

　情報爆発の時代[1]を迎え，大容量のデータからの情報検索技術の重要性が高まってきている。現在主流のメタデータにおけるテキスト検索の高度化・高付加価値化だけでなく，画像データの内容や映像シーンの解析を可能とする画像・動画解析システムの開発も盛んに行われている[2~4]。しかし映像を対象にした検索や内容解析ではデータ容量が膨大であるため，外部ストレージからの転送速度が，検索処理速度のボトルネックとなることが多い。この課題に対し，データベースの最適クラスタリング処理を施すことや，HDD上に類似クラスタを近接して配置することで，転送速度をデータ構造上で高速化する研究が行われている[5]。

　現状の製品として流通している各種データストレージの容量と転送速度の性能を図1[6~9]に示す。ストレージデバイスの代表的なものとして，ハードディスクドライブ，光ディスク，磁気テープなどが挙げられる。1次ストレージの記録媒体であるHDDの進展は著しく，記録容量が

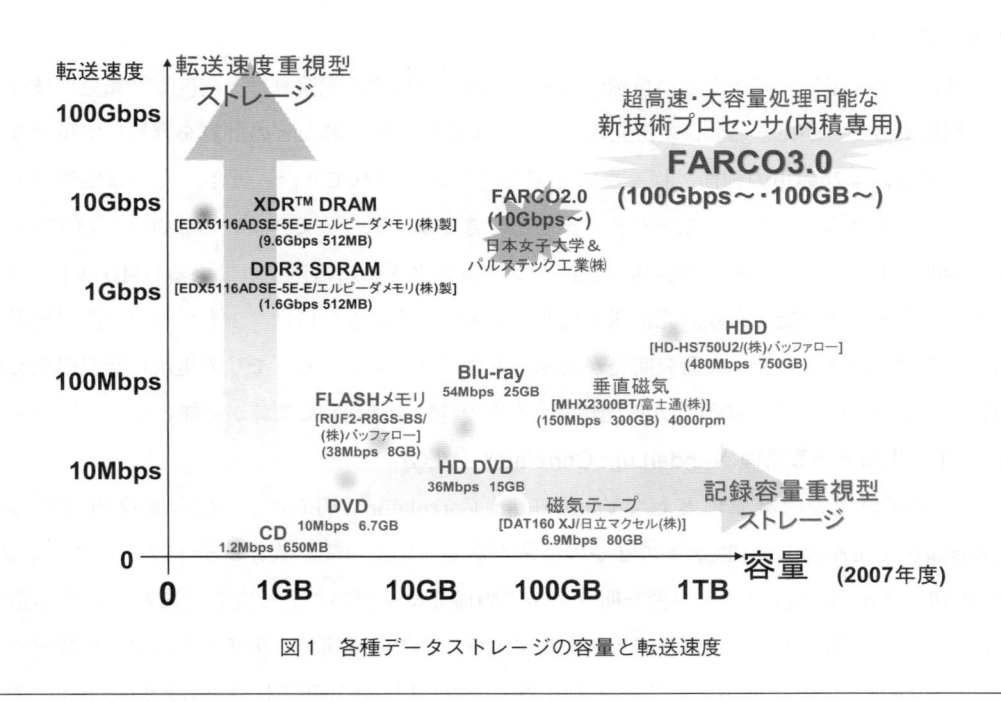

図1　各種データストレージの容量と転送速度

＊1　Kashiko Kodate　日本女子大学　理学部　数物科学科　教授
＊2　Eriko Watanabe　日本女子大学　理学部　数物科学科　客員講師；㈱科学技術振興機構
　　　さきがけ研究員

1TB以上の製品も存在する。しかし，RAID（Redundant Arrays of Inexpensive Disks）構成だとしても転送速度は速くて数Gbps程度である。一方転送速度の速いメモリとしてはコンピュータのメインメモリとして使われるDRAM等があるが，メモリ容量は数GB程度である。次世代光ディスクの1つの候補であるホログラムメモリは現状のメモリや，次世代メモリであるbit by bitの記録方式とは根本的に異なり，演算機能を持つ唯一のメモリで，データの読み出しと，相関（内積）演算を同時に行うことが可能である。従ってHDDやRAMとCPUにより別々に処理していた情報処理の一部が数桁高速に行える。このような超高速画像処理のビジョンを元に，図1に示す高速かつ大容量を目指した超高速画像検索エンジンFARCO（Fast Recognition Optical Correlator）の研究開発が行われている[10〜12]。例えば現状のコンピュータであれば，数10Gbps以上のデータ転送速度とCPUによる演算が必要である相関処理を，FARCOにおいては，相関値である光強度値をたかが数Mbpsで検出するだけでよい。

本稿では，認識機能を持つホログラムとして，光相関演算におけるホログラムの役割と原理，光相関演算システムの現状，またその応用に関して記す。

4.2 光相関演算

光波の伝搬・干渉・回折などの自然法則そのものを利用する光演算は，高度な情報処理技術として利用することができる[13]。多次元のフーリエ変換や相関演算などの計算を容易に実現できるため，基礎および応用の両面，様々な研究開発[14, 15]がなされてきた。近年，光情報処理用デバイスの開発が進み，高性能な光デバイスを利用できるようになってきている。例えばLCOS型の高速空間光変調デバイスや，強誘電性液晶やプロジェクターに搭載されているDMDは1kHzを超える高速表示が可能であり，光情報を高速に変調できる。さらにはフォトポリマー記録材料やホログラフィックシステムの研究開発が進み，ホログラフィック光メモリの実用化研究開発も急速に進んでいる[16]。これらの背景から光相関[17]本来の特性を活かした演算が可能となってきている。

4.2.1 光相関演算原理 VanderLugt Correlator（VLC）

相関演算の代表的な原理としてVanderLugt Correlator（VLC）[18]と結合変換相関器Joint Transform Correlator（JTC）[19]の2つの手法がある。VLC（光学式マッチフィルタリング）は1964年にVanderlugtによる複素空間フィルタの研究に基づいた光相関器である。4f光学系におけるフーリエ領域で複素相関フィルタを利用することで，光速で2次元画像の中から特定のパターンの存在と位置を検出することができる。一方，JTCは1966年にWeaverやGoodmanによって提案された相関器で，実空間領域で識別対象のパターンを並べ，結合フーリエ変換することで特定パターンの存在を検出できる。ここではホログラムメモリに関係の深い，VLCに関して記述する。一般的な相関演算は

第4章　ホログラフィック・メモリ

$$g(x,y) = f(x',y') \, h(x'-x, y'-y) \, dx'dy' \tag{1}$$

であらわされる．$f(x,y)$ のフーリエ変換した関数を $F(u,v)$，$h(x,y)$ のフーリエ変換した関数を $H(u,v)$ で，それぞれ表すと

$$g(x,y) = \mathbf{F}[F(u,v) \cdot H^*(u,v)] \tag{2}$$

と等価な式として与えられる．ここでマッチトフィルタの周波数応答は，

$$H(u,v) = F^*(u,v) \tag{3}$$

で与えられる．このように検出したい信号の複素共役関数をマッチトフィルタとして周波数フィルタリングを行うと，相関演算（類似度とその物体の位置の検出）が可能となる．

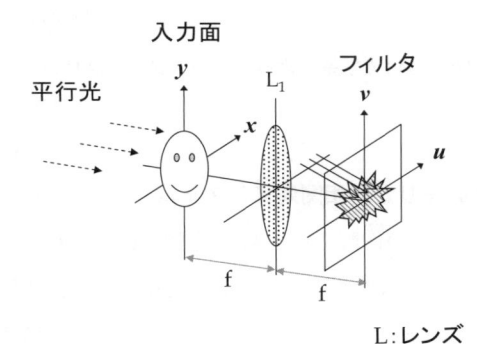

4.2.2　マッチトフィルタの作製

VLCはあらかじめマッチトフィルタを作製しておくことが必要である．マッチトフィルタの作製方法は，主な2つの方法がある．第1の方法は，図2に示すように実験光学系によりマッチトフィルタを作製する方法である．レンズでフーリエ変換した複素波面に平行光を照射してホログラムを記録する．これはフーリエ変換ホログラムやマッチトフィルタホログラムと呼ばれる．次に示すコンピュータによる方法に比べ汎用性に乏しいが，簡易な光学系で高速でマッチトフィルタを記録できる特徴がある．

第2の方法は，コンピュータを用いてホログラムの構造を計算する方法でComputer-generated-hologram（CGH）と呼ばれている[20]．代表的な手法としては，物体光の振幅と位相の分布を適当な方法で直接ホログラム面内に記録する方法と，物体光と参照光を計算してこれを描画する方法がある．マッチトフィルタリングは，ホログラムの中でもフーリエ変換像を記録するため，FFT（Fast Fourier Transform）によって計算し作製することができる．コンピュータによるマッチトフィルタホログラムの設計の種類は数多く，位相のみを用いる位相限定フィルタや，高精度・ロバスト化に向けたフィルタの設計等が行われている．またマッチトフィルタで

図2　マッチトフィルタの作製光学系

は倍率や回転などに関してロバスト性が少ないことから，倍率不変フィルタ（メラン変換），回転不変フィルタなどの検討が進められてきているが，それぞれ一長一短があり，用途に応じた設計が必要である．これらフィルタ設計については参考文献など[21]を参照して頂きたい．

4.2.3 マッチトフィルタによる光相関演算

マッチトフィルタを利用したマッチトフィルタリングには，図3に示すレンズを2枚利用した4f光学系を用いる．光学的に自己相関の複素共役分布は入力によって変調された波面を相殺して平面波に戻すような分布である．この場合，入力により変調された光は，フィルタを通過すると平面波に変換される．平面波であればフーリエ変換した結果はデルタ関数となることから，レンズL_2を通過して逆フーリエ変換された面では鋭く光強度の高い相関信号が得られる．入力画像と完全に同じ場合は平面波となるが，異なる入力画像のときは平面波ではなくなり，波面が乱れるため相関信号分布は広がりを持ち高いピークは得られない．実際の光学系では0次光を回避するために角度θ傾けた平面波を入力してマッチトフィルタを作製することが多く，図3のように中心から異なる位置に相関ピークを設定する．

このようにVLCは画像表示と同時（光速）に相関演算が可能なため，相関演算は画像表示素子以外は全て受動デバイスにより構築できる．そのため，高速性に優れている．

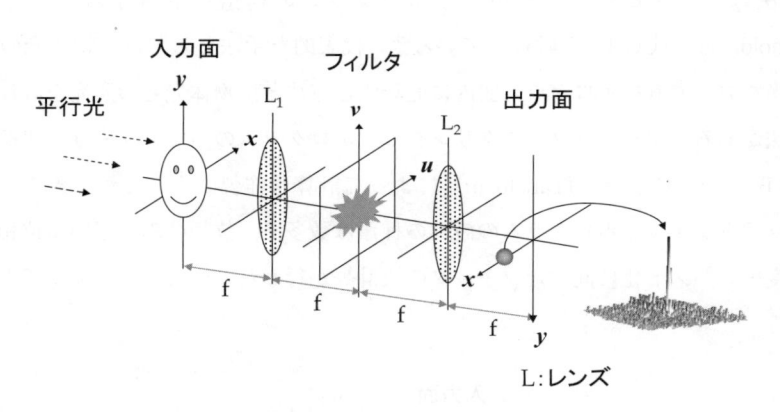

図3 4f光学系によるマッチトフィルタリング

4.3 ホログラフィック光メモリと光相関演算システム

光学系によるマッチトフィルタの作製を行う際，光相関演算システム実現のキー技術の1つは，ホログラフィック光メモリシステムである．現在記録再生方式は，ポリトピックとコアキシャルの主に2方式で研究開発が進められている[22,23]．ポリトピック方式は2光束角度多重方式を基本とするもので，コアキシャル方式は，同軸上で参照光と情報光を干渉させる方式である．2次元

第4章 ホログラフィック・メモリ

ページデータのホログラフィックな記録と再生を実用的に行うためには高いデータ密度記録へ向けた研究[24]，高出力のパルスレーザではなく記録・再生を行う研究[25]，記録材料の収縮，温度変調などに伴う特性改善[26]，ページの符号化復号化のため高速信号処理技術開発[27]，ディスク量産技術[28]，などの課題解決に向けて研究開発が行われている。

高精度高速光相関アルゴリズム[29〜32]とホログラフィック光ディスク[33]を融合して光データに直接アクセスする次世代光相関技術は小舘・渡邉らによって提案され，FARCO 2.0 さらに小型器 FARCO 3.0 が実装されている[34]。光相関では，保存されている2次元（もしくは3次元）のデータを再生する必要は無く，照合した結果のみを処理できればよいだけなのでホログラフィック光メモリに比べて簡易なシステム構成が可能である。

4.3.1 コアキシャルホログラフィックマッチトフィルタによる光相関演算システム

コアキシャルホログラム記録方式において，ホログラムの書き込み時に，情報画像の付近に点光源を近似して表示しこの画像を1つのレンズでフーリエ変換すると，書き込まれる光情報データはマッチトフィルタホログラムとなる。光相関演算時には，同様の光学系に識別したい画像を表示すると，ホログラムから回折してきた光が相関信号となって表れる。図4 (a), (b)のように，簡易なコアキシャル光学系でマッチトフィルタホログラムの書き込みと光相関演算が実現できる。このシステムを超高速化するためには回転ディスク系を構築する必要がある。図5に光学系を示す。記録時は回転させたまま高速記録を行うために高出力のQ-SWレーザを選定した。記録時は図5において閉じた状態のシャッターを開きDMDに表示した画像を記録する。

相関演算では微小な一点の光強度のみを検出すれば良いため低いパワーのCWレーザを利用し，受光素子として小さな光強度も受光できるようにPMTを選定した。回転ディスク光相関回転光学系ではホログラフィック光メモリの場合のように2次元データの受光を必要としないため，1つの受光素子でよい。

図5の光学系を用い，多重ピッチ間隔 $10\mu m$，回転速度 300 rpm で，顔画像30名分を記録した。相関演算の実験結果の一例を図5 (b) に示す。PMTからの電圧を取得するとオシロスコープで図5 (b) のような波形が得られる。このグラフはcode#25が自己相関であり，その他が相互相関である。

300人の顔画像データベースを用いた相関演算実験では，Equal Error Rate（EER）0％という高精度な結果が得られている。

次世代光メモリとシステム技術

(a)

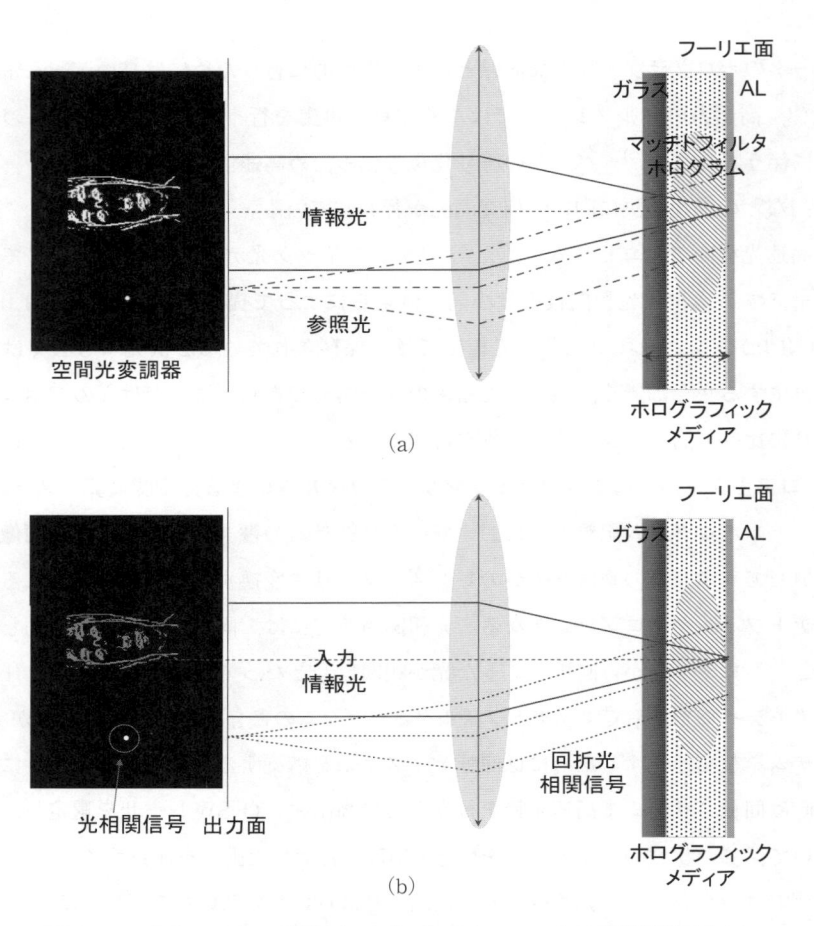

(b)

図4 コアキシャルホログラムによるマッチトフィルタの作製光学系(a)とマッチトフィルタリングの図(b)

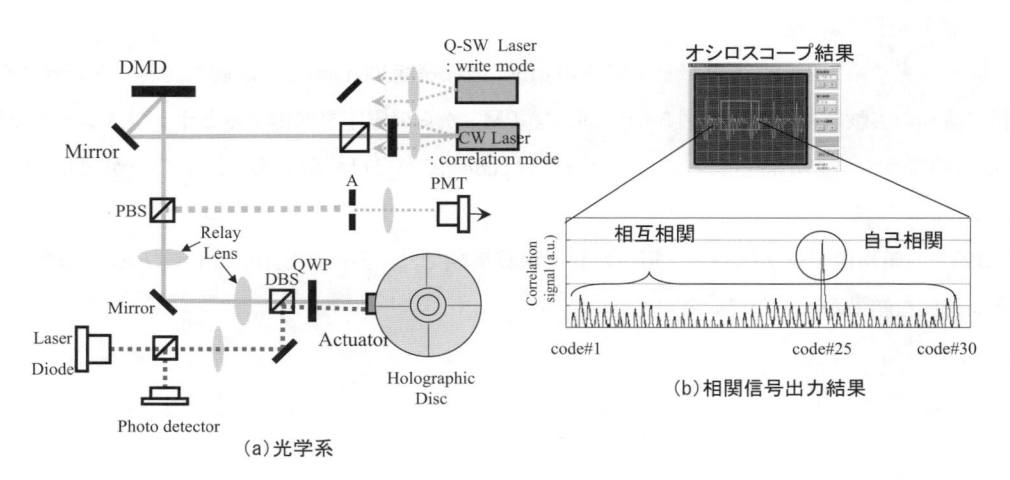

(a)光学系

(b)相関信号出力結果

図5 コアキシャルホログラムによる光相関演算システムの光学系

第4章　ホログラフィック・メモリ

4.3.2　試算演算速度

ディスク半径r(mm)・多重記録間隔d[μm]・ディスク回転数R[rpm]により算出される1秒間に相関演算が可能な画像枚数を相関演算速度V_c(frame/s)とし，下式に示す。

$$V_c = \frac{2\pi r}{d} \cdot \frac{R}{60} \tag{4}$$

デジタル計算機における相関演算処理では，RAMへの計算用データの転送（bps），CPUでの相関演算［Hz］に別々に行われる。光相関の場合，データの転送と相関演算とを同時に実行することが可能である。転送速度により，ホログラフィック光相関の高速性を考察する。記録画像サイズ（DMDの画素サイズ）を，画像のx軸のサイズP_x[pixel]，画像のy軸のサイズP_y[pixel]として，光相関演算における転送速度V_{tr}[bps]は単純にこれらを積算した値になる。320×240 bit/pageにおいて，10μmの多重で2,000 rpmの回転数である場合，V_{tr}は96 Gbpsとなる。この速度は白黒2値のQVGA画像を125万枚/sもの速度でデータ処理が可能であることを意味する。

4.4　アプリケーション

高速な光相関演算技術は様々なアプリケーションが可能である。例えば近年の映像内容に基づく検索やブラウジングなどの技術への応用である。現状では映像に対してメタデータを付加したりすることによりテキストベースの検索手法が利用されているが，必ずしも映像の内容に基づいた検索が適切に実現できるとはいえない。しかし映像を対象とする場合データ量は大きく，マルチモーダルなデータであることから，そのアルゴリズム構築には映像メディア分野での研究開発を進めている。データ容量の膨大さと，相関演算の必要性から，光相関の応用ターゲットとして適している。また，光相関システムは，無色透明の位相変調物体も取り扱うことが可能であり，細胞診断におけるサンプルを対象に医療診断や検査指針の一部を担える可能性がある。直接位相変調する透明物体を対象サンプルとして想定されており，良好な結果が得られている。

4.5　まとめ

光相関演算に関する基本的な原理および次世代メモリとして期待されているホログラムメモリと融合したホログラフィック光相関について概説した。ホログラムは認識機能を持つ唯一のメモリで，データの読み出しと，相関演算を同時に行うことが可能である。現状のコンピュータを用いると，数10 Gbps以上のデータ転送速度とCPUによる演算が必要である相関処理を，開発したFARCOにおいては，相関値の検出にわずか数Mbpsの時間だけでよい。ホログラムによる光情報処理は2次元データとの高速マッチングとして有効であり，種々のデータ処理に応用できる可能性がある。

文　　献

1) http://www.infoplosion.nii.ac.jp/info-plosion/
2) 石川清彦ほか，信学会誌，**91**(3), 296-305 (2008)
3) 孫泳青ほか，信学会誌，**107**(114), 13-18 (2007)
4) 佐藤真一，信学会誌，**91**(1), 55 (2008)
5) 廣池敦，はいたっく2007-12，**487**, 21 (2007)
6) http://www.elpida.com/ja/news/2007/10-05.html
7) http://buffalo.jp/products/catalog/storage/hd-hsu2/index.html
8) http://journal.mycom.co.jp/news/2007/04/27/030/index.html
9) http://buffalo.jp/products/new/2007/000567.html
10) 平成17～19年度「全光型超高速画像検索エンジンおよび高セキュアバイオメトリクス認証の開発」NEDO大学発事業創出実用化研究開発事業
11) 平成20年度「次世代光相関技術を用いた超高速画像情報検索・著作権管理技術の研究開発」戦略的情報通信研究開発推進制度（SCOPE）(2008)
12) 平成20年度「動画検索のための超高速光サーバの小型化に関する研究開発」NEDO大学発事業創出実用化研究開発事業 (2008)
13) 一岡芳樹，稲葉文男，光コンピューティングの事典，朝倉書店 (1997)
14) 谷田純，光情報処理，光学，**31**, pp. 239-241 (2002)
15) 辻内順平ほか，光情報処理，オーム社 (1989)
16) 志村努，ホログラフィックメモリーのシステムと材料，シーエムシー出版 (2006)
17) 小舘香椎子ほか，光科学研究の最前線，強光子場科学研究懇談会 (2005)
18) A. Vanderlugt, "An Adaptive User Navigation Mechanism and its Evaluation", *IEEE Trans. Tnform. Theory*, **IT-10**, pp. 139-145 (1964)
19) C. S. Weaver et al., "The optical convolution of time functions", *Appl. Opt.*, **9**(7), p. 1672 (1970)
20) 小舘香椎子ほか，デジタル回折光学，丸善 (2005)
21) Francis T. S et al., "selected Papers on Optical Pattern Recognition", *Proceedings of SPIE milestone series*, **156** (1999)
22) L. Hesselink et al., *Communication of the ACM*, **43**, 33 (2000)
23) X. Tan et al., *Proc. SPIE*, **6343** (2006)
24) K. Tanaka et al., *Opt. Exp*, **15**(24), 16196 (2007)
25) A. Hirooka et al., Tech. Digest of ODS06, 12 (2006)
26) 福田隆史ほか，映像情報メディア学会誌，**61**, 741 (2007)
27) M. Toishi et al., *Jpn. J. Appl. Phys.*, **46**, 3775 (2007)
28) http://techon.nikkeibp.co.jp/article/NEWS/20050713/106682/
29) E. Watanabe et al., *Proc. SPIE*, **62450E-1**, 147 (2006)
30) K. Kodate et al., *Meas. Sci. Technol.*, **13**, 1756 (2002)
31) K. Kodate et al., "Face Recognition chap.12", I-Tech Education and Publishing, Vienna, Austria, 235 (2007)

32) E. Watanabe *et al.*, *Appl. Opt.*, **44**(5), 666 (2005)
33) H. Horimai *et al.*, *Appl. Opt.*, **44**, 2575 (2005)
34) E. Watanabe *et al.*, *J. J. of App. Phy.*, **45**(8B), 6759 (2006)

第5章　2(多)光子励起を利用する光メモリ

1　2光子励起過程の理論と光メモリ

川田善正[*]

1.1　はじめに ── 2光子励起過程を利用した光メモリ ──

　1つの分子が同時に複数の光子（フォトン）を吸収して励起される多光子励起過程は，非線形な現象であり，電場強度の大きなレーザー光を照射することにより誘起することができる。2つのフォトンを同時に吸収して励起される場合は2光子励起過程，3つのフォトンを同時に吸収して励起される場合は3光子励起過程と呼ばれる。多光子励起過程は，その発生効率が光強度に大きく依存するため，物質内にレーザー光を集光すると，光強度の大きな集光スポット近傍でのみ励起することができる。そのため，物質内の3次元空間のある一点にのみアクセスすることが可能となる。このような特徴を利用して，3次元構造が見える光学顕微鏡，加工自由度と分解能が高い光造形技術，高分解能分光法，など様々な分野へ応用されている[1,2]。

　2光子励起過程を利用すると，ビットデータを多層に記録する次世代高密度光メモリの開発が可能となる。この手法は，10-100層のビットデータを媒体内部に記録し，高密度化を実現しようとするものである[2~6]。

　ビットデータを多層に記録する原理は次のように説明できる。レーザー光を媒体内に集光すると，フォーカス点近傍では非常に大きな光強度が形成されるので，容易に2光子励起過程を誘起することが可能である。したがって，2光子励起過程によって屈折率や吸収率が変化する材料を用いれば，フォーカス点近傍でのみ，屈折率変化または吸収率変化を形成することができる。媒体内でレーザー光を集光する位置を3次元的に走査すれば，屈折率変化または吸収率の変化として，多層のデータを記録できる。

1.2　集光レーザーによる非線形過程の誘起

　光電場をEとすれば，光強度Iは，

$$I = c\varepsilon_0 E^2 \tag{1}$$

で与えられる[5]。ここでcは光速，ε_0は真空中の誘電率である。光のパワーをPとして，その光が

---

[*]　Yoshimasa Kawata　静岡大学　工学部　機械工学科　教授

第5章 2(多)光子励起を利用する光メモリ

断面積Aの領域を通過するとすると,光強度Iは,

$$I = P/A \tag{2}$$

で与えられるため,光電場Eは,

$$E = \sqrt{(P/c\varepsilon_0 A)} \tag{3}$$

となる.図1に示すように,1Wのレーザー光をレンズにより集光して,そのスポット径が1μm程度になった場合を考える.その集光スポットの位置の強度は,

$$I = 1\,\mathrm{W}/(1\,\mu\mathrm{m})^2 = 1\,\mathrm{TW} \tag{4}$$

となり,光電場の大きさは,

$$E = \sqrt{1\,\mathrm{TW}/(2.9979 \times 10^8 \times 8.854 \times 10^{-12})} = 1.94 \times 10^7\,\mathrm{V/m} \tag{5}$$

となる.これは電場の大きさが194 kV/cmとなり,レーザーを照射することにより,非常に大きな電場が形成されることがわかる.そのため,レーザー光を照射することより,通常では誘起することが難しい非線形現象を,容易に励起することが可能となる.

さらに,最近ではフェムト秒短パルスレーザーやQスイッチレーザーを光源として利用することが,比較的容易になってきており,短パルス光を利用してより大きな非線形効果を誘起することが可能である.短パルス光では,光のエネルギーが時間的に集中しているため,大きな光電場を形成することができる.1パルスのエネルギーを1μJ,パルス幅を100 fsとすると,そのパルスの尖頭値は,1$\times 10^7$Wとなる.これを1μmの領域に集光すると,その1$\times 10^{19}$W/m^{2}となり,

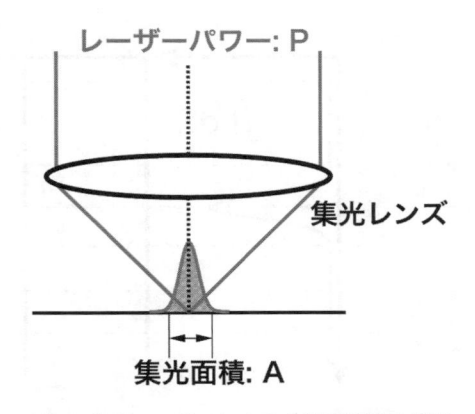

図1 集光レーザーによる非線形過程の誘起

非常に光強度の大きなレーザー光を物質に照射することが可能となり，様々な非線形過程を誘起することが可能となる。

1.3　2光子励起過程

図2に線形過程の1光子励起と非線形過程の2光子励起による電子遷移の過程を示す[7]。通常の1光子過程では，基底状態の電子は光の角周波数ω_1のフォトンを1つ吸収して，励起状態に励起される。この励起によって生じる吸収スペクトルの変化，構造の変化による屈折率変化を利用してデータを記録する。2光子過程では，角周波数ω_2（$\omega_2 = \omega_1/2$）のフォトンを2つ同時に吸収して，基底状態の電子が励起される。この際，ω_2のフォトン1つで励起されるところには，エネルギー準位が存在しない。励起された電子のエネルギーは，化学反応や発光，熱緩和などの過程に使用される。

2光子励起過程を利用すれば，図3に示すように3次元空間のある一点にデータを記録することが可能になる。これは，2光子吸収の発生する効率が，光強度の2乗に比例するからである。

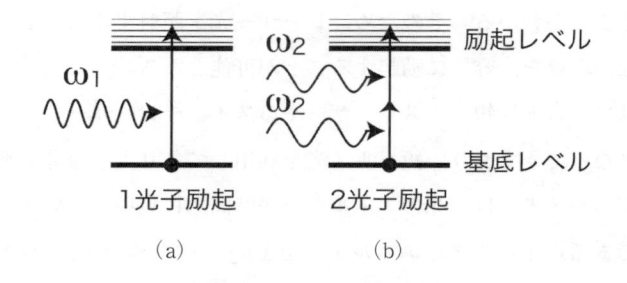

図2　光励起による電子遷移
(a) 1光子励起過程，(b) 2光子励起過程

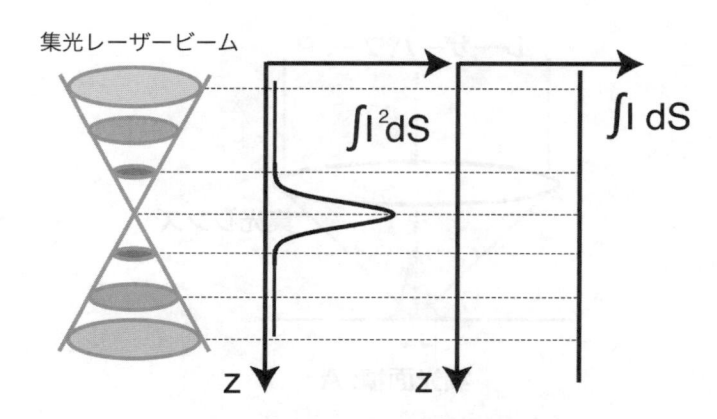

図3　2光子過程による光吸収の局在化

第5章　2(多)光子励起を利用する光メモリ

通常の1光子過程では，反応の発生効率が光強度に比例する。1光子過程の場合でも集光位置からはずれた平面では，反応はあまり起らないが，複数のデータを記録するためにレーザー光を走査して照射すると，その照射時間の積分値に比例して，反応が生じることになる。これは，強度をその平面上で積分した値に比例した値になる。この値は，光軸に垂直な平面上ではスポットからの距離に関係なく，常に同じ値をとる。つまり集光位置からずれた平面上では光強度は小さいが，面積が大きいため，積分すると集光位置と同じ値になる。

これに対して，2光子吸収過程は，発生効率が光強度の2乗に比例して発生する。そのため，2光子吸収の場合は光強度を2乗した値を面積で積分すればよい。2光子吸収過程は，光強度の大きな集光スポット付近でのみ発生し，それ以外の領域では発生しないため，図3に示すように集光スポットでピーク値が現れる。つまり，2光子励起を用いることによって，3次元空間のある一点にアクセスすることが可能である[7]。

2光子励起を利用した多層光メモリでは，光強度に大きく依存して屈折率や吸収などの光学特性が変化する材料を利用しているため，強度の大きな集光スポット付近では，吸収が生じるが，それ以外ではほとんど吸収が発生しない。そのため，媒体の深部まで光を導くことが可能であり，原理的には記録できる層数に限界はない。

非線形効果を効率よく誘起するには，フェムト秒レーザーなどの短パルス光源を用いるのがよい。フェムト秒レーザーの特徴は，尖頭出力が非常に高い超短パルスを出力することである。パルス幅を100フェムト秒，パルスの繰り返し周波数を100 MHzとすると，パルスの尖頭出力は，平均出力の10^5倍に達する。したがって，フェムト秒パルスでは，非常に短い時間の中に数多くのフォトンが存在し，高光子密度性を持っている。

図4にパルス幅の長い光と短い光を物質に照射した場合を示す。両方の持つパルスエネルギーが同じであると仮定すると，それぞれのパルスに含まれる光子の数は同じである。

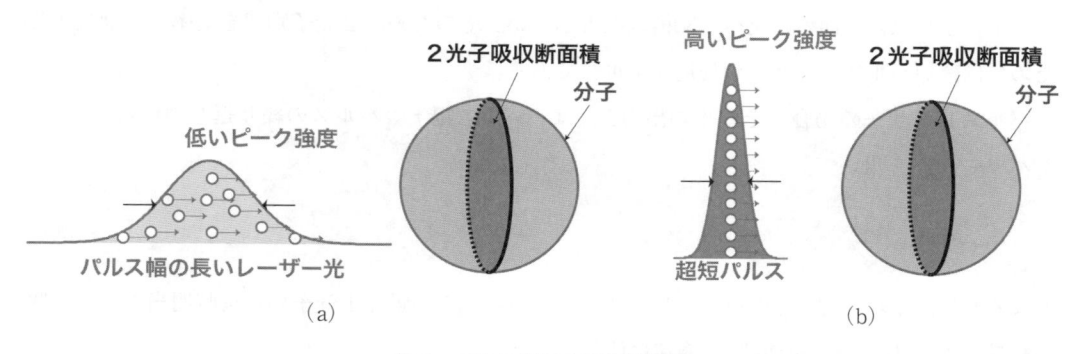

図4　パルス光による光子密度
(a)パルス幅の長い場合，(b)パルス幅の短い場合

パルス幅の長いレーザー光を物質に照射した場合は，物質に照射されるフォトンが時間的に分散しており，物質が同時に2つのフォトンを吸収する確率が減少する．一方，超短パルス光を照射した場合は，フォトンの時間的な分散が小さくなり，同時に吸収される確率が大きく増加する．超短パルス光では，非常に短い時間の中に数多くのフォトンが存在するため，フォトン密度が高くなっている．

このような高光子密度性を利用すれば，簡単に非線形効果を利用することが可能である．たとえば，N個の光子が物質に同時に吸収されて物質を励起するN光子過程の発生効率は，光パルスの尖頭出力のN乗に比例する．このため，10^5倍尖頭出力の高い短パルスレーザーを用いれば，N光子過程の発生効率が10^{5N}倍高くなる．

物質の2光子励起過程の発生のしやすさは，2光子吸収断面積σ_2によって表すことができる．2光子励起による電子の遷移確率をW_2，入射光のパワーをP，光子1つのエネルギーを$\hbar\omega$とおくと，2光子過程の吸収断面積σ_2は，

$$\sigma_2 = W_2 \, (\hbar_\omega/P)^2 \tag{6}$$

となる．

2光子吸収の吸収断面積は，2光子吸収過程を理論的に予言したGöppert-Mayerの名前にちなんで，GMという単位で示され，

$$1\,\mathrm{GM} = 1\times10^{-50}\,\mathrm{cm^4 s/(photon \times molecule)} \tag{7}$$

で与えられる．たとえば波長$1\,\mu\mathrm{m}$，出力$1\,\mathrm{W}$，パルス幅$100\,\mathrm{fsec}$，繰り返し周波数$100\,\mathrm{MHz}$のレーザーを直径$1\,\mu\mathrm{m}$程度に集光したとすると，1GMの吸収断面積を持つ分子は単位時間当たり，4.1×10^{13}個のフォトンを吸収することになる．

一般的な色素の1光子吸収と2光子吸収断面積を比較すると，2光子励起過程の吸収断面積は，1光子吸収の断面積に比べて30桁以上も小さい．そのため，2光子励起を効率よく励起するためには，短パルスレーザーの使用が不可欠である．

パルスレーザーの場合，その平均出力P_aveは，パルス幅τ，パルスの繰り返し周波数f，ピークパワーP_peakを用いて，

$$P_\mathrm{ave} = P_\mathrm{peak}\,\tau f \tag{8}$$

となるため，平均出力P_aveのパルスレーザーを用いるときの蛍光1分子の単位時間当たりの吸収の総量ϕ_2は，レーザーを面積sの領域に照射すると，

第5章　2(多)光子励起を利用する光メモリ

$$\phi_2 = (P_{\mathrm{ave}}/(\hbar\omega s\tau f))^2 \sigma_2 \tau f = (P_{\mathrm{ave}}/(\hbar\omega s))^2/\tau f \tag{9}$$

となり，$1/(\tau f)$ 倍大きくなる．したがってできるだけパルス幅を短くするとともに，再生増幅機などを用いて1パルス当たりのエネルギーを大きくし，パルスの繰り返し周波数を小さくすることにより，2光子励起の確率が飛躍的に向上する．

1.4　光メモリにおける2光子過程

超短パルスによる2光子過程を光メモリに利用することによって，多層記録が可能になるだけでなく，次の特徴もあわせ持つ．

1.4.1　媒体の深い位置にデータを記録することが可能

たとえば，図5に示すように記録媒体が400 nmの波長で大きな吸収を持ち長波長では吸収がない場合，2光子過程では光源に800 nmの光を用いるので，レーザーの集光スポット以外では殆んど吸収がない．したがって，媒体の深部まで光をロスすることなく伝搬させてデータを記録することができる．

線形過程の1光子過程を利用する場合は，光によってデータが記録できるためには，必然的にその波長を材料が吸収する必要がある．そのため，材料の深部まで光が届く間に吸収によって光強度が減衰し，深部にデータを記録することができない．

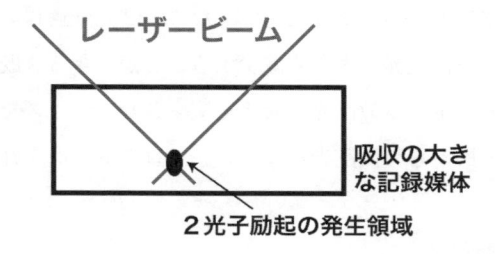

図5　2光子励起による記録媒体深部へのデータ記録

1.4.2　2乗効果による面内の記録密度の向上

2光子過程は，光強度の2乗に比例して発生するため，等価的な集光スポットの大きさが小さくなり，記録密度が向上する．近赤外光を用いても面内の記録密度は，青紫色レーザーを用いたときと同じである．

図6に1光子の場合の集光スポットと2光子励起の場合の等価的な集光スポットを示す．$\lambda_{\mathrm{ex}2}$ はレーザー光の波長である．x方向が面内，z方向が光軸方向を表している．1光子過程の集光

次世代光メモリとシステム技術

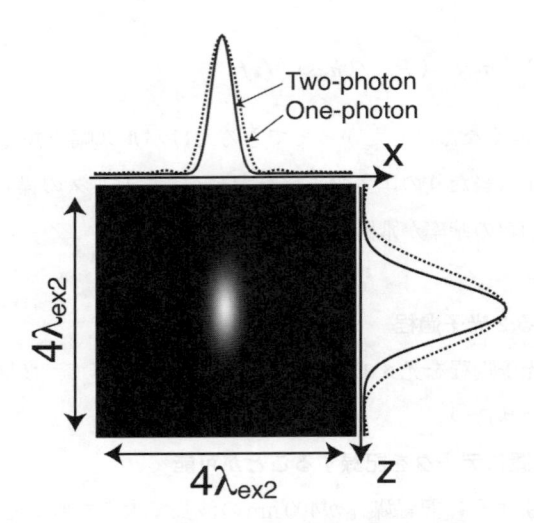

図6　1光子励起と2光子励起の場合の等価的な集光スポット比較

スポットに比べて2光子励起の集光スポットは，小さく分解能が向上していることがわかる。2光子励起の集光スポットは，半値幅で1光子励起の場合の0.72倍に小さくなっている。また，サイドローブが小さくなっており，隣接して記録したビットへのクロストークが減少することがわかる。

1.4.3　レーリー散乱光の現象

レーリー散乱の発生効率は波長の4乗に比例するため，2光子過程で長波長のレーザー光を用いることによって，レーリー散乱光を大きく減少することができる。既に記録したビット，ディスク表面のホコリや傷などで生じる散乱光を大きく減少させ，ノイズを減らすことができる。多層記録光メモリでは，他の層からの散乱光が減少し，クロストークを軽減することができる。

1.5　フォトンモード記録媒体

2光子励起過程を用いた光メモリでは，記録媒体として，フォトンモード記録材料を用いなければならない。つまり，光磁気ディスクや相変化ディスクのように熱的プロセスを介して，データを記録するのではなく，フォトンを吸収することによって記録材料の分子の化学結合などが変化して，吸収スペクトル，屈折率，偏光特性などが変化することが必要である[8,9]。

ヒートモードの記録材料では，熱の発生はパルスの尖頭出力ではなく平均出力によって決まるので，光源にフェムト秒レーザーを用いる意味がない。

フォトンモードの記録材料としては，光を吸収して吸収スペクトルが変化するフォトクロミック材料，光重合反応を生じるフォトポリマー，電子の局在化によって屈折率変化を生じるフォト

第5章　2(多)光子励起を利用する光メモリ

リフラクティブ結晶，光照射によってトランスからシスへの異性体に変化して屈折率が変化する異性化材料，蛍光色素，等を用いることができる。また多光子過程を利用して，ガラス内部にマイクロエクスポージョンを利用して，空洞を形成しデータを記録する方法も提案されている。これら材料は，熱的なプロセスを介さず，光（フォトン）のエネルギーで生じる反応を用いてデータを記録するので，高速なデータ記録が実現できる可能性を持つ。

多層光メモリの記録材料は，現在様々なものが提案されており，多くの技術開発が進められている。光異性化を利用したデータ記録[3,4]，フォトクロミック材料を用いた書き換え可能型の多層光メモリの開発が進められてきた[2]。また，フォトリフラクティブ結晶[5]や液晶分子を含む有機材料を用いた屈折率変化によるデータ記録も報告されている。塩化金酸とローダミンB色素をポリメタクリル酸メチル樹脂（PMMA）に分散させた材料も提案されている。また，2光子吸収の吸収断面積を向上させる試みも行われている。

1.6　まとめ

2光子励起過程は，フェムト秒パルスレーザーのような超短パルスレーザーが実用的に用いることができるようになったため，多くの応用分野で利用されはじめている。2光子励起過程は高分解能，波長領域の拡大，低散乱など多くの特徴を有し，より広範な分野で応用が進められていくものと期待できる。

特に，2光子励起過程を利用してデータを多層に記録する光メモリは，現在の記録密度の限界を克服する技術であり，次世代高密度化技術として，もっとも有望な記録技術である。2光子光メモリは，現在実用的に用いられている光メモリの延長線上にあり，現状のフォーカシング技術，走査技術，ピックアップ光学系などをそのまま利用できる。また，多層化による高密度化は，波長の短波長化，高NA化，波長の多重化，信号圧縮など他の高密度化技術と矛盾するものではなく，これらを組み合わせることによって，より密度の高いメモリが実現できる。

今後は，コンパクトで安価なフェムト秒レーザーの開発，3次元的なサーボトラッキング技術，球面収差のアクティブな補正技術などの開発が必要である[10]。また，多層光メモリは材料を3次元的に加工する技術であり，ナノテクノロジー分野への応用が可能である。光伝搬を自由に制御可能なフォトニック結晶の作製，マイクロマシンへの応用が期待できるマイクロ光造形，光通信における光導波路，など様々なデバイスの実現への応用が期待できる[11～14]。

文　　献

1) S. Kawata, Y. Kawata, "Three-dimensional optical data storage using photochromic materials", *Chem. Rev.*, **100**, 1777-1788 (2000)
2) S. Kawata, H.-B. Sun, T. Tanaka and K. Takada, "Finer features for functional microdevices", *Nature*, **412**, 697-698 (2001)
3) Y. Kawata, S. Kunieda and T. Kaneko, "Three-dimensional observation of internal defects in semiconductor crystals by use of two-photon excitation", *Opt. Lett.*, **27**, 297-299 (2002)
4) Y. Kawata, H. Ishitobi and S. Kawata, "Use of two-photon absorption in a photorefractive crystal for three-dimensional optical memory", *Opt. Lett.*, **23**, 756-758 (1998)
5) M. Nakano, T. Kooriya, T. Kuragaito, C. Egami, Y. Kawata, M. Tsuchimori and O. Watanabe, "Three-dimensional patterned media for ultrahigh-density optical memory", *Appl. Phys. Lett.*, **82**, 176-178 (2004)
6) Y. Kawata, M. Nakano and S.-C. Lee, "Three-dimensional optical data storage using three-dimensional optics", *Opt. Eng.*, **40**, 2247-2254 (2001)
7) 川田, "講座「分光学における極限を探る　第3回空間分解能」", 分光研究, **52**, 178-189 (2003)
8) S. Alasfar, M. Ishikawa, Y. Kawata, C. Egami, O. Sugihara, N. Okamoto, M. Tsuchimori and O. Watanabe, "Polarization-multiplexed optical memory by using urethane-urea copolymers", *Appl. Opt.*, **38**, 6201-6204 (1999)
9) 中林, 宮田, "粘着剤を利用した多層記録媒体の作製", オプトロニクス, **283**, 168-172 (2005)
10) M. Tsuji, N. Nishizawa and Y. Kawata, "Compact and High-Power Mode-Locked Fiber Laser for Three-Dimensional Optical Memory", *Jpn. J. Appl. Phys.*, **47**, 5797-5799 (2008)
11) T. C. Chu, W.-C. Liu, D. P. Tsai and Y. Kawata, "Readout signals enhancements of subwavelength recording marks via random nanostructures", *Jpn. J. Appl. Phys.*, **47**, 5767-5769 (2008)
12) M. Miyamoto, Y. Kawata, M. Ito and M. Nakabayashi, "Dynamic layer detection of rotating multilayered optical memory", *Jpn. J. Appl. Phys.*, **47**, 5944-5946 (2008)
13) A. S. M. Noor, A. Miyakawa, Y. Kawata and M. Torizawa, "Two-photon excited luminescence spectral distribution observation in wide-gap semiconductor crystals", *Appl. Phys. Lett.*, **92**, 161106 (2008)
14) A. S. M. Noor, M. Torizawa, A. Miyakawa and Y. Kawata, "Simultaneous observation of single- and two-photon excitation photoluminescence on optically quenched wide-gap semiconductor crystals," *Appl. Phys. Lett.*, **93**, 171107 (2008)

2 2光子吸収記録材料

秋葉雅温*

2.1 はじめに

同時2光子吸収の存在を理論的に予言した1931年のMaria Göppert-Mayerの博士論文[1]から約80年，世界初となる同時2光子吸収記録の成功を報告した1989年のPeter M. Rentzepisの論文[2]から20年，同時2光子吸収3次元記録は，より高密度・高容量が求められる次世代光ディスクの有力な候補の一つとして近年，特に注目を集めている。2光子3次元記録を実現するために新たに必要となるディスクドライブ技術のうちの主なものは，極論すれば奥行き方向の分解能を付与するピンホールと収差補正を含む奥行き方向のフォーカスサーボの2点のみであり，事実，1層がBlu-ray Disk相当の記録密度のROMを1枚のディスクに20層積層したディスクでの信号再生は既に実証されていることを考慮すれば[3]，光ディスクドライブ技術の実現可能性は高そうである。一方，2光子3次元記録を実現するための材料技術は，同時2光子吸収現象が3次の非線形光学効果であることを考慮すればその効率は常識的に極めて低いと考えられるから，2光子3次元記録は長年に渡って現実的ではないと考えられてきた。本節はこれまでに報告された同時2光子3次元記録材料を概観し，実用を目指す際の最大の課題である2光子3次元記録材料の感度向上に関して最新の研究例を紹介する。なお，本節では主に2光子吸収を用いたビット記録材料を対象とし，2光子吸収を用いていてもホログラフィック記録材料のようなビット記録ではない記録方式に用いる記録材料に関しては対象外とした。

2.2 2光子3次元記録材料の報告例
2.2.1 再生方式と媒体構造

2光子3次元記録は既存光ディスクの次世代技術との位置づけであるから，その形状はディスクである可能性が高いが，3次元方向（厚み方向）の構造に関しては2種類の形態が提案されている。一つはバルク型と呼ばれるディスクで，例えば2光子吸収記録材料を光ディスク基板に均一にドープした奥行き方向には特に構造をもたないディスクである。もう一つの形態は多層型と呼ばれるもので，2光子吸収記録材料を含む薄膜の記録層を光に対して不活性なポリマー材料から成る中間層で挟んだ構造を繰り返す奥行き方向に積層構造をもつディスクである[4]。バルク型ディスクでは，記録ピットがラグビーボールを長軸方向に引き伸ばしたような形状となるため，記録ピットからの反射によるシグナル再生が不可能であるとの検討結果が報告されている[5]。従ってバルク型記録媒体では記録の前後で蛍光強度が変化する蛍光変調型の記録材料を用いる必要

---

* Masaharu Akiba 富士フイルム㈱ R&D統括本部 有機合成化学研究所

がある。一方の多層型ディスクでは，形成される記録ピットは上下に挟まれる中間層との間で明確な界面を有することになるため，屈折率の変化を界面からの反射シグナルの強度変化として再生できるようになる。従って多層型ディスクでは蛍光変調型の記録材料を用いる必要は必ずしもない。

2.2.2 2光子記録材料

これまでに報告された2光子3次元記録材料の中から主なものを紹介する。2光子吸収を利用した光記録材料は，光吸収メカニズムの違いによって二つのカテゴリーに分類することができる。光吸収メカニズムの違いとは，逐次2光子吸収（sequentialまたはstepwise two-photon absorption）と同時2光子吸収（simultaneous two-photon absorption）とを指す（図1）。前者は，分子（または材料）が有する実在する準位e_1への1光子吸収がまず起こって励起状態が生成し，次いで，その励起状態分子（材料）が遅れて到達したもう1光子を吸収して更に高い励起状態e_2へと励起される2光子吸収過程であり，線形吸収過程の連続である。一方，後者は実在しない準位（仮想準位）を経て同時に二つの光子が吸収される2光子吸収過程で，3次の非線形光学効果の一つである。

逐次2光子吸収を利用する記録材料としては，米国Landauer社のグループが炭素とマグネシウムとをドープした酸化アルミニウムの単結晶から光ディスクを作製して2光子3次元記録を報告している[6]。ドープによる色中心を利用した実準位への線形吸収と，それにより生成した励起状態が更に光子を吸収して励起される線形吸収の連続であるという逐次2光子吸収であるから，同時2光子吸収を誘起するのに必要とされる固体レーザーに比べて格段に尖頭値の低い半導体レーザーでの3次元記録が実現されているが，単結晶の作製やディスク製造のコスト面，割れたり欠けたりするような破損をケアしたディスクの取り扱い面などに普及への懸念が残る。

一方，同時2光子吸収を利用する記録材料には数多くの化合物が提案されている。これらを分類すると，同時2光子吸収と記録ピットの形成に必要な吸収変化や蛍光強度変化などの物性変化

逐次2光子吸収　　　　　　　　　　同時2光子吸収

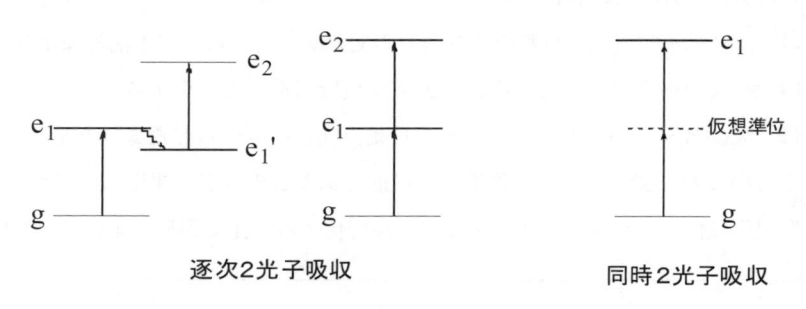

図1　逐次2光子吸収と同時2光子吸収

第5章　2（多）光子励起を利用する光メモリ

とを一つの分子が担うフォトクロミック分子タイプの材料と，同時2光子吸収と物性変化とを異なる分子が担う機能分離タイプの材料とに分けられる。

(1)　フォトクロミック材料

世界初の2光子記録には，スピロベンゾピランの2光子異性化反応が用いられた[2]。記録反応には，532 nmの同一波長の同時2光子吸収または532 nmと1064 nmの異なる波長の同時2光子吸収を用いてスピロ体からメロシアニン体への光異性化を利用する。記録した情報の再生にはメロシアニン体を1064 nmで2光子励起して発生する蛍光を用いた。記録信号の消去にはメロシアニン体の線形吸収帯に相当する532 nmの線形吸収または1064 nmの2光子吸収を用いた（図2）。信号の再生と消去とは共にメロシアニン体を光励起する同一メカニズムであるために非破壊読み出しはできない。また，スピロベンゾピランはメロシアニン体からスピロ体への異性化が熱的にも起こるため記録信号の安定性も悪く，室温で数分，-78℃でも数週間で記録した信号が消失したという。

繰り返し耐久性や保存安定性を向上させた分子としてジアリールエテン誘導体を用いた2光子3次元記録が報告されている[7]。380 nm付近に線形吸収極大を有する黄色い開環体にその2倍の波長である760 nmのTi：サファイアレーザーパルス光を照射して2光子吸収を誘起し，500 nm付近に線形吸収極大を有する赤色の閉環体へと異性化させることで記録ピットを形成する。記録の再生には633 nmのHe-Neレーザー光を用いて屈折率変化を読み出す（図3）。再生波長にはジアリールエテンの開環体も閉環体も共に線形吸収をもたないため，記録信号が消失することなく再生が可能であった。記録の消去には1064 nmの2光子吸収を用いて500 nm付近に存在する閉環体の吸収帯を励起し，開環体への光異性化反応を誘起する。この系では繰り返し耐久性が1万回以上，保存安定性が80℃で3ヶ月以上，300℃でも閉環体から開環体への逆反応は起こらないと報告されている。ただし，例に示した1,2-dicyano-1,2-bis-(2,4,5-trimethyl-3-thienyl)ethaneの2光子吸収断面積は，開環体で0.76 GMと非常に小さい[8]（$1\ \text{GM} = 1 \times 10^{-50}\ \text{cm}^4 \cdot \text{s}\ \text{photon}^{-1} \cdot \text{molecule}^{-1}$）。

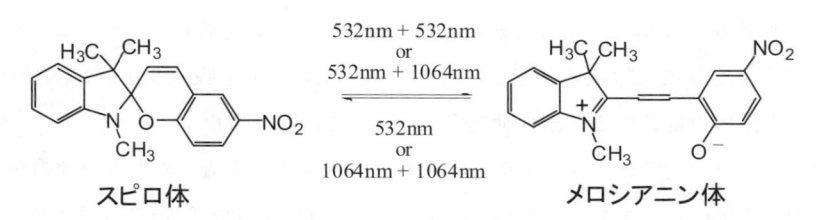

図2　スピロベンゾピラン誘導体

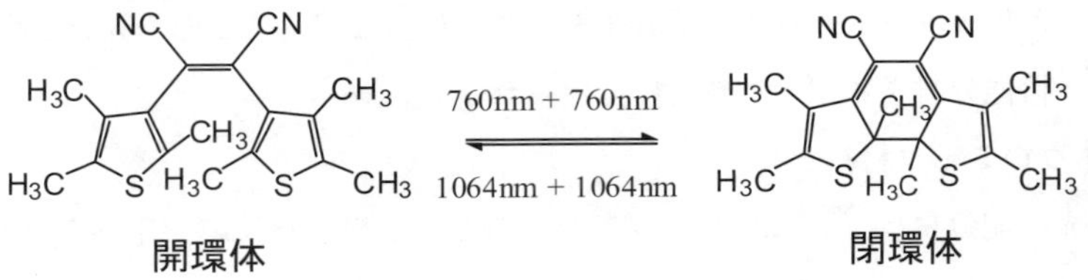

図3 ジアリールエテン誘導体

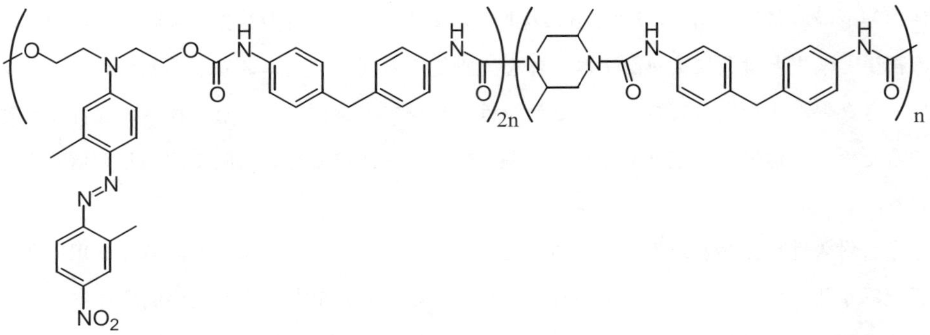

図4 アゾベンゼン誘導体を側鎖にもつウレタン-ウレアコポリマー

　ポリマー材料ではドナーとアクセプターとが置換したアゾベンゼンクロモフォアを側鎖に有するウレタン-ウレアコポリマーを用いた材料で2光子吸収3次元記録が報告されている[9]（図4）。

　イスラエル/米国Mempile社のグループは側鎖にスチルベン誘導体を有するPMMAを合成し、スチルベンクロモフォアのcis-trans 2光子異性化を利用して2光子3次元記録を行ったとの報告を行っている[10]（図5）。

　厳密な意味でのフォトクロミック分子ではないが、同時2光子吸収とそれに伴う吸収や蛍光などの物性変化とを一種類の分子が担うという意味で、9-メチルアントラセンの光二量化を用いた2光子吸収記録もこのカテゴリーに分類した[11]。

　二量体の線形吸収帯は300 nmよりも短波長側にあるが、単量体の線形吸収帯は300-400 nmと二量体の吸収よりも長波長領域に存在するため、532 nmの2光子吸収を用いて二量体を解離させ、生成する単量体の蛍光を350 nmの励起光で再生している（図6）。

　フォトクロミック材料では、フォトクロミズムを示す骨格に構造上の大きな制約があるため、そのような骨格を維持したまま高い2光子吸収能を更に付与する分子設計は容易ではない。

第5章　2（多）光子励起を利用する光メモリ

図5　スチルベン誘導体を側鎖にもつPMMA

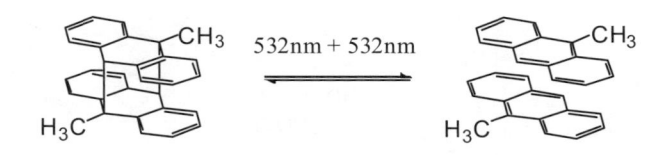

図6　アントラセン二量体

（2）　機能分離型材料

同時2光子吸収と記録ピットの形成に必要な物性変化とを異なる分子が担う機能分離型の2光子吸収記録材料を紹介する。一般にフォトクロミック化合物の2光子吸収断面積はおおよそ0.1-1GM程度と非常に小さいと言われており[12]，フォトクロミック材料自体に2光子吸収機能を担わせるよりは，2光子吸収断面積の大きな化合物に2光子吸収機能を分離し，エネルギー移動によってフォトクロミック化合物の異性化を誘起した方が効率的な場合がある。便宜的に同時2光子吸収によって励起される化合物を2光子吸収化合物，吸収スペクトルや蛍光スペクトルの極大波長や強度の変化を担う化合物を変調材料と呼ぶと，2光子吸収化合物に図7に示した複素環色素（30GM），変調材料にナフタセンピリドンを組み合わせた2光子記録材料，または，2光子吸収化合物にローダミン6G（200GM），変調材料にインドリルフルギドを組み合わせた2光子記録材料を構築し，2光子励起によるエネルギー移動を利用して変調材料のフォトクロミズムを誘起した例が報告されている[12]（図7）。

2光子吸収化合物に光酸発生化合物，変調材料に酸で蛍光色素を発色する色素前駆体を組み合わせると，2光子吸収を誘起するレーザー光照射位置で酸が発生し，その酸で蛍光色素前駆体が発色して記録ピットが形成される2光子吸収記録が構築可能である[13]。同時2光子吸収材料に1-ニトロ-2-ナフタルデヒド（NNA），変調材料にローダミンBベースを用いると，NNAは1064nm＋532nmの非縮退2光子吸収で1-ニトロソ-2-ナフトエ酸へと光異性化して酸が生成し，

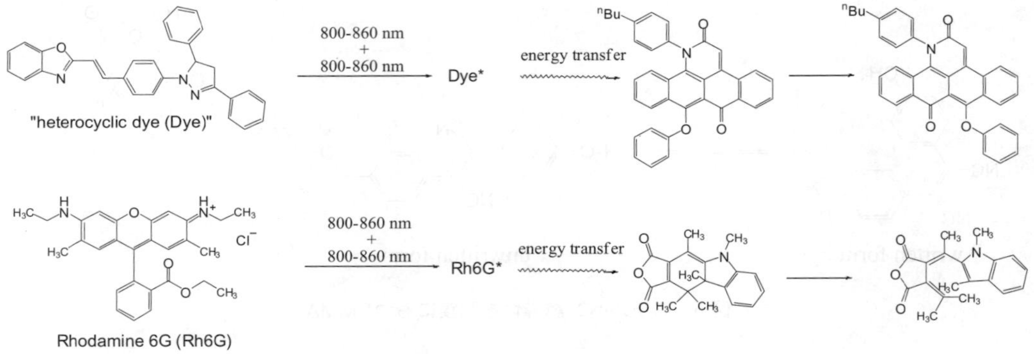

図7 2光子エネルギー移動増感系

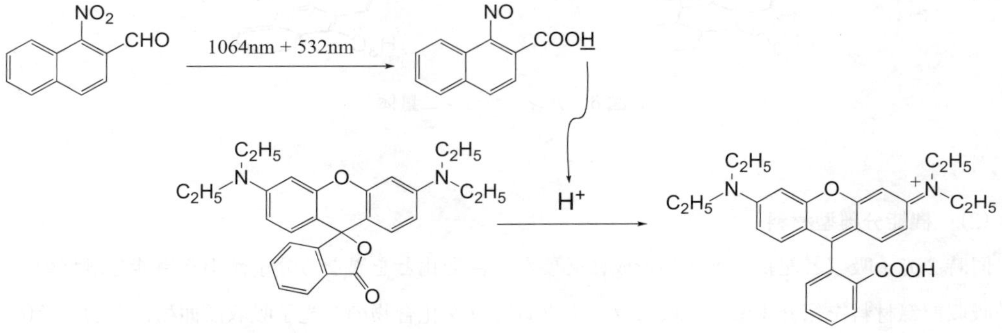

図8 2光子酸発生発色系（1）

　その酸でローダミンBベースのラクトン環が開環して強い蛍光を発するローダミンBが生成する。記録の再生には生成したローダミンBの線形吸収帯を1光子で励起して発生する蛍光を用いる（図8）。この系は記録が不可逆反応であるために再生耐久性に優れ，4 mJ/cm^{2}の光強度で再生すれば100万回程度の再生耐久性が得られると報告されている。

　このように光酸発生化合物を多光子励起して酸を発生させ，その酸で色素前駆体を発色させる記録材料には，酸発生化合物にトリフェニルスルホニウムトリフレート（TPSOTf），色素前駆体にtert-ブトキシカルボニルで保護したキニザリン色素（t-BQzMA）を側鎖に有するメタクリレートポリマーを用いた例も報告されている[14]（図9）。

　多光子吸収によって生成したキニザリン色素は蛍光性となるため，記録再生には330〜410 nmのCWレーザーで励起して得られるキニザリン色素の蛍光を用いる。

　蛍光消光剤と蛍光性物質との混合物からなる2光子記録材料に，蛍光消光剤の2光子吸収を励

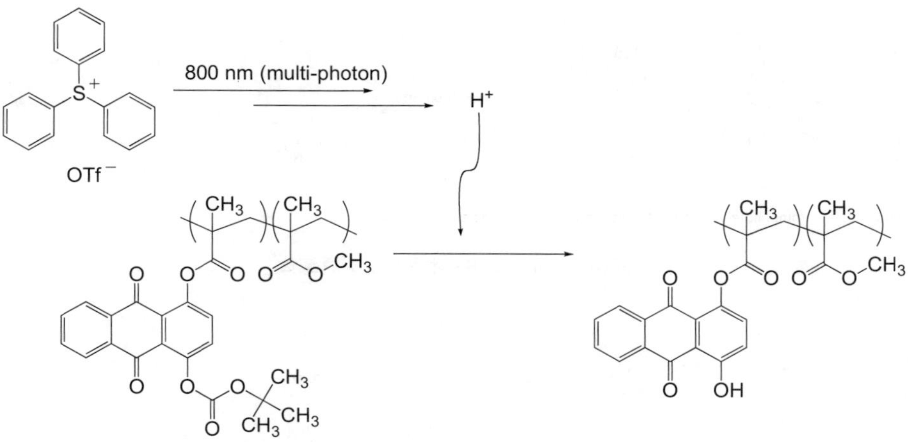

第5章　2(多)光子励起を利用する光メモリ

図9　2光子酸発生発色系 (2)

起して蛍光消光剤を非消光性物質へと化学変化させることで，レーザー光照射部分に蛍光を発現させるというコンセプトの下，蛍光性物質にローダミンB，蛍光消光剤には塩化金酸からなる3価の金イオンを用いた記録材料が報告されている[15]。3価の金イオンはローダミンBの光励起状態との間でエネルギー移動を行ってその蛍光を消光するが，この記録材料にTi：サファイアレーザーの785 nmの光を照射すると金イオンは0価の金へと還元されて微粒子を形成し，ローダミンBの蛍光をもはや消光しなくなるため，光照射部分で蛍光を発する記録ピットが形成される。

類似したコンセプトでは，蛍光色素クロモフォアの蛍光をフォトクロミッククロモフォアの2光子異性化で制御する2光子記録材料が報告されている。2光子吸収クロモフォアとしてフォトクロミズムを示すフルギミドに，蛍光色素クロモフォアとしてオキサジン色素を連結させた化合物[16]は，フルギミド部分が閉環した極性構造をとる場合には連結したオキサジン色素からの蛍光を消光するが，2光子吸収で光異性化して非極性の開環構造をとる場合には蛍光消光がもはや起こらなくなるためオキサジン色素からの強い蛍光が観測されるようになる。記録ピットの再生には，650 nmの光でオキサジン色素の線形吸収帯を励起して得られる700 nmの蛍光を用いる（図10）。

筆者らは2光子励起状態からの光誘起電子移動を利用した色素発色という2光子電子移動増感系を考案し，そのコンセプトを検証するためのモデル系として図11に示した2光子記録材料を構築した[17,18]。2光子吸収化合物（TPAD）にはビス（シンナミリデン）シクロペンタノン誘導体（1300 GM）を用い，820 nmの2光子励起によって生成する2光子吸収色素励起状態（TPAD*）と共存する酸発生剤（AG$^+$）との間で光誘起電子移動を誘起して酸を発生させ，変調材料として用いたクリスタルバイオレットラクトンを発生した酸によって発色させるメカニズムである。こ

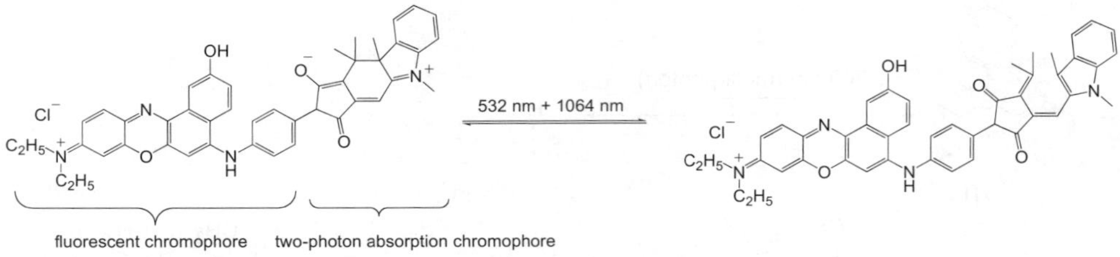

図10 フルギミド-オキサジン誘導体

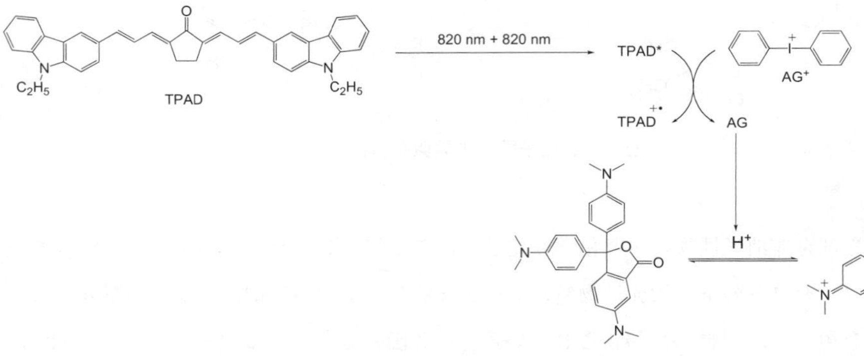

図11 2光子電子移動増感系

の系では，TPAD*からAG$^+$への光誘起電子移動反応の反応量子収率は1に近い大きな値を示し，2光子励起状態からの光誘起電子移動を利用する2光子増感というコンセプトが高感度2光子記録材料の構築に有効であることが示された。

2.2.3 2光子記録材料の課題

2光子3次元記録を実現する上での材料に関する最大の課題は2光子記録感度である。上でも述べたように同時2光子吸収は3次の非線形光学効果であるからその発生効率は極めて低い。過去に報告例の多いフォトクロミック化合物や光酸発生剤を2光子吸収化合物として用いると，そもそもフォトクロミズムや酸発生という機能を発現させようとする時点で分子構造が厳しく制限されるため，同時に2光子吸収断面積の大きな分子を設計することは非常に難しい。この場合，2光子吸収を誘起するには尖頭値の極めて高い光源が必要となるため大型の固体レーザーを用いざるを得ず，実用は遠い。一方，2光子吸収と物性変化とが異なる分子に分離された機能分離型の記録材料で2光子増感というコンセプトを用いれば，それぞれの機能を担う構成分子に対してそれぞれの機能に特化した最適な分子設計が可能となるため，大幅な材料感度の向上が見込める。

第5章 2(多)光子励起を利用する光メモリ

2.3 2光子記録材料の感度向上指針

2光子記録材料の感度を向上させるには材料に関するどのような要因を考えればよいであろうか。それには2光子吸収から記録ピットの形成に至る記録反応プロセスを時系列で考えると理解しやすい。まず2光子記録の最初の段階は同時2光子吸収による励起状態の生成であるから，2光子吸収化合物の2光子吸収断面積（δまたは$\sigma^{(2)}$）が大きいことが重要である。次に，生成した2光子吸収化合物の励起状態は変調材料との間で化学反応を起こして物性が変化し，記録ピットが形成されるから，その光化学反応の反応量子収率（ϕ_r）が高いことも重要である。反射光の強度変化を信号再生に用いるならば再生波長に於ける屈折率変化量の絶対値（$|\Delta n|$）が，蛍光強度の変化を信号再生に用いるならば励起波長に於ける蛍光強度変化量の絶対値（$|\Delta I_f|$）を大きくする必要がある。これらの要因の中で，光化学反応量子収率（ϕ_r）や屈折率または蛍光強度の変化量（$|\Delta n|$または$|\Delta I_f|$）に関する知見は2光子吸収記録に限らず従来の線形吸収を用いた光化学の分野で膨大な研究の蓄積があるからその成果を利用することができる。一方，2光子吸収断面積は2光子吸収記録材料感度に対する寄与が大きく，その向上は記録感度を大幅に向上させる上での本質的な課題であると筆者は考えている。

2.4 高効率2光子吸収化合物の分子設計

2.4.1 理論的取り扱い

2光子吸収断面積は，理論的には3次分極率γの虚部として式(1)のように扱うことができる。

$$\mathrm{Im}\gamma(-\omega;\omega,-\omega,\omega) = \mathrm{Im}P \left[\begin{array}{l} \dfrac{M_{\mathrm{ge}}^2 \Delta \mu_{\mathrm{ge}}^2}{(E_{\mathrm{ge}}-\hbar\omega-i\Gamma_{\mathrm{ge}})(E_{\mathrm{ge}}-2\hbar\omega-i\Gamma_{\mathrm{ge}})(E_{\mathrm{ge}}-\hbar\omega-i\Gamma_{\mathrm{ge}})} \quad \mathrm{D} \\ + \displaystyle\sum_{e'} \dfrac{M_{\mathrm{ge}}^2 \Delta M_{\mathrm{ee'}}^2}{(E_{\mathrm{ge}}-\hbar\omega-i\Gamma_{\mathrm{ge}})(E_{\mathrm{ge'}}-2\hbar\omega-i\Gamma_{\mathrm{ge}})(E_{\mathrm{ge}}-\hbar\omega-i\Gamma_{\mathrm{ge}})} \quad \mathrm{T} \\ - \dfrac{M_{\mathrm{ge}}^4}{(E_{\mathrm{ge}}-\hbar\omega-i\Gamma_{\mathrm{ge}})(E_{\mathrm{ge}}+\hbar\omega+i\Gamma_{\mathrm{ge}})(E_{\mathrm{ge}}-\hbar\omega-i\Gamma_{\mathrm{ge}})} \quad \mathrm{N} \end{array} \right] \quad (1)$$

式中，M_{ij}はi状態とj状態との間の遷移モーメント，$\Delta\mu_{ij}$はi,j状態間の双極子モーメントの差，E_{ij}はi,j状態間のエネルギー差，$\hbar\omega$は入射光のエネルギー，Γ_{ij}はダンピングファクターをそれぞれ表す。式(1)において実際に2光子の共鳴が関与するのはD項とT項であるから，分子設計を考える上ではこの二つの項を考える。なお，D項は2次分極率βとの類似性から2次の非線形光学材料を設計する際の考え方が利用できるとの指摘もある[19]。

簡便のために3準位モデルを用いて考えると，2光子吸収断面積を増大させるには，基底状態と一つ目の励起状態との間の遷移モーメントM_{ge}，二つの励起状態間の遷移モーメント$M_{\mathrm{ee'}}$，お

よび基底状態と励起状態との分子構造の差$\Delta\mu_{ge}$を大きくし，g,e状態間のエネルギー差E_{ge}を適切にコントロールすれば良いということになる。具体的には，M_{ge}の増大には線形吸収のモル吸光係数を大きくし，$\Delta\mu_{ge}$の増大には分極構造を大きくすれば良いが，M_{ee}を増大させる指針は現時点ではよくわからない。また，$E_{ge}-\hbar\omega$はデチューニングエネルギーと呼ばれ，基底状態と励起状態とのエネルギー差から入射フォトン1個のエネルギーを減じたものである。

大きな2光子吸収断面積を有する分子を得るためには，このような理論的パラメーターを具体的な分子構造へと如何に翻訳するかがポイントである。なお，2光子吸収断面積の理論的取り扱いに関する詳細は文献20)を参照されたい。

2.4.2 分子構造への翻訳

2光子吸収断面積はその定義上，1分子あたりの値であるため複数の2光子吸収クロモフォアを互いに連結して1分子とすればその値は見かけ上大きくすることができる。しかし記録媒体への実用の観点から重要なのは単位体積あたりの2光子吸収効率であるから，分子量も同時に増大するそのような分子設計はあまり意味をなさない。重要なのは2光子吸収化合物の分子量はなるべく大きくしないで2光子吸収断面積のみを増大させる分子設計である。

2光子吸収断面積の大きな分子としてビススチルベン誘導体が報告されている。2光子吸収断面積を増大させるポイントは四極子型の分子内電荷移動にあるとされ，ドナー（D)-π-アクセプター（A）型クロモフォアを分子内にどのように配置するかという分子の対称性が重要であることが指摘されている[21]。我々は，2次の非線形光学効果の一つである第二高調波発生（SHG）材料としても検討された[22]ビス（アラルキリデン）シクロアルカノン誘導体に注目した[23]（図12）。

この化合物系は分子両末端から中心部への対称的な分子内電荷移動が特徴である。図13には，ビス（アラルキリデン）シクロアルカノン誘導体の一つである2,5-ビス[3-(4-N,N-ジメチルアミノフェニル）プロペニリデン］シクロペンタン-1-オン（中央），比較のためにその半分のクロモフォアしか持たないD-π-A型分子のモノ体（左），および中心部分のシクロペンタノン部分がシクロヘプタジエノン構造をもつ化合物（右）の2光子極大波長における2光子吸収断面積の値と，その値を各化合物の分子量で割ったグラムあたりの2光子吸収断面積を示した。

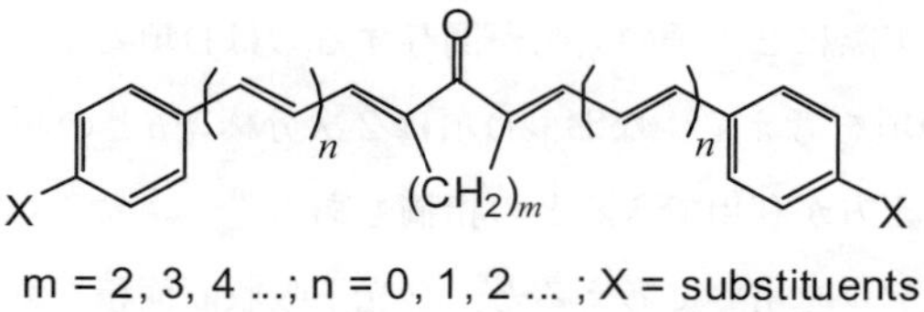

m = 2, 3, 4 ...; n = 0, 1, 2 ... ; X = substituents

図12　ビス（アラルキリデン）シクロアルカノン誘導体

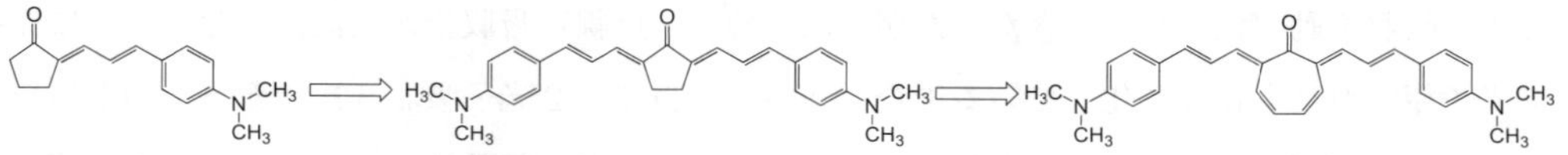

第5章 2(多)光子励起を利用する光メモリ

図13 ビス（アラルキリデン）シクロアルカノン誘導体の2光子吸収断面積

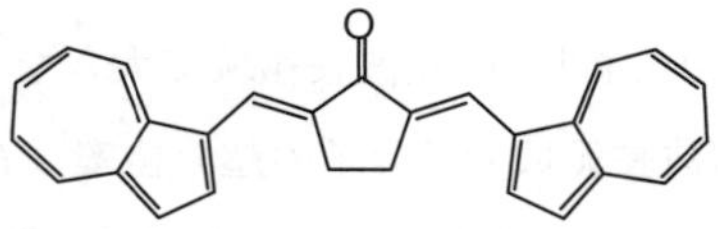

図14 アズレニル基に置換した化合物1 Az

　図13中に示したように，モノ体の2光子吸収断面積は小さいが，それらを組み合わせてビス体とすることで2光子吸収断面積は大きく増大した。すなわち，単純なD-π-A構造よりは，それらを組み合わせて対称的な分子内電荷移動を有する分子構造とすることで2光子吸収断面積を大きく増大させることが可能との結果であり，分子の対称性は重要である。また，中心部分の環構造をより平面性の高いヘプタジエノン構造とすることで，左右のD-π-Aクロモフォア間の相互作用が増大し2光子吸収断面積を増大させることができた。これら一連の分子設計では単位体積あたりの2光子吸収断面積（図中では簡便のためにグラムあたりの2光子吸収断面積で代用）が大きく増大している点が重要である。この他にも結果は示さないが，共役鎖長（図12のn）の増加や，末端置換基（図12のX）の電子供与性の増大も2光子吸収断面積を大きくするのに有効との結果も得られた。分子の対称性向上や共役鎖長の増大は，この化合物系ではM_{ge}の増大と，結果としてE_{ge}が減少することによるデチューニングエネルギーの減少（式(1)の分母の減少）に，末端置換基の電子供与性の増大は$\Delta\mu_{ge}$の増大に寄与しているものと考えられる。一方，川俣らはデチューニングエネルギーを積極的にコントロールして二重共鳴を利用することで2光子吸収断面積を大幅に増大させる分子設計を報告している[24]。ビス（アラルキリデン）シクロアルカノン誘導体の末端置換フェニル基をアズレニル基に置換した化合物1 Azでは，共役鎖長が短いにも関わらず非常に大きな2光子吸収断面積を示した（図14）。詳細は文献を参照されたい。

2.5 実用化へ向けて

　これまでに2光子吸収断面積の向上をめざした種々の分子設計指針が提案され，多様な化合物

の2光子吸収挙動が報告されてきた。だがそれらの分子は線形吸収帯が長波長化し，それに伴って2光子極大波長も長波長化している場合も多い。一方で，2光子吸収3次元記録への応用を考えたとき，記録層の数が増えると奥行き方向のトラッキングや収差補正など光学系への負荷が増大することから，記録層1層あたりの記録密度をできる限り高めて記録層の数は減らしたいとの要請もあり，記録材料にはより短波長で大きな2光子吸収断面積を有する化合物が求められる。ところが比較的簡便に利用できる波長可変なフェムト秒レーザーの波長が700 nmよりも長波長であるという制約もあって，700 nm以下の短波長領域で大きな2光子吸収断面積を有する化合物の報告例は極めて少ない。短波長領域では分子の超分極率（βやγ）が大幅に減少するとの理論予測も成されており[25]，短波長領域に大きな2光子吸収断面積を有する2光子吸収化合物の開発が材料面での今後の本質的課題であると考えられる。

ところで筆者らは，2光子励起によって極めて微量の色素を発色させて潜像とし，次いで潜像部分に発色している色素の線形吸収を励起することで再生可能な量にまで更に色素を発色させて記録ピットとする2光子潜像形成-自己増幅系を構築してその原理確認を行った[26]。この方式を用いれば，2光子吸収では極微量な"種"だけを作れば良く，再生可能な量の物質変化全てを2光子吸収で発現させる必要がなくなる。より高感度の2光子記録材料を構築するには，本質的な課題である2光子吸収断面積の大きな化合物の開発と併せてこの様な種々の工夫も必要であろう。

文　献

1) M. Göppert-Mayer, *Ann.Phys.*（*Leipzig*）, **9**, 273（1931）
2) D. A. Parthenopoulos, P. M. Rentzepis, *Science*, **245**, 843（1989）
3) A. Mitsumori, T. Higuchi, T. Yanagisawa, M. Ogasawara, S. Tanaka, T. Iida, ISOM'08, MB02, Hawaii（2008）
4) a) M. Nakano, T. Kooriya, T. Kuragaito, C. Egami, Y. Kawata, M. Tsuchimori, O. Watanabe, *Appl.Phys.Lett.*, **82**, 176（2004）; b) 中林正仁，宮田壮，オプトロニクス, **283**（7），168（2005）
5) a) T. Shiono, T. Itoh, S. Nishino, *Jpn.J.Appl.Phys.*, **44**（5B），3559（2005）; b) 塩野照弘，オプトロニクス, **283**（7），173（2005）
6) a) M. S. Akselrod, A. E. Akselrod, S. S. Orlov, S. Sanyal, T. H. Underwood, *Proc. SPIE*, **5069**, 244（2003）; b) M. S. Akselrod, S. S. Orlov, G. M. Akselrod, *Jpn.J.Appl.Phys.*, **43**（7B），4908（2004）; c) M. S. Akselrod, *Jpn.J.Appl.Phys.*, **46**（6B），3902（2007）
7) a) A. Toriumi, S. Kawata, M. Gu, *Opt.Lett.*, **23**, 1924（1998）; b) S. Kawata, Y. Kawata,

Chem. Rev., **100**, 1777 (2000)
8) B. Strehmel, V. Strehmel, *Advances in Photochemistry*, **29**, 261, D. C. Neckers, W. S. Jenks, T. Wolff (Eds), John Wiley & Sons, Inc. (2007)
9) M. Ishikawa, Y. Kawata, C. Egami, O. Sugihara, N. Okamoto, M. Tsuchimori, O. Watanabe, *Opt.Lett.*, **23**, 1781 (1998)
10) a) WO/2003/070689A2, Mempile Inc.; b) A. N. Shipway, M. Greenwald, N. Jaber, A. M. Litwak, B. J. Reisman, *Jpn.J.Appl.Phys.*, **45**(2B), 1229 (2006)
11) A. S. Dvornikov, I. Cokgor, F. McCormick, R. Piyaket, S. Esener, P. M. Rentzepis, *Opt. Commun.*, **128**, 205 (1996)
12) A. A. Angeluts, N. I. Koroteev, S. A. Krikunov, S. A. Magnitskii, D. V. Malakhov, V. V. Shubin, P. M. Potokov, *Proc. SPIE*, **3732**, 232 (1999)
13) A. S. Dvornikov, P. M. Rentzepis, *Opt.Commun.*, **136**, 1 (1997)
14) T. Mizuno, Y. Tanamura, K. Yamasaki, H. Misawa, *Jpn.J.Appl.Phys.*, **45**(3A), 1640 (2006)
15) a) T. Tanaka, K. Yamaguchi, S. Yamamoto, *Opt.Commun.*, **212**, 45 (2002); b) T. Tanaka, S. Kawata, ISOM'07, Tu-G-01, Singapore (2007)
16) A. S. Dvornikov, Y. Liang, C. S. Cruse, P. M. Rentzepis, *J.Phys.Chem. B*, **108**, 8652 (2004)
17) 特開2005-15699, 富士写真フイルム
18) M. Akiba, T. Takizawa, Y. Inagaki, ISOM'07, Mo-B-01, Singapore (2007)
19) T. Kogej, D. Beljonne, J. W. Perry, S. R. Marder, J. L. Brédas, *Chem.Phys.Lett.*, **298**, 1 (1998)
20) 稲垣由夫, 秋葉雅温, レーザー研究, **31**, 392 (2003)
21) M. Albota, D. Beljonne, J.-L. Bredas, J. E. Ehrlich, J.-Y. Fu, Ah. A. Heikal, S. E. Hess, T. Kogej, M. D. Levin, S. R. Marder, D. McCord-Maughon, J. W. Perry, H. Rockel, M. Rumi, G. Subramaniam, W. W. Webb, X.-L. Wu, Ch. Xu, *Science*, **281**, 1653 (1998)
22) 例えば, J. Kawamata, K. Inoue, H. Kasatani, H. Terauchi, *Jpn.J.Appl.Phys.*, **31**, 254 (1992)
23) a) 秋葉雅温, 滝沢裕雄, 稲垣由夫, 谷武晴, 川俣純, 日本化学会第85春季年会, 3L8-47 (2005); b) J. Kawamata, M. Akiba, Y. Inagaki, *Jpn.J.Appl.Phys.*, **42**, L17 (2003); c) M. Akiba, H. Takizawa, Y. Inagaki, K. Ogiyama, S. Ichijima, *Nonlinear Optics, Quantum Optics*, **34**, 179 (2005); d) 秋葉雅温, オプトロニクス, **283**(7), 184 (2005)
24) S. Hirakawa, J. Kawamata, Y. Suzuki, S. Tani, T. Murafuji, K. Kasatani, L. Antonov, K. Kamada, K. Ohta, *J.Phys.Chem. A*, **112**, 5198 (2008)
25) a) M. G. Kuzyk, *Phys.Rev.Lett.*, **85**, 1218 (2000); b) M. G. Kuzyk, *Phys.Rev.Lett.*, **90**, 39902 (2000); c) M. G. Kuzyk, *Opt.Lett.*, **25**, 1183 (2000); d) M. G. Kuzyk, *Opt.Lett.*, **28**, 135 (2003); e) M. G. Kuzyk, *J.Chem.Phys.*, **121**, 7932 (2004)
26) a) 特開2005-100599, 富士写真フイルム; b) 特開2005-320502, 富士写真フイルム

3 2光子吸収材料を使ったシステム

沖野芳弘[*]

3.1 装置・システム化の課題
3.1.1 2光子吸収材料による高密度化

　2光子吸収材料を用いた記録あるいは再生を高密度の観点から述べる。2つの光子を吸収した焦点近傍の小さなポイントのみでピットが描かれるので，通常の熱記録などとは異なり，より小さなピットの記録が可能となる。高密度化に対してはこれだけでは次世代を担うには不十分と云わざるを得ず，そのため多層化・立体化が要請される。2光子吸収材料の中には透過率が良い材料を得る事ができるので，これを用いてバルクの記録材の中に多層の記録媒体を構成する事が可能である。

　現状の材料技術から見て，2光子記録材料を使った光メモリとしての高密度化の可能性は以下の2つが因子となっている。先ず2光子を吸収させる事が前提であるので，平面上で自乗倍の密度が得られる事が推測される。但し，これは現用の記録材と同じC／Nが取れる事を前提とするものであるが，現状ではこれよりかなり低い。他の1つの要因は，透明性が有りバルクの中で3次元的に記録膜を構成できる事であり，現状はこの効果が大きい。100層の記録層を構成して記録再生を行って成功した実績もある[1]。

　集光される光の光軸垂直方向で高密度な記録が期待される。これは従来のヒートモードの熱記録ではなくフォトンモードであるため，光ピットのエッジの切れが良くなる効果も含めて光軸垂直方向の平面上でも2～4倍の高密度化の効果が期待できる。表1にはこの光ビームサイズの比較を記しているが，1光子記録に比べて自乗になると約2倍となる。この場合もしC／NがBlu-rayと同じであれば，片面で2（表面上記録密度の向上）×5GB（Blu-rayの密度）×100（バルク中の記録層）＝1TBという大きな体積密度を得る事ができる。また表裏の2層構造にすれば更に倍の2TBが可能となる。しかし，下記に述べる諸々の課題があり現実にはその見通しはまだ

表1　実効スポットサイズの対比（自乗効果）

	1光子吸収の場合の感度 （ビーム直径）	2光子吸収の感度 （ビーム径の自乗）	感度比 （2光子／1光子）
光軸が垂直な方向	$d = 0.52 \lambda_0 / NA$	$d' = 0.52 \lambda_0 / NA$	～0.72
光軸方向	$\Delta z = 1.77 \lambda_0 / NA$	$\Delta z' = 1.27 \lambda_0 / NA$	～0.72

d　：感度直径（最大値の半分となる値）　　Δz：軸方向の最大値の半分となる寸法
λ　：光の波長　　　　　　　　　　　　　NA：集光レンズの開口数

---

[*] Yoshihiro Okino　関西大学　先端科学技術推進機構　HRC　客員研究員

第5章 2(多)光子励起を利用する光メモリ

得られていない。

3.1.2 記録材料の感度と光源

2光子記録材料の励起確率は励起光の自乗に比例するので，単に総パワーのみでは感度を判断する事はできない。一般には（2光子）吸収断面積（$1\,\text{GM} = 1\times10^{-50}\,\text{cm}^4\cdot\text{s/photon}\cdot\text{molecule}$）という単位が用いられ，その値は数GM～数1000GMに亘っている。2光子吸収材料の記録(再生)のためのレーザ光源としては短パルスのピコ（10^{-12}）秒あるいはフェムト（10^{-15}）秒パルスレーザが必須となる。

この様に，尖頭出力・平均出力の他には，繰り返し周波数，波長などと共に，記録に使うレーザとしてはビームの断面形状（横方向モード）が重要になる。波長や出力パワーに関しては材料そのものに関係するが，横方向モードはシングル・ノードである必要がある。

実際にこの目的に使えるレーザは，嘗ては入手が困難であったが，現在は比較的に入手可能になってきた。最近では手軽にメモリに使えるサイズやパワーのものも，記録材の感度の向上とも相まって出てきている。以下に主なるレーザについて概説する。

(1) DPSS（Diode Pumped Solid State）レーザ

半導体（ダイオード）レーザでドープされたレーザ結晶（レーザ媒質）の励起に使用し，レーザ光の波長変換・増幅を行うレーザである。その構成の一例を図1に示す。結晶の片側の面には，励起光を透過し結晶内で発振した赤外光を反射するコーティングが施される。可視光の出力は，レーザ媒質に近接したレーザキャビティ内に，非線形結晶を配置する事により得る。この結晶の出力側の面には，レーザの基本波である赤外光を反射（完全なレーザキャビティを形成）し，非線形結晶により発生した第二高調波を透過するコーティングが施される。最終的に，ビーム整形光学系がビームをコリメートし，出力光に含まれる励起用レーザがフィルターにより取り除かれる。レーザキャビティと励起用ダイオードレーザの温度はサーモエレクトロニクス冷却器によって厳密に制御することができる。

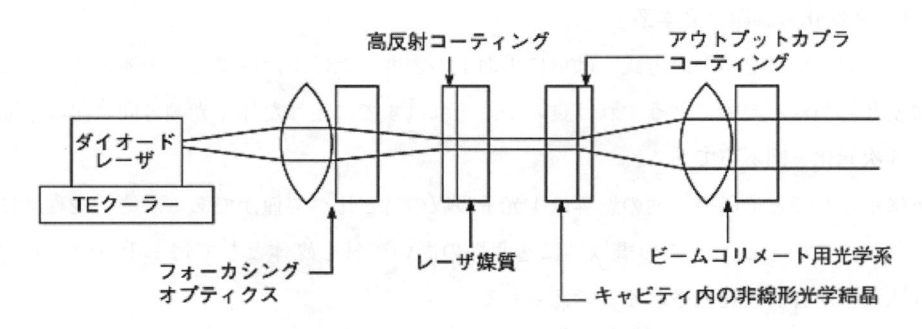

図1 ダイオードポンプ固体レーザ（DPSS）の構成例

この構成で，設計された波長のレーザビームを必要な繰り返し周波数・パワーで発振する。比較的容易に大出力のレーザを小型に作る事ができる。

(2) ファイバーレーザ

シングルモード光ファイバーのコア部分に増幅媒体をドープしたものは光ファイバー増幅器として働く。この光ファイバーに適当な波長の励起光を与えて発振条件を調整すると安定レーザを構成する事ができる。その構成の一例を図2に示す。

ファイバーレーザは共振器中における光の伝播媒体が空気ではなく，光ファイバーであるため，種々の利点が生じる。温度変化，振動による光学部品の位置ズレの問題などの心配が無くなり，大出力のパワーを安定して得られる。

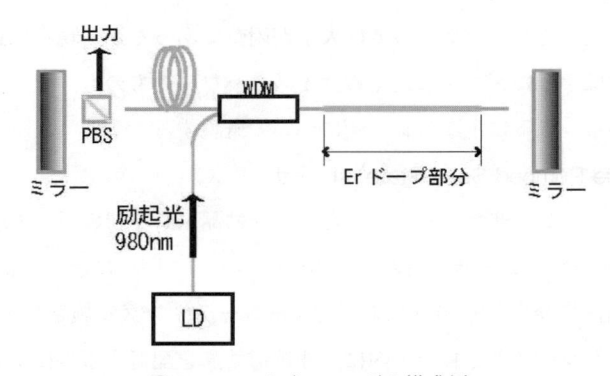

図2 ファイバーレーザの構成例

(3) これからの可能性

光メモリのための光源としては，現行用いられるレーザはまだまだ大きくて寿命も短く安定とは云い難い。2光子吸収メディアが実用化されるにはこの光源の問題が解決されなければならない。そのためにはハイパワーの半導体レーザの実用化が待たれるところである[2]。

3.1.3 多層化の課題と光学系

2光子吸収記録材を用いた方式では単に平面上の密度を上げるだけでは，上述のごとく2〜4倍が限度と思われる。ではどうすれば良いか，それはすでに述べた如く光軸方向に記録平面の数を増し3次元化を図る事である[3]。

表1に示したごとく隣接平面の影響は1光子吸収の時と比べて僅かであるが約0.72程度に少なくなる筈である。しかし，この事以外に透明性の高い素材を媒体として選ぶ手段があり，多層化・3次元化が容易に達成されると考えられる。

T. D. Milster等（アリゾナ大）は主として層間クロストークを仮定してBlu-ray Discの場合，

第5章 2(多)光子励起を利用する光メモリ

NA = 0.85，透過率90％で42層を限界とする解析結果を発表している[4]。また，三森等（パイオニア）はBlu-ray Disc仕様でクロストークを避けるため中間層の膜厚を交互に変える設計により16層で400 GB，更には20層で500 GBとして，およそ10％のジッターに抑えられる事を実際の試作によって確認した[5]。

これらはBlu-ray Disc仕様での多層化の研究であるが，2光子吸収媒体を使う事によって更に容易に多層化が実現するものと見積もられる。前述の光軸方向の焦点範囲がやや狭い事もその要因であるが，一番大きな事は媒体が透明で他層の影響が出にくい事である。

川田等[6]や塩野等[7〜9]は屈折率変化（$\Delta n = \sim 0.1$）を生ずる2光子媒体（ジアリールエテン）を用いて多層化の検討を行った。この時，記録ピット（屈折率変化）からの大きな回折光によるノイズを避けるため各記録層の間に感度を持たない中間層を挿入する事によりこの問題が緩和される事を確認し，提案している（図3参照）。記録ピットが各層に屈折率の変化として残る方式では影響を免れ得ない。

これに対して2光子吸収による感光をした媒体が，光の刺激を受ける事によって，その部分で蛍光を発したり，あるいは発しなくなったり，または吸収前とは異なる波長の蛍光を発して，そのものは実質的に光学的な変化を生じない材料であれば上記影響を被る事が無い。

蛍光を発する材料がこの様なニーズにマッチするものとして研究が行われている。フォトクロミックの記録材をPMMAなどにコンパウンドしたものが利用され，成形なども自由に行えてディスク素材としては好適なものである。この場合は対象とする層以外で作られている記録ピットが，再生ビームによってノイズを発生する事も無く，また吸収損失も無ければ，3次元の媒体として理想的には光軸方向ではフォーカス深度のオーダで記録層を重ねる事ができる。ちなみにCD仕様（$\lambda = 780$ nm, NA = 0.45, n = 1.5），DVD仕様（$\lambda = 650$ nm, NA = 0.6, n = 1.5）およびBlu-ray Disc仕様（$\lambda = 405$ nm, NA = 0.85, n = 1.5）で計算するとそれぞれ約7.33 μm，3.44 μm

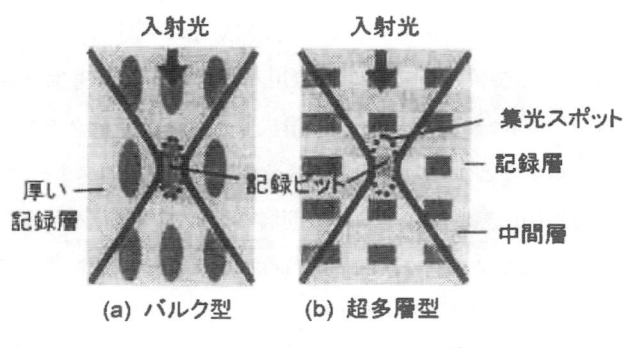

図3 2種類の記録媒体構造[5]

および1.07μmとなり，その間隔で記録層を並べても良い事になる。実際の状況としては，O. M. Alpert等（Mempile）がCD仕様で100層を[1]，またE. Walker等（Call/Recal）がDVD仕様で200層の積み上げに成功している[10]。

　この様に多層の記録層を積み上げた時には，ディスク表面（レーザ光の入射面）から対象とする記録層までの距離が問題になる。対物レンズの球面収差の問題である。対策としては，記録層をグループ分けして，各層群に適切な厚みのガラス板を準備し，記録もしくは再生の時に適切な厚みのガラス板を配置する仕組みを設ける事で行うのが容易である。切り替えにメカニカルな動作を含むので切り替えに秒のオーダの時間を発生する問題がある。ガラス板の代わりに液晶盤を用いてこの補正を行うとこの問題は軽減する。あるいは青木などの提案による変形可能な球面収差補正ミラーを使って行う方法も可能性がある[11]。

　記録層の選択や記録溝のトラッキング制御には基準になる層を設ける必要がある。予め必要な情報が記録された層を基準層（Reference Layer）として配置する。基準層から記録層までの距離を測って記録層の位置を知り，また基準層表面上に予め記録された記録痕を追いかける事によりトラッキングを行ってビームの位置制御を行う。この時，記録（再生）用の主ビームと制御用のビームが必要である。同じ光源を使う工夫も考えられるが別途の光源（レーザ光）を使うのが一般的であろう。

3.2　装置化の事例

　2光子吸収媒体を用いた光メモリは実用化に向けて研究開発が推進されているが，まだ媒体そのものを探求する段階が続いているのが現状である。相変化記録媒体の歴史で例えれば，1980年代半ばの頃の様な混沌とした時代である。実用化に向けたシステム化や装置化を議論するのはまだまだ早いと思われる。しかし，装置（システム）を考慮する事により媒体の開発への刺激になり，相互の有効な開発が期待されると思われるので，幾つかの報告の中から挙げて説明をする。

3.2.1　屈折率変化を利用する方式

　図4に示すのは，ジアリールエテンをドープしたPMMAコンパウンドからなる2光子媒体を使った塩野等による試作実験装置である[8,9]。記録用パルスレーザと再生用レーザを別途に用いる。再生検出光学系はコンフォーカル型の配置で構成し，フォトデテクタの手前の結像面にピンホールを配して他層の記録痕などからのノイズや迷光を遮断してクロストークを少なくしている。

　媒体としては，各記録層間に感度を持たない中間層を配して多層化を行う。また中間層と記録層の界面での反射光を利用してフォーカス制御を行う。この様な配置によって光軸方向の記録密度を向上する[12]。

　実験は，記録用光源としてフェムト秒レーザを用いるが，比較のためにナノ秒半導体レーザを

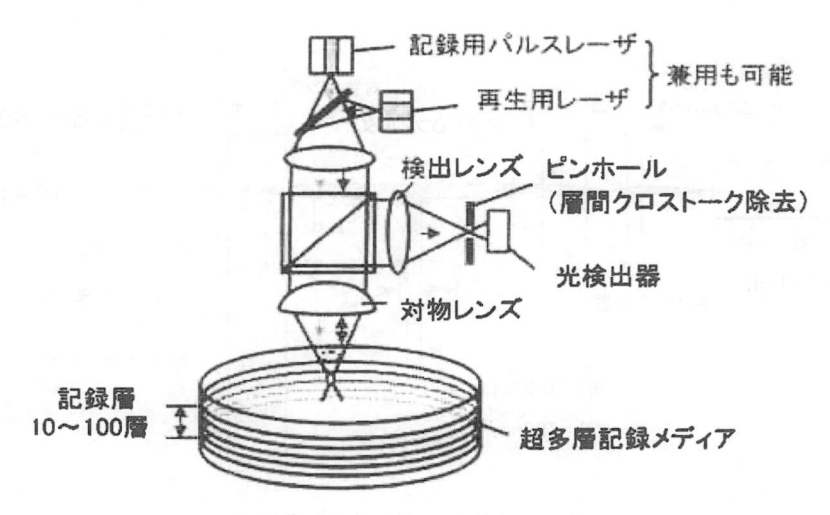

第5章　2(多)光子励起を利用する光メモリ

図4　屈折率変化を利用する多層光メモリの構造[8]

使用できるようにして進められた。前者は，波長 $\lambda=0.78\,\mu m$，パルス長94 fsec，繰り返し周波数48 MHzのファイバーレーザである。消去用としては高輝度の緑色LEDをアレーにして用いた。NA＝0.8の対物レンズで，レンズ入射最大パワーが18Wの時1/16秒以上の記録によってほぼ明確な記録ができた。

半導体レーザの記録実験との対比では，記録材の感度が数100～数1000倍上がれば同じ効果が得られると結論づけている。この実験では記録は一層だけであったが，川田等は多層化を図るには他層に記録されたピット（屈折率の違い）の影響を避けるため中間層を入れることで有効な手段となる事を解析によって示した[6,12]。

3.2.2　蛍光による再生

PMMAポリマを基板として蛍光型の2光子吸収材料を使う方法の1つを述べる。R. H. Hamer等（Mempile）は高出力パルスレーザ（DPSSレーザ・発振波長671 nm）を使って記録（再生）方法を提案した[13]。図5にその実験装置の概略構成を示す。

この媒体を使いO. M. Alpert等は100層の記録実験に成功している事はすでに述べた[1]。この時の記録は，線速度＞13 m/s，層間距離5 μm，マーク長0.5 μmで，再生は，線速度16 m/s，再生光波長650±25 nm，再生パワー13～20 mW，再生信号波長480～560 nmであった。媒体が実質的に透明なため他の記録層からの影響が少なく，層間距離7 μm，5 μm，3 μmでクロストークはそれぞれ－40 dB，－32 dB，－12 dBであった。層間距離5 μmで2 mm厚の媒体を使い100層の記録実験に成功している。軸方向の球面収差を補正するため光軸上に補正光学系が使われる。記録されたピットの再生劣化は無視できないので対策が必要である。CNRは16 m/sで約30 dBと

次世代光メモリとシステム技術

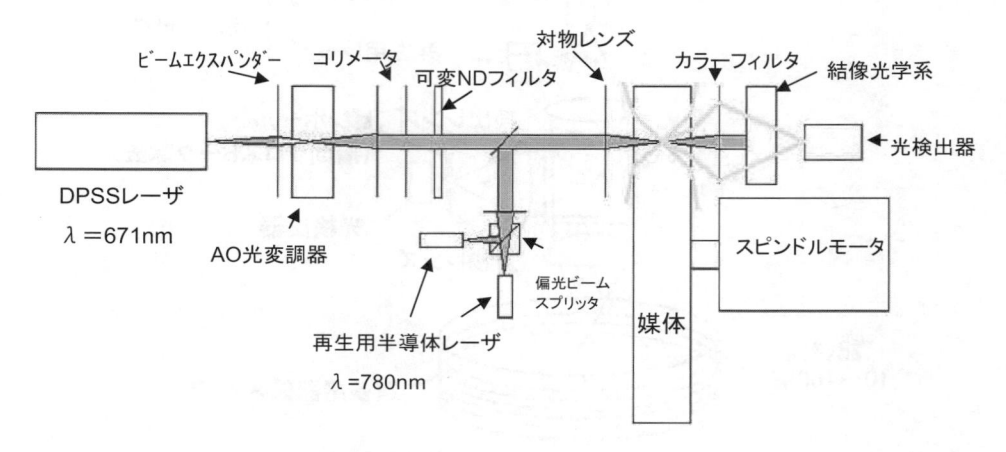

図5　蛍光型記録再生実験装置[13]

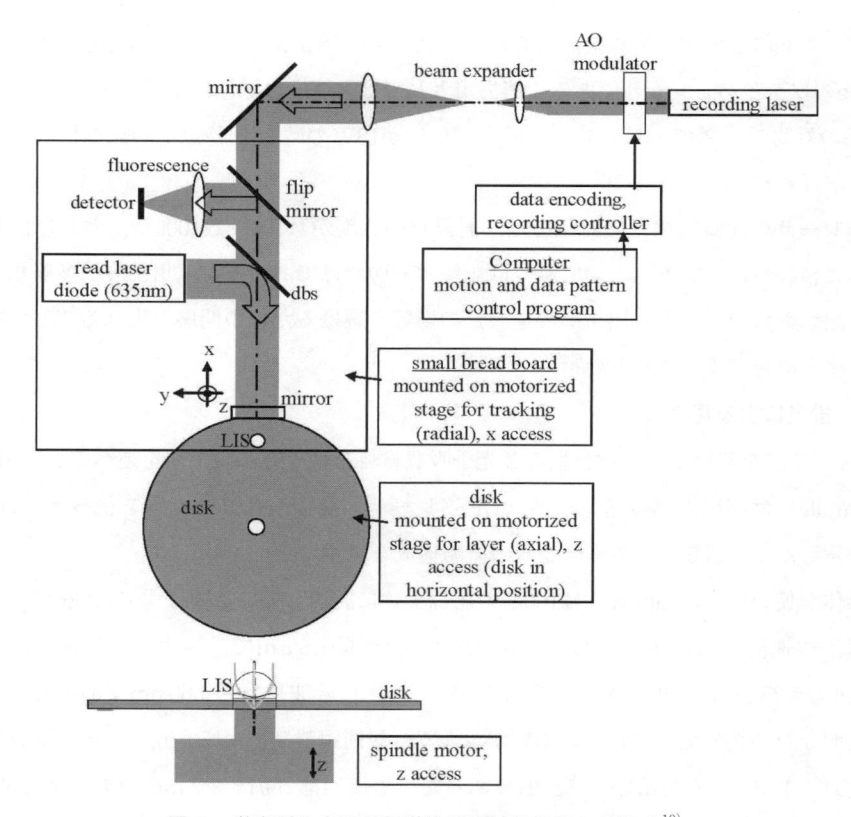

図6　蛍光型2光子吸収媒体の記録システムの構成[10]

第5章　2(多)光子励起を利用する光メモリ

	zone capacity (GB)	track capacity in zone(KB)
Zone 1	162.5	104
Zone 2	150	96
Zone 3	137.5	88
Zone 4	100	80
Zone 5	90	72
Zone 6	80	64
Zone 7	70	56
Zone 8	75	48
Zone 9	62.5	40
Zone 10	40	32
Zone 11	30	24
Zone 12	25	16
totals	1022.5	na

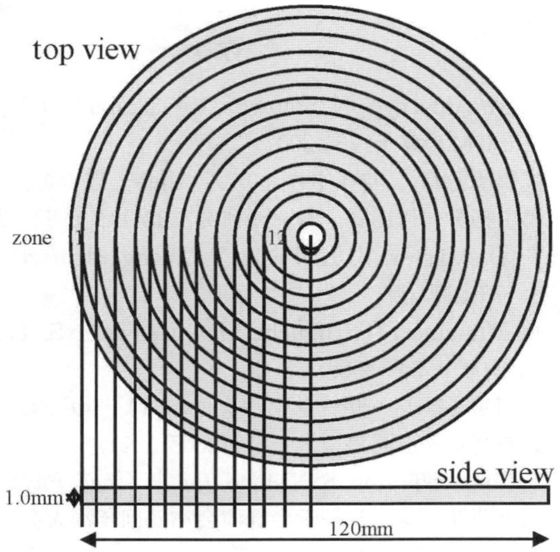

図7　媒体の構造とゾーン構成[10]

いう。

別の事例について述べる。フォトクロミック有機分子のコンパウンドで構成される2光子吸収媒体を用いて200層1TBの記録に成功した事例がE.Walker等から報告されている[10]。図6はこの媒体を用いた装置の構成例である。緑色（532 nm）のパルスレーザを用い6.5 psパルス幅で約7 nJ/pulseのエネルギ75 MHzの繰り返し周波数で記録を行う。レーザ光源からの出力光は音響光学効果型の光変調器を通してコントロールされる。トラッキング制御や記録層の指定，対物レンズの動き，モータスピード制御などは全て自動的にコンピュータによって制御される。記録後は，635 nmのCWレーザを使って，0.5 mW以下のパワーで，1光子吸収で発生する蛍光によって再生される。

ここで使われる媒体の構造を図7に示す。12のゾーンに分割されZCLV（Zone Constant Linear Velocity）によって記録される。それぞれの記録層にDVDと同じ容量を持たせた時1TBの記録容量を達成する。

これらのシステムとしての実績成果は日進月歩の勢いである。主として媒体の研究開発に依存する事が大きい。その他の近年の注目される実績としては，酸化アルミナを記録材料として用いたM. S. Akselrod等（Landuer）の研究[14,15]や，ローダミンβ色素と3価金属イオンをPMMAに分散した媒体を使う田中拓男等（理化学研究所）の研究[16]などが実用化に向けて可能性を確立して行くことが期待される。

文　　献

1) O. M. Alpert, A. N. Shipway, Y. Takatani, O. Eytan, D. Leigh, M. Arise, Technical Digest of ISOM2007, p. 76 (2007)
2) 高橋清監修,「ワイドギャップ半導体/光・電子デバイス」, 森北出版, p. 262 (2006)
3) 田中拓男, 河田聡, レーザ研究, **32**(1), p. 11 (2004)
4) T. D. Milster, S. K. Park, Y. Zhang, Conference Proceeding of ODS Topical Meeting, p. 179 (2006)
5) A. Mitsumori, T. Higuchi, M. Ogasawara, S. Tanaka, T. Iida, Technical Digest of ISOM/ODS'08, p. 34 (2008)
6) 川田善正, レーザーシンポジウム（レーザーが拓くテラバイト時代光メモリ）予稿, 3次元多層ビット記録型メモリ (2005.1.21)
7) T. Shiono, T. Itoh, S. Nishino, *Jpn. J. Appl. Phys.*, **44**, 3559 (2005)
8) 塩野照弘, レーザー学会講演会第26回年次大会講演予稿集, p. S11 (2006)
9) T. Shiono, T. Mihara, Y. Kobayashi, ISOM'06 Technical Digest, p. 78 (2006)
10) Ed Walker, Alexander Dvornikov, Ken Coblentz, Peter Rentzepis, ISOM/ODS'08 Technical Digest, p. 31 (2008)
11) S. Aoki, M. Yamada, T. Yamagami, Technical Digest of ISOM/ODS 2008, p. 206 (2008)
12) Y. Kawata, M. Nakano, S. Lee, *Opt. Eng.*, **40**, p. 2247 (2001)
13) R. H. Hamer, O. M. Alpert, T. A. W. Wasserman, ISOM/ODS'05 Technical Digest, MC1 (2005)
14) M. S. Akselrod, S. S. Orlow, G. J. Sykera, K. J. Dillin, T. H. Underwood, *Proc. of SPIE*, **6620**, 662003 (2007)
15) M. S. Akselrod, Proceeding of the 10th International Terabyte Optical Memory Consortium Workshop, p. 13 (2007)
16) T. Tanaka, S. Kawata, Technical Digest of ISOM2007, p. 70 (2007)

4 二光子吸収現象を利用した一括再生型光メモリ

香取重尊[*1]，藤田静雄[*2]

4.1 はじめに

情報化社会の発展に伴い記録デバイスの高速大容量化への要求は止むことがない。これまで光メモリの容量増大化は，主に記録・再生波長の短波長化により，記録ピットを微細化して実現されてきた。既に青色レーザを光源とするBlu-ray DiscやHD-DVDなどが実用化されている。しかし，通信技術の発達とデータ量の増大に伴い，更なる大容量化が求められている。

次世代型の光メモリとしては媒体の深さ方向に記録を行うことにより，容量の増大化を図る三次元型の光メモリを候補として挙げることができる。このような記録方式を可能とする，ホログラムや二光子吸収を利用した新たな光記録デバイスの研究が盛んに行われている[1~7]。

二光子吸収とは，『分子が2つの光子（フォトン）を同時に吸収することにより，基底状態から励起状態に遷移する現象』である。この現象は印加する光電場の2乗に比例して生じるため，二次元平面にレーザ光を照射した場合，電界強度の強いレーザスポットの中心部でのみ光化学反応を起こすことが可能となる。すなわち，集光点においてのみスペクトルや屈折率，偏光変化が起きるため，高い空間分解能でビットデータを記録することができる。さらに，一光子記録とは異なり回折限界に制限されることがなく，スポットサイズを小さくすることができ，高密度記録による大容量化の可能性を有している。ここでは，近年我々が取り組んでいる二光子吸収現象を利用した光記録と[8~11]，将来の三次元光メモリの実用化を想定した高速再生技術について紹介する。

4.2 二光子吸収材料

二光子吸収過程により光記録を行うためには，記録波長（基本波長）において実吸収（一光子吸収，線形吸収）がなく，さらに基本波長において大きな二光子吸収断面積[注]を有していることが必要である。これまで光メモリへの応用が検討されている二光子吸収材料として，ジアリールエテン[12]，スチルベンゼン[13]，ポルフィリン系の化合物[14,15]，アゾ系の芳香族化合物[16]，ジアセチレン系化合物[17]などが挙げられる。これらの材料の中には，実用化の可能性を有するものも少なくないが，分子の安定性や効率など，より適した材料の創出が求められている。

---

*1 Shigetaka Katori　京都大学　大学院工学研究科　産官学連携研究員
*2 Shizuo Fujita　京都大学　大学院工学研究科　教授

注）二光子吸収断面積：二光子吸収の効率を表す量であり，GMという単位が用いられる。GMとはアメリカの（但し生まれはドイツ）物理学者Maria Goppert-Mayerの名前に由来している。「魔法数」など原子核モデルの研究で1963年にノーベル物理学賞を受賞している。

有機ホウ素ポリマーは主鎖にホウ素原子を導入した長いπ電子系を有する高分子材料で，炭素-ホウ素間の結合エネルギーは，炭素-炭素間の結合エネルギーに比べて小さいため，効率的に二光子吸収を起こす可能性を有している。図1に有機ホウ素ポリマーの構造を示す。より高効率な二光子吸収材料を実現するため，この分子を基本骨格として以下の設計指針により，二光子吸収材料の開発を行った。

二光子吸収を効率的に引き起こすには分子内のπ共役系を増大する必要がある。しかし，単純にπ共役系を拡大するだけではなく，吸収端が基本波長よりも短波長であること，さらに二光子吸収過程に寄与する分子軌道において効果的な分極が生じること，これらを考慮した上での分子設計が必要である。このような材料設計指針に基づき，2種類の置換基を導入した新たな有機ホウ素ポリマーの評価結果について紹介する。

図2は上記設計指針に基づき合成された有機ホウ素ポリマーの構造を示している。(a)はベンゼン環の水素を電子供与基であるアルコキシ基に置換し，π電子共役長の増大を目的として設計したものである。(b)は主鎖のベンゼン環をチオフェン環に置換してπ電子共役系の電子密度を大きくするとともに，チオフェン環がフェニル環に比べて立体障害が小さいことを利用して平面性を向上させ，実効的なπ電子共役長を増大させて，二光子吸収効率の向上を図るように設計した分子である。以後，(a)をフェニレン型，(b)をチエニレン型と称する。図3はそれぞれの単層膜と置換基を導入していないもの（無置換体）との吸収スペクトルを比較した結果である[11]。固体膜の吸収ピーク波長は無置換体の吸収ピークが360 nmであるのに対し，置換基を導入することにより，フェニレン型が420 nm，チエニレン型が450 nmと，吸収端が長波長側にシフトしている。この結果は置換基によりπ電子共役系が増強されたことを示し，さらに二光子吸収の効率が高くなっていることを意味している[13]。

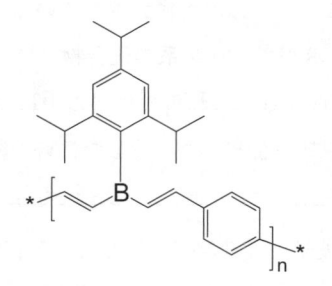

図1　無置換型の有機ホウ素ポリマー

第5章 2(多)光子励起を利用する光メモリ

図2 π共役系を増大した有機ホウ素ポリマー
(a)アルコキシフェニレン型, (b)チエニレン型

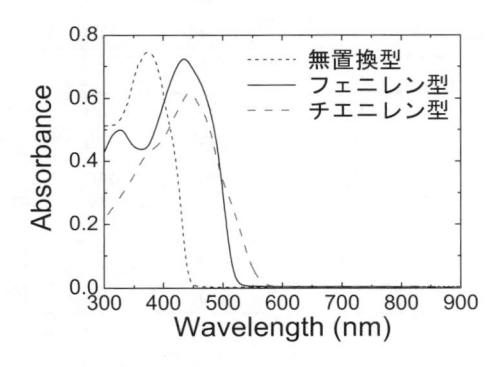

図3 有機ホウ素ポリマーの吸収スペクトル

4.3 有機ホウ素ポリマーの二光子吸収特性

　一般的に二光子吸収特性の評価には白色光ポンプ・プローブ法またはZ-Scan法が用いられる。それぞれの測定方法の詳細に関しては割愛するが，ここでは白色光ポンプ・プローブ法による有機ホウ素ポリマーの特性評価の結果を紹介する。

　ポンプ光には796 nmのチタン・サファイアレーザを再生増幅器に通したパルス光源を使用し，光源の繰り返し周波数を1 kHz，パルス幅を150 fsとして，時間分解反応の測定を行った。測定には各材料の単体膜をスピンコート法により成膜したものを用いている。ポンプ光が試料に入射したときのプローブ光強度の減少量をポンプ・プローブ信号とし，レーザのピークパワー密度をポンプ光19〜96 GW/cm^2，プローブ光1.2〜6.4 GW/cm^{2}の範囲で変化させた。図4に白色光ポ

次世代光メモリとシステム技術

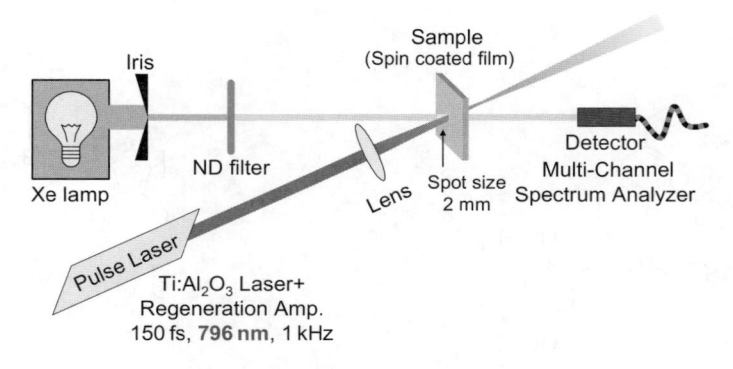

図4　白色光ポンプ・プローブ測定系の概略図

表1　二光子吸収断面積の比較

ジアリールエテン誘導体	δ (GM)	λ (nm)	
モノマー	0.76	775	
二光子吸収増強ダイマー	10-44	770	Z-Scan
アゾ芳香族化合物			
DR1	150	750	Z-Scan
DR19	185	750	Z-Scan
DR13	490	750	Z-Scan
有機ホウ素ポリマー			
フェニレン型	450	796	Pump-probe
チエニレン型	410	796	Pump-probe

ンプ・プローブ測定系の概略図を示す[11]。ポンプ・プローブ信号は二光子吸収係数 β に比例する。各種試料の二光子吸収係数 β はニトロベンゼンを標準試料として，相対測定することにより算出した。なお，ニトロベンゼンの β の絶対値は，Z-Scan法[18]により求められた値（0.025 cm/GW）を用いている。また，二光子吸収係数 β は濃度に比例するため，同一濃度の試料間でしか比較することができない。そこで一分子あたりの二光子吸収効率を評価するため，二光子吸収断面積 δ を算出した。なお，δ 値は測定によって得られた二光子吸収係数 β の値を用いて次の関係式から算出することができる。

$$\delta = \frac{10^3 h \nu \beta}{N_A C}$$

ここで，h はPlanck定数，ν は光の振動数，N_A はAvogadro数，C は溶液の濃度である。二光子吸収断面積の単位としてはGM（1 GM = 10^{-50} cm^4·s/photon·molecule）を用いる。

第5章 2(多)光子励起を利用する光メモリ

　有機ホウ素ポリマーは励起後，直ちに分解反応を伴うため二光子吸収断面積の評価が極めて難しいが，詳細な検討の結果，フェニレン型が450(GM)，チエニレン型が410(GM) 程度の大きな二光子吸収断面積を有することがわかった。表1は主な材料の二光子吸収断面積 δ の値を比較した結果である[12, 16, 19]。

4.4　二光子吸収反応による吸収変化と屈折率変化

　二光子吸収材料を多層光メモリへ応用することを考慮した場合，一光子吸収のない波長領域，すなわち再生破壊の起こらない波長領域において屈折率変化が生じていることが不可欠となる。図5は有機ホウ素ポリマーの薄膜に，近赤外パルスレーザを照射したときの吸収ピークの変化を示したものである[10]。また，図6は吸収端より十分長波長側の波長600 nmにおける屈折率の照射時間依存性をプロットした結果である[10]。パルスレーザを60分照射した場合，照射前に比べてチエニレン型の方が大きな吸光度変化が生じていることがわかる。また，屈折率の変化はフェニレン型で0.011，チエニレン型では0.066減少している。これらの結果から，吸光度，屈折率とも

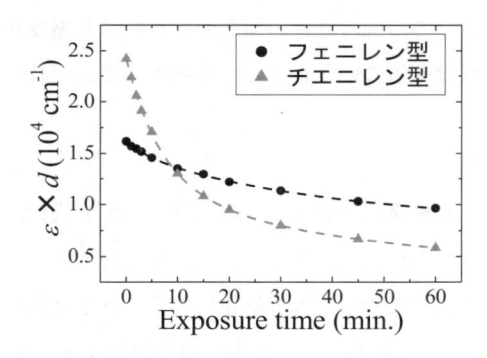

図5　近赤外パルスレーザを照射したときの吸収ピークの変化

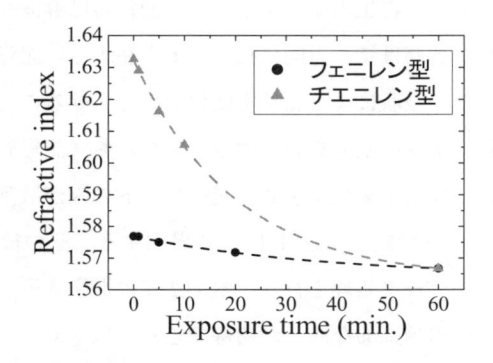

図6　近赤外パルスレーザを照射したときの波長600 nmにおける屈折率の照射時間依存性

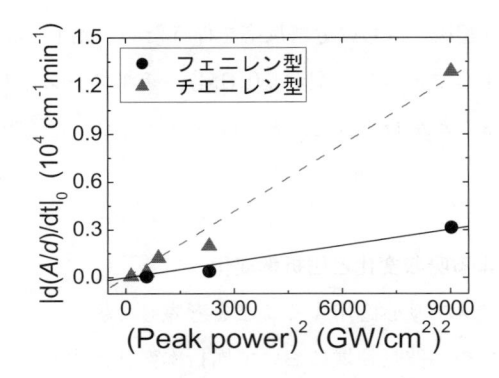

図7　単位厚さあたりにおける吸光度の初期減少速度の入射パワー依存性

にチエニレン型の方が大きく変化することが確認された。

　図7は単位厚さに対する，吸光度の初期減少速度の入射パワー依存性をプロットした結果である[11]。吸光度減少の初期速度は結合断裂の起こり易さを表すと考えられるので，これらの関係が照射パワーの2乗に比例するということは，この吸光度変化は二光子吸収現象に基づく変化であるということができる。また，この図の直線の傾きが大きいほど感度が高いことを意味し，チエニレン型はフェニレン型のほぼ4倍の傾きを有し，高感度の光記録特性を有すると推察される。

4.5　光記録再生方式の提案

　これまで報告されている二光子吸収型光メモリの記録・再生方式は，共焦点光学系を用いてピットを一点ずつ記録・再生するbit-by-bit方式がほとんどである[20]。この方法では記録密度が高くなるほど信号の検出は困難になるため，大容量化に要求される高速再生という矛盾を解決することができない。そこで，新たな再生技術として多数の記録ピットをビットマップとして取得し，データ処理を行う一括取得方式について紹介する。

　図8に媒体の構成および記録・再生の原理を示す。光記録層は導波路上に設定され，クラッド層，コア層の上部に配置し，各層は深さ方向に独立して存在する。記録は光源からの光を集光して，所定の位置において二光子吸収による屈折率変化を生じさせることにより行う。再生時には記録層に生じた屈折率変化による散乱光を利用する。すなわち，記録層の破壊が生じない波長の光をコア層に導波させると，屈折率変化が生じた記録ピットのみが散乱し，その散乱光を二次元ビットマップデータとして上部に設けたCCDにより撮像する。その後，画像処理を経た後，高速シリアル信号を取り出してデータ処理を行う。本手法では撮像素子，符号復号技術，信号処理技術の高度化による再生速度の飛躍的な向上が期待できる。以下では，このような方法による一括撮像型の光メモリを実際に作製し，その記録・再生を行った結果について紹介する。

第5章　2(多)光子励起を利用する光メモリ

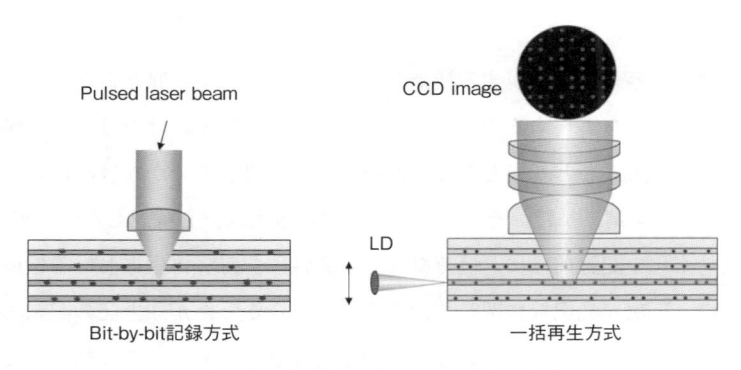

図8　三次元光記録媒体の構造と一括再生方式の原理

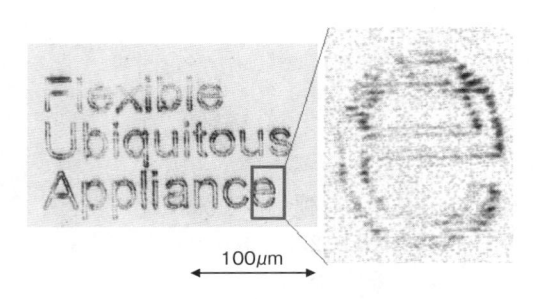

図9　一括再生方式により観察された再生像

　記録媒体の作製にあたってはチエニレン型の有機ホウ素ポリマーを採用して，上記で説明した導波路構造型の単層記録媒体を作製した。ガラス基板上に下部クラッド層，およびコア層を成膜し，その上に有機ホウ素ポリマー層を形成した。上部クラッドとしては，コア材よりも十分に屈折率の低い空気または透明樹脂を用いることとした。光源として796 nmのチタン・サファイアレーザを再生増幅器に通したものを使用し，媒体直前で対物レンズを用いてスポット径を1 μmにまで集光した。なお，記録位置の検出には共焦点光学系を採用し，記録媒体の位置決定は記録・再生ともに微動ステージにて行った。再生は導波路コア層に半導体レーザ（波長660 nm）の光を結合し，屈折率変化の起きたピットをCCDにて観察した。記録条件は記録光強度5.7 mW（尖頭値60 GW/cm^2），露光時間500 ms，最小記録ピッチ1 μmとしている（なお，確認できている最少パワーは数nJである）。図9は実際の記録・再生画像を示したものである[11]。上記条件において，1 μmピッチで記録された各ピットを明確に再生することが可能であり，この時の再生速度は31.4 Mbpsと概算することができる。CDの再生速度が1.2 Mbps，DVDの再生速度が11.1 Mbpsであることを考えると，極めて高速の再生が可能であることを意味している。

4.6 おわりに

　光メモリの高速・大容量化を実現する技術の一例として二光子吸収を応用した光メモリの例を概説した．三次元光記録を実現するためには，高効率な材料開発だけではなく，媒体の製造プロセス，記録方式，再生方式など基盤となる新たな技術を構築していかなければいけない．ここでは有機ホウ素ポリマーを例に挙げ，その開発現場における実験例を解説したが，実用に際しては，材料の更なる高効率化や記録前後における媒体の耐久性，記録・再生における機械，装置の小型化など課題は多い．三次元光記録に関してはあまり触れなかったが，上記の記録・再生方式により多層媒体の記録・再生についても良好な結果が確認できている．ここで紹介した知見が，光記録の研究分野において更なる展開をもたらすことになれば幸いである．

文　献

1) Vladimir Markov et al., Opt. Lett., **24**(4), 265 (1999)
2) Shen XA, Nguyen AD et al., Science, **278**(5335), 96 (1997)
3) Daurial et al., Appl. Opt., **13**(4), 808 (1974)
4) Haridas E. Pudavar et al., Appl. Phys. Lett., **74**, 1338 (1999)
5) I. Polyzosa et al., Chem. Phys. Lett., **369**(3), 264 (2003)
6) Kawata Y. et al., Opt. Lett., **23**(10), 756 (1998)
7) Shiono T. et al., Jpn. J. Appl. Phys., **44**(5), 3559 (2005)
8) 堀口嵩浩ほか，信学技報，**106**(130), 33 (2006)
9) 山雄健史ほか，信学技報，**106**(212), 75 (2006)
10) 堀口嵩浩ほか，信学技報，**106**(434), 15 (2006)
11) 香取重尊ほか，信学技報，**107**(196), 33 (2007)
12) Zouheir Sekkat et al., Opt. Commun., **222**, 269 (2003)
13) Marius Albota et al., Science, **278**(5335), 1653 (1998)
14) Kurotobi K. et al., Angew. Chem. Int. Ed., **45**, 3944 (2006)
15) Mikhail Drobizhev et al., J. Phys. Chem. B, **110**, 9802 (1998)
16) Leonardo D. B. et al., Chem. Phys. Chem., **6**, 1121 (2005)
17) Kamada K. et al., Chem. Phys. Lett., **372**, 386 (2003)
18) M. Sheik-Bahae et al., IEEE J. Quantum electron., **26**(4), 760 (1998)
19) Saita S. et al., Chem. Phys. Chem., **6**, 2300 (2005)
20) Xiangping Li et al., Appl. Opt., **47**(26), 4707 (2008)

第6章　その他の方式

1　フォトクロミック分子の電子機能と関連メモリ技術

辻岡　強*

　フォトクロミック分子とは，光反応により可逆的に構造が変化し，吸収スペクトルその他の特性が変化するような材料である[1~3]。光照射に伴って，その光が当たった部分だけ色が変化しその状態が保持されるので，昔から光記録用材料としての研究がなされている。フォトクロミック光メモリでは，相変化型光メモリなどとは異なり熱的な反応ではなく光反応を用いる。従って光の持つ様々な自由度を記録に生かせるため，将来有望な高密度記録の方法として期待されている。そのようなフォトクロミック分子を用いた高密度光記録技術については数多くの解説書がある[4~6]。従ってここではそれらには詳しく触れず，それ以外の最近新しく展開してきたフォトクロミック分子を用いたメモリ関連技術の最前線について紹介する。

1.1　フォトクロミック反応に伴う分子物性変化と応用

　フォトクロミック反応とは，下に示すように光化学反応により単一の化学種が分子量を変えることなく，化学結合の組み替えにより，吸収スペクトルの異なる二つの異性体を可逆的に変化する現象をいう。

$$A \underset{\longleftarrow}{\overset{光}{\longrightarrow}} B$$

　図1にこれまでに良く知られたいくつかの代表的フォトクロミック分子，およびその反応を示す。これら二つの異性体は，分子構造が異なっていることから，吸収スペクトルのみならず様々な分子物性が異なっている。例えば蛍光特性，屈折率，双極子モーメントなど種々の分子物性が光異性化反応により大きく変化する。チオインジゴのトランス体は，量子収率0.6と高い蛍光量子収率を持つが，シス体は無蛍光性である。アゾベンゼンのトランス体の双極子モーメントは，0.5Dであるのに対し，シス体は3.1Dと大きな極性を持つ。ジアリールエテンでは光照射により結晶の形が動くことが知られている。このような様々な物性変化が情報の記録・再生やその他の応用に用いられる。

　＊　Tsuyoshi Tsujioka　大阪教育大学　教育学部　教養学科　教授

次世代光メモリとシステム技術

図1 種々のフォトクロミック分子

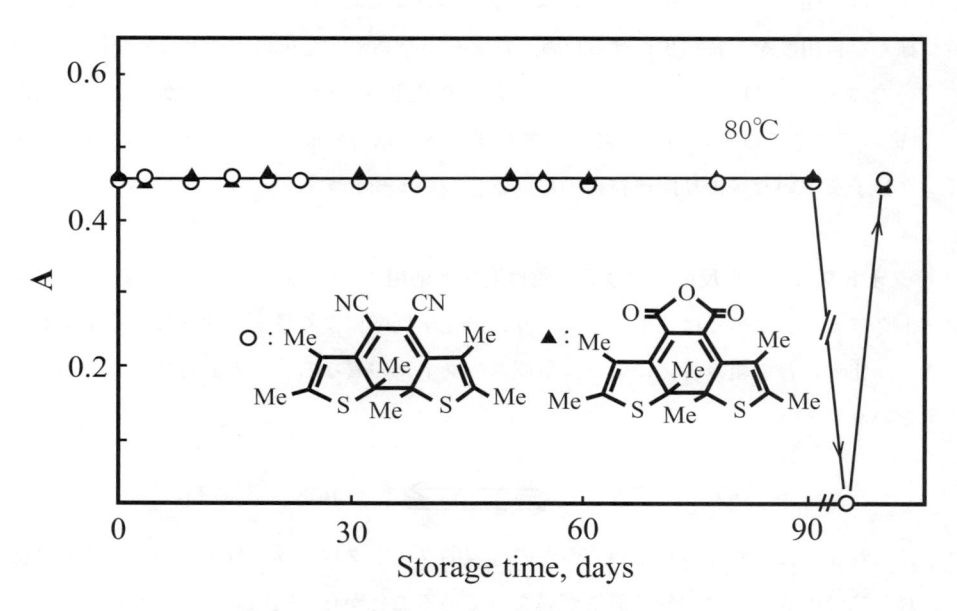

図2 ジアリールエテン分子の熱安定性

　かつて光メモリ材料として検討されたスピロピラン等のフォトクロミック分子は，いずれも光生成した着色体が熱的に不安定であり，暗所に放置していても元の異性体へ戻る性質を持つ。このことは，記録の不安定性を意味し，メモリ材料としては不適である。しかし1990年代以降に熱安定性を有するジアリールエテン誘導体が多数開発され[2]，光メモリ・光スイッチに向けた材料として関心が持たれ，また新たな機能の研究が活発化してきている。ジアリールエテン誘導体の中では，図2に示すように，ヘテロ環を有する分子が開環体，閉環体はいずれも熱的に安定であ

第6章　その他の方式

る。閉環体の吸光度は，80℃，3ヶ月の保存後も変化せず，光照射により最初の状態と同等のフォトクロミック性を示す。もちろん開環体も安定である。さらにポリマー中に分散しても，真空蒸着による薄膜においてもこの分子の安定性は変化せず，両異性体は十分な熱安定性を持つといえる。現在ではこのような異性化状態の安定性が要求される応用に関しては，ジアリールエテン系材料を用いた研究開発が主流となっている。

フォトクロミック分子をメモリ材料として用いる場合，その特徴としては以下が考えられる。

① 波長・偏光や非線形光学現象などの，光が有する，あるいは光が関わる種々の特性を高密度記録に生かすことができる。また光反応であるため，高感度記録が可能（微弱な光でも反応を起こせる）。これは従来のフォトクロミック分子をフォトンモード光記録材料として捉えた場合の特徴である。

② 原理的に極めて高い解像度・超高記録密度が可能である。情報は分子の可逆的異性化反応により記録され，保持される。磁性材料，相変化材料，強誘電体材料，そして他の有機メモリ材料のほとんどは，原子あるいは分子の集合体としてメモリ機能を有する。しかしフォトクロミックメモリでは分子レベルでメモリ機能を有するので，理論上分子レベルの記録密度にも対応できる。

③ 有機分子材料を用いると，一般に大量合成することでコストが下がる。またメモリの製造プロセスにおいても塗布による方法が検討されており，将来極めて安価なメモリを大量に生産できる可能性がある。

②の特徴と③の特徴はそれぞれ高付加価値，低コストと逆方向の指向性を持っているが，もちろん実用上両方とも兼ね備えている必要性はない。

さて，フォトクロミック分子は光で反応し吸収スペクトルなどの光学的な物性が変化する有機光機能材料であることは上記した通りであるが，最近その電子機能にも関心が集まっている。これまでの光機能に加えて電子機能を組み合わせることによって，表1で示すように機能・応用が

表1　フォトクロミック分子の光・電子機能と応用

	光物性変化 （吸収スペクトル，屈折率，蛍光強度など）	電子物性変化 （分子の双極子モーメント，イオン化ポテンシャル，キャリア移動度など）
光反応	(1) 光メモリ，光スイッチ（従来の光による光物性変化，光記録・光再生）	(2) 光制御型電流スイッチ，非破壊再生
電気的な反応	(4) ？	(3) 有機半導体メモリ（電気的な記録・再生）

二次元的な広がりを持つことになる。この表の(1)の部分については従来の光メモリ・光スイッチへの応用に向けた内容に相当するので，関心のある方は他の参考書を参照してもらいたい[4〜6]。ここでは特に(2)〜(4)の機能・応用について述べる。

1.2 光反応による電子物性変化

異性化による典型的な電子物性変化として，イオン化ポテンシャルの変化があげられる。例えば図3に示すような形で，フォトクロミック膜を電極で挟む形で形成し電圧を印加すると電極から電子あるいはホールなどのキャリアが注入されることになる。フォトクロミック層のイオン化ポテンシャルの値と電極の仕事関数との差は，キャリア注入に対するポテンシャルバリアとして作用する。多くの有機フォトクロミック材料は電子輸送性よりもホール輸送性の方が高いので，この異性化に伴うホールに対するポテンシャルバリアの違いを利用して，電流の光制御型スイッチを構成することができる[7〜9]。

ジアリールエテンを用いた光異性化に伴う電流のON-OFF制御の例を図4に示す。ジアリールエテンの閉環体（着色状態）はイオン化ポテンシャルの値として5.7〜5.8 eVの値を有し，開環体（消色状態）ではそれが6.2 eV以上に変化する。従ってITO電極や貴金属電極などからホール注入する際のポテンシャルバリアの値は閉環状態の方が小さく，ホール伝導しやすい状態にある。電流の流れやすさには，イオン化ポテンシャル変化によるポテンシャルバリアの高さに加えて，材料自体の移動度も効いてくる。ポテンシャルバリアを変えて良好なON-OFF特性を得るには，分子自体がもともと高い移動度を有するものである必要がある。図5は良好なON-

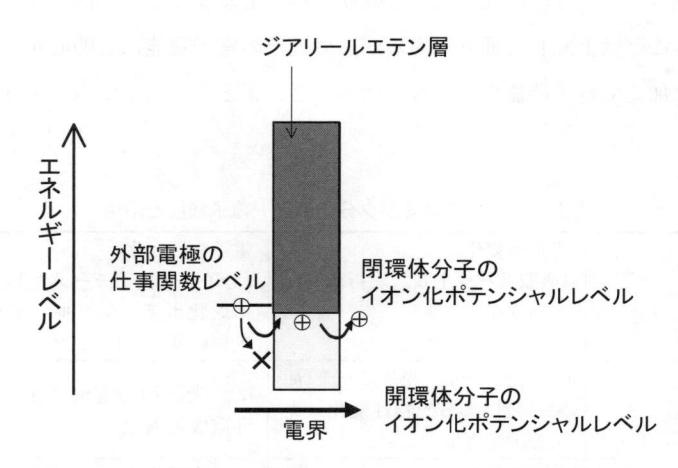

図3　フォトクロミック・ジアリールエテンの異性化反応に伴う
イオン化ポテンシャルの変化とキャリア伝導性への影響

第6章　その他の方式

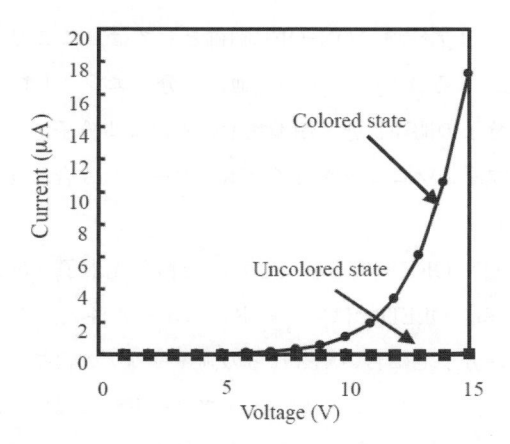

図4　ジアリールエテンの異性化に伴う電流のON-OFF制御
（着色状態：Colored state，消色状態：Uncolored state）

図5　電流スイッチング機能を有するジアリールエテン分子

OFF比が得られたジアリールエテンの分子構造例を示す。ジアリールエテン骨格に対して，ホール輸送性をもたらすトリフェニルアミン基やあるいは電子輸送性を有する修飾基によって，ON-OFF特性が改善されることを示している。

分子の異性化に伴うキャリア伝導のON-OFF制御としては，ここで述べた薄膜としてのイオン化ポテンシャルの変化によるON-OFF制御の他に，分子エレクトロニクス素子への応用を意識したジアリールエテン分子の開環状態・閉環状態の差による分子内π電子系の広がりの違いを利用したもの，さらにはフォトクロミック分子とポリマーを組み合わせたものなど，種々のタイプが検討されている[10~14]。

このようなキャリアのON-OFF機能を利用した，有機発光素子（OLED）の発光強度のON-OFF制御が検討されている。OLEDではアノードからホール注入，カソードから電子注入が行われ，発光層中の蛍光色素分子上においてそれらの両キャリアの再結合が行われることで発光する。従って一方のキャリア，ここではホール注入がアノード側に設けられたフォトクロミック層の異性化反応により制御できれば，OLEDからの発光強度の制御が可能になる[15]。図6はこの原理に基づく発光のON-OFFを示したものである。ジアリールエテンの開環体（DTE-FC-O）の状態に比較して閉環体（正確には光定常状態となった着色状態，DTE-FC-PSS）では，15V以上の印加電圧に対して顕著な発光強度の違いが確認された。

この電流のON-OFF特性はフォトクロミック光メモリの非破壊再生に用いることも可能である。フォトクロミック光メモリでは，分子が光反応により記録される。光メモリの読み出しは，変化した異性体の吸光度の変化を反射率変化として読み取るのが最も簡便な方法である。この際問題となるのは，記録情報を読み取る際に分子の再生光吸収により光反応が生じて記録情報が徐々に破壊されることである。この再生による記録情報の破壊を防止する機能が，非破壊読み出しである。

非破壊読み出しの方法にはいくつかの方法があるが，光がフォトクロミック分子に吸収されない波長の光で，吸収変化以外の分子の物性変化を検出することが有効な方法の一つである。この

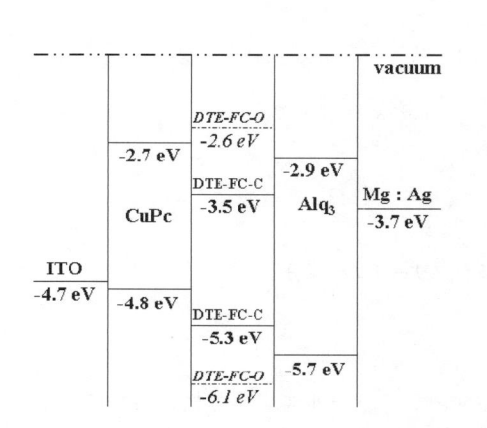

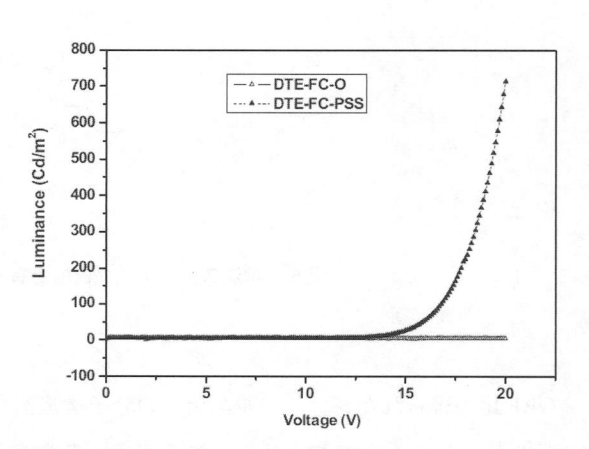

図6　ジアリールエテン層による有機EL素子の発光のON-OFF制御
（左：エネルギーバンド図，右：電圧－発光特性）

第6章 その他の方式

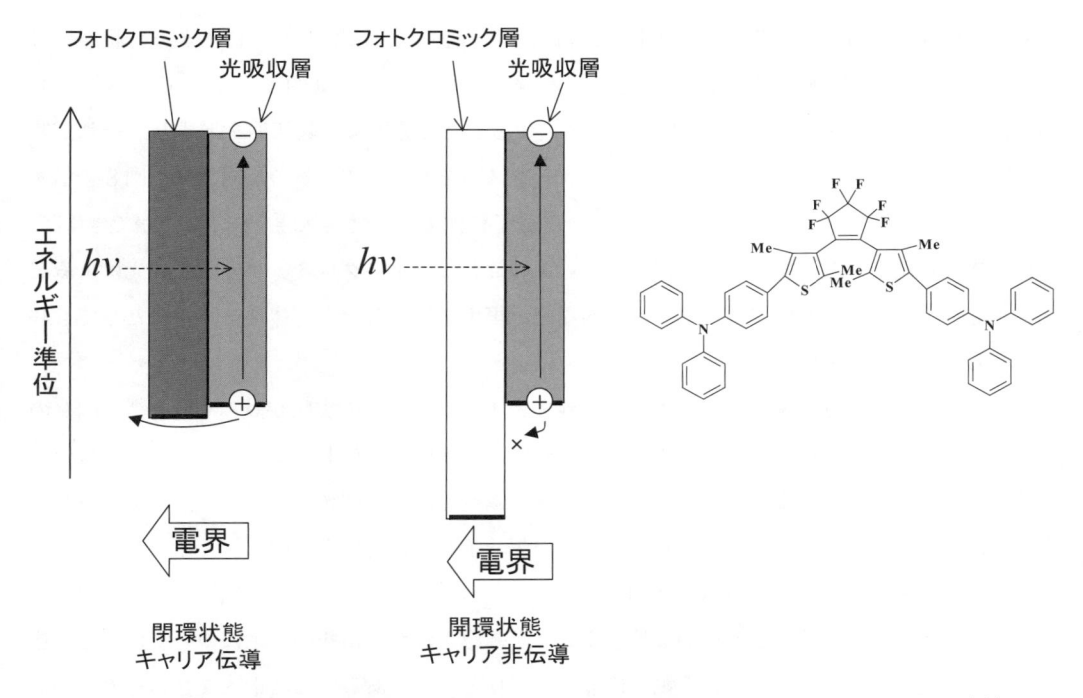

図7 光電流検出による非破壊再生の原理（左）と実験に使用されたジアリールエテン分子（右）

再生方法として，ジアリールエテン分子の電子物性変化であるイオン化ポテンシャルの変化を光電流の変化として検出する方法が提案されている[16,17]。図7で示すように，媒体は記録情報を担うフォトクロミック層と，再生光を吸収して電気的なキャリアを発生する光吸収層から構成され，電界が印加されている。再生光照射により光吸収層中に生じたキャリアであるホールは電界により陰極側に引き寄せられることになるが，このときフォトクロミック層の異性化状態に応じたイオン化ポテンシャルの変化により媒体内部のホール伝導状態も変化する。これにより外部に取り出される光電流の変化として記録情報が再生されることになる。

トリフェニルアミン基で修飾することによりホール輸送性を持たせたジアリールエテン系分子を記録層に，フタロシアニン分子を光吸収層に用いて波長780 nmの近赤外光による非破壊再生実験が実行された。その結果100万回以上の再生でも信号レベルがまったく変化せず，完全な非破壊再生ができていることが示された。

1.3 電気的な反応による電子物性変化

フォトクロミック分子では光吸収により励起状態となり異性化反応が起こるが，この励起状態を光ではなく何らかの別の方法で作ることができれば，同様の異性化反応を起こすことが可能で

ある。光励起状態は基底状態の分子のHOMOレベルの電子がLUMOレベルに上がった状態に対応する。ちょうど有機EL素子が光励起による蛍光ではなく，電気的キャリアである電子をLUMOレベルに，ホールをHOMOレベルに注入することで分子の励起状態を形成し，それが基底状態に戻るときの発光（エレクトロルミネッセンス）を利用しているのと同様に，図8で示すように電気的に電子とホールをフォトクロミック分子に注入して励起状態を作ることができれば，やはり異性化反応を起こすことが可能になる。このことはフォトクロミック分子が，光による記録再生を行う光メモリだけではなく，電気的な記録再生を行う有機半導体メモリ材料としても利用できることを示している[18,19]。

ジアリールエテン分子を用いて，キャリア注入による異性化反応実験が試みられた[18]。図9のように，メモリ層（ML）としてジアリールエテン分子層を用いた素子に対して，電極からの電気的キャリア注入を行うことによる電流値の変化が調べられた。図10のグラフは，定電圧駆動による電流変化を示す。電流注入により膜中の閉環体分子が異性化反応を起こし，イオン化ポテンシャルの値が変わりキャリア注入におけるポテンシャル障壁が大きくなって電流値が減少した。また紫外線照射によりその電流値が復帰することが確認された。情報の再生については，上で述べたイオン化ポテンシャルの変化を電気伝導度の変化として，あるいは誘電率などのその他の電気的物性変化を電気的な手法で検出することになる。

上ではフォトクロミック分子に電子とホールの双方を注入することで励起状態を形成し，異性化反応させることが記録の原理であった。異性化反応には電子とホールの双方が必要であり，し

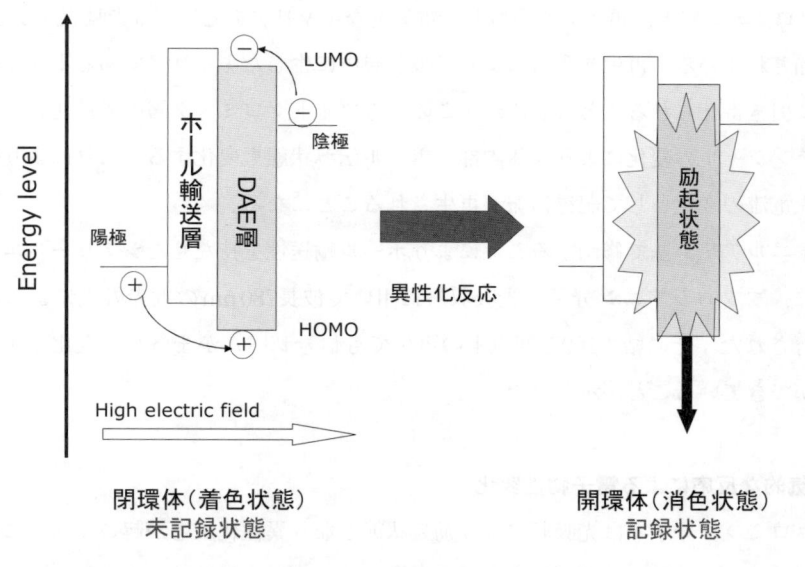

図8 キャリア注入による異性化反応の原理図

第6章　その他の方式

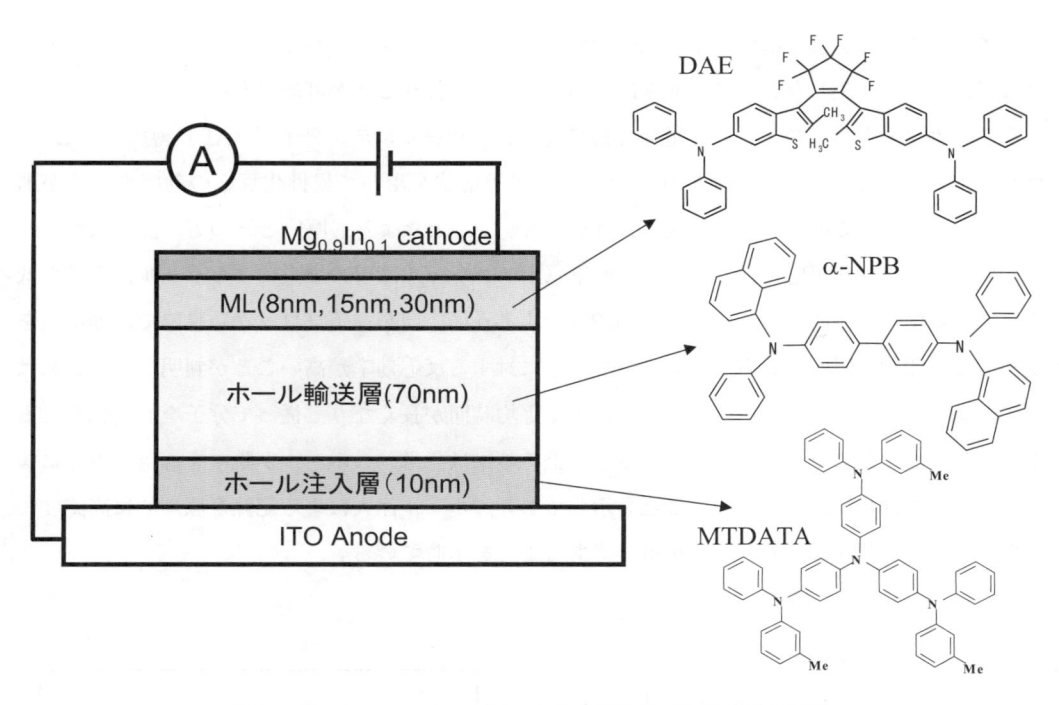

図9　ジアリールエテンを用いた有機半導体メモリの素子構造

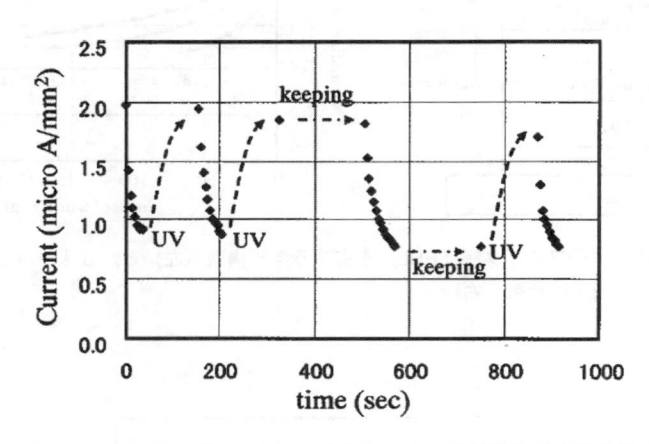

図10　ジアリールエテン層へのキャリア注入による異性化を表す電流値の変化

かも双方が一つの分子上でうまく出会うことが異性化の条件である。しかし最近，特定のジアリールエテン分子において，このような励起状態を経た反応ではなくラジカルアニオンまたはラジカルカチオンを経た異性化反応が報告されている[20～25]。これらの報告は分子を溶液に溶解した状態での電気化学的な手法によるものであるが，薄膜状態において電子またはホールだけが分子に

注入されたアニオンまたはカチオン状態で異性化反応を起こすことができれば，これらのキャリアは反応により消失しないので，非常に効率よく記録を行うことが可能である。

そこでカソードおよびアノード電極で挟まれたジアリールエテン分子（DAE）薄膜に対して，カソード側に電子ブロック層（EBL）を設けた素子構造を用いて異性化反応の効率の変化が調べられた[26]。図11で示すように，電子ブロック層が薄いときよりも厚いときの方が，注入キャリア量に対する異性化反応に伴う電流値の低下（ポテンシャル障壁の増大によるホール注入量の低下＝反応効率）が確認された。さらに図12に示すように，同じ電子ブロック層膜厚で印加電圧を変えると，印加電圧が低い方が注入キャリア量に対する反応効率が高いことが判明した。これは電圧が低い方が，ホールが一つの分子に留まる平均時間が長くなり，従って分子を異性化させる確率が高くなるためであると考えられる。以上の結果は，単一のホールが膜中を導電する際に複数の分子を異性化反応させていることを示しており，ホール注入による記録が原理的に高感度・高効率有機半導体メモリとして応用可能であることを示している。

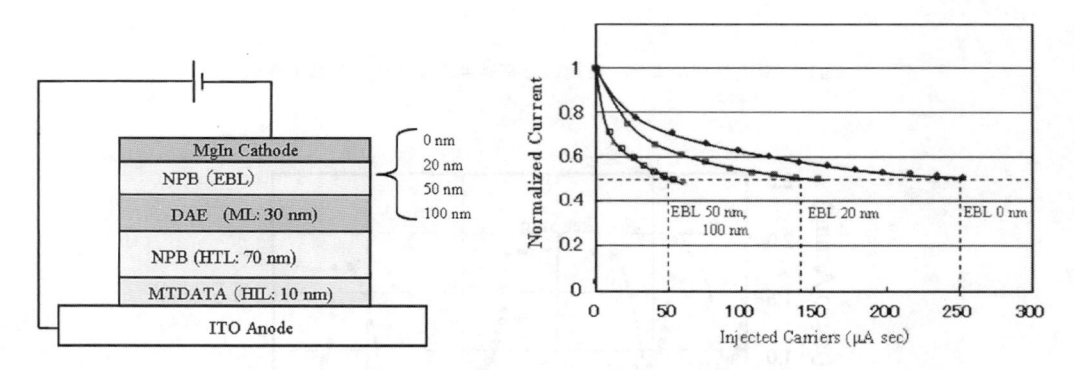

図11　カソード側に電子ブロック層（EBL）を有する素子構造（左）と，注入キャリア量に対する電流の相対的低下の比較（右）

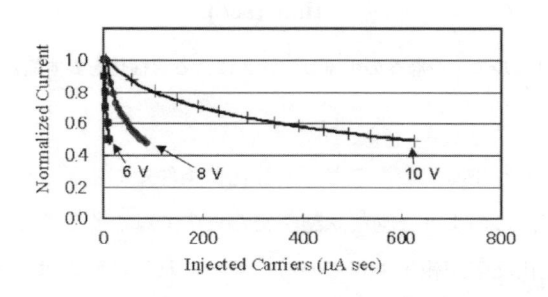

図12　電流低下量の印加電圧依存性

第6章　その他の方式

　フォトクロミック分子の電子機能の一つとして，光励起された分子からのキャリア分離現象があげられる。前述したように分子が光を吸収して生成した励起状態は，HOMOレベルにホールが，LUMOレベルに電子が存在する状態である。図13に示すようにこの状態の分子に電界を印加して，

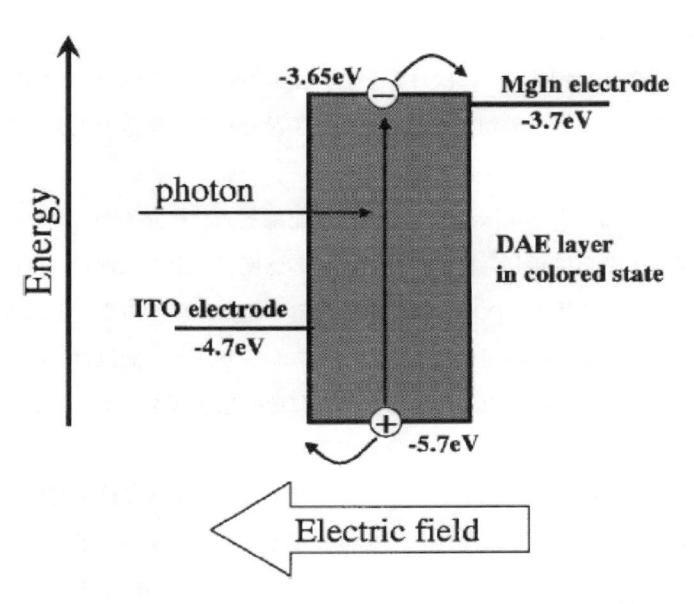

図13　励起状態のフォトクロミック分子からのキャリア分離

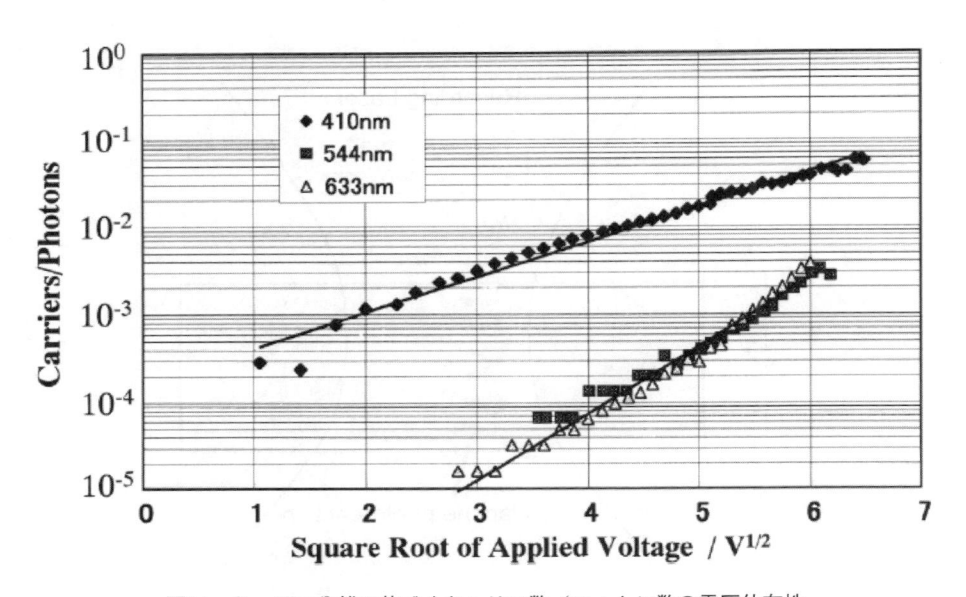

図14　キャリア分離に基づくキャリア数／フォトン数の電圧依存性

電子およびホールを引き離すことができたなら，励起状態の分子はもとの基底状態の分子と等価の状態になる[27]。光異性化反応は励起状態を経て進行するので，その反応の前にこのキャリア分離ができたならば分子の異性化反応を抑制できることになる。

ジアリールエテン分子薄膜を電極によりサンドイッチ状に挟んだ素子を作製し，吸収フォトン数に対する外部電流から求めたキャリア数の比を求めた（図14）。その結果，光反応感度の制御（キャリアとフォトンの比が1近く）にはおよそ1 V/nm程度の電界が必要であることが判明した。しかしながら，このキャリア分離効率の向上には分子設計や素子構造の工夫などにより低電界化に対応することは可能であろう。

さらに上記の機能，即ちホール伝導による高感度記録と光励起分子からのキャリア分離を組み合わせることにより，さらに新しい機能，即ち光反応感度の向上も原理的に可能であると考えられる[28]。2光子吸収は次世代の三次元体積記録の有望な記録原理であることは良く知られているが，現在のところ2光子吸収記録用には高価なパルスレーザーと，記録材料の高感度化が要求され，実用化のための大きな課題となっている。図15にその原理図を示す。2光子吸収によって得られた少数の励起状態分子から，キャリア分離で得られたホール（あるいは電子）を電界によってメモリ層を伝導させ，次々と分子を異性化反応させることによって情報記録を達成するものである。この手法では2光子吸収して励起状態を経てキャリア分離する分子材料と，記録を保持するメモリ材料は独立に選択できるので，より最適な分子設計・媒体構造をとることで高感度化が可能になるであろう。

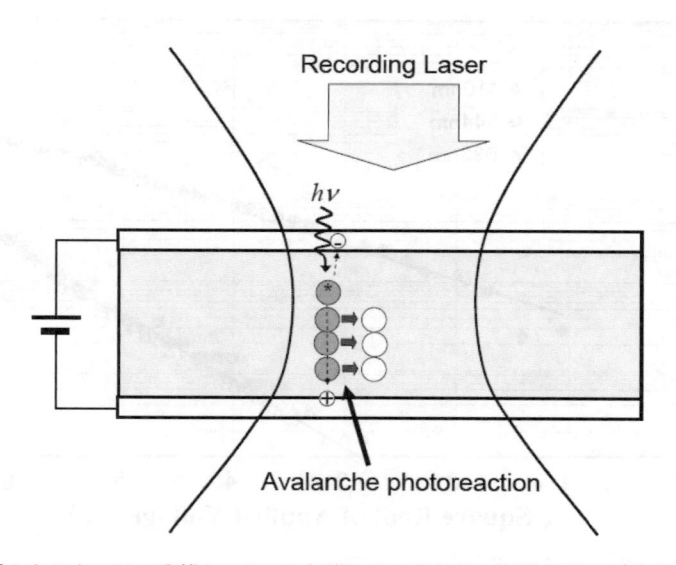

図15 励起分子からのキャリア分離と，ホール伝導による異性化の原理を用いた高感度記録の可能性

第6章 その他の方式

さて,残ったアスペクト(4)電気的な反応による光物性変化についてであるが,これに関しては現在までのところ具体的な機能・応用の提案例がない。今後の発展が期待される項目である。

以上述べたように,従来フォトクロミック分子材料については光反応による光物性変化の利用という面だけが応用に際して検討されてきたが,ここに来て新たに電子機能の開拓という新しい展開が行われつつある。このような新規な機能の軸を設けることにより,今後新しい応用が展開していくと期待される。

文　　献

1) 連載「有機フォトクロミズムの最前線」,半月刊ファインケミカル,シーエムシー出版,**28** (6-15) (1999)
2) M. Irie, *Chem. Rev.*, **100**, 1685-1716 (2000)
3) Edited by B. L. Feringa, Molecular Switches, Wiley-VCH (2003)
4) 中澄博行監修,「機能性色素の技術」,シーエムシー出版 (2008)
5) 吉野勝美監修,「ナノ・IT時代の分子機能材料と素子開発」,NTS (2004)
6) 「次世代光ディスクの高密度・高精度・高速化」,技術情報協会 (2004)
7) 本間寿一,横山正明,電子写真,**36**, 5-10 (1997)
8) A. Taniguchi, T. Tsujioka, Y. Hamada, K. Shibata, T. Fuyuki, *Jpn. J. Appl. Phys.*, **40**, 7029-7030 (2001)
9) T. Tsujioka, K. Masuda, *Appl. Phys. Lett.*, **83**, 4978-4980 (2003)
10) T. Kawai, Y. Nakashima, M. Irie, *Adv. Mater.*, **17**, 309-314 (2005)
11) J. Sworakowski, S. Nespurek, P. Toman, G. Wang, W. Bartkowiak, *Synthetic Metals*, **147**, 241-246 (2004)
12) M. Weiter, M. Vala, O. Zmeskal, S. Nespurek, P. Toman, *Macromol. Symp.*, **247**, 318-325 (2007)
13) H. Choi, H. Lee, Y. Kang, E. Kim, S. O. Kang, J. Ko, *J. Org. Chem.*, **70**, 8291-8297 (2005)
14) S. Nespurek, P. Toman, J. Sworakowski, J. Lipinski, *Current Appl. Phys.*, **2**, 299-304 (2002)
15) Z. Zhang, X. Liu, Z. Li, Z. Chen, F. Zhao, F. Zhang, C-H. Tung, *Adv. Func. Mater.*, **18**, 302-307 (2008)
16) T. Tsujioka, Y. Hamada, K. Shibata, A. Taniguchi, T. Fuyuki, *Appl. Phys. Lett.*, **78**, 2282-2284 (2001)
17) T. Tsujioka, M. Irie, *J. Opt. Soc. Am. B*, **19**, 297-303 (2002)
18) T. Tsujioka, H. Kondo, *Appl. Phys. Lett.*, **83**, 937-939 (2003)
19) T. Tsujioka, M. Shimizu, E. Ishihara, *Appl. Phys. Lett.*, **87**, 213506-1-3 (2005)
20) A. Peters, N. Branda, *J. Am. Chem. Soc.*, **125**, 3404-3405 (2003)

21) A. Peters, N. Branda, *Chem. Commun.*, **9**, 954-955 (2003)
22) W. R. Browne, J. J. D. de Jong, T. Kudernac, M. Walko, L. N. Lucas, K. Uchida, J. H. van Esch, B. L. Feringa, *Chem.-Eur. J.*, **11**, 6430-6441 (2005)
23) K. Matsuda, S. Yokojima, Y. Moriyama, S. Nakamura, M. Irie, *Chem. Lett.*, 900-901 (2006)
24) S. Yokojima, K. Matsuda, M. Irie, A. Murakami, T. Kobayashi, S. Nakamura, *J. Phys. Chem. A*, **110**, 8137-8143 (2006)
25) B. Gorodetsky, N. R. Branda, *Adv. Func. Mater.*, **17**, 786-796 (2007)
26) T. Tsujioka, N. Iefuji, A. Jiapaer, M. Irie, S. Nakamura, *Appl. Phys. Lett.*, **89**, 222102-1-3 (2006)
27) T. Tsujioka, K. Masui, F. Otoshi, *Appl. Phys. Lett.*, **85**, 3128-3130 (2004)
28) T. Tsujioka, ISOM/ODS' 08 Technical Digest MP21 TD05-80 (2008)

2　熱アシスト磁気記録

松本拓也[*]

2.1　ハードディスクドライブの記録密度

　各種デジタル情報機器および高速通信網の普及により，情報記録装置の大容量化，小型化が強く要求されている。この要求に応え，磁気媒体を用いた固定型ストレージ（ハードディスクドライブ）の記録密度は，年々増加している。ハードディスクドライブは，1956年に米IBMより，RAMACと呼ばれる製品として発表された。当時RAMACには，24インチ（約61 cm）のディスクが50枚用いられたが，全体の記録容量は5 MBに過ぎなかった。その後，薄膜ヘッド，MR（磁気抵抗）センサ，GMR（巨大磁気抵抗）センサ，TMR（トンネル磁気抵抗）センサ，スパッタ型媒体，AFC（反強磁性結合）媒体，垂直記録方式といった様々な技術革新により記録密度が向上し，現在の記録密度は，製品レベルでおよそ400 Gb/in^{2}に達する。

　今後もハードディスク大容量化が強く要求されているが，記録密度が1 Tb/in^{2}近くになると，熱揺らぎ限界という問題に直面する。磁気記録媒体は，径が10 nm以下の微小な磁性粒子により構成されるが，記録密度を上げる際，この磁性粒子の粒子径をさらに小さくする必要がある。なぜなら，もし粒子径を小さくせずに記録ビットを小さくしていくと，1つの記録ビットに含まれる磁性粒子の個数が少なくなる。その結果，記録ビットの境界がギザギザになり，再生信号中のノイズが増えてしまうからである。これを防ぐには，記録密度向上と共に磁性粒子径も小さくする必要があるが，このように磁性粒子径を小さくすると，熱の影響で磁化が自然に反転しやすくなる。磁化を反転させるのに必要なエネルギと熱エネルギの比は，K_uV/kTで表される。ここで，K_uは磁性材料の磁気異方性定数，Vは磁性粒子の体積，kはボルツマン定数，Tは温度を表す。磁化の状態を安定に保つためには，この比が70以上である必要がある。しかし磁性粒子径を小さくすると体積Vが小さくなり，熱的に不安定になってしまう。これを解決するためには，FePtなどの磁気異方性定数K_uの大きな磁性材料，すなわち磁化が反転しにくい磁性材料を用いる必要がある。しかしこのように磁化が反転しにくい材料を用いると，データを記録する際に必要な磁界が大きくなる。記録ヘッドが発生できる磁界強度は，磁気ヘッド中の磁極の飽和磁束密度で決まるが，現在，飽和磁束密度が最も大きな材料が用いられていて，これ以上飽和磁束密度を大きくすることはできない。すなわち，記録ヘッドが発生できる磁界強度は限界に達していて，熱揺らぎを小さくするためにK_uを今以上に大きくすると，現在の磁気ヘッドでは，媒体の磁化を反転することができず，データの書き込みが不可能となる。

---

[*]　Takuya Matsumoto　㈱日立製作所　中央研究所　ストレージ・テクノロジー研究センタ　主任研究員

2.2 熱アシスト磁気記録の基本原理

上記熱揺らぎの問題を解決する方法の１つが，熱アシスト磁気記録である[1]。熱アシスト磁気記録では，記録の瞬間だけ媒体を光で加熱する。図１は，媒体の保磁力H_c（磁化を反転させるのに必要な磁界）と温度の関係を示す。この図に示すように，媒体を加熱すると，保磁力が低下する。保磁力が０になる温度（T_c）はキュリー温度と呼ばれる。媒体をキュリー温度付近まで加熱すると，保磁力が小さくなるため，弱い磁界でも磁化を反転させることができる。したがって，磁気異方性定数が大きな媒体を用いることによって磁化反転に必要な磁界が増えても，記録ビットを書き込むことが可能になる。記録後は，媒体は急冷され磁化が反転しにくい状態に戻るため，記録ビットは安定に保たれる。

図２は，熱アシスト磁気記録ヘッドの構成例を示す。従来の磁気ヘッドは，磁界を発生させるためのコイル，発生した磁界を媒体表面まで導くための磁極より構成される。熱アシスト磁気記録用ヘッドでは，磁極の近傍に光導波路などを用いて光を導く。これにより，媒体表面が加熱され，加熱された領域に記録ビットが書き込まれる。記録ビットの再生は，従来の磁気記録同様，

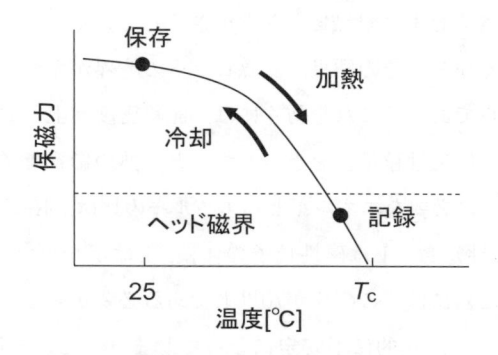

図１　熱アシスト磁気記録の原理

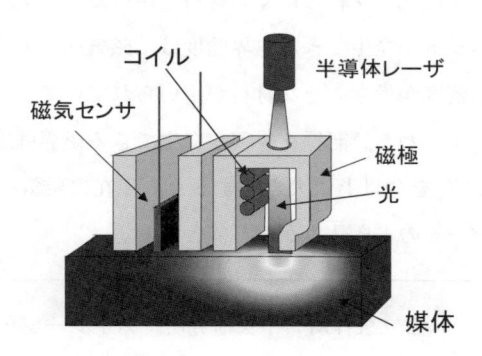

図２　熱アシスト磁気記録用ヘッド

第 6 章　その他の方式

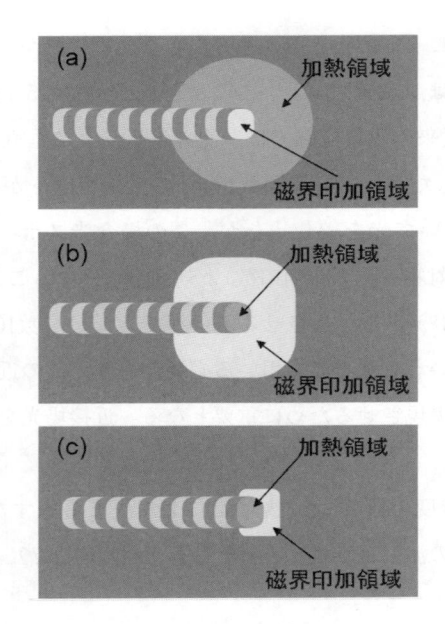

図 3　熱アシスト磁気記録の記録方法
(a)磁気勾配記録，(b)熱勾配記録，(c)熱・磁気勾配記録

GMRセンサやTMRセンサを用いて行う。

　熱アシスト磁気記録の記録方法は，図3に示すように，光加熱領域と磁界を印加する領域の大きさの関係から，次の3つの方式に分けられる。

2.2.1　磁気勾配記録

　磁界は，従来の磁気ヘッド同様，先が細くなった磁極を用いて印加する。光はレンズにより集光し，磁極周辺の広い範囲を加熱する。この場合，加熱領域の大きさは，磁界印加領域よりも大きくなり，記録ビットの大きさは，磁極の寸法により決まる。従来の磁気記録において，磁気ヘッドにより発生する磁界強度をH_{head}としたとき，磁界強度の勾配dH_{head}/dxが大きい程，磁化の向きが急峻に変化し，細かい反転パターンを作ることができる。そのため，トラック方向の記録密度（線記録密度）を大きくすることができる。磁気勾配記録方法においては，光で加熱することにより記録に必要な磁界を下げることができるが，磁界勾配自身は，従来ヘッドと同様となる。この記録方法においては，広い範囲が加熱されるので隣接トラックも加熱される。その結果，記録の際，隣接トラックに記録された情報が消去され易くなることが問題となる。

2.2.2　熱勾配記録

　従来の光磁気ドライブで用いられるものと同様の記録方法で，光スポットに対して広い範囲に磁界を印加する。記録ビットの大きさは，光スポットの大きさにより決まる。この記録方法では，

光スポットの大きさを記録ビットの大きさよりも小さくする必要がある。記録密度が1Tb/in²の場合，記録ビットの大きさは，縦横比が1：1のとき，25nm×25nm，縦横比が4：1のとき，50nm×12.5nmとなる（従来の磁気記録では，記録トラックに垂直な方向の幅に対して平行な方向の幅の方が小さい）。したがって，径が数10nmの光スポットが必要となる。光磁気記録においては，対物レンズを用いて光を絞り込むが，この場合光スポットは回折限界に制限され，λ/NA（λは光波長，NAは対物レンズの開口数）よりも小さくすることができない。したがって，このような数10nmの光スポットを発生させることができない。数10nmの光スポットを発生させるためには，近接場光という特殊な光を用いる必要があり，この近接場光をいかに効率良く発生させるかが，この方法を実現させるために重要となる。近接場光を発生させる方法に関しては後述する。

この方法では，線記録密度の限界は，熱勾配により決まる。すなわち，実効的な磁気勾配dH_{eff}/dxは，媒体保磁力H_cの温度依存性dH_c/dTおよび温度勾配dT/dxを用いて次のように表される。

$$\frac{dH_{eff}}{dx} = -\frac{dH_c}{dT} \cdot \frac{dT}{dx} \tag{1}$$

近接場光による局所加熱を行う場合，10K/nm以上の非常に高い温度勾配が得られる。もし媒体の保磁力の温度依存性が100Oe/Kであるとすると，実効的な磁界勾配は1kOe/nmとなる。この値は，従来の磁気ヘッドの磁界勾配よりも大きな値となり，線記録密度の向上が見込まれる。

2.2.3 熱・磁気勾配記録

加熱領域の大きさと共に，磁界が印加される領域の大きさも小さくし，熱勾配の大きな場所と，磁気勾配の大きな場所が重なるようにした方法。この場合，実効的な磁気勾配は次のように表される。

$$\frac{dH_{eff}}{dx} = \frac{dH_{head}}{dx} - \frac{dH_c}{dT} \cdot \frac{dT}{dx} \tag{2}$$

このように，ヘッド磁界の磁気勾配と，熱勾配の効果が足し合わされたものとなり，磁気勾配記録や熱勾配記録に比べ実効的な磁気勾配を大きくすることができる。すなわち，記録密度向上に最も有利となる。ただし，近接場光発生素子を磁極の直近に配置する必要があり，ヘッドの構成方法が課題である。

図4に，熱アシスト磁気記録を用いて記録した場合の，媒体の磁化パターンの計算例を示す[2]。これは，マイクロマグネティックス計算の手法であるLangevin方程式（Landau-Lifshitz-Gilbert方式に熱エネルギによる効果を加えた式）を用いて計算した。媒体の平均粒径6.5nm，膜厚20nm，室温における飽和磁化$M_s=0.5$T，磁気異方性定数$K_u=4.0\times10^6$erg/cm³，光スポット

第 6 章　その他の方式

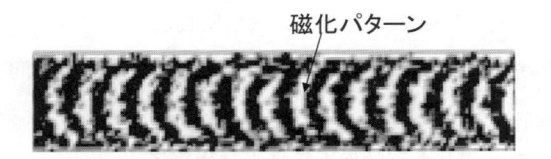

図 4　磁化パターンの計算例

径は100 nm，媒体の加熱温度は235℃とした。記録ヘッドの磁極の幅は，トラックに平行な方向が400 nm，トラックに垂直な方向が150 nmとなるようにし，媒体に印加されるヘッド磁界強度は最大となる位置で12 kOeとした。光スポットは，熱勾配と磁気勾配が重なるように配置した。線記録密度は1000 kfci（ビット長＝25.4 nm）とした。媒体の異方性磁界（$2K_u/M_s$）は16 kOeとなるため，従来の記録ヘッドでは，このような媒体には磁界不足でビットを書き込むことはできないが，この図に示すように，熱アシスト磁気記録を用いることで，ビットを書き込むことが可能になる。

2.3　近接場光発生素子

隣接トラックの情報を消去させずに記録させるためには，熱勾配記録，もしくは熱・磁気勾配記録が必要で，そのためには記録トラック幅よりも小さな光スポットを発生させる必要がある。このような光スポットは，近接場光を用いることで発生させることができる。近接場光は，径が光の波長よりも小さな微小開口や粒子に光を当てたとき，開口や粒子近傍に局在するように発生する光である[3]。近接場光が局在する領域の大きさは，微小開口や粒子の寸法と同程度であり，開口径や粒子径を小さくするほど小さな光スポットを発生させることができる。すなわち，回折限界以下の微小な光スポットを発生させることができる。

近接場光を用いた記録の実験は，初期の頃は，先端に微小開口が形成された先鋭化した光ファイバ（光ファイバ・プローブ）を用いて行われた。このような光ファイバ・プローブを用いて，光磁気媒体，相変化媒体，フォトクロミック媒体上に径60～130 nmのマークを形成した実験が報告されている[4~6]。このように微小開口を用いて記録を行う場合，近接場光の発生効率（入射光のパワーと近接場光のパワーの比）の低さが問題となる。例えば，開口径が30 nm以下となると，近接場光発生効率は10^{-5}～10^{-6}以下となり，実際の記録装置に用いることは困難である。

近接場光の発生効率を向上させる方法がいくつか報告されている。例えば，ファイバ・プローブにおいて，導波路の部分を多段階に幅が狭くなるテーパ状導波路にすることで効率を上げる方法が提案されている[7,8]。また，微小開口の周辺に円形のグレーティング構造を設けることにより，開口を透過する光強度を上げる方法も提案されている[9]。グレーティング構造に光が入射すると，

グレーティングにより金属膜に表面プラズモン（金属表面に励起される電荷振動の波）が励起される。表面プラズモンがエネルギを集める働きをし，開口の透過率が向上する。

2.4 局在プラズモンを利用した高効率近接場光発生素子

近接場光を高効率に発生させる方法として，局在プラズモンを用いた近接場光発生素子が提案されている[10~12]。ここでは，その近接場光発生素子について解説する。

図5に素子の構造を示す。この図に示すように，この近接場光発生素子は，浮上スライダ表面に形成された，三角形の形状をした金属プレートにより構成される。図中の矢印で示される方向に偏光した光を入射させると，光の電場により，金属プレート中の電荷は，光の電場と同じ方向に振動する。このとき，片側が鋭く尖っていると，振動する電荷は尖った先端部に集中する。この集中した電荷により，金属プレート先端部近傍には，局在した電磁場，すなわち近接場光が発生する。

一般に，ナノメートルオーダの微小な金属の物体中に電荷分布の偏りが生じると，偏った電荷により金属の物体中には反電場と呼ばれる電場が発生する。この電場は，電荷の偏りを元に戻すように作用し，その結果，電荷はばねの振動と同じように振動する。この電荷振動には共鳴周波数が存在し，入射光の周波数と電荷振動の共鳴周波数が一致すると強い電荷振動が発生する。このようにして発生する電荷振動の共鳴状態は局在プラズモン共鳴と呼ばれる。

上記の三角形の形状をした金属プレート中に発生する電荷振動にも，共鳴周波数が存在し，この周波数に一致した周波数の光を入射させると金属中に局在プラズモンが励起される。このとき，金属プレート先端部には非常に強い近接場光が発生する。

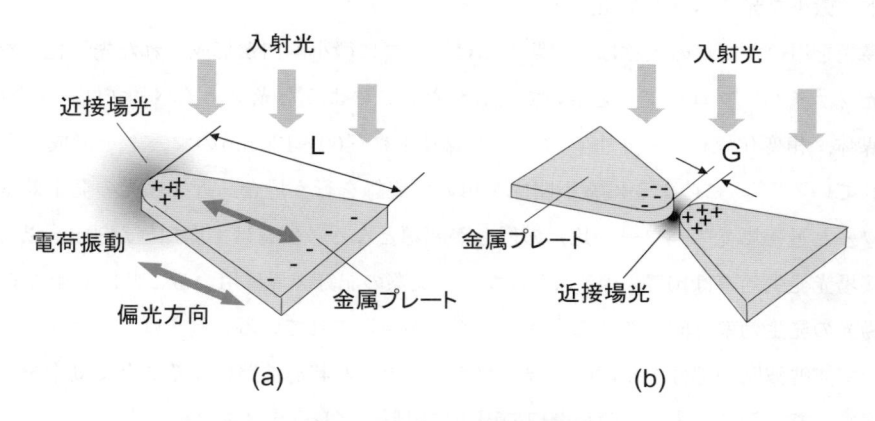

図5 金属パターンを用いた近接場光発生素子
(a)パターンを1つ用いたもの，(b) 2つ用いたもの

第6章　その他の方式

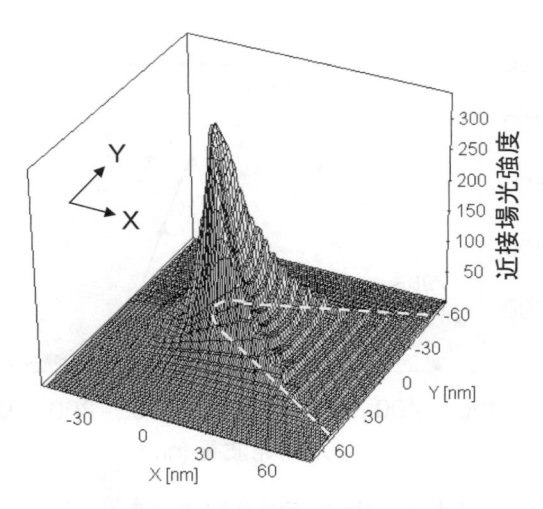

図6　金属プレート先端に発生する近接場光強度分布

　図6に，金属プレート先端部に発生する近接場光強度分布の計算結果を示す。この分布は，FDTD（Finite-difference time-domain）法と呼ばれる電磁場解析法により計算された。この計算において，金属プレートは空気中に存在すると仮定し，金属プレート先鋭部の曲率半径は10 nm，プレートの厚さは30 nm，頂角は60°，金属の材質は金とした。入射光の波長は690 nmとした。この分布は金属プレート表面から5 nmはなれた面における分布で，近接場光強度の値は，近接場光強度（パワー密度）と入射光強度の比を表す。この図に示すように，頂点近傍に強い近接場光が発生し，その強度は入射光強度の300倍に達する。近接場光分布のx方向の半値全幅は19 nm，y方向の半値全幅は25 nmである。

　プラズモン共鳴を起こすための入射光の波長は，金属プレートの材質や寸法に依存する。図7は，プレートの長さ（図5中のL）を100 nmとしたときの，先端部に発生する近接場光強度と入射光波長の関係を示す。実線は金属が金の場合，点線は銀の場合，一点鎖線はアルミの場合を示す。この図に示すように，近接場光強度は，ある波長で強くなり，この強度が強くなる部分が，プラズモン共鳴に相当する。共鳴波長は金属の材質に依存し，金属が金や銀である場合は，可視域に共鳴波長が存在し，アルミである場合はそれよりも短波長側に共鳴波長が存在する。図8は，金属の材質が銀である場合の，近接場光強度と長さLの関係を示す。このように長さを長くするほど，共鳴波長は長波長側にシフトする。このことは，プレートの長さを調整することで，利用する半導体レーザの波長にあった共鳴条件を実現することが可能であることを示す。

　上記近接場光発生素子では，1つの金属プレートを用いたが，図5（b）に示すように，2つの金属プレートを対向させるように配置すると，さらに強い近接場光を発生させることができる。

次世代光メモリとシステム技術

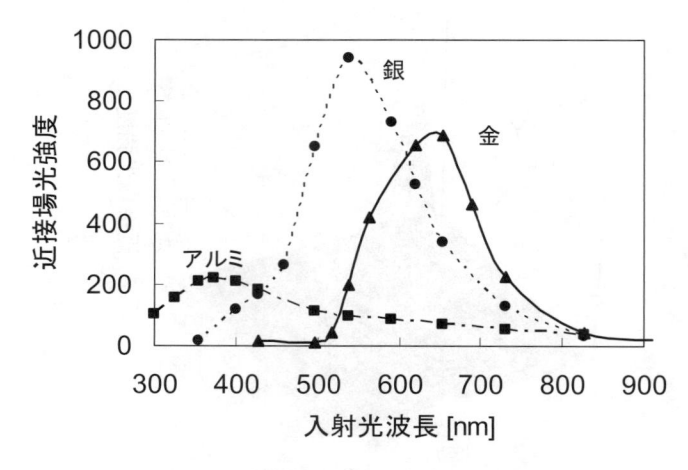

図7 近接場光強度の波長依存性

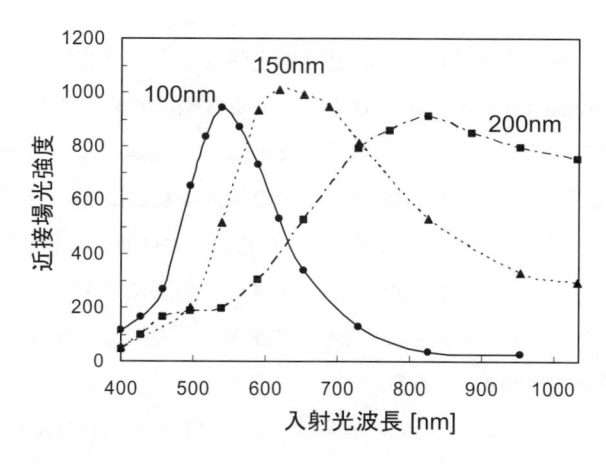

図8 近接場光強度と金属プレートの長さの関係

　2つの金属プレートを対向するように配置した場合，それぞれの金属プレート先端には互いに極性の異なる電荷が集まる。それらの電荷は互いに引き合うように相互作用し，その結果，2つの頂点の間に，局在した強い電磁場が発生する。計算によれば，頂点の曲率半径が20 nm，2つの頂点間の距離（G）が5 nm，入射光の波長が830 nmで，金属の材質が銀であるとき，2つの頂点間に局在した強い近接場光が発生し，そのスポット径は5 nm，近接場光強度は入射光強度の約2000倍となる[10]。

　1つの金属プレートを用いた近接場光発生素子において，金属プレート先端を3次元的に先鋭

第6章 その他の方式

化させると，発生する近接場光の光スポット径をさらに小さくすることが可能である．図9にその構造を示す．この図に示すように，金属プレートの表面の一部が削られ，先端部は3次元的に先鋭化されている．金属プレートを記録媒体に近づけたとき，媒体との相互作用により金属プレート中の電荷は媒体側に引き寄せられるが，先端部が3次元的に先鋭化されていると，電荷は，その先端部のより小さな部分に集中する．その結果，より局在した近接場光が発生する．このように，先端が3次元的に先鋭化された近接場光発生素子は，先端の形状が鳥のくちばしの形状に似ていることから，ナノビーク（ビークはくちばしの意味）と呼ばれている．

図10に，ナノビークを媒体表面に近づけたときの，媒体表面における近接場光強度分布を示す．この計算では，金属プレートはSiO_2の基板表面に埋め込まれていると仮定し，金属プレートの材質は金，頂点の曲率半径，長さ（L），厚さ（t）は，それぞれ12 nm，100 nm，50 nmとした．金属プレート表面の削られた部分の深さ（d）は15 nmとした．金属プレート近傍にはCo媒体が置かれていると仮定し，媒体の厚さは6 nm，金属プレートと媒体の距離は8 nmと仮定した．入

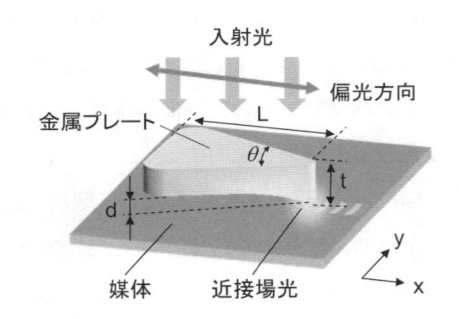

図9 先端が3次元的に先鋭化された金属プレートを用いた近接場光発生素子

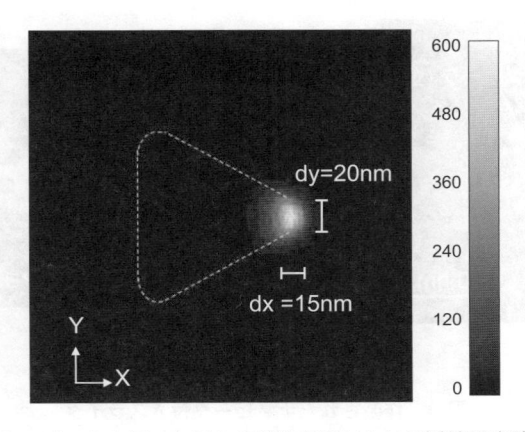

図10 ナノビークを用いた場合の媒体表面における近接場光強度分布

射光の波長は780 nmとした。近接場光のピーク強度は，入射光強度の約600倍である。スポット径（半値幅）は，x方向が15 nm，y方向が20 nmであり，1 Tb/in^{2}以上の記録密度を実現するのに十分な値である。ここで，近接場光発生効率（η）を次のように定義する。

$$\eta = \frac{\int_s p_{near} dS}{\int_{s'} p_{in} dS'} \tag{3}$$

p_{near}およびp_{in}は近接場光および入射光のパワー密度，SおよびS'は近接場光および入射光の光強度がピーク強度の半分以上となる領域を示す。入射光を開口数0.4のレンズで集光したと仮定すると，見積もられる近接場光発生効率は約20％となる。

2.5 記録実験結果

ここでは，ナノビークを用いた記録実験結果について述べる。

ナノビークは図11に示すように，石英でできたスライダの底面に形成した。このような構造を作製するためには，まず基板表面に三角形の形状をした窪みを電子線リソグラフィにより形成し，そこに金属を堆積させた。最後にイオンビームエッチング装置で，金属部表面を斜めにエッチングすることで，金属プレート先端の斜めになった部分を作り出した。図11(a)中の電子顕微鏡写真に示されるように，作製された金属プレートの先端曲率半径は15 nmである。

まず，相変化媒体を利用した記録実験結果を説明する[11]。

媒体としては，厚さ30 nmの$Ge_2Sb_2Te_5$膜をガラス基板上に製膜したものを用いた。記録前はアモルファス状態とし，加熱により結晶状態となるようにした。スライダはサスペンションに固定し，そのスライダを媒体上に配置した。光源としては波長780 nmの半導体レーザを用い，その光をスライダ上部から導入した。レーザ光は対物レンズにより集光し，ナノビークがその焦点

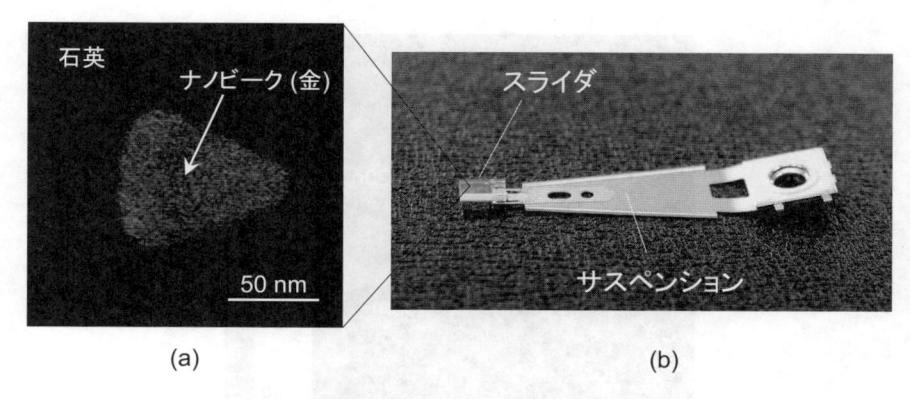

図11 作製されたナノビーク付きスライダ
(a)ナノビーク部の電子顕微鏡写真，(b)スライダおよびサスペンション

第6章　その他の方式

に位置するようにスライダの位置を調整した。ピエゾステージで媒体を動かしながらパルス光を照射することで記録マークを書き込んだ。相変化媒体上に書かれたマークは相変化エッチング法[13]を利用して観察した。すなわち，記録後，媒体を特殊なエッチング液に漬けると，アモルファス部と結晶部でエッチング速度が異なるため，記録マークが凹凸形状に変化する。この凹凸形状を電子顕微鏡で観察することにより，数10 nmの微小な記録マークを観察した。図12に，記録後エッチング処理を施した媒体の電子顕微鏡写真を示す。この記録において，光強度は13 mW，パルス幅は60 ns，記録ピッチは1 μmとした。相変化膜のエッチングにおいて，結晶状態の方がエッチング速度が速いので，記録した部分が窪んで黒く観察される。この図に示すように，入射光波長の1/20に相当する径40 nmの記録マーク書き込みが確認できた。この実験に用いた媒体の結晶化温度は，加熱時間が60 nsの時，約400℃である。したがって，このマークが形成された領域は400℃以上に加熱された領域に相当する。熱伝導方程式を用いた熱解析によれば，実験に用いた媒体では，熱拡散により温度分布の幅は熱源の幅よりも数倍大きくなることが分かっている。したがって，実際の光スポット径は40 nmよりもさらに小さいものと考えられる。

つぎに，磁気媒体を使った熱アシスト磁気記録実験結果について紹介する[12]。

用いた媒体は，円柱の形状をした磁性体のドットが一様に配列したもので，このような媒体は，記録ビットに相当する部分があらかじめパターン化されていることから，パターン磁気媒体と呼ばれる。磁化パターンの形状は，ドットの形状で決まるため，安定した形状の記録ビットを書き込むことができる。ドットは，Co(0.3 nm)/Pd(0.7 nm) の多層膜を，ジブロックコポリマーをマスクに利用してエッチングすることにより作製し，ドット間は，媒体表面が平坦になるように，カーボンで埋め込んだ[14,15]。室温の保磁力は約6 kOeである。ドットの直径は20 nm，中心

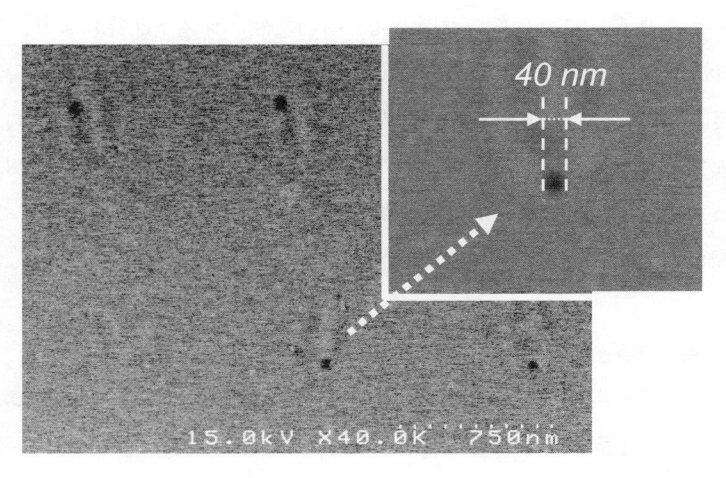

図12　相変化媒体上に記録されたマークの電子顕微鏡写真

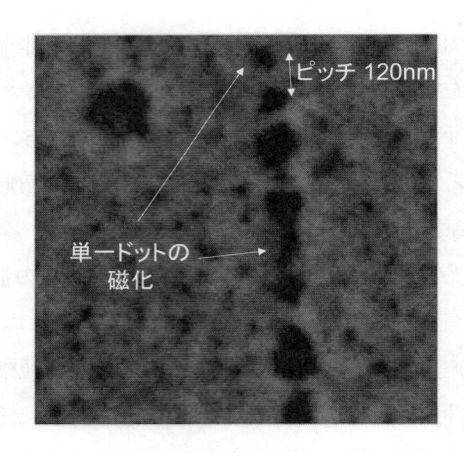

図13 パターン磁気媒体上に記録されたマークの磁気力顕微鏡像

間距離は30nmである。この寸法は，1つのドットの磁化を選択的に反転させることができれば，800 Gb/in^{2}の記録密度に相当する。

記録には，相変化媒体の記録に用いたものと同じ実験系を利用し，媒体下に置いた磁石により磁界を印加しながら光パルスを照射して記録を行った。図13に，記録後の媒体の磁気力顕微鏡（MFM）像を示す。この記録において，光強度は8.5mW，パルス幅は25ns，印加磁界は1.8kOeとした。縦方向の記録ピッチは120nmとした。MFM像において，黒く見える部分が，磁化が反転した部分である。この図に示すように，反転した領域の最小幅は約30nmである。MFMの分解能（>30nm）に制限され，MFM像における磁化パターンの寸法は実際の磁化パターンの寸法（ドットの寸法）よりも大きくなることを考慮すると，この領域は単一ドットの磁化に相当すると考えられる。すなわち，近接場光を用いた熱アシスト記録により，径20nmの単一ドットの磁化を選択的に反転できたことを示している。なお，MFM像において，一部反転領域の大きさが大きくなっている部分がある。この実験において使用された媒体では，ドットは完全に規則的に並んではいないので，光スポットの中心がドットの中心に位置するとは限らない。寸法が大きくなった部分は，光スポットの位置がドットの中心からずれたために，複数のドットが加熱された領域に相当すると考えられる。

2.6 ドライブ用光学系

熱アシスト記録装置を実現するためには，近接場光発生素子が近傍に形成された磁気ヘッドの開発と共に，そこに光を導入するための光学系の構築が必要である。例えば，半導体レーザをサスペンションの外に置き，スライダと半導体レーザの間を光ファイバで結んだ実験が報告されて

第6章 その他の方式

いる[16]。光ファイバ出口には，出射光を反射させるためのミラーを置くことで，光をスライダの中に導く。また，外部に置かれたレーザからの光を自由伝播でスライダに導く方法も報告されている[17]。スライダの中には，集光機能を有する導波路（Planar solid immersion mirror）が形成され，その入り口には，入射光を導波路に導入するためのグレーティングカップラが形成された。このような系を用いて，記録密度200 Gb/in^{2}の記録実証実験も行われている。

実際の製品用ドライブを構築するためには，光学系全体の光利用効率はもちろん，対ショック性やトラッキングサーボに対する応答性といった機械特性，製造コストなどを考慮して光学系を設計する必要がある。

謝辞

本研究は，経済産業省の資金を基に，平成14～18年度に㈶光産業技術振興協会が受託したプロジェクト「大容量ストレージ技術の開発事業」（平成15年度から㈱新エネルギ産業技術総合開発機構のプロジェクト）に関するものである。

文　　献

1) H. Saga, H. Nemoto, H. Sukeda, and M. Takahashi, *Jpn. J. Appl. Phys.*, **38**, Part 1, 1839 (1999)
2) F. Akagi, M. Igarashi, A. Nakamura, M. Mochizuki, H. Saga, T. Matsumoto, and K. Ishikawa, *Jpn. J. Appl. Phys.*, **43**, 7483 (2004)
3) M. Ohtsu (ed.), Near-field Nano/Atom Optics and Technology, Springer, Tokyo (1998)
4) E. Betzig, J. K. Trautman, R. Wolfe, E. M. Gyorgy, P. L. Finn, M. H. Kryder, and C.-H. Chang, *Appl. Phys. Lett.*, **61**, 142 (1992)
5) S. Hosaka, T. Shintani, M. Miyamoto, A. Kikukawa, A. Hirotsune, M. Terao, M. Yoshida, K. Fujita, and S. Krammer, *J. Appl. Phys.*, **79**, 8082 (1996)
6) S. Jiang, J. Ichihashi, H. Monobe, M. Fujihira, and M. Ohtsu, *Opt. Commun.*, **106**, 173 (1994)
7) T. Saiki, S. Mononobe, M. Ohtsu, N. Saito, and J. Kusano, *Appl. Phys. Lett.*, **68**, 2612 (1996)
8) T. Yatsui, M. Kourogi, and M. Ohtsu, *Appl. Phys. Lett.*, **73**, 2090 (1998)
9) T. Thio, K. M. Pellerin, R. A. Linke, H. J. Lezec, and T. W. Ebbesen, *Opt. Lett.*, **26**, 1972 (2001)
10) T. Matsumoto, T. Shimano, H. Saga, and H. Sukeda, *J. Appl. Phys.*, **95**, 3901-3906 (2004)
11) T. Matsumoto, Y. Anzai, T. Shintani, K. Nakamura, and T. Nishida, *Opt. Lett.*, **31**, 259-261

(2006)
12) T. Matsumoto, K. Nakamura, T. Nishida, H. Hieda, A. Kikitsu, K. Naito, and T. Koda, *Appl. Phys. Lett.*, **93**, 031108 (2008)
13) T. Shintani, Y. Anzai, H. Minemura, H. Miyamoto, and J. Ushiyama, *Appl. Phys. Lett.*, **85**, 639-641 (2004)
14) K. Naito, H. Hieda, M. Sakurai, Y. Kamata, and K. Asakawa, *IEEE Trans. Mag.*, **38**, 1949 (2002)
15) H. Hieda, Y. Yanagita, A. Kikitsu, T. Maeda, and K. Naito, *J. Photopolymer Sci. Technol.*, **19**, 425 (2006)
16) M. Hirata, M. Park, M. Oumi, K. Nakajima, and T. Ohkubo, *J. Magn. Soc. Jpn.*, **32**, 158 (2008)
17) C. Hardie, D. Karns, W. Challener, N. Gokemeijer, T. Rausch, M. Seigler, and E. Gage, Technical Digest of ISOM/ODS 2008, Hawaii, TuB05 (2008)

第7章　大容量光メモリの課題

1　光源の技術

庄野昌幸*

1.1　はじめに

　光メモリシステムにおいて，光源である半導体レーザはシステムの性能を左右するキーデバイスである．1982年にコンパクトディスク（CD）が発売され，以後DVD，BDと光ディスクの大容量化が進むとともに半導体レーザも赤外半導体レーザから赤色半導体レーザ，青紫色半導体レーザへと短波長化が進展した．また記録用の高出力半導体レーザにおいては，光出力がパルスモードではあるが300 mWを超えるレーザが実用化されている．今後も，次世代光メモリシステムの実現には，それに適合する新たな半導体レーザの開発が必須となる．

　本節では，これまでの光メモリ用半導体レーザ開発の歴史，素子構造，製造方法，特性について述べる．

1.2　光メモリ用半導体レーザ開発の歴史

　半導体レーザの歴史は，1970年にAlGaAsを用いた赤外半導体レーザの室温連続発振より始まる[1]．当時の半導体レーザは発振モードの制御は全くされておらず，その後ストライプ領域に電流を制限し，モードを安定させる利得導波構造が開発された[2]．しかし，利得導波構造はPN接合に平行方向には光を閉じ込める屈折率分布を持たないため，PN接合に平行方向にも屈折率分布を持たせた屈折率導波構造が，その後数多く開発された[3,4]．これらの構造が，現在の光メモリ用半導体レーザの主流となっている．

　その後，1982年にCDプレイヤーが発売されると半導体レーザも大量に生産されることになる．当時のCD用半導体レーザは，AlGaAs系材料を用いた波長780 nm帯，光出力5 mWレベルの素子であったが，光メモリシステムの進歩に伴い半導体レーザの短波長化，高出力化が，積極的に進められた．

　半導体レーザの短波長化は，高密度光ディスクの開発と連動している．これはレーザの波長が短い程，光ディスク上の集光スポットを小さくでき，光ディスクの記録容量を増大できるためで

---

*　Masayuki Shono　三洋電機㈱　電子デバイスカンパニー　フォトニクス事業部　　レーザ技術部　部長

ある。CDでは，AlGaAs系の780 nm帯赤外半導体レーザが用いられたが，1985年にはAlGaInP系赤色半導体レーザの室温連続発振が実現し[5〜7]，90年代に開発されたDVDでは650 nm帯赤色半導体レーザが用いられることになった。この後，96年にAlGaInN系405 nm帯青紫色半導体レーザの室温連続発振が実現し[8]，この青紫色半導体レーザが，BD用光源として使用されている。

一方，半導体レーザの高出力化については，記録型光ディスクの開発に伴い80年代後半より開発が本格化した[9]。半導体レーザの高出力化は光ディスクへの記録速度の高速化や多層記録の実現のため必要であり，現在，光出力300 mW以上（パルスモード）の素子が商品化されている。

1.3 半導体レーザの構造と製造方法
1.3.1 半導体レーザの構造

半導体レーザは，通常GaAsやInP，GaNなどの半導体基板上にDH（ダブルヘテロ）構造を結晶成長し作製する。その基本的な構造模式図とバンド構造を図1に示す。レーザ光を発生する活性層は，それよりバンドギャップエネルギーが大きく屈折率が小さいクラッド層によりサンドイッチ状にはさまれる。この構造により活性層に注入されたキャリア（電子およびホール）は，クラッド層と活性層間のヘテロ障壁のため活性層に閉じ込められる。その結果，活性層をある程度薄くすれば，レーザ発振に必要な高注入キャリア濃度を実現できる。また，このキャリアが活性層内で再結合して発生する光子はクラッド層との屈折率差によりやはり活性層内に閉じ込められる。現在は活性層の構造は，レーザ発振させやすくするため，量子井戸構造が用いられることが多い。また，レーザ発振に必要な共振器は結晶の劈開面をミラーとし，この劈開面間の活性層を光導波路として作製する。そのため，レーザ光は両側の劈開端面から出射される。図2に実際の素子構造の一例を示す。実際のレーザチップのサイズは低出力レーザの場合，共振器長が200〜400 μm，チップ幅が200〜400 μm，チップ厚さが100 μm程度である。高出力レーザの場合は，

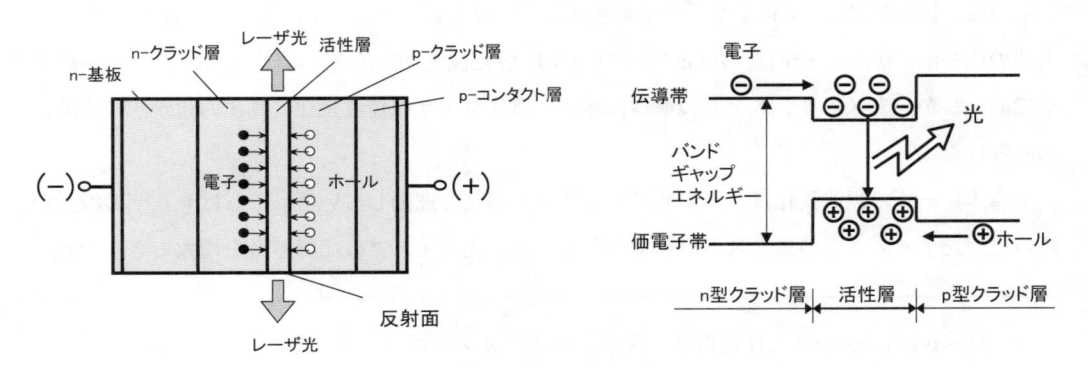

図1　レーザ構造模式図とエネルギーバンド図

第7章　大容量光メモリの課題

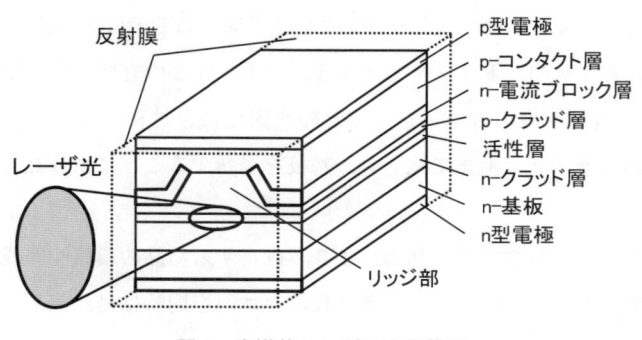

図2　半導体レーザの素子構造

動作電流密度低減のため低出力レーザに比べ，長共振器（0.6～2 mmレベル）が用いられる。

1.3.2　半導体レーザの製造方法

(1) 結晶成長

半導体レーザの作製において，最も重要であるのはDH構造を作製するための結晶成長技術である。半導体レーザの開発当初は，結晶成長に液相成長法（LPE：Liquid Phase Epitaxy）が用いられてきたが，LPE法は量子井戸構造などの極薄膜の作製には適さず，また均一性，再現性も不十分であるため，その後，有機金属気相成長法（MOCVD：Metal-Organic Chemical Vapor Deposition）や分子線エピタキシー法（MBE：Molecular Beam Epitaxy）が用いられることになった。特に最近は，量産性に優れたMOCVDによる結晶成長が多く行われている。図3に，赤色半導体レーザ作製に用いるMOCVD装置の一例を示す。現在，実用化されている半導体レ

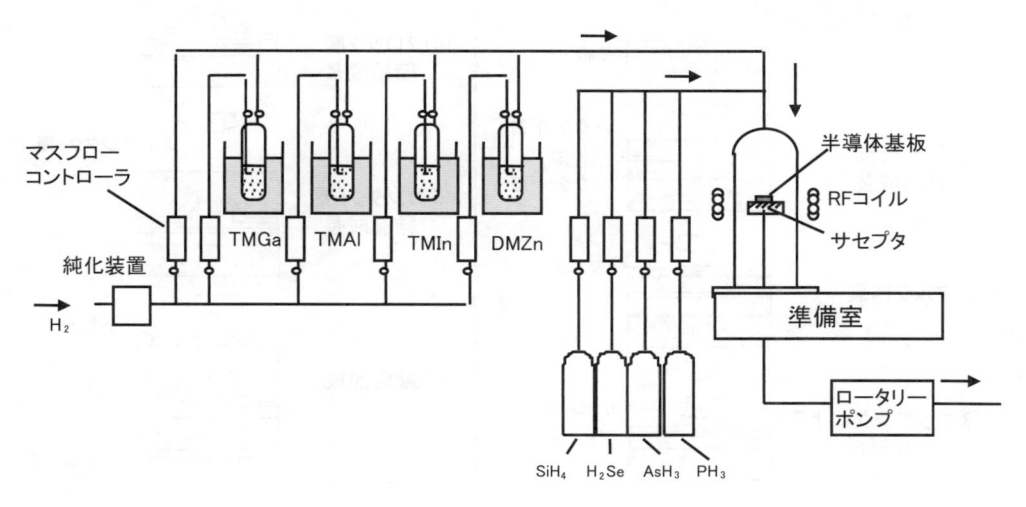

図3　MOCVD装置の一例

次世代光メモリとシステム技術

ーザは，材料にはⅢ-Ⅴ族化合物半導体を用いている。MOCVDでは，Ⅲ族材料としてTMGa（トリメチルガリウム）やTMAl（トリメチルアルミニウム）などの有機金属を用い，Ⅴ族材料としてAsH$_3$（アルシン）やPH$_3$（ホスフィン）などの水素化物を材料として用いることが多い。これらの材料をガスの状態で基板上まで輸送し，基板を過熱することにより熱分解させ，結晶成長を行う。

MOCVD法は，ガスの流量や組成の制御により，成長する結晶の膜厚や組成の制御を容易に行える。また，ガス流のコントロールにより多数枚のウエハを同時に結晶成長できるため量産性に優れており，半導体レーザ結晶成長技術の主流となっている。

(2) 半導体レーザの製造プロセス

図4に，半導体レーザのウエハ工程における製造プロセスの一例を示す。最初に半導体基板上にDH構造を成長する。次に，フォトリソグラフィー技術を用いてストライプ状のリッジ形状を作製し，その後，電流ブロック層を形成する。次に，P側電極を形成した後，研磨等により基板を薄膜化し，基板側にN側電極を形成する。図5にチップ化および組立工程を示す。最初に，ウエハを結晶面にそって劈開することにより，短冊状のレーザバーを作製する。この劈開面が，レーザにおけるミラーとなり共振器を作製することになる。次に，誘電体膜を端面の保護膜として形成する（端面コート）。この後，レーザバーをチップ化し，パッケージにマウントする。現在使用されているパッケージは，ステムタイプとフレームタイプがある（図6）。ステムタイプは，

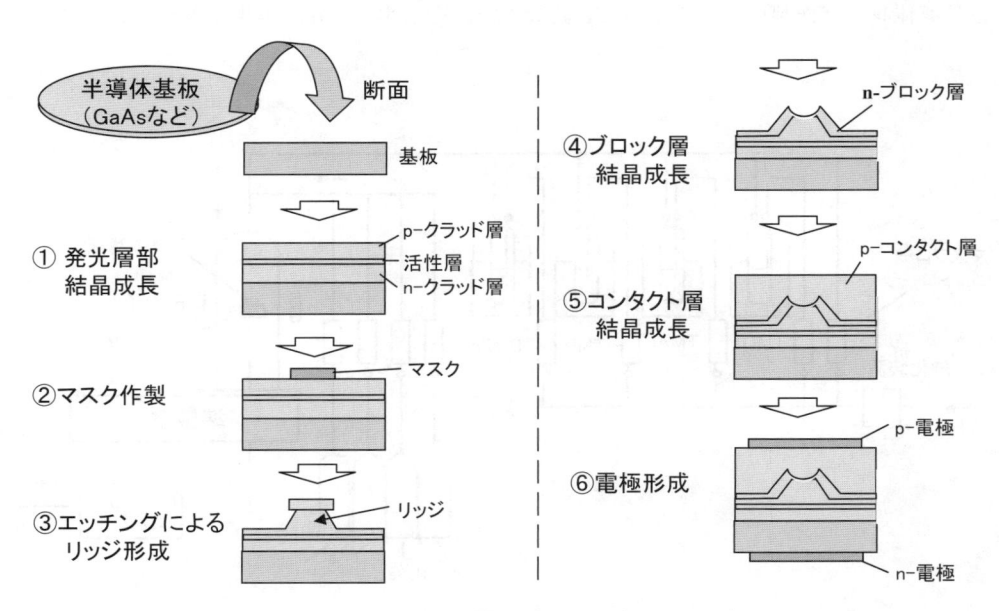

図4　半導体レーザの製造プロセス（ウエハ工程）

第7章　大容量光メモリの課題

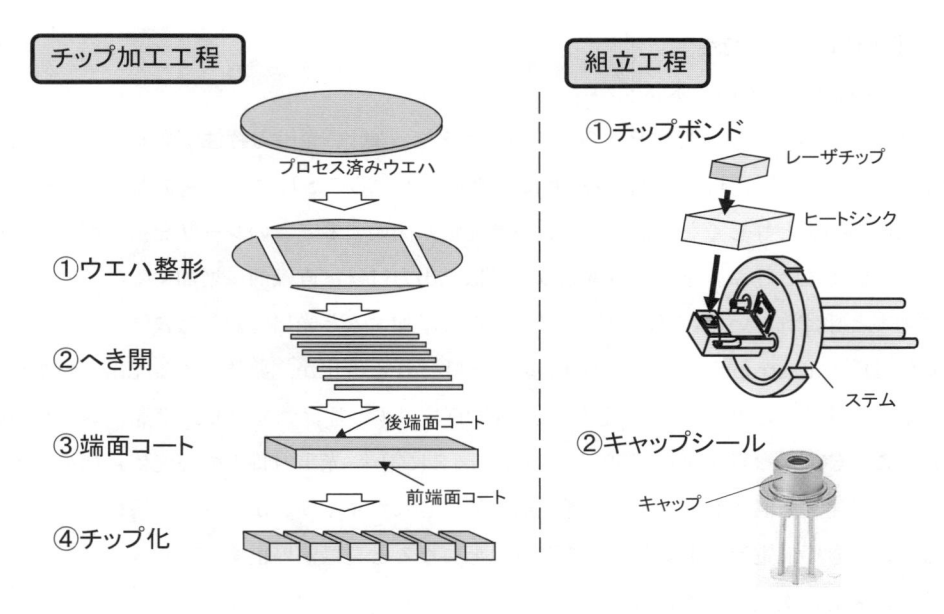

図5　半導体レーザの製造プロセス（チップ化，組立工程）

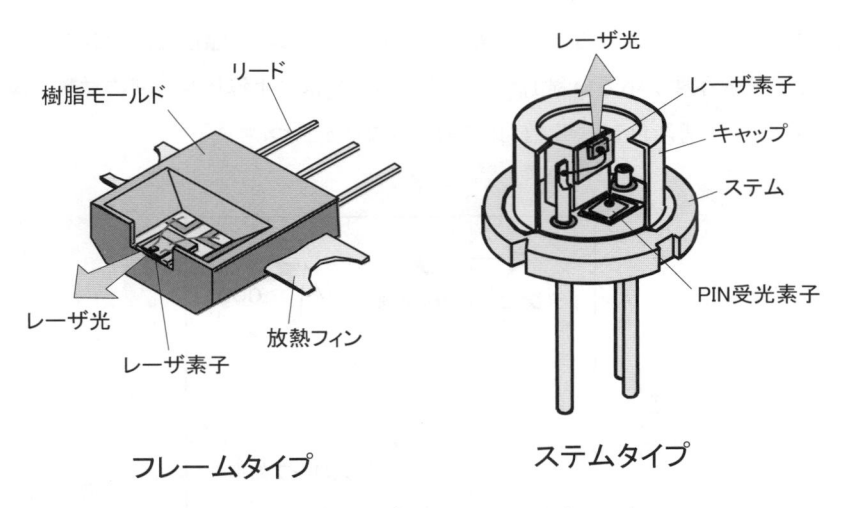

図6　ステムタイプとフレームタイプレーザ

　直径5.6mmのものが主流であるが，直径3mm台の小型ステムも使用されている。フレームタイプは，リードフレームを用いたパッケージであり，ステムタイプがステム1個毎にチップ組立を行うのに対し，複数の素子を連続して組立できるため量産性に優れている。また，薄型化が可能であるためピックアップの薄型化も可能となる。

1.4 半導体レーザの特性
1.4.1 半導体レーザの基本特性

半導体レーザの基本的な特性をあらわすものとして，電流-光出力特性がある．図7に代表的な電流-光出力特性を示す．半導体レーザに電流を注入することにより，共振器内の利得は上昇し，共振器の損失と等しくなる電流値でレーザ発振が開始する．このレーザ発振が開始する電流値をしきい値電流と呼ぶ．しきい値電流以上では光出力はほぼ直線的に増加する．この傾きはスロープ効率と呼ばれている．電流の注入量をさらに増加すると光出力が急激に減少し，発振が停止するCOD（Catastrophic Optical Damage）と呼ばれる劣化か，発熱による光出力の飽和（熱飽和）が発生する．CODに達する光出力は，CODレベルと呼ばれており，半導体レーザの高出力化にはこのCODレベルの向上が必要である．図8に電流-光出力特性の温度依存性を示す．半導体レーザの場合，温度が上昇すると活性層に注入されたキャリアがクラッド層にオーバーフローするためしきい値電流は上昇し，ある温度以上になると発振が停止する．しきい値電流の温度依存性は経験的に次式で表される．

$$Ith(T_1) = Ith(T_2) \exp[(T_1-T_2)/T_0]$$

但し，Ith（T）は温度Tにおけるしきい値電流である．T_0は特性温度と呼ばれる値であり，しきい値電流の温度依存性が小さい程T_0は大きくなる．T_0は，半導体レーザの材料や構造に依存するが，赤外レーザや青紫色レーザでは比較的大きな値を持つ．

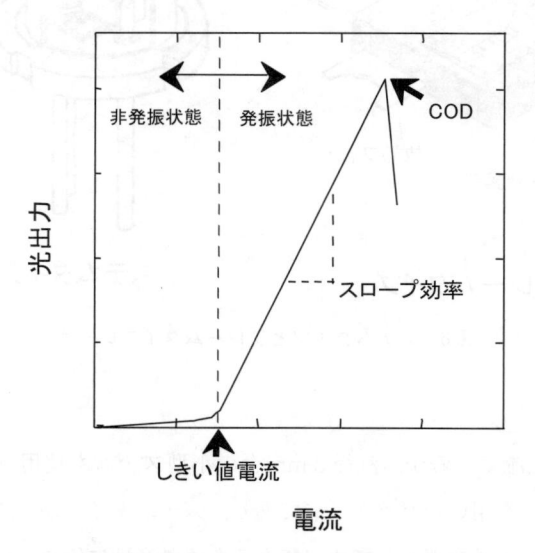

図7 半導体レーザの電流-光出力特性
COD：Catastrophic Optical Damage

第7章 大容量光メモリの課題

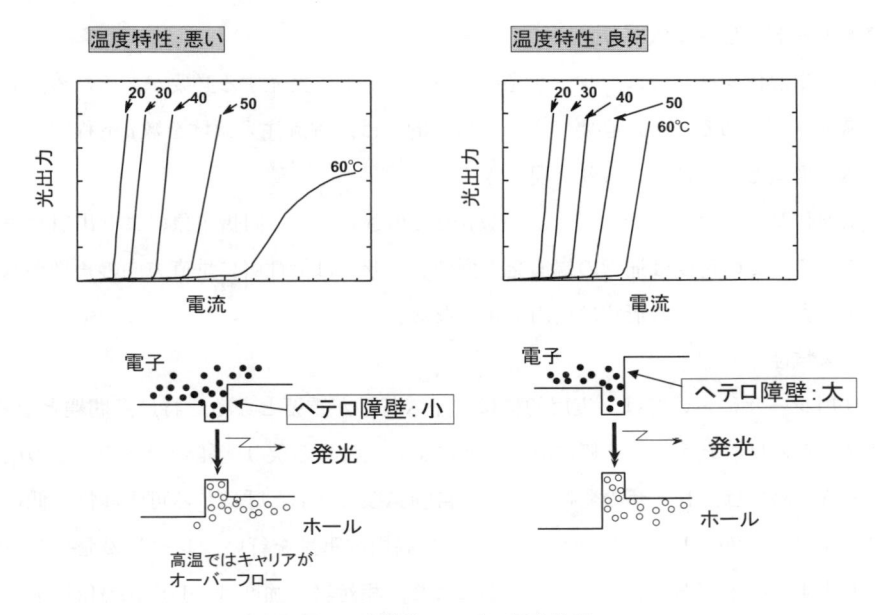

図8 半導体レーザの温度特性

1.4.2 光メモリ用半導体レーザに必要とされる特性

半導体レーザの特性の内，特に光メモリ用半導体レーザに要求される特性について述べる。

(1) 発振波長

光メモリシステムにおける記録密度は光源である半導体レーザの集光スポット径により決定される。集光スポット径をdとし，レーザの発振波長をλ，対物レンズの開口数をNAとすると次式の関係が成り立つ。

$$d \propto \lambda/\mathrm{NA}$$

すなわち，発振波長が短く，対物レンズの開口数が大きいほど光ディスク上のレーザ集光スポット径を小さくでき，光ディスクの高密度化が可能となる。

(2) 光出力

再生用光ディスクにおいては，半導体レーザの光出力は2～8mW程度が必要となる。一方，記録型光ディスクにおいては，初期のCD用レーザではパルス光出力で50mW以上が必要とされた。しかし，その後の記録速度の高速化や多層光ディスクへの対応のため，より大きな光出力が必要とされており，現在，パルス光出力300mWレベルが実現されている。また，記録用半導体レーザでは，パルス電流に対するレーザの応答特性も重要であり，最新の記録用レーザでは，数nsec以下の立上り，立下り速度が求められる。

(3) 発振モード，ビーム広がり角

光メモリ用半導体レーザでは，レーザ光を微小スポットに集光する必要があるため，発振モードは基本横モードであることが必要である．構造的には，電流注入領域を数μm程度とし，適切な光閉じ込め構造とすることにより実現できる．

また，半導体レーザは，発光スポットが数μmと小さいため，回折現象により出射ビームがある角度で広がる．この角度は通常の端面発光型のレーザでは活性層に垂直方向の角度が水平方向の角度に比べ大きく，ビーム形状は楕円形状となる．

(4) ノイズ特性

光メモリ用レーザにおいては，実用的にはノイズ特性が重要となる．特に，問題となるのは，光ディスクからの反射光がレーザ側に戻ることにより発生する戻り光雑音である．この戻り光雑音を低減するためには，レーザの発振モードを自励発振モードと呼ばれる可干渉性の低いマルチモードタイプとするか，レーザに数百MHz程度の高周波重畳を行い，レーザの発振モードをマルチモード化する必要がある．これらの対応により，相対雑音強度は-125 dB/Hz以下にすることが必要とされている．

(5) 信頼性

通常の光メモリ用としては，動作温度として70～80℃以上が求められ，寿命についても平均寿命時間5000～10000時間以上が必要である．

1.5 半導体レーザの高性能化

1.5.1 赤外半導体レーザ

780 nm帯AlGaAs系赤外半導体レーザは，温度特性，高出力特性ともに優れた特性を有してい

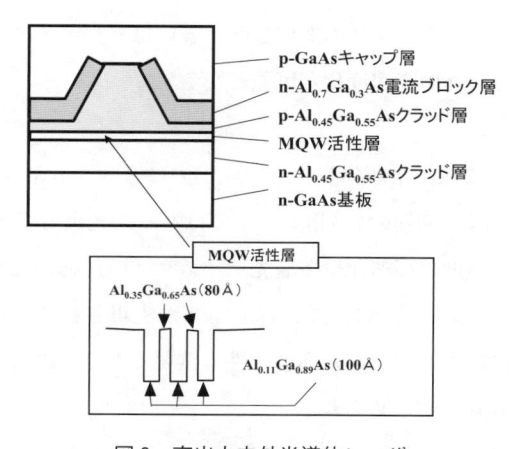

図9 高出力赤外半導体レーザ

第7章　大容量光メモリの課題

る。図9に高出力赤外半導体レーザの構造の一例を示す。半導体レーザの高出力化のためには，動作電流の低減やCODレベルの向上が必要である。高出力赤外レーザでは，電流ブロック層の光吸収を低減するため，従来のGaAsによるブロック層から光吸収がほとんど無いAlGaAsブロック層が用いられるようになっている。また，最近は端面における光吸収を低減しCODレベルを向上するため，端面近傍の活性層のバンドギャップを大きくする窓構造を採用するケースもある[10]。

1.5.2　赤色半導体レーザ

660 nm帯AlGaInP系赤色半導体レーザは，開発当初は結晶中に自然超格子構造が形成されるため活性層のバンドギャップエネルギーが本来の値より小さくなるという問題があった。この問題を解決するために基板として結晶面を傾斜したGaAs基板が用いられている。この傾斜基板はp型ドーピング量向上にも有効である[11]。また，AlGaInP系半導体レーザは，活性層の組成変更により，活性層に歪を導入することができ，歪MQW構造として動作電流の低減が可能である。図10に歪量としきい値電流の関係を示す。圧縮方向の歪を加えても引張り方向の歪を加えても動作電流を低減することができる[12,13]。

特性的には，AlGaInP系赤色半導体レーザは，温度特性が赤外レーザや青紫色レーザに比べ劣っており，高温時の動作電流が高くなる。また，CODレベルも低く高出力レーザ作製には，窓構造が必須となる。図11に高出力赤色半導体レーザの素子構造を示す。CODレベルを向上させるため，レーザ端面近傍にZnを拡散させ窓構造を形成している。また，高出力レーザの共振器長は一般的には1 mm以上であり，共振器長を伸ばすことにより動作電流密度を下げ，温度特性

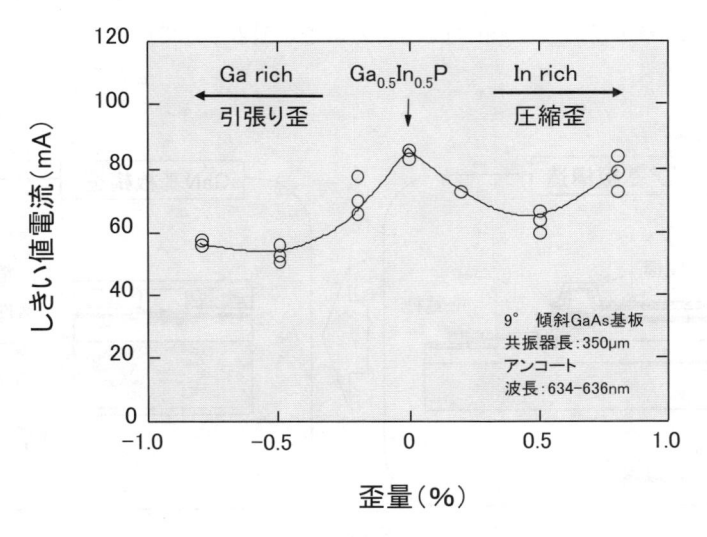

図10　歪量としきい値電流との関係

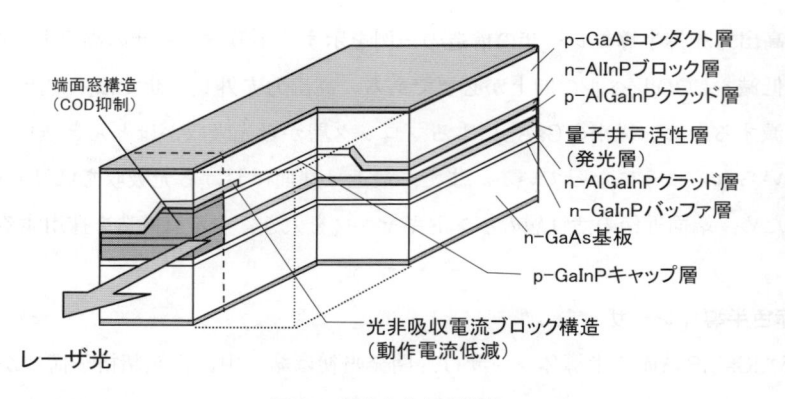

図11 高出力赤色半導体レーザ

の改善を行っている。

1.5.3 青紫色半導体レーザ

405 nm帯AlGaInN系青紫色半導体レーザは，開発初期においては，基板としてはサファイアが用いられてきた。しかし，サファイアは絶縁性のため，P,N電極ともに表面側に電極を作製する必要があり，構造が複雑になっていた。その後，導電性のGaN基板が開発され，N電極を裏面側に形成することが可能となり赤外，赤色レーザと同様に上下方向に電流を通電することが可能となった。図12にサファイア基板上とGaN基板上のレーザ構造を比較して示す。AlGaInN系青紫色半導体レーザの場合，電流ブロック層としてはSiO$_2$などの誘電体膜を用いることが多い。特性的には，温度特性が良好であり窓構造無しでもCODレベルが高いため高出力化に適しており，既にパルス動作で400 mW以上の光出力を有する素子が報告されている[14]。

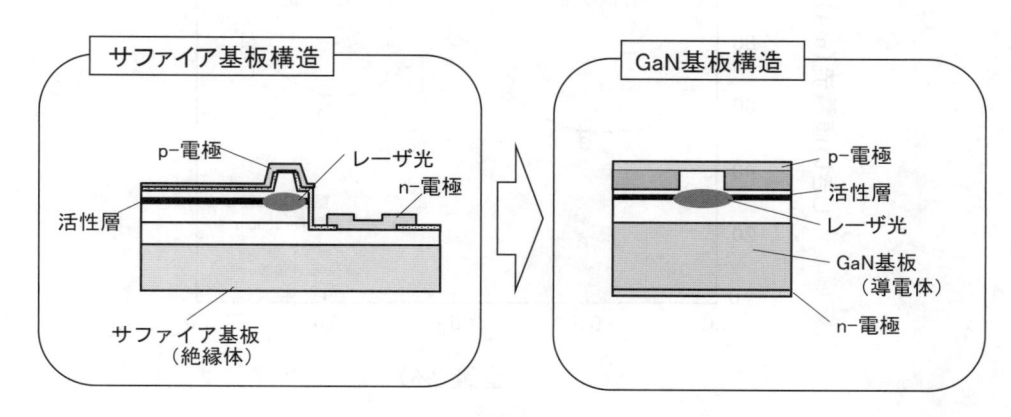

図12 サファイア基板上とGaN基板上の青紫色レーザ

第7章　大容量光メモリの課題

1.5.4　2波長半導体レーザ

　DVD用光ピックアップでは，DVD用レーザ以外にCD-Rディスク対応のため，CD用レーザも搭載する必要がある．従来は，CD用レーザとDVD用レーザは，別々のパッケージに搭載されていたが，光学系の簡素化のため2つのレーザを集積化し，1つのパッケージに搭載した素子が2波長レーザである．2波長レーザには，別々のCD用レーザとDVD用レーザを1つのパッケージに組立てるハイブリッド型と同じ基板上にモノリシックに集積化したモノリシック型がある．ハイブリッド型は，それぞれのチップは従来レーザを使用できるメリットがあるが，レーザビームの間隔を精密に制御することが困難である．一方，モノリシック型は，製造プロセスは複雑になるが，ビーム間隔は半導体プロセスのマスク合わせ精度で決まるため，精密に制御することが可能である[15]．このため，現在はモノリシック型の2波長レーザが主流となっている．図13に再生用2波長レーザの構造を示す．同一のGaAs基板上にCD用赤外レーザとDVD用赤色レーザを作製している．2波長半導体レーザは，再生用がまず開発されたが，記録用の高出力レーザも2波長化が進んでいる．また，今後は2波長レーザだけでなく青紫色レーザも含めた3波長レーザも実用化が進むと考えられる．

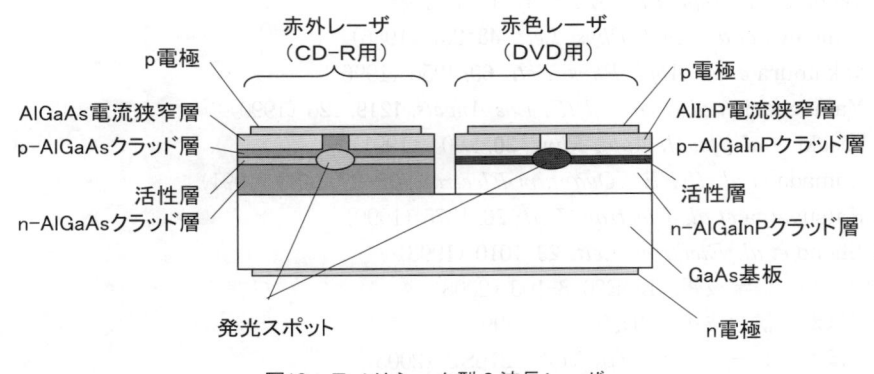

図13　モノリシック型2波長レーザ

1.5.5　その他の半導体レーザ

　次世代の光メモリとして，ホログラム記録や2光子吸収記録が検討されている．これらの新しい記録方式に適合した半導体レーザが今後必要とされる．ホログラム記録については，発振波長を安定化したレーザや波長を可変できるレーザが必要となると考えられ，開発が進んでいる[16]．2光子吸収記録については，これまで固体レーザなどが多く用いられてきたが，今後実用化のためには，現状よりさらに高出力化した半導体レーザが必要になると考えられる．

1.6 今後の展望

これまで，光メモリ用半導体レーザは，光メモリ方式の進展に伴い新たな技術開発が行われてきた。主な技術開発は短波長化と高出力化であり，それ以外に低ノイズ化や2波長レーザなどの集積化が行われてきた。今後も，一層の高出力化や3波長レーザの実用化が行われると考えられるが，一方でホログラム記録などの新しい記録方式に対応した半導体レーザの開発も加速すると考えられる。

文　　献

1) I. Hayashi et al., *Appl. Phys. Lett.*, **17**, 109（1970）
2) J. E. Ripper et al., *Appl. Phys. Lett.*, **18**, 155（1971）
3) K. Aiki et al., *Appl. Phys. Lett.*, **30**, 649（1977）
4) T. Tsukada, *J. Appl. Phys.*, **45**, 4899（1974）
5) K. Kobayashi et al., *Electron. Lett.*, **21**, 931（1985）
6) M. Ikeda et al., *Appl. Phys. Lett.*, **47**, 1027（1985）
7) M. Ishikawa et al., *Appl. Phys. Lett.*, **48**, 207（1986）
8) S. Nakamura et al., *Appl. Phys. Lett.*, **69**, 4056（1996）
9) T. Yamaguchi et al., *Proc. SPIE, Los Angels*, **1219**, 126（1990）
10) K. Sasaki et al., *Jpn. J. Appl. Phys.*, **30**, L904（1991）
11) H. Hamada et al., *IEEE J.Quantum Electron.*, **QE-27**, 1483（1991）
12) T. Katsuyama et al., *Electron. Lett.*, **26**, 1375（1990）
13) M. Shono et al., *Electron. Lett.*, **29**, 1010（1993）
14) 亀山ほか，信学技報，LQE2008-105（2008）
15) 塩澤ほか，信学技報，ED99-197（1999）
16) 田中ほか，レーザ学会学術講演会，21pS2（2005）

2　信頼性測定とデータマイグレーション

入江　満*

2.1　光ディスクの信頼性評価に関する研究と標準化の動向

　インターネット情報化社会においてディジタル情報のネットワーク配信が進んでいる。光ディスクは，ディジタル情報の2次的蓄積媒体として音楽，ビデオからコードデータの保存まで幅広く普及している。さらに，近年，e-文書法により公文書などの電子化保存が容認されるに至り，ディジタル情報のアーカイバル保存媒体としての重要性が高まっている。

　光ディスクの信頼性に関する研究は，我が国において1992年～1995年に光ディスクの標準媒体測定システムの標準化の検討が組織的に行われ，光ディスクの信頼性評価の先駆的研究として報告されている[1]。一方，米国では1990年代のCD-Rの急速な普及を背景にして米国の国立標準技術研究所（National Institute of Standards and Technology, NIST）を中心に写真フィルム画像を電子保存する光ディスクを対象にした研究が行われ，その研究成果は光ディスクの期待寿命推定の標準測定法としてCD等に関する国際標準規格（以後，ISO規格と称す）[2~4]として報告されている。

　また，2000年以降，先進国において公文書等の膨大なアーカイバル文書の電子化保存の機運が高まり，我が国においても2005年4月のe-文書法施行により公文書等の電子化保存が容認されている。e-文書法（「民間事業者等が行う書面の保存等における情報通信の技術の利用に関する法律」）は，民間に保存が義務付けられている書類の電子保存を原則全て容認するための法令であり，電子保存容認に関する共通事項を定めている。e-文書法により認められる電子文書例には，税務関係帳簿書類（保存期間7年），医療関係（カルテ，処方せん等，保存期間3～5年）および会社関係（議事録，営業報告書等，保存期間5～10年）がある。このような背景のもと，近年では高密度光ディスクの信頼性を評価した報告[5~7]，光ディスクの使用者の立場から光ディスクによるデータの長期保存特性を実験的に評価した報告[8~11]が行われている。

　さらに，電子化文書を光ディスクに長期保存するためのマイグレーション（媒体移行）の手順を規定したJIS規格[12]や光ディスクのアーカイバルグレードの判別を目的とした期待寿命測定法を規定したISO/IEC規格[13]が制定され，その適用例[14]が報告されるなど信頼性評価方法に関する標準化も進んでいる。本節では，ディジタル情報のアーカイバル保存を目的とした光ディスクの期待寿命推定の標準評価法および，光ディスクに蓄積されたディジタル情報を長期期間，確実に保存していくための「マイグレーション（migration）」システムの概要について解説する。

---

*　Mitsuru Irie　大阪産業大学　工学部　電子情報通信工学科　准教授

2.2 光ディスクの信頼性評価

製品の「信頼性」とは，「アイテムが与えられた条件で規定の期間中，要求された機能を果たすことができる性質」，また，一般的な製品寿命（Mean Time To Failure: MTTF）は，「修理しない系，機器，部品などの故障までの動作時間の平均値」としてJIS Z 8115で定義されている。光ディスクの場合には，動作限界は光ディスクの変形・形状劣化などの機械的要因や記録膜などの物理的要因によりディジタルデータの再生信号に修復できない欠落が生じる場合として規定され，また，その信頼性（期待）寿命は，蓄積されたデータの消失を回避するため平均故障時間（MTTF）ではなく，故障率5％（生存確率95％）として規定して信頼性の確保を図っている。図1に光ディスクの故障分布と期待寿命の概要を模式的に示した。

物理的要因による寿命は，光ディスクの情報保存，記録機能により二つに分類される。一つは，記録された情報（保存情報）が正しく再生できる期間を規定する再生寿命（アーカイバルライフ：Archival Life）であり，他方は，情報を正しく記録し，再生できる期間を規定する記録寿命（シェルフライフ：Shelf Life）である。

本節で取り扱う光ディスクの信頼性寿命は，事務所や家庭の一般保存環境のもとで長期保存されている間に記録膜等の特性が経年劣化して生じる物理的要因による再生寿命である。光ディスクの寿命評価基準としては，「再生信号のエラー率（数）が一定値（エラー修復の許容限界）に

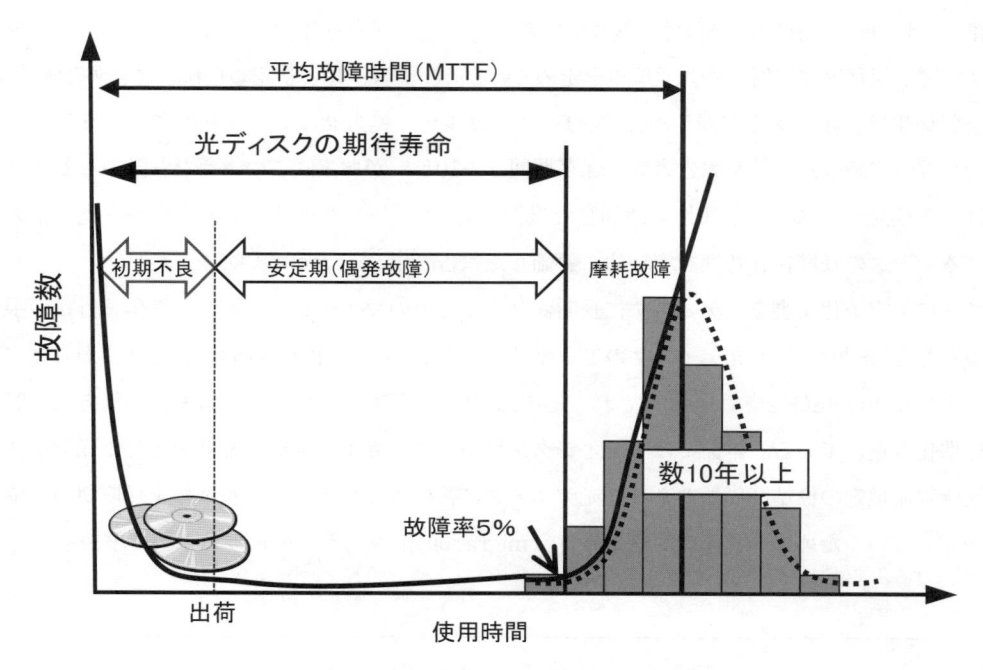

図1　光ディスクの故障分布と期待寿命の概略図

第7章 大容量光メモリの課題

達した時点」として定義[1]されている。寿命判定の指標として「再生信号のエラー率」を用いる理由は，再生ディジタル信号に生じるエラーは，記録膜の反射率や信号変調特性の変動などの記録膜全体のマクロ要因からピンホールなど局所部分に生じるミクロ要因までを含んだ総合的な物理要因に起因する記録膜劣化によって生じると考えられるためである。ただし，この判定に用いられる再生ディジタル信号は，誤り訂正処理前の信号であるため，寿命判定の指標はディジタル信号処理能力を含めて光ディスクシステム毎に規定する必要がある。

例えば，CDシステムの場合には，ブロックエラーレート（BLER：Block Error Rate）が10秒間平均で220を越えた時点を寿命と判断している[2]。DVDシステムでは，ディジタルエラー訂正符号（DVD規格では，エラー訂正符号としてECC（Error Correction Code）が採用されている。以後，ECCと称す）においてエラー訂正前において連続する8ECCブロックで，PIエラー（Inner-code Parity Error）の数（行数）を280個以下とすることが定義[15]されている。

2.2.1 ISO規格にもとづく期待寿命の推定方法

ISO規格における光ディスクの期待寿命推定法は，アイリングモデルを用いた加速試験とその加速試験データの統計解析により期待寿命を評価する手法を用いて規定されている。

（1）アイリング加速試験モデル

光ディスクの物理的要因による寿命劣化の要因は，主として記録層を構成する記録膜や反射膜などの機能性薄膜の特性が酸素や水分の拡散などの化学的反応によって生じる。このように劣化原因が反応速度論に従う場合には，与えたストレスと反応速度の関係をアレニウスモデルやアイリングモデルとして取り扱い，温度や湿度ストレスの加速試験による評価が行えることは広く知られている[16]。図2にアレニウスモデルとアイリングモデルを用いた加速試験による寿命推定の概略図を示した。ISO規格で採用されているアイリングモデルは温度以外に複数のストレスを考慮した加速試験モデルである。光ディスクの寿命に与えるストレス要因として，温度と相対湿度のみを考えると，アイリング式は，

$$t = AT^d \cdot \exp\left(\frac{E_s}{kT}\right) \cdot \exp\left\{R\left(B + \frac{C}{T}\right)\right\} \tag{1}$$

で与えられることが知られている[17]。ここで，A，B，C，dは定数，Rは相対湿度，E_sは活性化エネルギー，kはボルツマン定数，Tは絶対温度，tは加速試験において寿命評価指標が寿命評価基準に到達するまでの平均時間（寿命データ）であり，拡散速度Dの逆数で与えられる。光ディスクの加速試験で用いる温度ストレスの範囲では，温度係数d，Cの影響は無視することができ，共に0として(1)式を整理すると，簡略化したアイリング式は

$$t = A \cdot \exp\left(\frac{E_s}{kT}\right) \cdot \exp(B \cdot R) \tag{2}$$

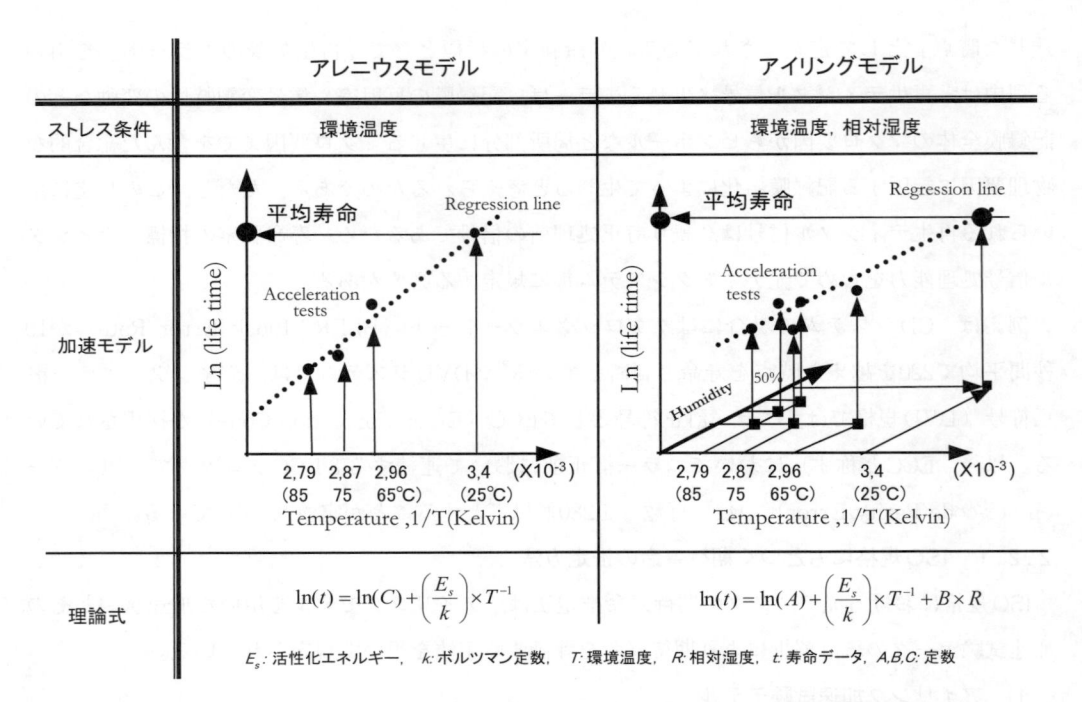

	アレニウスモデル	アイリングモデル
ストレス条件	環境温度	環境温度，相対湿度
加速モデル	(Arrhenius plot: Ln(life time) vs Temperature 1/T(Kelvin), 2.79(85), 2.87(75), 2.96(65℃), 3.4(25℃) ×10⁻³)	(Eyring plot with Humidity axis, 50%)
理論式	$\ln(t) = \ln(C) + \left(\dfrac{E_s}{k}\right) \times T^{-1}$	$\ln(t) = \ln(A) + \left(\dfrac{E_s}{k}\right) \times T^{-1} + B \times R$

E_s: 活性化エネルギー，k: ボルツマン定数，T: 環境温度，R: 相対湿度，t: 寿命データ，A, B, C: 定数

図2 アレニウスモデルとアイリングモデルを用いた加速試験による寿命推定の概略図

表1 ISO規格における加速試験条件

(a) ISO 18927

No.	Stress condition (temperature/ relative humidity)	Number of specimen	Incubation duration (h)	Total test time (h)
1	80℃ /85% RH	10	500	2000
2	80℃ /70% RH	10	500	2000
3	80℃ /55% RH	15	500	2000
5	70℃ /85% RH	15	750	3000
4	60℃ /85% RH	30	1000	4000

(b) ISO/IEC 10995

No.	Stress condition (temperature/ relative humidity)	Number of specimen	Incubation duration (h)	Total test time (h)
1	85℃ /85% RH	20	250	1000
2	85℃ /70% RH	20	250	1000
3	65℃ /85% RH	20	500	2000
4	70℃ /75% RH	30	625	2500

第7章 大容量光メモリの課題

として与えられる．

温度と相対湿度のストレス条件の異なる加速試験を実施し，それぞれの条件下での寿命データが得られれば，重回帰分析により(2)式の定数A，BおよびE_sを算出することができ，アイリング式を決定できる．表1にISO規格における温度と相対湿度のストレス条件と加速試験条件を示す．

(2) 95％信頼性水準での期待寿命の統計的推定

ISO規格では，光ディスクの標準期待寿命は，保管温度25℃，相対湿度50％時において残存確率が95％の時，95％の信頼水準で予測される時間として定義されている．

光ディスクの期待寿命推定に統計解析による評価手法を適用するためには，①寿命データ分布が，ワイブル分布や対数正規分布等の統計分布によってモデル化できること，②加速試験によるストレスによって故障モードが変化しないこと，の条件を実験的に確認する必要がある．ここでは，寿命データ分布が対数正規分布に従うと仮定した場合の期待寿命の解析手順について説明する．

統計解析に用いる光ディスクサンプルの寿命データは，温度と相対湿度をストレスとした加速試験を実施し，回帰式を用いて寿命評価基準に到達した時間を算出する．また，寿命データの累積分布（率）には順序統計量としてメジアンランク法を適用し，加速試験毎に得られた寿命データの累積分布として，対数正規グラフを用いて確認する．

次に，この対数正規グラフから寿命データの対数平均値を用いて重回帰分析によりアイリング(2)式の未定係数を決定する．このアイリング式により，実使用環境の期待寿命の平均値が算出できる．加速試験毎に寿命データの加速係数を決定して実使用時の時間データに正規化し，加速試験によって得られた全寿命データによる全体対数正規分布を算出する．図3に加速試験データの

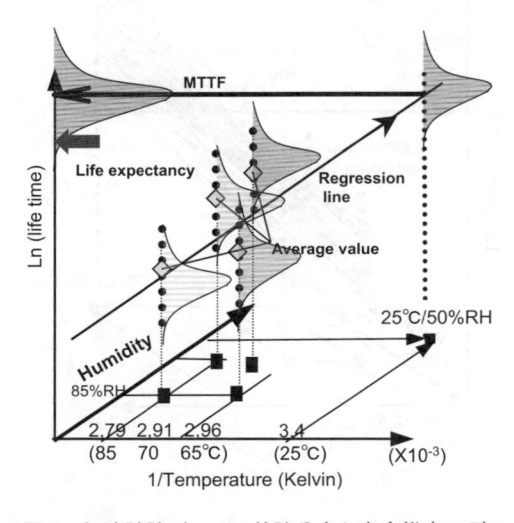

図3 加速試験データの故障分布と寿命推定モデル

故障分布と寿命推定モデルの概要を示した。

最後に，全体対数正規分布の対数平均と標準偏差により残存確率分布の信頼性区間を計算し，信頼性95％での信頼度関数を用いて残存確率95％時の期待寿命を求めることができる。

(3) コンピュータ統計学を用いた期待寿命推定

前項で説明した統計的期待寿命の推定は，母集団の理想化されたモデルから導かれる分布を用いるなどの前提条件が必要である。しかしながら，光ディスクの故障分布には複雑な確率分布を有することも想定され，前提条件の確認が困難な場合がある。一方，近年，コンピュータを用いることにより個別データを用いた大規模な確率計算が容易に実現できるようになり，コンピュータ（計算機）統計学の研究が進んでいる。このようなコンピュータを用いた統計分析手法の代表的手法として，ブートストラップ法（bootstrap method）[18]があり，この方法を用いて加速試験結果からシミュレーションにより故障時間分布を算出し，期待寿命の推定を行うことがISO/IEC規格[13]として提案されている。

ブートストラップ法は，実験で得られたデータを小母集団と考えて，そこから同サイズの標本を復元抽出法によって無作為（ランダム）に取り出し（再標本抽出；リサンプリング），抽出されたデータ（ブートストラップ標本という）から，目的とする統計量を計算するというリサンプリングの原理にもとづいた方法である。この手法をアイリング（もしくはアレニウス）加速試験

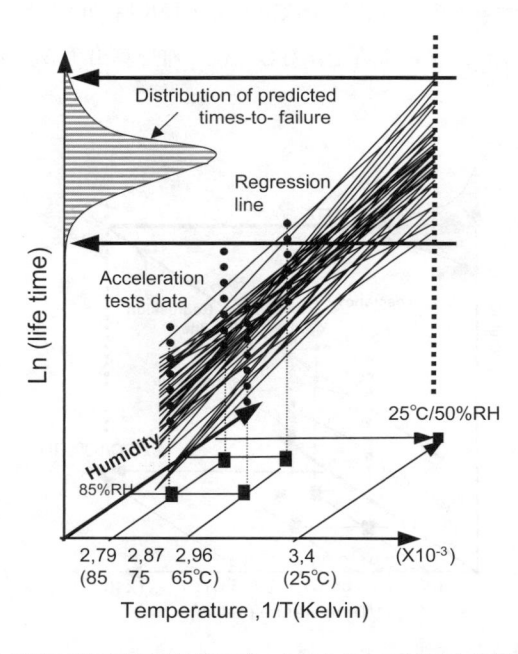

図4 アイリングモデルにおけるブートストラップ法による故障分布推定

第7章　大容量光メモリの課題

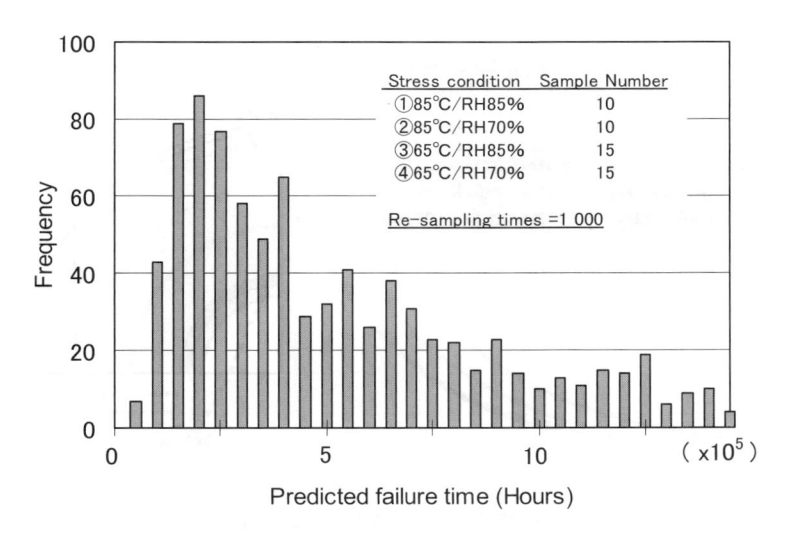

図5　光ディスクの故障分布のブートストラップ法による解析結果例

の線形回帰モデルに適用し，リサンプリングによる加速試験データの抽出とそれを用いた線形回帰分析を数千，数万回と多数回繰り返せば，故障時間統計量の確率変動分布を計算することができる。図4には，アイリング加速試験法による寿命推定方法にブートストラップ法を適用した場合の計算例を模式的に，図5には解析結果例を示した。

2.2.2　ISO/IEC 10995にもとづく期待寿命評価例

ISO/IEC 10995にもとづく追記型DVD（DVD-R）の期待寿命推定例を説明する。

サンプルディスクは，市販の16倍速仕様DVD-Rを使用し，ディジタル信号の記録・再生は民生用DVDドライブを組み込んだ評価装置を用いた。図6には，評価サンプルのエリア記録の様子を示した。

寿命実測データの対数正規分布への適応性を確認するためストレス条件別に寿命データを昇順に並び替え，メジアンランクにより累積故障分布を求めた結果を図7に示す。この図より，ストレス条件別の寿命データは線形であり，対数正規分布に従うこと，また，回帰直線がほぼ平行であることより，対数標準偏差がほぼ等しく，各ストレスにおける故障モードに変化がないことが検証できる。

次に，ストレス試験毎の加速係数（標準使用時と加速状態の期待寿命時間の比）を用いて寿命データを正規化し，信頼区間90%とした場合の信頼度関数（残存関数）を図8に示す。この図より，保管温度25℃，相対湿度50%時において信頼度（残存確率）を95%とした場合，95%の信頼水準で予測される期待寿命を推定することができる。

次世代光メモリとシステム技術

に同一仕様の別の記録媒体にファイル形式を変更することなく移し替える（コピー）ことであり，媒体変換とは，電子化文書の原本性を保証しながら，より高性能の新規な仕様の光ディスク媒体へと変換することである。図10に光ディスクの見読性評価に再生信号のディジタルエラー率を用いた場合のマイグレーションシステムの概略を示す。

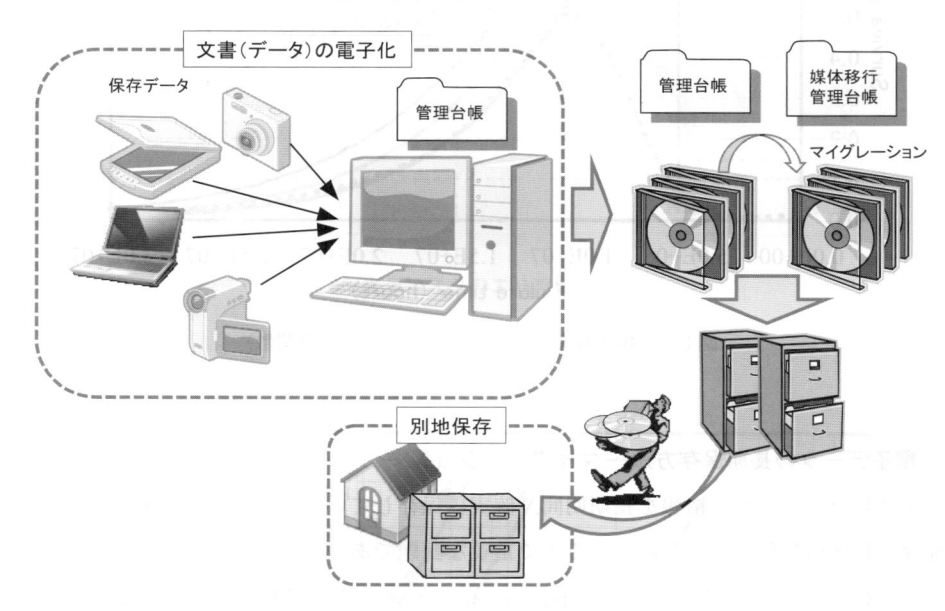

図9　光ディスクの長期保存の運用モデル

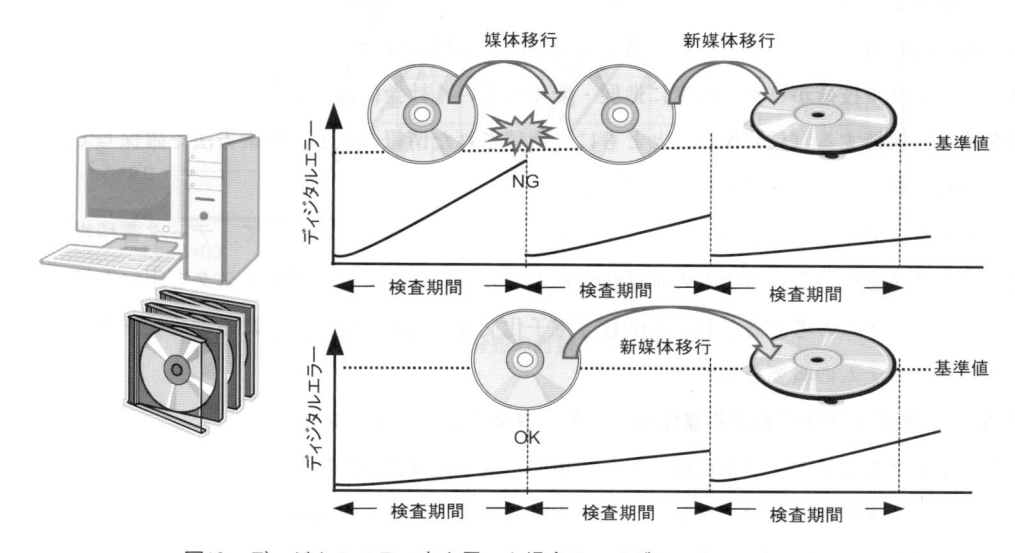

図10　ディジタルエラー率を用いた場合のマイグレーションシステム

第7章 大容量光メモリの課題

現在,種々の光ディスクが市場に投入されており,それぞれのシステムやメディア仕様が混在するシステム等の複雑システムにおけるディジタル情報のマイグレートについては,それに要するシステム管理方法等を含めて,今後研究開発を進めていく必要がある。

2.3.2　JIS Z 6017におけるデータマイグレーション

JIS Z 6017「電子化文書の長期保存方法」は,紙・マイクロフィルム文書を電子化し,その電子化文書を長期保存するための画像品質,ファイル形式,記録媒体のハードとその利用システム,見読性の仕様,媒体移行の手順などを規定している。このJIS規格の規定附属書「主なCD・DVDディスクによる電子化文書の長期保存方法」においてデータ保存媒体としてCD・DVDを用いた場合のデータマイグレーションの取り扱い方法が規定されている。

本規格において,「長期保存(Long-term Preservation)」とは,保存期間10～30年程度において,真正性および見読性を保証できる状態で,電子化文書を保存すること,「媒体移行(Migration of Recording Media)」は,電子化文書の原本性を保証しながら,別の記録媒体にファイル形式を変更することなく移し替えることと定義されており,CD,DVDの記録メディアおよびドライブ装置の信頼性確保のための寿命品質にはエラーレート検証が採用され,定期的なCD・DVDおよびドライブ装置の検証は,3年毎に実施することが求められている。

電子化文書を新規CD・DVDに登録する場合と定期的な検証時のエラーレート区分を表2に示す。CD・DVDの寿命品質は,ここではエラー訂正前の状態でのエラーレートの値を検出し,品質の保証を判断することが求められている。

表2　JIS Z 6017における光ディスクのマイグレーションの基準値

	CD,DVDの種類	DVD-RAM	DVD-R, DVD+R DVD-RW, DVD+RW	CD-R, CD-RW
	エラーレート区分	BERエラー	PIエラー	C1エラー
新規記録媒体の基準	良好な状態	3×10^{-4}未満	100未満	80未満
	長期保存した場合,障害が発生する確率が高く即座に対策を要する	3×10^{-4}以上	100以上	80以上
定期的検証の基準	良好な状態	4.5×10^{-4}以下	140以下	110以下
	速やかに対策が必要な状態	$4.5 \times 10^{-4} \sim 9 \times 10^{-4}$	140～280	110～220
	障害が発生する確率が高く即座に対策を要する	9×10^{-4}以上	280以上	220以上

2.4　おわりに

本稿では,ディジタル情報のアーカイバル保存を目的とした光ディスクの期待寿命推定の標準

化動向および，光ディスクに蓄積されたディジタル情報を長期期間，確実に保存していくための「マイグレーション（migration）」システムの概要について紹介した．

光ディスクは1985年に本格的市場投入されて以来，20年以上を経て，その健在性は市場にて実証されているが，近年，e-文書法による書類の電子化保存の普及やディジタル放送の実用化を背景に大容量ディジタル情報のアーカイバル保存の要求が益々高まっている．

今後，光ディスク媒体の長期的な信頼性確保を行うことを目的とした光ディスク期待寿命の識別評価や，光ディスクに保存された電子情報の永続的保管を実現するためのシステムに関する規定などが早期に構築されていくことが期待される．

文　　献

1) 浜松地域テクノポリス推進機構，光ディスク標準媒体測定システムの標準化に関する調査研究報告（1995）
2) ISO 18921（2002）
3) ISO 18927（2002）
4) ISO 18926（2006）
5) Y. Okino, T. Kubo, M. Okuda and S. Hasegawa, Int. Symp. Opt. Storage（ISOS 2000），Proc. SPIE, **4085**, p. 108（2001）
6) 入江満，沖野芳弘，久保高啓，日本画像学会誌，**41**, pp. 224-229（2003）
7) M. Irie, Y. Okino and T. Kubo, Proc. Advances in Optical Data Storage, SPIE, **5643**, pp. 205-210（2004）
8) ㈶機械システム振興協会，15-R-10（2004）
9) ㈶機械システム振興協会，16-F-9（2005）
10) ㈶機械システム振興協会，17-F-5（2006）
11) ㈶機械システム振興協会，18-F-10（2007）
12) JIS Z 6017（2006）
13) ISO/IEC 10995（2008）
14) M. Irie and Y. Okino, *Jpn. J. Appl. Phys.*, **47**(7), 6035（2008）
15) ISO/IEC 16448（2002）
16) 北川賢司，"寿命試験技術"，コロナ社，pp. 134-143（1986）
17) Paul A. Tobias and David C. Trindade, Applied Reliability（2nd Edition），pp. 191-195（1995）
18) Statistical Methods for Reliability Data, Meeker, Escobar, John Wiley & Sons Inc., p. 204（1998）

3 大容量光ディスクの期待される応用と市場性

松井　猛*

3.1 はじめに
3.1.1 爆発する情報量と，これとどう向き合うのか

近年の高品位DC，Video Cameraの技術革新がドライビングフォースとなって，業務でも，個人レベルのデータでも，ハンドリングする情報量は爆発的に増えている（図1）。この状況に応える手段として，光ディスクによるデータ保存のほか，既存のTape media，External HDD，さらにはインターネットを通じて，サービスプロバイダーの提供するバーチャルファイルに格納することも見込まれている（図2）。またSolid memoryも将来の候補になるかもしれない。

本稿の議論は，こうした光ディスクの競合技術に抗して，光ディスク，とりわけ記録型が今後，生き残っていけるのか，もし生き残れるのであるとすればどんな課題があるのか，考察することが目的である。

インターネットの高速化で，情報のダウンロードによる配信が加速しつつある。これにより，光ディスクのようなオフラインメディアによる配布は不要になるとの論が，世界的に巻き起こっている。確かにパッケージメディアによる音楽の配布は，ｉTuneなどのリアルタイムダウンロードサービスによって，CD-Audioの市場の縮退を招いているのはあきらかである。また，DVD-Videoにしてもいずれ同様な道をたどるだろうといわれている。

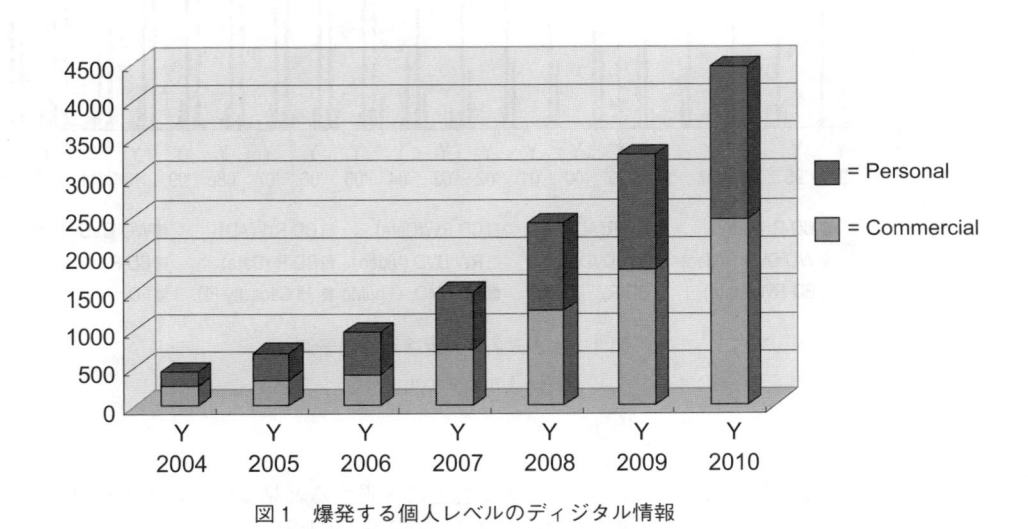

図1　爆発する個人レベルのディジタル情報
出典：2006 Coughlin Associates 2007 OSS

* Takeshi Matsui　Advanced Technology, Initiative, Inc.　CEO

次世代光メモリとシステム技術

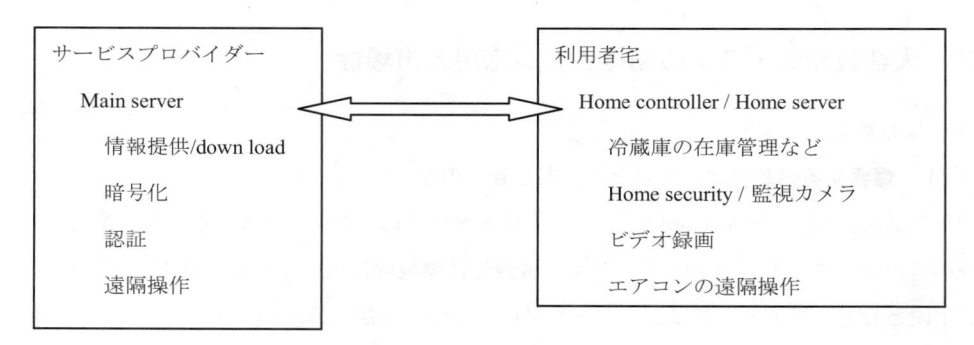

図2　NGN／次世代インターネットの創る顧客サービス

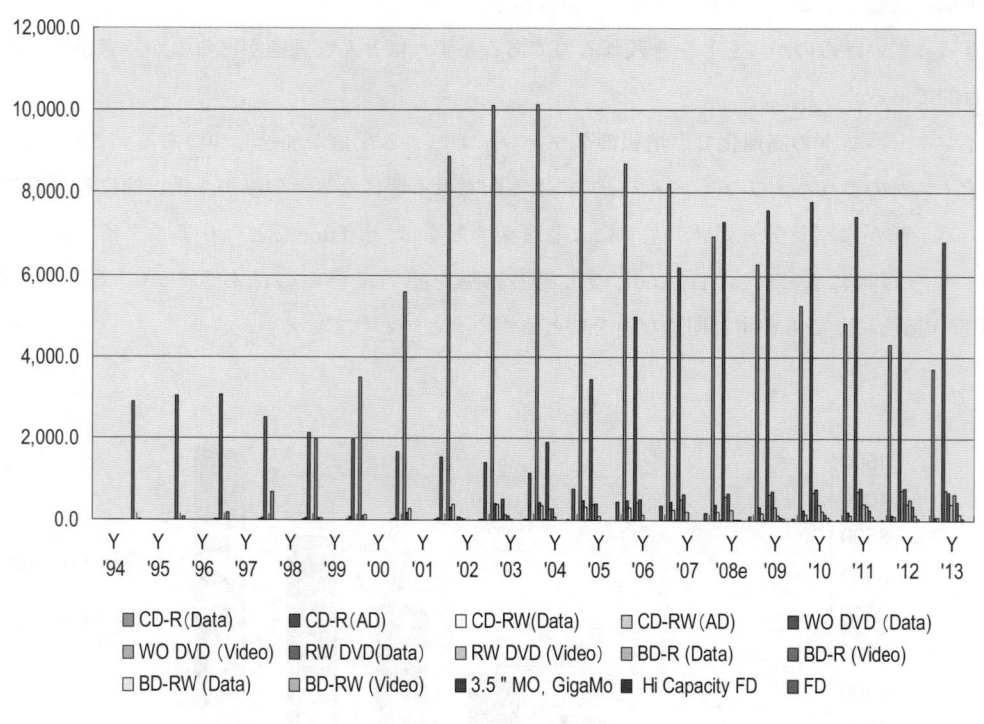

図3　各メディアの用途別需要予測
出典：Giga Stream 2007

　このことから，記録型光ディスクの需要まで急速に縮退すると見るのは，若干早計ではないかと考えている．図3にあるように，CD-RにしてもDVD-write onceにしても，ほとんどがデータファイル，つまりパソコンのデータ保存，配布に使われているのが事実であり，音楽やVideoのダビングには統計上，あまり使われていないとの事実がある．

第7章　大容量光メモリの課題

　ここに注目して，おそらく，CD-Rは容量的に不足であり，DVD-write onceは容量の割りに著しく安いということから，少なくとも向こう5年間は引き続きMajor Streamerの地位を維持するだろうし，BDの記録メディアの需要は，統計上の数字で言えば，まだまだMajorにはなりえないとみられないが，いずれ10年後はそうなるかもしれない。

　歴史的には，光ディスクは記録可能なCD（CD-R，CD-RW）が，それまで先行してパソコン標準搭載されたCD-ROM Driveに互換ということを梃子に，それまであったMOなどがなしえなかった規模で世界的に普及を成し遂げた。記録可能DVDもまた同様であった。BDもその路線で普及が進むのではないかと期待されている。つまり，光ディスク普及の土壌は，1億台から近年2億台の出荷量をもつパソコンに標準搭載されることで，爆発的な普及に成功した。それでは次次世代の大容量光ディスクは，同様なシナリオで進むのか，というのが主要なポイントの一つになる。

3.2　大容量光ディスクの最適市場
3.2.1　オフィスにおける情報管理と，情報の2次利用

　オフィスにおける情報処理業務は，ドラスティックな変化が起きている。表1に示すように，今まで（一部今でもそうだが）オフィス業務処理に，パソコンが広く使われてきた。しかし，新聞で報じられたように[1]，可搬性であるがゆえにコーポレートデータがHDD付のノートパソコンと一緒に，当然のようにコーポレートの外に持ち出され，極めて重要なコーポレートの資産の保全が脅威にさらされてきた。

　そこで，今パソコンに代わって，Server + Thin clientの使用が進みつつある（図4）。一年以上過ぎているが，とりわけ大手の会社の一部では，Server + Thin clientないしは，会社の認証されたパソコン以外の使用を禁止するようになってきている。

表1　オフィスにおけるパラダイムシフト

Era　　　　　　　　　Data Handling	Main Frame Era '70s～'80s	PC Era '80s～'90s	Internet Era 2000～
Office data processing	Central data processing by main frame　Central data control limited data, such as accounting, scientific data, so on	Local data processing by PC / or office computer　Local data management covered all corporate data　Big security threat of corporate data	Server + high speed internet + thin client finally　Still PC is used popularly
Storage	Tape deck	CD/DVD	DLT or LC ODD

LC ODD : Large capacity next generation ODD

次世代光メモリとシステム技術

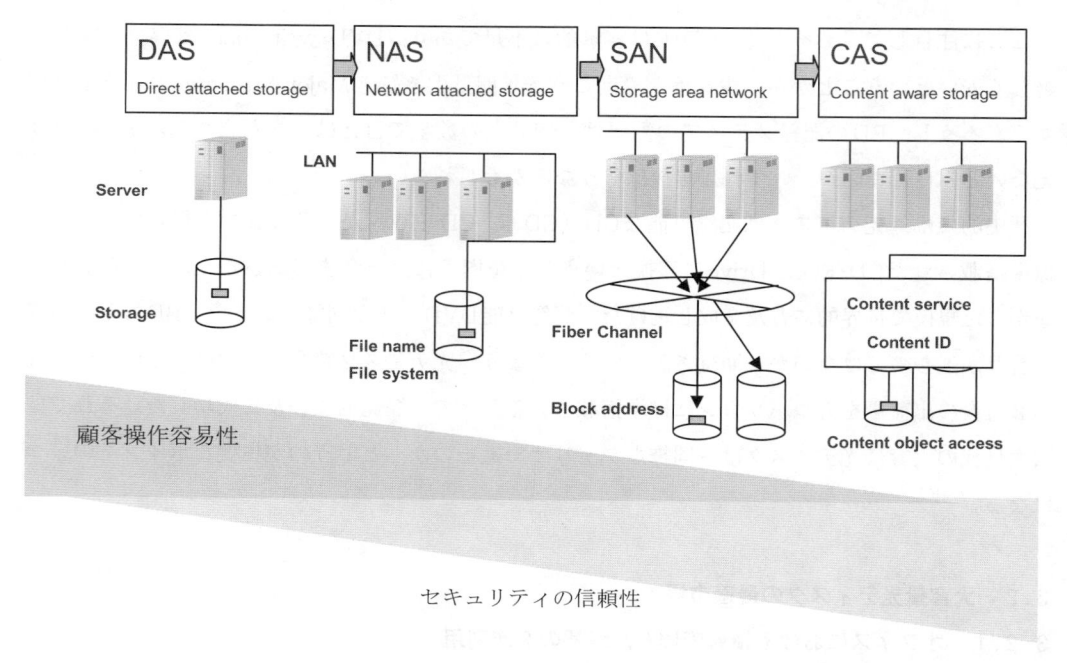

図4　オフィスにおけるパソコンからサーバーへ，またサーバーがさらに進化

　ようやく今までコーポレートデータが事実上ののばなし状態で，その「セキュリティ」については従業員ワーカの「良識」に任されてきた状態から，情報コーポレート管理に移行しつつあるわけである。

　一方，米国で一部の大手の会社で，会社の情報漏えいで過剰な対応をして問題になったり[3]，一部巨大企業の反社会的情報操作を契機にコーポレートガバナンスの機運が高まり，それを受ける形で，国内でもその対応に官民を挙げて取り組んでいる[4]。

　そもそも，オフィスは一般生産ラインに比べ「生産性」が低く，オフィスオートメーション／OAによる生産性向上を目指してきた歴史がある。オフィスにおける業務をもっと掘り下げれば，そこは情報の「1次，2次加工工場」であり，そこは厳しい競争社会の縮図の一つであり，その「生産物の品質」の出来具合を試される，知的創造の場と捉えることができる。その意味で，情報作成の作り手であるオフィスワーカの個性が，発揮される場とも位置付けられる。したがって，一般の工場のように「OA」の名の下に，その「生産物」を機械的に一元管理することが，オフィスワーカのモチベーションを満足し，生産性を向上することができるかどうか，検討が必要なのではないか。

　筆者は，サーバーによる情報の一元管理にしても，セキュリティ保護にしても，作り手の個性を尊重するような作成者の「著作権」や，情報の「専有化」が一定期間満足されるようなシステ

第7章 大容量光メモリの課題

ムが技術的にできれば,オフィスワーカのモチベーション向上につながり,顧客満足につながると考えている。

大容量光ディスクの将来はこのような観点で,このようなオフィスのパラダイムシフトに応えるソリューションを提案できなければならないと考えている。

今Thin client化で問題の一つになっているのは,コーポレート情報が,パソコンを通じてlocal storageで持ち出されることが原則禁止されていることである[2]。これによって,例えば営業マンがそれまで,ノートパソコンで客先でおこなっていたPresentationができなくなって,また重い紙媒体でのそれに戻ってしまった,という笑えない話が起きている。

またインターネットを通じたServerのデータが,攻撃される脅威はむしろ高まってしまうという問題がある（Security Solution 2008,東京ビッグサイト, 8/20〜8/22, 2008）。

3.2.2 米国で先行するオフラインメディアの利用

また筆者自身が体験した米国での調査結果では,たぶんに米国政府指導者の意識的なプロモーションも背景にあって[5,6] 例えば,医療,裁判所などでの光ディスクの利用が進んでいる。例えば医療分野（図5）では,政府が全国民の医療レコードの保全を法律で義務付けたり,医療データのプライバシーの保護を確保しながら,その相互利用を,医療技術向上のため活用することを法律で定めたりして,実際に医療現場では図で示したような利用が始まっている。医療検査も病

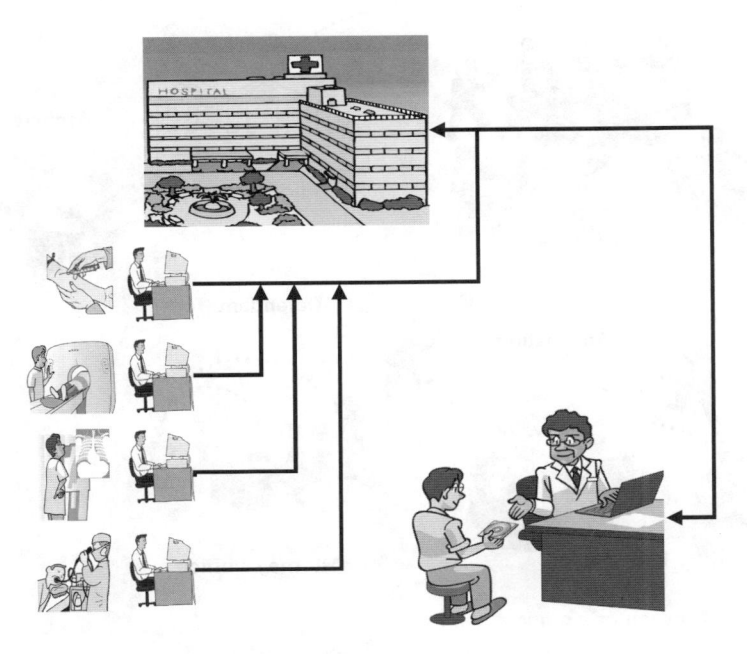

図5 米国医療分野で進む光ディスクの利用

次世代光メモリとシステム技術

院でフォーマットがまちまちであったのが，DICOMなどの努力で標準化されて，患者のカルテは光ディスクで配布されるという試みも始まっている。

法律分野（図6）でも，連邦政府がPaper Elimination Actなど様々な情報のディジタル化による信頼性，セキュリティ向上にむけたBARなどの業界団体での取り組みも進み，いまや法廷でのドキュメントのやりとりは光ディスクでおこなわれているとのことである。USGSのような科学分野（図7）での光ディスクによる情報の保全と，少量出版が実施されている実態を視察することができた。

米国は，ディジタル応用分野では日本に数年先行するといわれているが，われわれを刺激する充分な事例であると考えている。

本稿筆者は以上の背景から，大容量光ディスクの狙いの市場を，まずオフィスのような業務系に焦点を絞って展開すべきではないかと考えている。その理由は，次次世代技術は，いずれもそれまでの記録可能CD/DVDの持っていた，

① 可搬性
② ドライブ，ディスクの価格が安い
③ 互換性

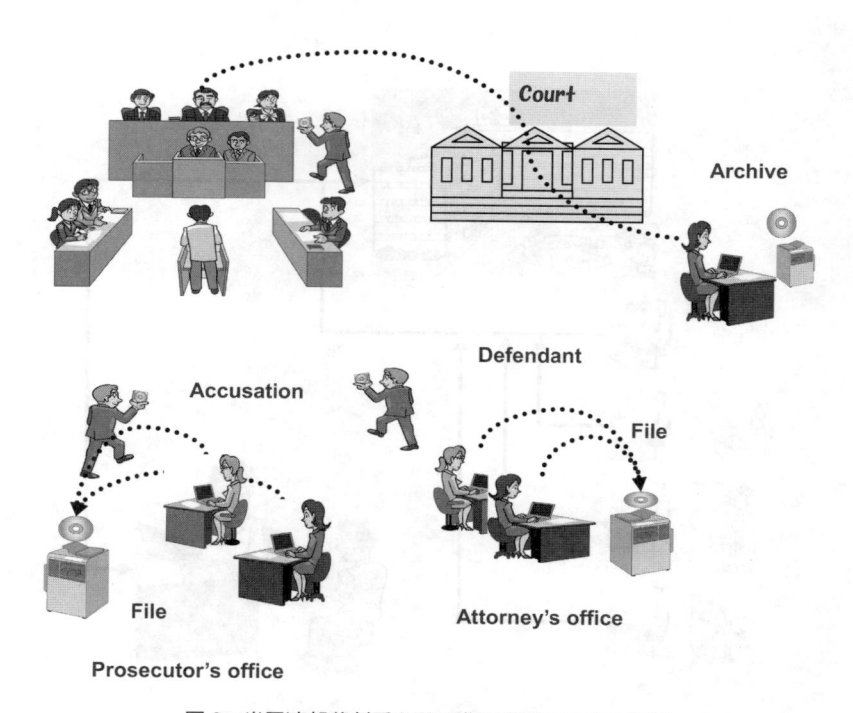

図6　米国連邦裁判所などで進む光ディスクの利用

第7章 大容量光メモリの課題

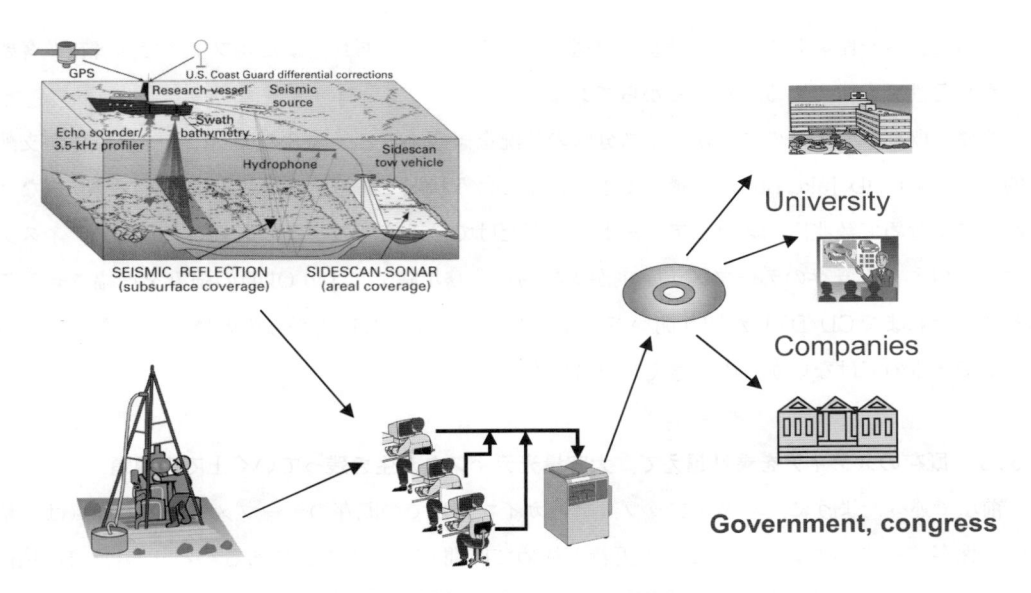

図7 科学分野での光ディスクの利用
米国USGSにおける実態

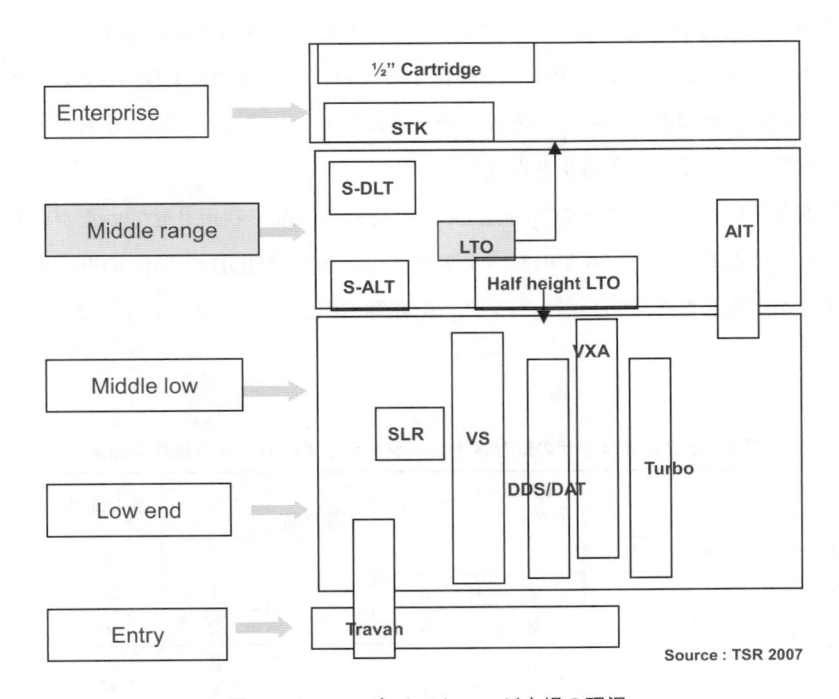

図8 オフィス向けストレージ市場の現況

といった強みを踏襲していくにはまだ道遠しと考えるからであり，またオフィスでの潜在顧客要求が緊急性をもっていると感じるからである。

まず，既存メディアのこのオフィス分野の状況を概観すると，図8のようにテープ媒体が支配的で，一部ODD Juke Boxが浸透してきているという状況である。市場規模はライブラリーなどハードを含めて数兆円，メディアカートリッジだけで数千億円の規模である。大容量光ディスクは，このような既存のテープメディアが支配的な業務用途で，よりODDの強みを増幅させることで，それまでCD/DVDが切り開いてきたコンシューマ的な市場からの転換，あらたな市場展開ができるのではないかとの，考えを筆者はもっている。

3.3 既存のメディアを乗り越えて，大容量光ディスクが生き残っていく上での課題

前項で述べたように，バックアップ，アーカイブ分野での既存のテープメディアの弱点は，頻繁な保存データへのアクセスとその更新が極めて時間がかかることにある。とりわけ，Hi-EndやMiddle Rangeの顧客は，データ更新のスピードが最優先と考えている（表2）。

ランダムアクセス性がよいということで，BDを使ったODDのライブラリーが好調なようだが，あるWorkshopで科学研究機関のヘビーユーザは，ODDのライブラリーのファイルの頭だしが，我慢ができないほど遅いと苦情をもらしている。その理由は，CD/DVD/BDと一貫して追求してきたバックワードコンパチビリティーを維持するために，最新のBD Driveでも，各メディアのチェックのための時間がかかっていることが，逆にマイナスになっているからである。こういう比較的技術的にはすぐにできる小さな改良も，不可欠である。

図9は，あるサーバーベンダーのWorkshopでの資料の一部を利用させていただいたものであるが，今の主流であるD to D to Tのバックアップシステムで HDDやTapeの弱点を補う点線部分のデバイスが出現したら，サーバーベンダーや顧客の引き合いにつながるのではないかということを示している。

表2　オフィスユーザの既存ストレージメディアに対する意識調査結果

		高速アクセス	容量	メディア交換時間	可搬性	購入価格	バイト単価
ハイエンド／ミドルレンジ		1	1	1	1	3	2
ミドルエントリー		2	2	1	1	3	2
ローエンド	履歴要求	3	3	2	2	1	3
	履歴不要	3	3	2	3	1	3
エントリー		3	4	4	4	1	4

1：非常に重要　2：重要　3：普通　4：問題にしない

第7章 大容量光メモリの課題

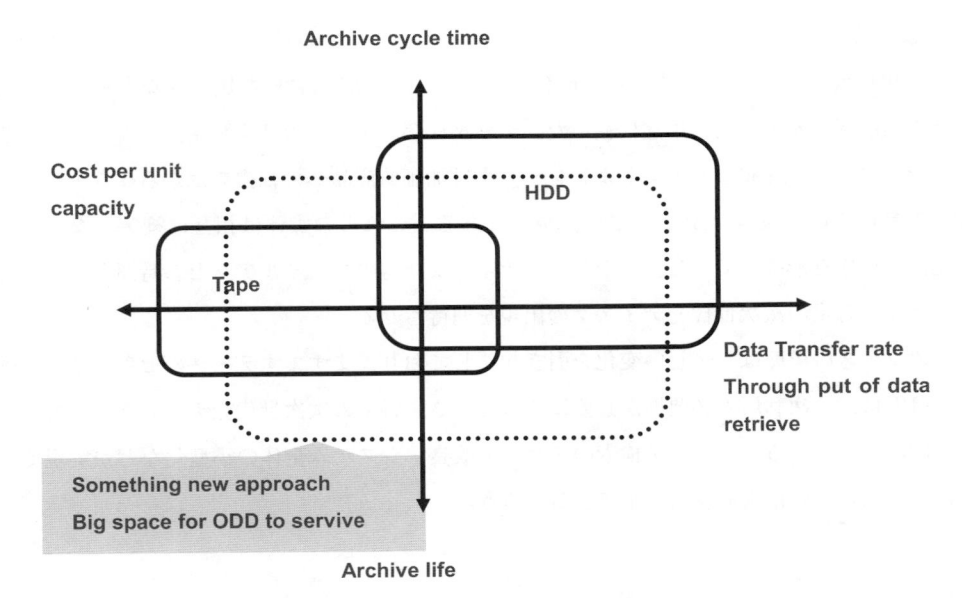

図9 バックアップメディアの理想は？

表3 Tape mediaに勝つ次次世代ODDの目標仕様

		Tape deck LT04	BD library	次次世代ODD
Storage capacity		800 GB	2.2～TB	1～4 TB
Data transfer rate		960-1920（compressed）Mbps	72 Mbps	1 Gbps
Through put at media exchange		4 min.（changer）	～1 min.	20 sec or less
Drive	W	193.0 mm	～200 mm	～200 mm
	D	307.3 mm	～400 mm	～400 mm
	H	116.8 mm（1 drive）	～600 mm	～100 mm
Cartridge	W	102.0 mm	～100 mm	
	D	105.4 mm	～100 mm	
	H	21.5 mm	～ 40 mm	

　この点線部分は，GBメディア単価は安く，またアクセス性能やThough put timeがTapeより早く，アーカイブ信頼性が高い，新しく期待されるメディアであることを示している。

　表3は，以上の観点から，既存テープメディアの仕様をベースに，またBD libraryの仕様を参考にして次次世代ODDが勝ち残っていくための目標仕様試案で，参考になれば幸いである。

3.4 まとめ

① 次次世代光ディスクの将来を考えると，今までのCD/DVD様な民生的な大量普及，低価格の商品展開から，業務用途に絞った，データ保存，データの2次利用，セキュリティを高めたオフライン配布などのミドルレンジ，高付加価値商品への転換をはかるべき。

② 業務用途の主役は，HDD，Tape deckである。これらの媒体は相互に補完しながら，数兆円の市場を形成している。しかし，メディア交換時のファイルアクセス時間が著しく遅いことが，将来の次次世代光ディスクの出現を期待させる。

③ オフィスの業態は，著しい変化を引き起こしており，ますますデータのセキュリティ維持のほかに，2次利用の必要性が必要になってくる。将来の次次世代光ディスクが，容量の飛躍的増加はもちろん，データ検索のスピード改良，システム全体の小型化などが実現できれば，また新しい市場形成に貢献できるだろう。

文　　献

1) 自衛隊文書ネット流出（11.30, 2006 日経）
2) 記録装置のないパソコン = thin client（4.5, 2007 日経）
3) HPのダン前会長の内部情報漏れに対する違法行為（10.8, 2006 朝日）
4) 内部統制に関する関連記事（10.23, 2006 日経）
5) Standard 1.65 Court use of electronic Filing process feb. 9, 2004
6) Fred Antoun, GIPWoG Meeting (6/8/2006) Electronic Medical Records (EMR)

4　赤色レーザでの挑戦

松井　勉*

　これまでの章ですでに，DVD，ブルーレイディスク，HD DVDの種々の技術仕様，開発経緯が記載されているので，ここでは見方を変えて，中国の赤色レーザでの挑戦を論じる。結局，DVDに対抗して，種々の新機軸を発表しビジネスまでこぎつけたが，マジョリティを確保することができず，さらなる高密度高速記録を目指した青色レーザでの挑戦の現状を述べる。

4.1　赤色レーザによる高速高密度記録への挑戦

　中国には，独自の高精細ディスク産業を立ち上げるための好条件がそろっていた。世界最大の光ディスク消費大国であり，DVD時代には世界の生産量の30％以上にあたる100億枚近くのDVDディスクを生産した。プレーヤーについても80％以上が中国製だった。さらに，年間に消費する光ディスクドライブおよびプレーヤーは2000～3000万台に達し，DVDディスクの消費量は50～60億枚に上る。

　しかし，DVDに関して，中国メーカーは非常に手痛い経験をした。DVDの中核技術の特許を保有していないため，ディスクプレーヤーメーカーはソニー，フィリップスなどからなるパテントプールの「3C連盟」と，日立製作所，パナソニックなどからなる「6C連盟」に巨額の特許使用料を支払わなければならず，苦労して生産したにもかかわらず，多くのメーカーが倒産に追い込まれた。

　そこで，中国が推し進めてきたEVD（enhanced versatile disc）と台湾が推し進めるFVD（forward versatile disc）を述べる。

　EVDは1999年よりBeijin E-world Technology Co., Ltd. が開発開始，2004年に中国国家規格として承認された。目的はDVDの高額な特許料を回避することであった。EVDメディアはDVDと同じ片面2層で容量が9.4GBになる「DVD-9」を採用し，そのメディアの中にハイビジョン映像を記録したうえで，音声に独自コーデックを採用することで容易にコピーされないような海賊版対策を施した。

　FVDは台湾企業29社からなる光ディスク産業連盟，前瞻光儲存研発聯盟（先端光ストレージ研究連盟，AOSRA）と工研院光電所（ITRI/OES）が2005年3月に発表した。光ディスク1枚に868枚分135分の非圧縮HDTV映像を収録できる。これは，現行のDVDより15％ほど高い容量となる。変調方式は，DVDが8-16変調に対して8-15変調，トラックピッチがDVD 0.74μmに

---

*　Tsutomu Matsui　船井電機㈱　開発技術本部　技師長

対して，0.64μmと狭トラックとなっている。CODECはVC-1，光ディスクは単層，複層，3層まで仕様とされている。FVDの解像度は1920×1080ピクセルで，HD DVDに匹敵する高画質でありながら，メディア（記録前のディスク）推定価格はHD DVDの10分の1であった。FVDディスクの容量は1層5.4-6GB，2層では9.8-11GBとなる。また，著作権保護のため暗号化アルゴリズムを採用している。

EVDは登場後の一時期，非常に盛り上がっていたが，間もなく消費者からコンテンツ不足の苦情が寄せられた。現在，EVDが提供する310本の映画のうち，欧米の作品は30％あるが，ハリウッドの8大映画会社の作品は1本もない。EVDの泣き所はコンテンツ不足であるといわれている。FVDも同様にコンテンツ不足は否めなかった。

4.2 赤色から青色レーザへの挑戦

一時隆盛であった，東芝主導のHD DVD関係のその後の展開を述べる。中国におけるブルーの光ディスクは中国唱片総公司傘下の上海聯合光盤有限公司が，中国独自仕様の中国版ブルー高精細光ディスク「CBHD」のマスターディスク生産ラインを完成させ，2008年7月から生産を開始した。高精細ディスクのコンテンツ制作会社向けに，15GB×2層の大容量CBHDマスターディスクの編集，圧縮，加工を行う。このマスターディスクを使えば，簡単な改造を施したDVD光ディスク生産ライン上で，CBHDのコンテンツディスクを制作することができる。表1にブルーレイとCBHDの比較を示す。

論理層，応用層はほぼ同じであるが，物理層の光ピックアップの開口数（0.85 vs 0.65）と光ディスクの光学基板厚さが異なる。線密度にかかわる変調度MTFは光ディスク傾き特性にもかかわり，ブルーレイディスクの方が傾き余裕が大きい。CBHDは傾き余裕を拡大するためPRMLという信号処理によって改善していることが特徴である。CBHDのコピー防止AES 128とは128ビットのadvanced encryption systemであるが，詳細は明らかにされていない。

中国での独自の高精細ディスク産業を立ち上げることは，中国電子視像業界協会および中国電

表1 中国における次世代DVD規格の比較

		ブルーレイディスク	CBHD
レーザ		405nm紫レーザ	405nm紫レーザ
容量120mm	単層	25GB	15GB
	複層	50GB	30GB
CODEC	ビデオ	MPEG2, MPEG4, H.264, VC-1	MPEG2, MPEG4, H.264, VC-1
	音声	Dolby, DTS, LPCM	Dolby, DTS, LPCM, AVS
コピー防止		AACS	AES128＋独自技術

第 7 章　大容量光メモリの課題

子音響工業協会に加盟している企業の夢だった。10年前，大画面テレビの普及によって，中国の家庭にもDVDが浸透し始めた。デジタルテレビをはじめとするデジタルハイビジョン時代の到来で，ハイビジョンコンテンツの光ディスクやプレーヤーの市場ニーズは急激に高まった。2008年末には中国が保有するハイビジョンテレビは3000万台になり，2009年にはさらに 2 倍弱まで跳ね上がる見込みという。

　2008年 5 月，中国国内メディアの報道によれば，これまで次世代光ディスク「ブルーレイディスク」の規格策定，プロモーション団体のBDA（ブルーレイディスクアソシエーション）はすでに11社の中国企業にブルーレイディスク関連特許権を付与した。

　具体的には，TCL，DESAY（徳賽），MALATA（万利達）など中国家電メーカー大手11社である。なお，2009年よりブルーレイディスクプレーヤーなど，自社製ブルーレイ製品を中国本土市場に投入する見通しである。

　次世代光ディスク競争に関して，2008年 1 月発表の「HD DVD」撤退に従い，中国企業はブルーレイ市場の競争に今後取り組むことが予想される。中国市場は，2009年から 2 年間で中国ブルーレイ市場規模は倍増すると予測されている。

　BDAはTCL，徳賽，大連華録，南京万利達，花仙子などを含む11社がブルーレイ陣営に加盟したと報告し，コントリビュータ・メンバであるCESI Technologyが中国初の公式ブルーレイ・ディスク・テストセンターに指定された。

　BDAは，納入会費額の違いで，参加企業をジェネラルメンバとコントリビュータメンバの二通りに分けている。現在，中国華録集団はBDAのコントリビュータメンバであり，BDAに対し技術提案を行う権利を持っている。中国華録集団は先ごろ，中国ディスクプレーヤーメーカーを代表して，自主知的財産権を有する音声画像圧縮技術「AVS」と「DRA」をブルーレイ特許プールの中核特許として申請していた。この 2 件の特許を特許プールに加える審査は今も進行中であり，受け入れられれば，中国ディスクプレーヤーメーカーは，一部の特許クロスライセンスを結ぶことができる。

　BDAは，中国CESI Technology Co., Ltd. を，中国では初となる公式のブルーレイディスク検証センターに認定した。これにより中国の製造業者は，ブルーレイプレーヤーなどの検証サービスを中国国内で受けられ，ブルーレイディスク製品の開発期間の短縮が可能となる。

　CESI Technology社は，中国の電子技術の標準化をつかさどる公的機関「中国電子技術標準化研究所」（CESI：China Electronics Standardization Institute）の子会社で，電子機器の認証や適合性評価を手掛ける。

4.3 中国規格が生き残るためには

中国規格が生き残るためにはDVDで大きな損失を出した特許関係を双方とすべく，環境を整えたうえでのビジネスが重要となる．すでに，着々と準備しているので，この一端を紹介する．

BDAは，中国独自の音声符号化規格であるDRA（DigiRise Audio Coding）がBDAの技術評価で合格したことを明らかにした．現在，ブルーレイディスクフォーマットにDRAを取り込むための最終ステップに入っており，BDAテクニカルエンジニアリンググループで審議中である．今後，DRAはブルーレイディスクの次期バージョンに組み込まれる可能性がある．

DRAの技術評価は，中国の大手AV機器メーカーであるChina Hualu Group（華録）と，音声符号化技術を開発するDigiRise Technology Ltd.の協力によって行われた．BDAのメンバー企業であるHualu社は，DRAおよび中国独自の映像符号化規格「AVS」の技術評価をBDAに提案していた．

華録集団のBDA陣営加入は，中国市場でブルーレイ製品が足場を確保するのに役立つと予測されている．

DRAの中国標準がブルーレイ陣営に加われば，ブルーレイ標準に関するライセンスは従来の単方向から双方向の関係へと変わる．つまり，中国企業がブルーレイ製品を生産する場合，これまではBDA加盟企業へライセンス料を支払う必要があったが，今後は海外メーカーも中国標準の権利保有者にライセンス料を支払わなければならなくなる．

華録集団と中国電影集団公司が中国でブルーレイディスク編集制作センターを共同設立し，第一段階としてブルーレイディスクフォーマットによる中国映画の配給に取り組むことを計画しており，ブルーレイ製品は中国におけるコンテンツ問題を解決し，ハリウッドに対応できうる環境を整えるよう準備している．

華録集団が中国および世界市場拡大を図る一方で，他のブルーレイ陣営企業も中国市場の開拓を進めている．中国市場でも，すでにハイビジョンノートPCやBD製品が販売されている．

BD-ROMのDRA仕様案の紹介を簡単に述べる．
- PESヘッダとDRAフレームのつなぎのシーケンスによってDRAを実現した．
- DRA・コア（core）とDRA・拡張（extension）の二構成．
- サンプリング周波数は48kHzもしくは96kHz

　　　DRA・コアは 1CHから5.1CH，ビットレートは1.5Mbps
　　　DRA・拡張は 1CHから7.1CH，ビットレートは3.0Mbps
　　　ハイビジョン動画（HDMV）トランスポートストリームとデコーダモデルは下記．
　　　　DRA・コア：5Mbps，DRA・拡張：48Mbps

第7章　大容量光メモリの課題

　基本的には，現在ブルーレイディスク仕様の音声と比べて無難な構成であるが，今後，現行のブルーレイディスク仕様に，どのように組み込むか，互換性の課題をいかにクリアにしていくかが重要である．このDRAの提案がBDAに受け入れられたことによって，中国のブルーレイディスク環境が大きく前進し，中国の光ディスクビジネスが大きく展開でき，DVD特許問題で大きな損失をこうむった解決策となりつつある．さらには，コンテンツ問題に関しても，ハリウッドとの連携，コピー防止関係も配慮しており，着々とDVDビジネスでの従前の課題をブルーレイディスクをベースとして改善し，大きな市場開拓を画策している．

| 次世代光メモリとシステム技術　《普及版》 | （B1096） |

2009 年 1 月 31 日　初　　版　第 1 刷発行
2014 年 9 月 9 日　普及版　第 1 刷発行

　　　監　修　　沖野芳弘　　　　　　　　　Printed in Japan
　　　発行者　　辻　賢司
　　　発行所　　株式会社シーエムシー出版
　　　　　　　　東京都千代田区神田錦町 1-17-1
　　　　　　　　電話 03 (3293) 7066
　　　　　　　　大阪市中央区内平野町 1-3-12
　　　　　　　　電話 06 (4794) 8234
　　　　　　　　http://www.cmcbooks.co.jp/

〔印刷　株式会社遊文舎〕　　　　　　　　　Ⓒ Y. Okino, 2014

落丁・乱丁本はお取替えいたします。

本書の内容の一部あるいは全部を無断で複写（コピー）することは，法律
で認められた場合を除き，著作者および出版社の権利の侵害になります。

ISBN978-4-7813-0899-9　C3054　¥5000E